让我们一起追寻

A Furious Sky: The Five-Hundred-Year History of America's Hurricanes

Copyright © 2020 by Eric Jay Dolin

Published by agreement with Baror International, Inc., Armonk, New York, U.S.A. through The Grayhawk Agency Ltd.

Simplified Chinese edition copyright:
© 2025 Social Sciences Academic Press (China)

All rights reserved.

封底有甲骨文防伪标签者为正版授权。

野性北美·多林作品集 Ⅴ

A FURIOUS SKY

狂怒的天空

北美五百年飓风史

〔美〕埃里克·杰·多林（Eric Jay Dolin）著

赵航 译

THE FIVE-HUNDRED-YEAR HISTORY
OF AMERICA'S HURRICANES

社会科学文献出版社

致珍妮弗，她永远对我深信不疑

目 录

摘　录 / i
作者说明 / iii
前　言 / v

第一章　"狂暴"的新大陆 / 001
第二章　风暴法则 / 030
第三章　窥见未来 / 058
第四章　被飓风"抹去" / 092
第五章　阳光州的灾难与毁灭 / 128
第六章　"1938年大飓风" / 187
第七章　深入旋涡 / 214
第八章　现代飓风"灾难集" / 269
后记：风雨飘摇的未来 / 363

造成巨大损失的飓风排名量表 / 371
致　谢 / 375
注　释 / 378
参考书目选编 / 486
图片来源 / 489
索　引 / 492

摘　录

(来自一名图书馆初级管理员)①

暴风出于南宫。
　　　　　——《圣经·旧约·约伯记》第37章第9节[1]

上帝啊！这是何种恐怖和毁灭的景象……大地仿佛要被彻底撕裂。海浪与狂风在怒吼，天空一片"血红"，连续不断的闪电放射出耀眼的光芒，倒塌的房屋发出的阵阵轰鸣与遇难者痛苦刺耳的尖叫相混杂，即使是天使们也会为之震撼。
　　　　——少年时期的亚历山大·汉密尔顿在给父亲的信中描述了
　　　　　1772年8月下旬袭击他的家乡圣克罗伊岛的一场飓风[2]

读者们，那些从来没有见过飓风的人，可能无法想象其到来时的可怕景象。飓风常常发生在湿热的南部地区，具有惊人的破坏力，它仿佛毁灭天使的镰刀，把一切都连根拔起……当可怕的狂风终于停止时，就连自然母亲也为其美丽造物的逝去而悲痛欲绝。
　　　　　　　　——约翰·詹姆斯·奥杜邦（1834年）[3]

---

①　在这里我要向赫尔曼·梅尔维尔及其经典作品《白鲸》致敬，此处采用了与《白鲸》序言部分相同的标题。（除标明"译者注"外，本书脚注均为作者注。）

没有哪种自然现象比飓风更值得研究。诚然，在对飓风的观察中，学者的情绪有时会被个人安危所牵动。

——F. H. 比奇洛（1898 年）[4]

记得在你"该死的"书中加强对天气的描述，天气描写在小说中是至关重要的。

——欧内斯特·海明威致约翰·多斯·帕索斯（1932 年）[5]

成千上万的所有关于飓风的故事都可以归结为一点：即使在现代科学发展的今天，在飓风到来之时，人们依旧可能面临历史上第一个在飓风中死去的原住民所处的境地——身陷险境且孤立无援。

——马乔里·斯通曼·道格拉斯（1958 年）[6]

作者说明

本书列出的对飓风所造成损失的估算，是根据飓风当年所造成损失的金额。许多读者还希望对历史上飓风造成的损失按现在的美元购买力进行折算。为了不使这些经济数据显得混淆，我在本书最后附上了两张表格，涵盖了现代历史上造成损失较大的飓风。其中一张表格列出了当年造成至少 10 亿美元损失的飓风。另一张表格根据 2019 年消费者价格指数，对其造成的损失进行了折算，并对这些飓风进行了排名。请注意，本书提到的所有飓风并非都被罗列在这些表格中，而这些表格中的许多飓风在本书中也未被提及。

关于本书讨论的飓风的死亡人数，在 20 世纪 80 年代之前，官方统计的与飓风有关的死亡人数都是直接死亡人数。直接死亡是指发生在风暴期间，由飓风直接带来的人员死亡，包括溺水、被飞行物击中或死于房屋倒塌。自 20 世纪 80 年代以来，更好的记录和统计方法使人们能够追踪飓风带来的间接死亡。间接死亡大多发生在风暴过后，如在由停电带来的交通混乱所造成的车祸中丧生；风暴带来的压力或紧张情绪导致健康状况恶化，或者患者药物耗尽而死亡；暴风雨过后因散落的电线而触电身亡；以及在废墟清理等重建工作中心脏病突发而死亡。

直接死亡和间接死亡统计之间的界限较为模糊，计算与特定风暴间接相关的死亡人数的时间长短也因统计口径不同而有所差别。

例如，有些机构可能只计算风暴后几天或几周内的死亡人数，而其他机构的统计可能囊括了飓风灾后几个月甚至几年内的死亡人数。尽管如此，区分直接死亡和间接死亡还是有用的。因此，在20世纪80年代以前，报告的飓风死亡人数只包括直接死亡人数。对于20世纪80年代之后的飓风，在可获得统计数据的情况下，本书提到的死亡人数包括直接和间接死亡人数。因此，请记住，如果把间接死亡人数也计算在内，20世纪80年代以前飓风造成的死亡人数会高得多。

每一次飓风的历史记录都有四个基本组成部分：飓风登陆之前的历史背景、飓风登陆时的历史场景、风暴过后的短期影响和长期影响。本书将着重于前三个部分，因为第四个部分，即每一次飓风的长期影响可能会跨越几十年，这是一个复杂的政治和官僚故事，本书无法在涵盖这么多飓风的情况下充分讲述或总结这些飓风带来的长期影响。

前　言

纳撒尼尔·柯里尔（Nathaniel Currier）的版画，描绘了1852年从纽约驶向旧金山的航船"彗星号"在百慕大海岸附近的飓风中挣扎

1957年6月26日星期三，路易斯安那州的小龙虾们已经预感到风暴的降临。这些甲壳类动物成群结队地离开了位于西南海岸的水生栖息地，穿过街道和高速公路向更深的内陆迁徙，以躲避即将来临的风暴。当地人也知道飓风将要来临。当地的电视和广播电台全天候播放着来自联邦方面的天气预报，警告当地居民代号"奥黛

丽"的飓风即将到来,并建议低洼地区的居民撤离到地势较高的地方。[1]可是,由于警报说飓风要到星期四下午晚些时候才会登陆,没人选择立即离开家园,大部分居民想要留守到最后一刻。

然而,在星期三午夜,飓风距离海岸仅170英里之时,情况急转直下。受到墨西哥湾温暖海水的影响,"奥黛丽"在一夜之间增强为一场更强力的风暴,并加速向路易斯安那州海岸移动。凌晨1点官方发布新预警之时,大多数人还在睡觉,他们丝毫没有察觉到飓风的降临。

"奥黛丽"瞄准了路易斯安那州的卡梅伦教区,该地靠近萨宾河河口,位于得克萨斯州和路易斯安那州的交会处。该地区80%是沼泽地,而其余地区的平均海拔仅为4英尺。星期四凌晨,飓风外围呼啸而来,狂风摇动居民的房屋,仿佛沸腾的海水涌入临海的村庄,大约6000名教区居民中的大多数人经历了同样的震惊和惊讶,他们从睡梦中惊醒。"飓风怎么这么快就来了?"他们彼此询问。官方警报说,它要到当天晚些时候才会到达。他们的惊讶很快被恐惧所取代。随之而来的还有求生欲。不幸的是,很多人并没有幸存下来。

那天清晨,塞西尔·克拉克(Cecil Clark)医生和他的妻子西比尔(Sybil)正坐在他们四居室的砖房的沙发上,这栋房子位于卡梅伦教区以东约5英里处。[2]狂风暴雨使人难以入睡。此时,电话铃响起,是克拉克医生的一名护士打来的电话,塞西尔在卡梅伦经营着一家诊所,有十二张床位。她紧张地告诉塞西尔:"水从门下渗进了医院。"[3]

塞西尔和西比尔决定立即开车去那里帮助照顾诊所里的六个病人。西比尔是诊所的护士，也是诊所的经理。他们叫来家里的保姆祖玛·迪布瓦（Zulmae Dubois），请她照看三个最小的孩子。克拉克家的两个大男孩，8 岁的约翰和 7 岁的乔，住在 15 英里外的祖父母家。

克拉克夫妇的车在离诊所三个街区的地方停了下来。水位太高，车已经无法前进，所以他们掉头返回家中。克拉克夫妇仍然担心他们的病人，于是决定分头行动。塞西尔回到诊所，而西比尔留下来照顾孩子们，一旦塞西尔回来，他们就开车撤离。

塞西尔得到了邻居詹姆斯·德鲁恩（James Derouen）的帮助，后者有一辆卡车。塞西尔的计划是自己开车与卡车同行，到高水位的地区时，塞西尔就地停车，然后乘坐卡车走完剩下的路。如果自己的车能够停在诊所附近，塞西尔认为他可以在飓风全面袭来之前驱车返回家中。与此同时，他希望自己能够把他的病人送到卡梅伦法院，这是教区最大、最坚固的建筑。西比尔目送丈夫和詹姆斯开车离开，然后她和祖玛把孩子们叫醒，给他们穿好衣服。

医生的计划失败了。快速上涨的海水迫使卡车掉头，塞西尔和詹姆斯掉头回家。但是，汹涌的海水把塞西尔的车冲出公路，冲进了沟里。詹姆斯没有意识到塞西尔的遭遇，继续开车前进。塞西尔跳进汹涌的齐腰深的水里，到附近一户人家寻求庇护。天一亮，房子里的每个人都爬到阁楼上，挤在一起取暖。在伸手不见五指的黑暗中，天空划过一道闪电。此时，塞西尔在电光中瞥到了窗外的景象：附近的房屋在时速145英里的大风和12英尺高的风暴潮①的袭击下轰然倒塌。10—15英尺高的海浪翻滚着，几个小时后，飓风在西边几英里处登陆②。

星期四下午5点前后，风终于停了下来，塞西尔和其他人冒险出去查看情况。迎接他们的是一幅满目疮痍的景象：房屋被毁，参天大树被冲走，海水向海湾退去，四面八方都被淹没了。慢慢地，风暴难民聚集起来。这是一个人际关系紧密的社区，他们都认识塞西尔医生。他们告诉医生，许多伤者正被送往卡梅伦教区的法院，并恳求他前往那里提供治疗。

塞西尔陷入了两难的境地。一边是他的家人，他希望妻儿还活着，后者可能需要他的帮助。另一边则是他的同胞和病人，他曾宣誓为他们服务。他把医生的天职置于个人福祉之上，他内心深知，自己的妻子西比尔在同样的情况下也会这么做。于是他艰难跋涉，毅然前往法院。晚上7点，塞西尔到达那里。

当塞西尔与风暴搏斗时，西比尔正在经历她自己的磨难。"当我看到水涨起来的时候，"西比尔后来回忆说，"我知道塞西尔回不了家了，我们被困住了。"[4]

由于阁楼太小，爬不进去，西比尔和祖玛躲进了厨房。她们把孩子们放在岛台上，用一个橱柜挡住了门，希望能阻挡风和汹涌的

---

① 风暴潮是指暴风雨期间海水水位异常上升，高于正常预测的天文潮汐高度的现象。
② 登陆是指飓风中心或风眼与海岸线相交。

海水。几个小时里，这座房子被飓风包围，在旋涡中颤抖着。水从门下渗了进来，屋中水位越来越高，西比尔、祖玛和孩子们一起站在岛台上，两个大人紧紧地抓着孩子们，以此来寻求一丝安全感。

早上 8 点前后，房子倒塌了，西比尔被房屋残骸砸中，昏了过去。当她醒来时，她疯狂地寻找她的孩子和祖玛，但没有找到。西比尔多次被洪水淹没，挣扎着浮出水面。最后，她在邻居的房子里找到了避难所，从屋顶上的一个洞爬进去。然而，那座房子也很快被暴风雨摧毁了。

在整整一天的时间里，一直到第二天早上，西比尔满身是伤，冻得浑身发抖，抱着木板在洪水中漂流。最后，在星期五中午，一艘小船把她载到了莱克查尔斯（Lake Charles），一座离卡梅伦大约 30 英里的城市。

与此同时，在法院，塞西尔照顾伤病员，包括在星期四早上被送到那里的诊所病人。每当有人进来，塞西尔就会问他们是否听说过他的妻儿或祖玛的情况。每一次，他得到的都是同样令人心碎的回答：没有。尽管悲痛欲绝，塞西尔还是强忍着对家人的思念，对医生天职的坚定承诺使他勉强支撑着继续工作。

星期五晚上 7 点，卡梅伦教区的州代表阿尔文·戴森（Alvin Dyson）在法院的无线电室里，与莱克查尔斯的接线员通话，试图获得有关救援工作的最新信息。接线员告诉阿尔文，西比尔以及克拉克家最大的两个男孩约翰和乔还活着，现在正在莱克查尔斯。听闻这一消息，阿尔文立刻扔下话筒，冲进大楼寻找塞西尔。当他找到医生并告诉后者这个消息时，塞西尔不相信。"可能是弄错了。

我的这两个儿子和我的母亲在一起。他们一定是指我母亲和这两个男孩都活着。"[5]

为了求证，塞西尔让阿尔文重新接通接线员。几分钟后，经过确认，阿尔文告诉塞西尔，他的妻子和两个大一些的儿子，以及塞西尔的父母都还活着。很快，塞西尔坐上了一架飞往莱克查尔斯的直升机。他终于和自己的父母妻儿团聚。飓风期间，两个男孩和他们的祖父母用绳子绑住自己，将身体固定在一棵老橡树的弯曲处，因而存活下来。但是，这次重聚苦乐参半，令人揪心。虽然西比尔和两个较大的儿子活了下来，克拉克家三个较小的孩子和保姆祖玛却死了。

在和家人待了一段时间后，塞西尔尽职尽责地回答了记者关于卡梅伦教区灾情的问题。然后，他终于有时间睡了一觉。几个小时后，他前往当地的空军基地，搭乘直升机返回卡梅伦教区，继续照顾那些需要他帮助的人。

在接下来的几个月里，塞西尔获得了多枚联邦和州级勋章，以表彰他在飓风过后照顾伤病员的无私的英雄主义。但这些赞誉使他坐立不安。他说："我做了作为一名医生必须做的事情，仅此而已。"[6]

这个故事只是那天发生的成千上万个惨剧中的一个。[7]飓风"奥黛丽"几乎摧毁了卡梅伦教区的所有建筑，导致5000人无家可归，造成1.5亿至2亿美元的损失。有大约500人死亡，绝大多数来自卡梅伦教区，当地超过三分之一的人口在灾难中逝去。灾难发生后不久，当地居民迷迷糊糊地四处游荡，对这次经历感到震惊。在街

道上可以听到一些人喃喃自语："一切都完了。"⁸

诚然，飓风"奥黛丽"是一场规模巨大的浩劫，但从更广阔的视野来看，这样的故事在历史上已经多次上演。飓风一直是美国的经历中不可或缺、不可避免且痛苦的一部分。正如日出日落，往复不息，飓风也总是定期袭击我们的海岸。如今，美国有一整套预警系统来监测一年一度的飓风季节，试图捕捉飓风来临前的"不祥征兆"，以期预测即将到来的潜在危险。

每年春天，在科学家们用计算机模型进行模拟分析，并仔细研究数据之后，政府、学术机构和私人组织会发布他们对即将到来的飓风季节的预测，飓风季节一般从 6 月 1 日持续到 11 月 30 日。在此期间，关于飓风的新闻会在媒体上大肆传播，甚至形成一种"流行文化"。这些报告只是粗略的预测，并不能准确判断飓风会在何时何地登陆，也不能确定飓风是否会登陆。但是，这些预测会激起人们的焦虑情绪。⁹如果你是居住在东海岸、墨西哥湾沿岸或加勒比地区的数千万人中的一员，飓风正在逼近，可能会干扰你的正常生活，你也无力阻止这一自然现象，谁会不焦虑呢？①

总的来看，平均每年在大西洋上空会形成六个飓风,¹⁰其中三个会发展为大型飓风，它们的持续风速②至少为 111 英里每小时。根

---

① 虽然飓风确实会袭击夏威夷，但这一情况十分罕见。在第八章，我们将讨论夏威夷历史上最严重的飓风"伊尼基"。至于西海岸，唯一有记录的飓风登陆发生在 1858 年，当年的飓风登陆圣地亚哥。飓风避开西海岸有两个原因：盛行风倾向于将风暴推向近海，以及西海岸水域的水温通常较冷，无法形成大规模的风暴。

② 所谓的持续风速是指风在离地面 30 英尺的高度，平均每分钟的速度。

据气象情况，飓风的实际数量每年都有所不同。幸运的是，这些风暴很少真正登陆。通常情况下，每年会有两次飓风袭击美国，每两年会有一次大型飓风袭来。[11]

也有一些年份可能相对平静，[12]接连几年没有飓风袭击美国海岸，或者飓风袭击美国海岸的影响很小。在这种相对平静的时期，民众对于飓风的记忆逐渐淡去，对它们的恐惧开始减弱。前国家飓风中心主任马克斯·梅菲尔德（Max Mayfield）把这种忘记过去教训的危险倾向称为"飓风健忘症"。[13]只有那些拥有来之不易的年龄智慧的老人才知道每个气象学家都知道的事情：如果你住的地方以前被飓风袭击过，总有一天飓风会再次来袭。即使你居住的那片海岸从未被飓风袭击过，或者只受到过轻微的打击，飓风也可能会到来。然而，飓风并不是机会均等的罪犯。虽然21个沿海州都有可能遭受飓风袭击，但某些州尤其容易受到这些大规模风暴的影响。佛罗里达州、得克萨斯州、北卡罗来纳州、路易斯安那州和南卡罗来纳州的居民首当其冲，仅佛罗里达州就占了所有飓风登陆事件的大约40%。[14]

然而，飓风不仅仅是沿海事件。登陆后，它们通常会向内陆移动。尽管它们最终会消失，但在减弱的过程中，它们仍然会留下一连串的灾难。无论你住在美国的哪个地方，即使飓风或其残余从未到达你住的地方，它们仍然会对日常生活造成重大影响。例如，飓风可能给沿海地区的朋友和亲属带来伤害，以及灾难带来经济混乱、联邦资金的紧急调用等。

自有历史记录以来，飓风一直在搅动海水并猛烈袭击陆地，几乎可以肯定的是，在历史上，飓风时常肆虐美洲地区。每一个遭受飓风折磨的社会都留下了这些遭遇带来的伤疤，包括美洲的土著居民、后来的欧洲定居者、美洲殖民者，以及他们创建的国家。

飓风在美国历史上留下了不可磨灭的印记，几个世纪以来，飓风就像一名斗士一样，或躲闪腾挪，或重拳出击，摧毁挡在它们面前的任何人或物。自1980年以来，在美国损失超过10亿美元的重大自然灾害中，飓风灾害所造成的损失约占50%。[15]追溯到19世纪后期，飓风已经造成近3万人死亡。[16]当然，飓风将继续创造历史，而且有强烈的迹象表明，它们的威力在未来只会变得更加强大，更具破坏性。

《狂怒的天空》是北美飓风的历史，或者更具体地说，主要是曾经登陆美国的飓风的历史。考虑到在过去的五个世纪里，这样的飓风即使没有一千次，也有数百次，[17]《狂怒的天空》对飓风的记录必然有选择性，本书主要关注那些对美国历史影响极大的风暴。然而，在进一步讨论之前，必须定义一个关键术语：什么是飓风？

这是一个非常复杂的问题。但作为术语介绍，基本的定义就足够了。简单地说，飓风是猛烈的、持续风速至少为74英里每小时的旋涡风暴。它们通常形成于海洋上空——低至距海面约150英尺。飓风的形成需要至少80华氏度（约26.7摄氏度）的触发温度，高温可以提供飓风所需的大量热能，并驱动它们前行。飓风形成的另外两个必要条件是低垂直风切变①，它可以防止飓风被撕

---

① 垂直风切变是指风速或风向随海拔高度的变化而变化。

裂，以及从海洋表面蒸腾的大量温暖潮湿的空气。潮湿的空气在上升时，冷却并凝结，形成云并释放热量，为风暴提供动力。

飓风的直径从几十英里到一千多英里不等，高度超过5万英尺，从海洋表面一直延伸到对流层顶部。这些庞然大物在北半球逆时针旋转，在南半球顺时针旋转。但无论它们以何种方式在哪里旋转，飓风的特点都是极低的气压和一个相对平静的中心，即风眼，最猛烈的风就在风眼壁①附近，从核心向外，风的强度逐渐减弱。飓风搅动海洋，产生巨大的海浪和巨大的风暴潮，倾泻而下的水量如此之大，仿佛世界末日一般。

飓风也释放出大量的能量。[18]仅考虑风力，一般的飓风产生的电量相当于全世界发电量的一半。但当水蒸气凝结成云时，飓风会产生更多的能量——一种被称为凝结潜热的能量。按此计算，一般的飓风产生的电量相当于全世界发电量的200倍。换句话说，一场普通的飓风释放的能量相当于1万枚核弹释放的能量。对于大型飓风来说，这个数字会更高。[19]

在飓风所有令人震惊的特征中，最奇怪和令人吃惊的是风眼，它的宽度通常为20—40英里。虽然飓风在它周围肆虐，好像一个暴脾气的人，但风眼中心相对平静。在陆地上的风眼中心，微风和煦且温暖，如果在白天，则是晴空无云，阳光耀眼，在晚间则是月明星稀。在强热带气旋的风眼中，核心部分与周围的云层泾渭分

---

① 风眼壁（eyewall）指飓风中心的低压区，它和外层的气压差越大，飓风越强。——译者注

明，形成显而易见的眼睛形状；相较于周围旋转的云层，风眼中心位置的天气却十分平和。当风眼壁的螺旋云上升时，飓风的风体会向后倾斜，形成一个巨大的、几英里高的倒锥形。

海上的风眼中心则完全不同。在海上，尽管风眼中心也相对平静，天空同样晴朗，但我们仍能感受到飓风的磅礴力量。海浪和海潮向各个方向奔腾，相互撞击，形成了混乱的景观。在那里，海浪互相拍打，海潮以一种不稳定的方式快速上升，然后下降，如此循环往复。19世纪60年代，一名水手的船在纽约海岸附近的飓风风眼中停留了30分钟，他把大海描述为"许多巨大的锥形水体……在跳一种由死灵法师排演的地狱祈舞"。[20]但在陆地上，当风眼经过头顶时，飓风好像已经离开了。事实上，在很多历史案例中，人们就是这么认为的。他们毫不自知地在风眼里走来走去，相信最糟糕的情况已经过去了。然而，当风眼离开时，他们会处于风眼壁的另一侧，再一次面对狂暴的飓风。

北大西洋的大多数飓风并非像有些人认为的那样起源于海面，而是起源于撒哈拉沙漠的南侧。在那里，干燥、灼热的沙漠空气和从印度洋向西、从几内亚湾海岸向南吹来的潮湿空气汇聚在一起，形成了低气压区。这些低压带伴随着剧烈的雷暴，雷暴延伸到大气层高度，并被盛行的东风引导向西。这种不稳定的气团被称为非洲东风波，大约每三天到四天离开非洲大陆，被横扫到大西洋上空。

幸运的是，这些气压系统通常会崩溃消散。但如果它们能在风浪中继续向西移动，经过佛得角群岛后，就可能酿成大麻烦。在前面提到的有利条件下，这些气团可以加强成热带低气压，这是一种有组织的环流系统，但持续风速为 38 英里每小时或更低。如果这种情况持续下去，这些低气压会发展成热带风暴，持续风速从 39 英里每小时到 73 英里每小时不等。然而，只有一小部分的非洲东风波会上升到空中，从热带低气压演变成热带风暴，再演变成横跨大西洋的成熟飓风。

由于这些飓风在佛得角群岛附近开始形成，所以它们通常被称为佛得角飓风。北大西洋大约 60% 的飓风是佛得角飓风，但佛得角飓风约占所有主要飓风的 85%。[21] 其他许多飓风也需要同样的有利环境才能形成，它们以热带低气压的形式诞生于加勒比海或墨西哥湾，它们不是从东向西快速穿过大西洋，而是大致从南向北移动。[22] 此外，在大西洋中部或西部形成了相当数量的飓风。

无论它们是从东边横跨大西洋而来，还是从加勒比海、墨西哥湾或更南边而来，飓风通常以 10—25 英里每小时的、相当悠闲的速度在海上移动。[23] 然而，有一些是真正的"恶魔"，它们的速度高达 60 英里每小时。飓风登陆的确切时间和地点一直是个谜。即使利用最先进的技术追踪它们的位置并预测它们的路线，这些风暴在某种程度上也是不可预测的。

飓风有许多共同特征，包括强风、暴雨、骤降的气压和大型风眼。它们通常遵循相似的路径，大小相似，造成类似的破坏。然而，没有两个飓风是完全相同的。[24] 每个飓风都有其独特的气象历史。

飓风在世界不同地区有着不同的称呼。[25] 例如，它们在印度洋被称作气旋，而在西北太平洋，它们被称为台风。一些澳大利亚人把飓风称为"斜眼鲍勃飑"或"威利-威利"。[26]在大西洋、加勒比海和墨西哥湾等本书主要关注的地区，飓风就被称为飓风，这个词起源于加勒比海盆地的语言，那里的土著文化将该地区的恶劣天气归因于神的作用。玛雅人称他们的风暴或毁灭之神为 *hunraken*，基切人和阿拉瓦克人称他们的神为 *hurakan*，而泰诺人则称他们的神为 *juracán*。在几个世纪的欧洲殖民统治中，这些名字中的一个或多个最终分别在西班牙语、法语、荷兰语、丹麦语和英语中演变成 *huracán*、*ouragan*、*orkaan*、*orkanen* 和 hurricane。[27]

飓风不是一个单薄的概念。在这个总括性的术语中有不同的层次。根据萨菲尔-辛普森飓风风速量表，飓风有5级，从1到5，数字越大，飓风越强烈。1级飓风的风速为74—95英里每小时；2级：时速96—110英里；3级：时速111—129英里；4级：时速130—156英里；至于最终的5级飓风，风速等于或超过157英里每小时。3级及以上的飓风被归类为主要飓风，这些飓风通常是最具破坏性和最令人恐惧的，即使不那么强大的飓风也会造成巨大的伤害。

1级飓风可以把建筑物的瓦片和乙烯墙板刮掉、掀倒小树、弄断电线，而5级飓风则会造成灾难性的破坏，使受影响地区在几天甚至几个月内无法居住，在这样的世界级灾难面前，人们已经无法在当地进行重建工作，只能重新选择定居地。当飓风等级提高时，风力不会以线性方式增加；相反，飓风风力可能会成倍地、跳跃式地增强。[28]例如，一场风速仅为74英里每小时的相对较弱的1级飓风，可以将一个2英寸乘4英寸的物体卷到空中，其力量足以穿过一块薄薄的、没有钢筋的混凝土。将风速翻倍至148英里每小时（强烈的4级飓风）并没有使风力翻倍，而是增加了三倍，使风暴的强度达到1级飓风的四倍。在这样的风速下，飓风中的2英寸乘4英寸的飞行物几乎可以击穿任何物体。

萨菲尔-辛普森量表是在20世纪末才出现的。在此之前的19世纪初，飓风通常被蒲福风级表定义为12级风暴，"没有船帆可以承受如此强风"。[29]（很久以后，当风速被加入蒲福风级表时，12级风暴被定义为持续风速高于74英里每小时的风暴。）追溯到更早的时候，当人类准确测量风速的能力很弱或根本不存在时，飓风的标签被主观地应用于那些被认为值得这样一个称号的极为暴力的风暴。因此，本书在数据允许的情况下，将按萨菲尔-辛普森量表识别飓风，但在数据不允许的情况下，则仅将其称为飓风。①

虽然萨菲尔-辛普森量表和蒲福风级表都关注风速，但水对人类生命的威胁要大得多。伴随飓风而来的大规模风暴潮和暴雨才是真正的杀手。这两种基本力量加在一起，造成了大约十分之九的与飓风直接相关的死亡。[30]每立方码的水重约1700磅。[31]飓风产生的水墙，裹挟着风暴席卷而来的建筑残骸等杂物，仿佛变成了一个巨型"攻城锤"，可以夷平任何阻挡它们的建筑，将森林夷为平地，并吞噬一条条生命。由于这种巨大的破坏能力，气象学家和

---

① 美国国家海洋和大气管理局（NOAA）的飓风研究部门分析了历史记录，对于1851年以来的飓风，利用现有的信息，如气压和风速，据萨菲尔-辛普森量表确定了每一次飓风的等级。这是本书所使用的等级类别。

应急管理人员喜欢说,当面对飓风时,最好的办法是"躲开强风,避开洪水"。[32]

即使在飓风过后,留下的水仍然十分危险。飓风摧毁了人类建造的东西,将大量毒素释放到环境中。石油、天然气、清洁化学品和牲畜圈舍的废物,以及垃圾填埋场、污水系统和危险废物场所的溢出物,都可能被冲入湍流;腐烂的动物尸体和人类尸体经常被卷入旋涡的混合物中。水停留的时间越长,这种潜在的致命混合物就变得越危险,它是疾病的孵化器和传播者。对于那些能够抵御飓风、海浪和来自天空的洪水的建筑来说,危险才刚刚开始。死水为霉菌孢子提供了生长所需的动力,迅速将建筑物变成"疫区"。

不管飓风的等级和汹涌而来的水量是多少,飓风都有一种令人敬畏的能力,它能剥去现代社会的种种表象,让我们(即使只是暂时地)回到"原始时代"。此时,电力、清洁的水、卫生设施,甚至头顶上方的屋顶都是难以想象的奢侈品。飓风留下了文明的碎片——毁坏的建筑和破碎的景观——重新定义了现实,破坏了人们的正常生活。

《狂怒的天空》将一系列引人入胜的主题编织在一起。气象学的发展是一段有趣但有时也相当令人讨厌的历史。在这段历史中,有天赋的业余爱好者和熟练的专家带来了科技进步,飓风造成了死亡、破坏和绝望,还有仁慈、善良、幽默和坚韧的故事。飓风对帝国进程、战争结果和个人命运的影响也为故事增添了色彩。通信、航空、计算机和卫星技术方面的关键创新发挥了重要作用,妇女运动及其在飓风命名上也发挥了重要作用。最后，美国飓风的历史迫使我们面对一个棘手的问题：我们如何才能学会适应地球上最猛烈风暴的持续冲击并幸存下来。

从太空看，飓风是世界上最美丽、最迷人的景象之一。它们像毛茸茸的旋转风车一样在地球上无声地漂浮着，它们的壮观掩盖了它们对美国历史的可怕影响。但那段历史无论多么痛苦，都是如此迷人，就像飓风一样，它揭示了我们的地球家园的恢宏和戏剧性。

第一章

"狂暴"的新大陆

西奥多·德·布里（Theodor de Bry）于1594年创作的一幅版画，描绘的是16世纪初，一场飓风袭击了伊斯帕尼奥拉岛，导致西班牙士兵和美洲原住民逃离

1502年5月初，西班牙钦封的"世界洋海军上将"，[1]51岁的克里斯托弗·哥伦布[2]率领4艘小船、135名船员，从西班牙的加的斯

港启程，开始了他的第四次远航探险。他们一行人穿越大西洋，前往加勒比海。哥伦布希冀，他能在这次航行中找到他寻觅已久的"圣杯"——一条传说中的通往印度和富饶东方的西方航路。而此时到了7月初，哥伦布的小舰队岌岌可危——他们在伊斯帕尼奥拉岛①圣多明各城附近的海域漂泊，有一艘船状况不佳，如果不及时换船，一些船员可能会有生命危险。因此，他迫切需要帮助。哥伦布认为他仅剩的机会是派人向伊斯帕尼奥拉岛总督尼古拉斯·德·奥万多（Nicolás de Ovando）求援，获准进入当地港口，以购置一艘新船。不过，在内心深处，哥伦布还有更迫切的理由进入港口。他相信，一场巨大的风暴即将来临，只有进港才可以庇护他和船员免受其害。

然而，奥万多总督断然拒绝了哥伦布的请求。哥伦布尽管怒不可遏，但也无可奈何。毕竟，他在伊斯帕尼奥拉岛是个不受欢迎的人。这是哥伦布的第四次跨洋航行，他与当地的宿怨可以追溯到他的前几次航行期间。1492年，哥伦布开始了他的第一次也是最著名的一次大西洋航行。正是在这次开创性的航行中，他"发现"了美洲新大陆。（事实上，五个世纪前，北欧海盗和在美洲地区居住了数千年的土著居民就已经发现了这片新大陆。）西班牙国王斐迪南和女王伊莎贝拉赞助哥伦布进行了三次远航，但哥伦布让他们大失所望。他不仅没能找到追寻已久的"印度航路"，而且在担任伊斯帕尼奥拉岛总督期间他的执政表现也十分糟糕。1500年底，哥伦布被革职戴枷，押解回国。

---

① 伊斯帕尼奥拉岛今天分属多米尼加和海地。

尽管一度沦为阶下囚，哥伦布还是设法重新获得了西班牙君主的垂青，他们同意资助哥伦布进行第四次（同样也是最后一次）远航，以探寻通往东方的航路。鉴于哥伦布在伊斯帕尼奥拉岛的斑斑劣迹，斐迪南和伊莎贝拉命令他在这次航行中绕开圣多明各。虽然哥伦布的继任者——当地的新总督奥万多——并不知晓这一命令，但众所周知，奥万多不喜欢也不信任哥伦布，因此不可能张开双臂欢迎他的到来。

虽然哥伦布未能获准进入圣多明各港，但他向奥万多总督发出了警告。当获悉有船队正准备返回西班牙时，哥伦布请求总督下令"禁航八日"，[3] "因为即将到来的风暴会给航行造成极大的危险"。哥伦布如此希望奥万多听从他的警告是有其私心的。从圣多明各返回西班牙的船队共有28艘船，其中名为"阿古迦号"的船上装载着黄金，国王和女王承诺，这些黄金是哥伦布给王室效力的报酬。如果"阿古迦号"沉没，哥伦布将一无所获。然而，奥万多总督对哥伦布的警告嗤之以鼻，并戏称他是"先知和预言家"。[4] 事实证明，奥万多最终铸成大错。哥伦布言之不谬——飓风即将来临。

1492年，当哥伦布首次抵达新大陆时，他如其他欧洲人一样，对飓风一无所知。虽然在欧洲确实出现过可怕的乃至毁灭性的风暴，但欧陆并没有遭遇过如飓风这般规模巨大的、涡旋状的气候现象。①[5] 甚至在第一次前往新大陆的航行中，哥伦布仍然对飓风全无

---

① 历史上，许多飓风的余波穿过了大西洋，到达欧洲海岸，但实际上，这些飓风在到达欧洲时，风力已经大大减弱，不能被称为飓风。然而，近几年来，一些威力较大的冬季风暴在到达欧洲时，仍然保持着飓风的强度，并对欧洲部分地区造成了影响。

西奥多·德·布里于 1594 年创作的一幅版画，描绘了克里斯托弗·哥伦布登陆新大陆的场景。印第安人用珠宝、贝壳和盒子等珍宝欢迎欧洲人的到来。三艘航船停靠在岸边，欧洲士兵立起十字架，还有一些印第安人在后方飞奔

所闻——因为他从未遭遇过飓风天气。事实上，哥伦布第一次大西洋航行期间的天气十分舒适。哥伦布——此时他认为已经到达遥远的东方——曾在一封写给朋友的信中道："我发现印度的天气总是像五月般和煦。"[6]

1493 年，在第二次航行期间，哥伦布发现加勒比海域的气候远没有自己想象的那般温和。[7]哥伦布的船队遭遇过几次强力的风暴，

他也察觉到远方可能有更为猛烈的风暴。一些历史学家声称，哥伦布第二次航行期间，飓风曾多次袭击他的船队，但从历史文献中的描述来看，大多数所谓的飓风更像是强力的热带风暴或相对罕见的龙卷风。而哥伦布的第三次航行（1498—1500年）亦与第一次一样，平安无事。

虽然在前三次航行中，哥伦布并未亲身遭遇飓风，但大安的列斯群岛的土著居民——泰诺人——向他讲述过飓风的恐怖之处。此外，当地人还向哥伦布描述了飓风将至的一些迹象，如巨大的风浪、丝缕状的毛卷云和不祥的红色天空等。在航行途中，他亲眼看见了其中的一些气象状况。如今，在哥伦布的第四次航行期间，当他的小舰队在圣多明各的避风处附近停泊时，哥伦布根据先前的经验推测，一场飓风即将来临。尽管对奥万多的拒绝感到愤愤不平，但哥伦布无暇伤怀于此。他立即采取行动，命令船队向西航行，绕过伊斯帕尼奥拉岛的海岸，来到一个僻静的港口。他们在此抛锚，未雨绸缪，准备好应对即将到来的风暴。

与此同时，那支返回西班牙的船队从圣多明各出发。7月10日，当他们绕过伊斯帕尼奥拉岛东端前往莫纳海峡时，突如其来的飓风袭击了他们。滔天巨浪冲击着船体，狂风撕碎了船帆，桅杆被吹得粉碎。大多数人未能生还，仅有少数人设法游上了海岸。此次海难的受害者包括弗朗西斯科·德·博瓦迪利亚（Francisco de Bobadilla）。[8]他是西班牙君主任命的伊斯帕尼奥拉岛特别检察官，曾负责处理哥伦布在担任总督期间遭到的众多投诉，并将哥伦布遣返西班牙。最终，该船队有24艘船沉没。在余下的船中，3艘船勉强返回圣多明各修整，并将此噩耗带给了惊恐万状的奥万多总督。只有装载了哥伦布财宝的"阿古迦号"躲过一劫，安全回到西班牙。

据称是克里斯托弗·哥伦布的画像，意大利画家塞巴斯蒂亚诺·德尔·皮翁博（塞巴斯蒂亚诺·卢恰尼）于1519年创作。这幅画是在哥伦布死后的第十三年完成的，由于哥伦布生前并未留下其他画像，所以无法确定这是不是哥伦布的真容。然而，根据大都会艺术博物馆的说法，这幅画被认为是这位水手的"权威肖像"

在船队沉没几小时后，飓风袭击了哥伦布及其船员。他后来回忆说："那天的风暴十分可怕。那天晚上，我的船被风暴吹离了锚地。船员们被逼得走投无路，万念俱灰。"[9]当哥伦布在飓风中挣扎求生时，他抱怨奥万多以及王室对他的巨大不公，"（伊斯帕尼奥拉岛）是我遵从上帝的旨意，沥血披心为西班牙赢得的土地。而在如此恶劣的天气里,当我和我的朋友、手足想要进入港口求得保护之时,我却被禁止进入这片土地和港口"。还好有惊无险,哥伦布的船队最终渡过此劫,且没有损失任何一个船员。第二天,他们在伊斯帕尼奥拉岛南部海岸的阿苏阿港会合。

在此次劫难之后,哥伦布因其"有先见之明般地预测到飓风"而被指控使用了巫术。① 他的儿子费迪南德记录道,哥伦布的"敌人"指控他使用魔法掀起了这场风暴,目的是"报复博瓦迪利亚和其他那些反对哥伦布的人",与此同时,哥伦布的巫术也保护了他自己的船。[10]当然,我们知道,并不是巫术造成了这次劫难,哥伦布也没有使用所谓的魔法来保护自己、船员和他的财富。这仅仅是一场非常常见的飓风。哥伦布船长从当地土著那里学到的知识——如观察天气迹象和寻求庇护所的技巧——真正拯救了他们。

这场烈火般的、严酷的气候考验是欧洲人殖民新大陆最合适的开场白。在接下来的几个世纪里,飓风一直降灾于加勒比海域乃至北美地区的殖民者们。在 16 世纪中期,曾有两次飓风在佛罗里达的早期殖民历史中发挥了关键作用。

自哥伦布第一次航行以后,西班牙主要依据 1494 年的《托尔德西拉斯条约》(Treaty of Tordesillas)来宣称对新大陆大片土地的主权。[11]该条约的核心是教皇亚历山大六世在世界地图上画出的一条南北向分界线。这条线以西所有尚未被基督教统治者控制的土地归

---

① 此次预测可以说是欧洲人在新大陆发布的第一个天气预报,而且是一次准确的预报!

西班牙所有，而葡萄牙拥有这条线以东的土地。这项协议基本上把北美和南美的所有地区（除了巴西东部的部分地区）都分配给了西班牙。

西班牙依据此条约，通过残忍的手段征服新大陆的土著文明，包括阿兹特克文明和印加文明。此外，西班牙依据条约在中美洲、南美洲和北美洲的许多地区建立了殖民地。佛罗里达（当时西班牙人定义的佛罗里达实际上囊括了北美东南部的大部分地区，从现今的佛罗里达州往北一直延伸到南卡罗来纳州）也在西班牙的野心范围内。16世纪下半叶，西班牙多次尝试殖民该地区。其中最令人印象深刻的努力是由唐·特里斯坦·德·卢纳-阿雷利亚诺（Don Tristán de Luna y Arellano）领导的一次殖民活动。[12]他于1559年6月从如今墨西哥的韦拉克鲁斯港出发，率领着一支由11艘船组成的雄伟舰队，船上载有1000名殖民者和仆从，以及500名士兵。

8月中旬，舰队进入了今天的彭萨科拉湾（Pensacola Bay），并在如今的彭萨科拉市中心靠岸。卢纳准备在此扎营，并派一艘船折回墨西哥，向当地总督报告探险队的到来。但他对这一"新生殖民地"的期望很快破灭。卢纳本以为自己可以和当地的印第安人进行交易并换取食物，以补充自己有限的物资储备，可实际上，这个地区的原住民很少，这让卢纳感到忧心忡忡。祸不单行的是，此时一场狂暴的飓风又袭击了海岸，这导致这支殖民探险队的处境更为困顿。飓风过后，这支队伍只有3艘船幸存，6艘船连同随船的大部分补给物资在海湾中沉没，另一艘船被大风和汹涌的海浪推到岸边并被迫搁浅。随行的殖民者和士兵死伤众多，更糟糕的是，从船上卸载到岸上的食物补给也被大雨冲毁。

殖民者面临着饥饿的窘境，他们艰难求生。尽管墨西哥殖民地曾多次派出增援船只，卢纳的殖民队伍也努力在深入内陆的地区建立前哨站，并尝试从惊恐的、充满敌意的印第安人那里获取甚至偷取食物，但他们还是没能坚持下去。经过两年的殖民实验，卢纳船队中的最后一批殖民者从彭萨科拉湾起航返回，这个曾经的殖民地也随之消失在历史的迷雾中。

就在卢纳殖民地解体数年之后，又一场飓风影响了佛罗里达的历史进程，而且这场飓风影响了两个老对手——西班牙和法国的帝国规划。[13]与许多拒绝接受《托尔德西拉斯条约》的欧洲国家一样，法国认为自己完全有权在新大陆开拓自己的殖民地。作为早期探索的成果，法国已宣称拥有北美的大片土地，并将其命名为新法兰西，法国人认为佛罗里达也理应被囊括在内。以此为据，1562年2月，法国海军上将加斯帕尔·德·科利尼（Gaspard de Coligny）派遣一支由让·里博（Jean Ribaut）率领的小型舰队前往佛罗里达，为那些因逃避法国天主教宗教迫害而有意移民此地的胡格诺派教徒建立前哨基地。

几个月后，里博到达位于佛罗里达沿岸的圣约翰河（St. John's River）入海口附近，这一地区现在被称为杰克逊维尔（Jacksonville）。[14]他将这里命名为五月河（May River），并宣称此地属于法国。里博没有在此多做停留，而是继续沿着海岸向南卡罗来纳罗亚尔港的帕里斯岛（Parris Island）前行。在那里，里博建造了一个小型要塞，并安排30名手下在此驻扎，然后乘船返回法国。不久之后，这座

法国画家雅克·勒·穆瓦纳·德·莫尔格（Jacques le Moyne de Morgues）绘制的佛罗里达地图的细节，他是让·里博远征新大陆之队伍中的一员。船西面的海岸上是五月河和卡罗琳堡。西南方较远处的湖泊后来被称为奥基乔比湖（Lake Okeechobee）

要塞便如同许多在新大陆新建的殖民地一样逐渐废弃。

在佛罗里达建立殖民地的尝试失败后，1564年，法国的科利尼上将派出了另一支探险队，试图建立殖民地。这支探险队由勒内·古莱纳·德·洛多尼埃（René Goulaine de Laudonnière）领导。洛多尼埃的船队由 3 艘船组成，包括 300 名殖民者和一小队士兵。他们在当年 6 月底到达五月河口，并在毗邻的悬崖上建造了卡罗琳堡。

西班牙人很清楚这两支法国探险队都到过佛罗里达，并对法国人侵占西班牙领地的行为感到十分愤慨。令西班牙人更为恼火的是，有情报称里博正准备派遣另一支舰队前往卡罗琳堡，并将其作为行动基地，来发动针对西班牙宝船的攻击，这些宝船负责把在南美洲和中美洲开采的金银运回西班牙本土。为了应对法国人的进攻，西班牙国王腓力二世（1556—1598 年在位）派出了自己的舰队。在佩德罗·梅内德斯·德·阿维莱斯（Pedro Menéndez de Avilés）的领导下，这支舰队启程前往佛罗里达。该舰队旨在摧毁来犯的法国舰队，并占领法国人的定居点——卡罗琳堡。

不过，腓力二世的情报有误。法国舰队的目标并不是攻击西班牙宝船，而是给卡罗琳堡提供补给，以巩固刚刚建立的法国殖民地。这个殖民地一度由于内讧造成的叛乱、补给的迅速减少以及印第安人的进攻而处于崩溃边缘。然而，西班牙人并不知晓这一情况。仿佛是命运的安排，1565 年夏天，法国和西班牙的两支强大的舰队，沿着大西洋航线相向而行。

8 月 28 日，里博率领的法国舰队率先首先抵达卡罗琳堡。西班牙人紧随其后，从卡纳维拉尔角（Cape Canaveral，位于卡罗琳堡以南约 120 英里处）稳步前进。10 天后，梅内德斯到达五月河口，

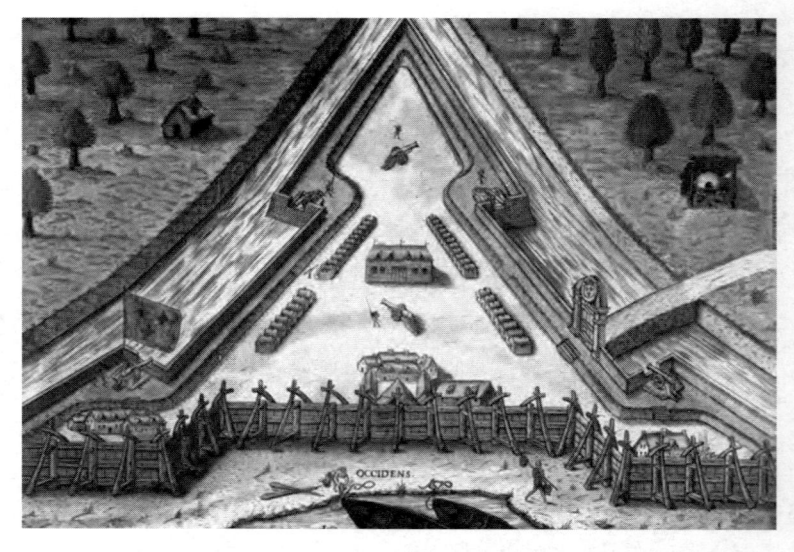

1591年西奥多·德·布里创作的版画，描绘了卡罗琳堡。卡罗琳堡由法国人于1564年在五月河口建造

他看到法国舰队停泊在远处。随后双方爆发了第一次冲突，这次冲突未分胜负。然后，梅内德斯沿着海岸撤退了大约40英里。此前，他于8月28日发现了一个合适的港口，这一天，他得以靠岸登陆。由于8月28日恰逢西班牙的官方节日——圣奥古斯丁日，梅内德斯便将登陆的地点命名为圣奥古斯丁，并以西班牙国王的名义宣布占领此地。

法国舰队对梅内德斯咬紧不放，一直追踪到圣奥古斯丁，但他们没有立刻发动攻击。相反，他们在海上徘徊了一会便返回卡罗琳堡，并向里博汇报了西班牙舰队的位置。法国舰队一离开，梅内德

约 1791 年的版画作品，佩德罗·梅内德斯·德·阿维莱斯的肖像

斯和他的手下就开始在该地设防，为他们认为即将到来的攻击做准备。

西班牙舰队的出现在法国人中引起了激烈的争论，一些人提议袭击圣奥古斯丁，而另一些人倾向于加强卡罗琳堡的防御，静候西班牙人的到来。里博则更倾向于前者。作为指挥官，里博起到了决定性的作用。9 月中旬，法国舰队已经做好了战斗准备，4 艘船和 8 艘帆船[1]，共计 400 多名士兵和大约 200 名水手，开始向西班牙人的海岸进发。

---

[1] 这一时期的"舰载艇"是一种小型帆船，通常作为较大型船只的补给船。

两天后，里博的舰队来到圣奥古斯丁海岸附近。他可以清楚地看到港口里的西班牙船以及岸上的人正在疯狂地建造防御工事。他没有立刻发动进攻，而是要求梅内德斯投降。大自然母亲的介入打破了僵局。留在卡罗琳堡的洛多尼埃回忆道："那里出现了一场狂风暴雨，以至于印第安人都跟我说，这是海岸上最糟糕的天气。"[15] 飓风把法国船向南吹到卡纳维拉尔角，船在那里的浅滩撞毁。半数以上的法国人幸存下来，挣扎着上岸，其余的则死在了波涛汹涌的大海里。

梅内德斯不知道法国船发生了什么，但考虑到飓风的猛烈程度和风向，他推测他们不可能返回卡罗琳堡，他正确地得出结论，他们的船已经失事。因此，他推测这座要塞很可能防御空虚，现在正是进攻的最佳时机。梅内德斯召集了500人，冒着飓风出发，希望能起到出其不意的效果。9月19日晚，西班牙人沿着陆路向北跋涉40英里，穿过沼泽和灌木丛，穿过因雨水而泛滥的河流，穿过沙地平原，终于抵达卡罗琳堡。

机不可失，梅内德斯在第二天拂晓发动了进攻。许多法国人逃进了周围的树林，但其中大多数人被俘虏了，西班牙人残忍地屠杀了130名俘虏。（不过值得注意的是，妇女、婴儿和15岁以下的男孩等共计50人得以幸免。）梅内德斯随后把目光转向了港口里的3艘法国船。他设法用要塞的武器击沉了一艘，另外两艘船逃脱。几天后，船返回该地区，把分散在树林里的法国人召集起来，然后驶向法国。他们不知道里博的探险队发生了什么，但做了最坏的打算。

由于担心里博和他的手下在飓风中幸存下来后,会攻击圣奥古斯丁,梅内德斯率领一支小分队向南返回。在接下来的几个星期里,他们抓获了大约 400 名法国人,这些人是里博的残余部队。梅内德斯十分残忍地展现出对敌人的极度仇恨。他在法国人放下武器投降后,将他们双手绑在背后,并用剑处决了 300 名法国人,包括他们的指挥官里博。其余的人则逃过一劫,被收押为俘虏。

虽然法国军队在几年后短暂地夺回了卡罗琳堡(当时被称为圣马特奥),并杀死了里面的西班牙人,但梅内德斯对里博部众的残酷打击有效地终结了法国殖民佛罗里达的野心。此后佛罗里达便一直处于西班牙的控制之下,直到七年战争期间,英国夺取了古巴的哈瓦那,1763 年,为了赎回哈瓦那,西班牙将佛罗里达交易给英国。美国独立战争期间,西班牙重新控制了佛罗里达,在 1821 年把它让给了美国。尽管几经易手,圣奥古斯丁城被保留下来,并赢得了美国"最古老城市"的美誉。

如果 1559 年的飓风没有袭击彭萨科拉,或者如果 1565 年的飓风没有袭击佛罗里达东海岸,美洲大陆的命运可能会发生重大变化。如果飓风放过了卢纳的探险队,他们的大部分食物和补给就不会丢失,更多的士兵和殖民者就会活下来。这也许足以让这块殖民地兴旺起来,让西班牙人在美洲大陆获得第一个安全的立足点,他们可以从那里向西、向东、向北拓展,进入美洲大陆的中心。同样,如果里博的舰队没有被飓风摧毁,法国人可能已经击败西班牙人,佛罗里达也会落入法国的势力范围。

1706年的版画作品，描绘了一名法国士兵，也许是让·里博本人，向佩德罗·梅内德斯·德·阿维莱斯下跪。后者在法国军队的船于飓风中沉没后俘虏了法国人。法国人被分成30人一组，并被询问是不是天主教徒。如果不是，他们就会被带到外面处决。在背景中，可以看到西班牙士兵正在砍下法国士兵的头

当西班牙人和法国人与飓风搏斗时，英国人也试图在美洲大陆定居，他们同样不得不与飓风搏斗。第一次影响英属北美殖民地的飓风发生在1609年夏天，这次飓风影响了弗吉尼亚的詹姆斯敦，这是英国人在新大陆最早的永久定居地。[16]

詹姆斯敦由伦敦的弗吉尼亚公司于1607年5月14日建立，这个城镇的规划轻虑浅谋，在实际经营上也是荆棘塞途。早期的殖民者中有许多"绅士"，他们要么不愿意，要么似乎没有能力做一整

天的辛苦工作，并期望有人为他们做这些——在被殖民者称为"野蛮王国"的异国他乡，以及残酷的生存环境中，这些人很难取得成功。殖民者花费了大量精力在这片土地上"寻找黄金"，却忽略了一些更为实际的事务，如种植粮食和建造防御工事。而不断的内斗、领导层的分裂、与土著交恶等种种问题，导致殖民地不断爆发小规模的冲突，商业贸易的发展也十分有限。除了这些问题，殖民者还遭受了一场大火，这场大火烧毁了要塞的大部分建筑。此外，殖民者到达詹姆斯敦的时间节点也很不巧，他们到来之时正值当地的严重干旱时期，这使得整个地区的粮食生产都遇到了困难。

尽管阻碍重重，这个殖民地还是靠着母国提供的定期补给度过了最初的几年。1608年的两次补给行动给这里带来了新的人口和食物，每次都将殖民地从毁灭的边缘拉了回来。1609年6月初，英国派出了第三支补给船队，该船队由9艘船和大约500名殖民者组成。率领这支船队的是300吨重的"海上冒险号"，载着大约150名乘客，其中包括乔治·萨默斯爵士（Sir George Somers，舰队上将）和被提名为弗吉尼亚新总督的托马斯·盖茨爵士（Sir Thomas Gates）。船上还有约翰·罗尔夫（John Rolfe），他后来娶了波卡洪塔斯（Pocahontas）为第二任妻子，在美国第一次对烟草进行商业种植，并取得了成功，从而声名鹊起。在长达七周的旅程中，船队的船一直结伴而行，穿越相对平静的大西洋。直到7月下旬，天气开始变得糟糕起来。

7月24日晚上，船队离詹姆斯敦只有一周的航程，天空乌云密布，狂风大作。第二天，整个世界仿佛要爆炸一样。威廉·斯特雷奇（William Strachey），一位崭露头角的诗人和剧作家，也是补给船之一"海上冒险号"的乘客，他捕捉到了这一幕。"一场危险又可怕的风暴开始从东北方向刮来，狂风肆虐，有些时候尤其猛烈。（这场风暴）犹如来自地狱的黑暗力量，将天堂之光击碎，让黑暗降临。"[17]船队被飓风吹散，每艘船都在海面上勉力航行。在接下来的几周里，其中7艘船最终抵达詹姆斯敦，而另一艘船和所有乘客都在风暴中遇难。幸存的船上有一位名叫威廉·博克斯（William Box）的英国绅士，他描述了船的惨状："（船队中的）一些船失去了桅杆，还有些船的帆被吹离了帆桁。巨浪拍打着我们的船，我们的大部分给养被破坏……许多人患病，还有不少人死去，我们在如此悲惨的境地中到达了弗吉尼亚。"[18]至于"海上冒险号"，它经历了最可怕和最惊人的考验。

24小时内，飓风的风力越来越大，在乘客们认为天气不可能变得更糟的时候，形势依然每况愈下，岌岌可危。[19]风暴声震耳欲聋。所有的船帆都已收起，因为狂风会把它们刮得粉碎，并导致船只倾覆。"（这时的天气）已经不能说是下雨了"，斯特雷奇说，因为"雨水如整条河般倾泻而下"。[20]

海浪的拍击松动了填絮——用来填塞船只接缝处的、表面涂抹柏油的绞绳——并冲开了无数的缝隙，使得海水涌进船舱。绝望的人们砸开了装干牛肉的大桶，把肉塞进缺口里，但还是没能阻挡住海水。在某一刻，巨大的波浪冲破了船体，淹没了整艘船，犹如衣裙包裹身体，或像巨云遮挡天空。[21]船上的每个人都昼夜不停地压水泵、递水桶，为防止船沉没尽自己的一份力。斯特雷奇以前在地中海经历过强烈的风暴,"但我遭受的所有苦难加在一起可能也无法与这次相比",他写道,"这艘船随时都可能突然崩解或瞬间倾覆"。[22]

即使在飓风过去之后,大风和猛烈的海浪仍继续撕扯着"海上冒险号",它的船身非常低,舱内几乎装满了10英尺深的剧烈晃动的水。在三天多的时间里,船无帆可用,只能以惊人的速度在浪涛中顺风疾驰。船上的人寝食难安,担心每一刻都将是最后一刻。最后,在飓风袭击的四天后,风终于开始减弱,海军上将萨默斯在远处发现了陆地。

他发现的这片陆地是百慕大群岛中最大的岛,欧洲水手把百慕大群岛称为"魔鬼群岛",因为那里参差的暗礁曾摧毁许多船,据说"恶灵"也经常出没于此。不管这座岛是不是"恶魔之地",它是萨默斯一行获救的唯一希望,所以他们驶向了这座岛。[23]但是,在距岸边还有一海里的时候,测量显示,水深正在迅速下降。显然,"海上冒险号"不可能越过周围的暗礁顺利靠岸。无奈之下,萨默斯熟练地驾船,朝海面上露出来的两块大礁石驶去,然后把船牢牢地卡在两块礁石之间。

事实证明,百慕大群岛非但不是"魔鬼群岛",反而是真正的天堂。[24]这里有繁茂的植被、美味的水果、大量"肥美而又香甜"的鱼类、可以产出"大量珍珠"的牡蛎、数量众多的飞禽,以及不计其数的粗壮树木。在此地停留期间,萨默斯一行用岛上的雪松木和"海上冒险号"的残骸建造了两艘小船,取名为"拯救号"和"耐心号",他们乘着这两艘小船踏上了前往弗吉尼亚的最后一段

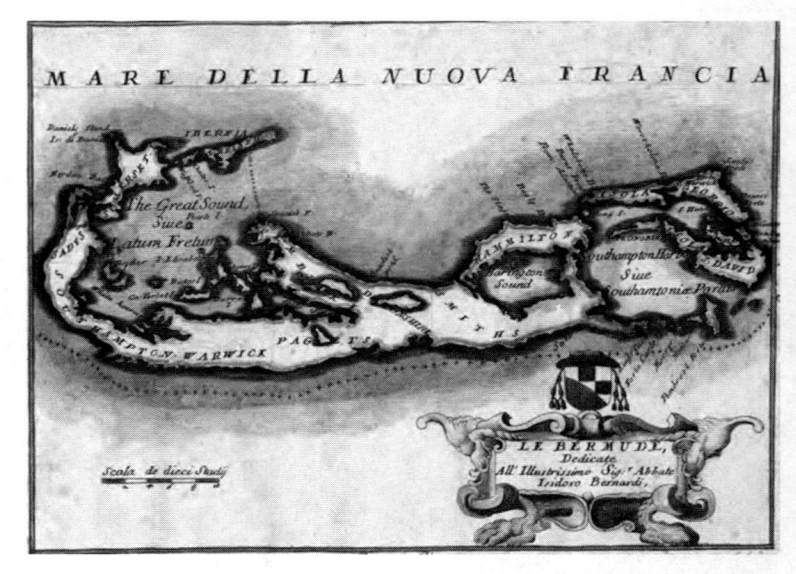

温琴佐·科罗内利（Vincenzo Coronelli）绘制的百慕大地图，约1692—1694年

旅程。

1610年5月23日，萨默斯一行在到达詹姆斯敦时看到了可怕的一幕。要塞已是一片废墟，栅栏已被拆毁，大部分房屋空无一人，住在里面的人早已去世。这个小型殖民地差点沦亡于这一"饥饿时期"。在此期间，殖民地的人口从500人左右骤减到60人。幸存下来的人如同行尸走肉般苟且偷生，形容枯槁。随着饥荒加剧，他们开始以马匹为食，随后靠狗、猫、老鼠和蛇果腹，最后还会拿他们靴子和鞋子上的皮革来充饥。[25]为了生存下去，一些殖民者甚至开始食人。

这些从百慕大来的"漂流者"没有意识到他们将目睹人间地狱般的惨状，他们只带了几周的口粮。虽说如此，考虑到幸存殖民者的悲惨处境，"拯救号"和"耐心号"携带的少许食物仍然是至关重要的。[26]当时在伦敦出版的一本小册子写道，"如果上帝没有从百慕大群岛派来托马斯·盖茨爵士，不出四天"，这些殖民者就会全部灭亡。[27]

然而，微薄的口粮不足以维持殖民地的生存，因此盖茨决定放弃詹姆斯敦。6月7日，所有人都登上了剩下的3艘船，这支弱小的船队沿着詹姆斯河航行，打算返回英格兰。他们在距要塞只有几英里的岸边过夜休整，并继续他们的旅程。不久，他们看到一条小船向上游驶去，一名英国人只身站在船的甲板上。此人自称爱德华·布鲁斯特上尉（Captain Edward Brewster）。他递给盖茨一封托马斯·韦斯特［Thomas West，即德拉沃尔勋爵（Lord De La Warr）］的信。就在两天前，德拉沃尔率领第四支补给船队抵达河口，随行的3艘船满载着补给和150名新移民。在波因特康福特（Point Comfort），他遇到了几个等待盖茨前来接驳的居民，他们向勋爵诉说了殖民者的艰辛经历以及打算离开的决定。德拉沃尔对此大为震惊。他已经被弗吉尼亚公司任命为殖民地的新总督，他不可能允许殖民地就此解散。在这封信中，他命令盖茨返回詹姆斯敦，这样一来，殖民地得以存续。

正如早期发生在佛罗里达的飓风一样，此次干扰了詹姆斯敦第三次补给任务的飓风也在美国历史上留下了深刻的印记。在最为艰难的时刻，这场飓风毁灭了补给物资，又差点夺去殖民地新领导层的生命。但同时，这场飓风也为殖民地的存续创造了环境。它使得盖茨一行在机缘巧合中到达百慕大群岛。在近一年后，盖茨一行人又为饥馑的殖民者提供了持续的补给。直到德拉沃尔出现，情况才进一步好转。飓风也在文学史上留下了印记，因为大多数学者认为，斯特雷奇在飓风中的遭遇给威廉·莎士比亚创作剧本《暴风雨》提供了一定的灵感，这部戏剧的情节是围绕一场非常强力的暴风雨和随后的沉船在一个岛上的经历展开的。[28]

飓风仍将是美国殖民地生活中不可避免的一部分。毫无预警的袭击，颠覆了人们的生活和生计。[29]但必须补充的是，有人指出飓风是有益的，他们认为飓风带来了急需的降雨，并使不健康的空气"恢复到健康的状态"。[30]然而，持乐观看法的人只是少数。绝大多数殖民者对飓风极度恐惧，他们衷心祈祷能够远离飓风。

殖民地时期发生过很多次飓风，其中许多飓风造成了巨大的破坏。但其中有两个特别值得注意的飓风，那就是1635年的"殖民地大飓风"和1715年的"宝藏舰队飓风"。[31]

1635年8月15日，"殖民地大飓风"以排山倒海之势袭击了普利茅斯和马萨诸塞湾殖民地。[32]成千上万的树木被折断，无数房屋被夷为废墟，众多舰船被吹离港口，飓风造成了大量人员伤亡。有8名在纳拉甘西特湾（Narragansett Bay）附近定居的印第安人被"14英尺高的巨浪卷入海中"，溺水身亡。[33]根据马萨诸塞湾殖民地总督威廉·布拉德福德（William Bradford）的说法，"这一带的英国人和印第安人都从未见过如此高强度的飓风"。[34]我们可以通过两

尼古拉斯·罗（Nicholas Rowe）于 1709 年出版的威廉·莎士比亚的《暴风雨》中的插图

艘命运截然不同的船来讲述此次飓风的故事。

8 月 11 日清晨，也就是飓风发生的四天前，安东尼·撒切尔

（Anthony Thacher）和他的表兄弟、牧师约瑟夫·艾弗里（Joseph Avery）站在马萨诸塞伊普斯威奇（Ipswich）的码头上，"观望号"帆船正准备在此扬帆起航。[35]当时，马萨诸塞湾殖民地很难招募到称职的牧师。而波士顿北部的一个小渔村——马布尔黑德的居民希望能说服艾弗里来担任这个村庄的牧师。他们派"观望号"前去将牧师和他的表兄弟一起接走，而撒切尔也决定搬到马布尔黑德。船长和他的3个船员已经做好了航行准备，乘客也已登船。该船的乘客除了艾弗里和撒切尔，还有他们的家人，以及两个仆人和一位绅士。乘客和船员共计23人。

在最初的三天里，"观望号"一路走走停停，旅程进展还算顺利，但到了8月14日，"上天"突然把这群人的"喜悦变成了哀悼和哀痛"。晚上10点前后，风力已有七级以上，船帆被刮裂。由于天色渐暗，船员们不肯出舱更换船帆，而是将船下锚，就地过夜。拂晓时，大风发展为飓风。"观望号"丢锚，接着缆绳又被吹断，船被卷到汹涌的海面上。撒切尔、艾弗里和他们的家人尽全力为彼此祈祷，希望不要被卷入巨浪。

"观望号"不断被巨浪冲击，最终被卷到一块巨大的岩石之上。船舱进水，船身开始解体，大海一个接一个地吞噬生命。船长和船员们最先被冲下船。撒切尔没有绝望，他坚持自己的信念。当他从船舱向波涛汹涌的大海望去时，他看到了远处的树梢。这个发现点燃了求生的希望，他对他的表兄弟说："一定是上帝的旨意把我们置于这里……海岸离我们不远。"（然而，人们不禁要问，撒切尔是否问过上帝为什么不直接把船放在岸边。）但艾弗里恳求他留下来，这样他们就可以和家人"一起死",然后前往天堂。

撒切尔刚打算听天由命,雷鸣般的巨浪就冲进船舱,把他、他的女儿、艾弗里,还有艾弗里的长子冲到岩石上。四人爬到更高的地方,大喊着让那些还在船舱里的人也往高处攀爬。其他人显然吓呆了,只有撒切尔的妻子有反应。当她开始从舱口爬到后甲板时,另一个浪头冲进船舱,淹没了剩下的一切,把她和其他所有的乘客都卷进了翻腾的水中。同一波海浪的力量也把每个人都从岩石上卷了下来,除了撒切尔,他顽强地抓住了岩石表面。然后,正当他伸手去抓船上的一块木板时,另一个浪头把他推开,他也被抛进了海里。

最后,只有撒切尔和他的妻子幸存下来,这次事件将成为马萨诸塞湾殖民地历史上最具戏剧性和最具传奇色彩的海难之一。他们遍体鳞伤,衣衫褴褛,几乎赤身裸体,被冲到离安角(Cape Ann)大陆大约 1 英里的一个无人居住的小岛上。他们用沉船上的衣服盖住自己,靠漂上岸的食物生存。五天之后,一艘船航行到附近,将他们救起。

这场灾难很快成为新英格兰地区街谈巷议的话题。许多人为撒切尔夫妇一行人的遭遇深感悲痛。1635 年 9 月,马萨诸塞立法机构给予撒切尔"40 马克"①,约 26 英镑,以帮助补偿他的"巨大损失";[36]一年后,当地政府将那座无人岛给予撒切尔,认为他在此地死里逃生,这座岛"理应属于他"。撒切尔将这座岛命名为"撒切尔之殇"(Thacher's Woe),如今它被称为撒切尔岛,并成为罗克波

---

① 此处的"马克"并非钱币,而是当时英国及其殖民地的一种会计计量单位,1 马克约合三分之二英镑。——译者注

特镇（Rockport）的一部分。

就在撒切尔和他的同伴们被飓风凌虐的同时，"詹姆斯号"在离缅因海岸和新罕布什尔海岸交会处约 6 英里的浅滩岛（Isle of Shoals）抛锚，与飓风天气进行抗争。[37]这艘船载有 100 名清教徒移民，他们为了逃避宗教迫害而离开英格兰。17 世纪 20 年代至 30 年代，英格兰的清教徒进行大迁徙，有大约 2 万名清教徒从英格兰的教会前往新英格兰海岸。[38] "詹姆斯号"上最著名的乘客是清教徒牧师理查德·马瑟（Richard Mather），他带着妻子和四个儿子前去波士顿南部的多尔切斯特镇（Dorchester），计划在那里的第一教堂布道。

约翰·福斯特（John Foster）的著作《牧师的生与死，理查德·马瑟先生，新英格兰多尔切斯特教会教师》扉页上的理查德·马瑟画像，约 1670 年

"8月15日凌晨,飓风向我们袭来,"马瑟后来回忆道,"上帝带来了一场极其可怕的暴风雨,这让我们陷入了前所未有的危险。""詹姆斯号"上的三个船锚在越发暴虐的风浪面前毫无用处。两根锚链被暴风刮断,水手们在"极端的绝望中"主动割断了第三根锚链,并希望此举能够"拯救这艘船和他们自己的生命"。当最后一根缆绳被切断时,"詹姆斯号"被迫随波逐流,距离浅滩群岛①很近。船帆也不敌如此猛烈的风暴,它"被扯得支离破碎,就像烂布一样"。

马瑟和他的清教徒同伴向上帝祈求得救,据信徒们讲,上帝"十分同情和怜悯我们,上帝的意旨指引船穿越礁石,平息了暴风和骤雨,给予我们喘息之机"。(他们实际上是驶入了风眼。)趁着风平浪静,船员们挂上了新帆。当风力再次迅速变大之时,风暴将"詹姆斯号"推向了安角附近越来越平静的海域。"这是一个值得纪念的日子,"马瑟说,"因为在那一天,上帝从前所未有的危险中,如奇迹般拯救了我们。"马瑟和他的家人最终安全抵达多尔切斯特,在那里,他迅速成长为新英格兰最杰出的传教士之一。

这两个故事构成了一种奇怪的对比。两个故事中都有神职人员,他们都狂热地相信上帝为他们制订了计划,并能左右他们的命运。然而,飓风给其中一个人带来了死亡和痛苦,而另一个人却毫发无损地离开了。这恰恰就像人们常说的那样,"天命不可知"。碰巧的是,马瑟幸存下来,他对美国历史产生了深远的影响。不仅他

---

① 普利茅斯附近的九个原始岛屿,被统称为浅滩群岛。——译者注

是一位受人尊敬和有影响力的传教士，而且他的儿子英克里斯·马瑟（Increase Mather）和孙子科顿·马瑟（Cotton Mather）在近一个世纪的时间里，也在新英格兰的宗教和政治生活中扮演着关键角色。

1715年袭击佛罗里达的飓风加剧了北美的海盗活动，海盗猖獗带来的影响要比飓风带来的直接损失大得多。[39]在西班牙王位继承战争（1702—1713年）的最后几年，传统的西班牙宝船无法每年定期横渡大西洋，这导致大量的钱财和货物堆积在西班牙美洲港口的仓库中。1715年5月，人们期待已久的由唐·胡安·埃斯特万·德乌维利亚（Don Juan Esteban de Ubilla）统率的11艘宝船终于从哈瓦那起航，开往加的斯港。船上有珠宝、钱币、铸锭和来自东方的异国货物，价值约700万西班牙银元。与这支舰队同行的还有一艘名为"勒格里福尼号"（Le Grifon）的法国船，这艘船为哈瓦那总督将货物运送到西班牙。

7月30日早些时候，舰队正在靠近佛罗里达东海岸，离现在的维罗海滩不远，这时，太阳消失在滚滚的乌云后面，风开始咆哮，汹涌的海浪开始把船像软木塞一样卷来卷去。据一名在暴风雨中幸存下来的水手说，随着飓风的加剧，"它是如此猛烈，以至于水像箭一样飞到空中，伤害了所有被击中的人，那些冒险经验丰富的水手说他们以前从未见过这样的情况"。[40]到第二天早上，整支舰队都被摧毁了，船背在撞到暗礁或被冲上岸时折断了。只有"勒格里福尼号"航行到更远的海上，在这场暴风雨中幸存下来。超过1000人，大约是全部人数的一半，失去了他们的生命，遭受重创的幸存者挣扎着向岸边游去，把自己拖到海滩上。舰队的残骸散落在三十多英里范围内的海洋和沙滩上。

　　灾难的消息迅速在大西洋上传播开来。金银珠宝遍布海底的景象激起了成千上万的幻想，并导致大批水手前往佛罗里达海岸寻找战利品。尽管西班牙付出了巨大的努力来打捞，一些闯入者还是成功地从海底获取了财宝，或者从西班牙打捞者手中抢走了财宝。不管成功与否，从前的许多寻宝者决定通过成为海盗，继续寻找战利品。海盗活动在1710年代中期急剧上升，并一直持续到1720年代中期。这些海盗在所谓的海盗黄金时代末期频繁在海上活动，恐吓大西洋上的商船，对殖民地和欧洲国家的海上活动产生了深远的负面影响。

　　尽管美国殖民者对飓风非常熟悉，无论是通过直接经验，还是通过阅读不断增加的殖民地出版物，但他们不知道这些风暴的起源和控制它们的力量是什么，也不知道它们是如何随着时间的推移而形成和发展的。一个几乎被普遍接受的理论开始并结束于相信它们是上帝的作品，正如前面提到的，上帝以神秘的方式行事。另一种被广泛接受却错误的观点是，大多数飓风是在大致相同的位置形成和消亡的，当它们移动时，它们与盛行风沿着同一个方向移动。第一个以实质性的方式推进对飓风理解的人是美国国父，当时的著名科学家本杰明·富兰克林。

第二章

风暴法则

18 世纪晚期托马斯·杰斐逊的版画,他对气象学和该领域的发展有着浓厚的兴趣

1743 年 10 月 21 日晚上,37 岁的本杰明·富兰克林伸长了脖子仰望费城的星空,希望能观察到预测中的月食。[1]在殖民地,富兰

克林已经是一颗冉冉升起的新星,备受当地民众的赞誉。他曾出版《穷理查年鉴》(*Poor Richard's Almanack*),并大获成功。他还发明了一些巧妙的器具,如以他的名字命名的火炉。此时令他感到失望的是,厚厚的云层遮住了他的视线。突然,一场飓风向他袭来。

从飓风的风向看,富兰克林推测风暴是从东北方向过来的。他从报纸报道和信件中得知,波士顿的居民,包括他的兄弟约翰,在晴朗的夜空中目睹了月食,但不久之后,一场刮着东北风的猛烈风暴同样挡住了他们的视线。富兰克林对于这一现象感到十分惊讶。他总结道,这两场看似不相关的风暴实际上是同一场飓风,它从费城附近向东北方向移动,并在几小时之后袭击了波士顿。有报道称,这一飓风在向波士顿移动的过程中还经过了纽约和罗得岛的纽波特。富兰克林成为首个认识到飓风特性的人。他发现,飓风是可以移动的,并且飓风的风向可能与它移动的方向相反。虽然富兰克林不明白为什么(飓风是逆时针旋转的旋风,当飓风经过时,他在风眼的左侧),但他的观察是解开飓风行动之谜的重要的第一步。

富兰克林并不是唯一对1743年"月食飓风"进行气象学研究的学者。飓风发生的那天,曾经的马萨诸塞湾殖民地总督的同名玄孙——约翰·温斯罗普(John Winthrop)正在哈佛大学的实验室里工作,他是那里的一名数学和哲学教授。[2]从1742年开始,温斯罗普开始写"气象日记",记录了各种测量数据,包括温度、降水和气压。[3]其中,气压的读数很不寻常。1643年,意大利物理学家和数学家埃万杰利斯塔·托里拆利(Evangelista Torricelli)发明了水银

约瑟夫-西弗雷德·杜普莱西斯（Joseph-Siffred Duplessis）于1779年创作的本杰明·富兰克林的油画的印刷品，当时富兰克林正在巴黎为美国的战争努力争取支持

气压计，但直到1717年它被带到费城，这种用来测量气压的精巧仪器才传到美洲殖民地。1727年，温斯罗普购置了这一装置用于实验。

当飓风席卷马萨诸塞的剑桥地区时，温斯罗普不断地查看他的气压计。下午2点，它达到了气压读数的最低点——29.35英寸。由于海平面的正常气压读数是29.92英寸，① 温斯罗普的读数并不是特别低，这表明此时飓风的风力较弱。[4]但这或许是因为他所在位

---

① 29.92英寸相当于每平方英寸14.7磅。

置比较靠近内陆，也可能是因为他的气压计校准得不好。然而，温斯罗普的观察使他成为有史以来第一个测量飓风气压的人——这一数据最终成为后世测定飓风强度的关键因素。

富兰克林和温斯罗普开启了人类探究飓风奥秘的进程，但这只是开端。直到 19 世纪中叶，关于飓风的研究才有了实质性的进展。在启蒙时代人们追求科学的背景下来看，飓风科学的长期停滞不前实属令人惊讶。

富兰克林和温斯罗普生活在启蒙运动时期，也就是所谓的"理性时代"。启蒙运动从 17 世纪后期持续到 19 世纪初，这两人恰好生活在启蒙运动的中期。这是一个酝酿变革的时代，一个知识兴起的时代。在这一时期，理性思维和实验精神开始帮助人类更好地认识世界、改善人类的境况，并且成为一种解决社会问题的有效手段。从科学史和自然史的角度来看，这是一个"大发现"的时代。种种科学发现都在帮助人类对影响地球生命的法则、力量和元素进行解释、分类和量化。

在这一时期，英国数学家、物理学家和天文学家艾萨克·牛顿对光学做出了开创性贡献，并奠定了经典力学的基础；瑞典植物学家卡洛斯·林奈（Carolus Linnaeus）引入了双名命名法，即用不同的属和种来命名植物和动物的分类系统；苏格兰地质学家詹姆斯·赫顿（James Hutton）证明了沉积、侵蚀和火山活动等地质过程塑造了地球的地形，而这个世界的历史是如此悠久，它的年龄反映在随着时间推移而形成的地质层中。

气象学的起源可以追溯到亚里士多德写于公元前340年的《论气象》（*Meteorologica*），气象学也在启蒙时代得到了发展。[5]精准的气压计、温度计和雨量计的使用越来越广泛，使许多人成为气象观察员，他们经常在日记中记录他们的观察。美国最著名的气象学实践者是托马斯·杰斐逊，他是一名业余气象学家和资深的气象观察员。[6]尽管他从事外交和政治事业，工作较为繁忙，但从1776年到1818年的四十二年中，乃至更长的时间里，不论是在蒙蒂塞洛山顶的家中，还是在他辉煌职业生涯的居所——白宫中，又或是在其他的居住地，他都对当地日常天气的变化进行记录。杰斐逊希望通过测量所谓的"气候指数"——例如，降水、温度、鸟类迁徙的时间和植物开花的时间——来得出气候变化的理论。[7]虽然这一理论在杰斐逊有生之年没有得到发展，但他的气象研究增加了人们对日常天气和更长时段气候趋势的理解。他的工作被美国和欧洲成千上万的气象记录者发扬光大，这些人也保存并分享他们孜孜不倦地记录的气象资料。[8]

另一名业余气象学家则以发明"云"这一定义而著称。[9]1802年，30岁的英国药剂师卢克·霍华德（Luke Howard）做了一场题为"论云的变化"（On the Modify of Clouds）的公开演讲，之后不久，他又发表了一篇同名的文章。[10]霍华德给每个人都见过的事物——头顶上不断变化的云彩——取了名字，以此来解释它们。他根据云的特征对云进行了简单而优雅的分类。云的三种基本类型分别是卷云、积云和层云——最简单的定义分别是细缕云或羽毛云，从水平的底部向上延伸的大量高耸的云，以及在大片区域水平扩散形成一个覆盖层的云。然后霍华德更进一步，将这三种基本的云形结合起来，"创造"出各种云形的变体，如卷层云（cirrostratatus）和卷积层云（cumulocirrstratatus）。霍华德的天才之处就在于创造了一种"天空的语言"，[11]这使得气象学家能够更深入地探讨"云"及其对天气的影响。

虽然启蒙时代气象学的进步并非微不足道，但也并非惊天动地。正如杰斐逊在1822年所写的那样，"在过去一百年里所有的科学体系中，似乎没有一个比气象学更落后"。[12]虽然在日常和季节性天气、气候和云层方面，气象学有进步的趋势，但不幸的是，对飓风的研究并非如此。这一缺陷并不是因为缺乏可以观察和研究的例子。自富兰克林在"月食飓风"中"顿悟"以后，美国和加勒比地区遭受了大量飓风的侵袭，其中两场飓风在美国独立战争期间造成了重大影响。

第一场影响较大的飓风发生在1780年10月初，它摧毁建筑物，击沉船只，造成一千多人死亡，把牙买加夷为平地。[13]牙买加总督约翰·达林（John Dalling）描述了飓风登陆滨海萨凡纳（Savanna-la-Mar，位于牙买加岛西南角）的场景："海浪席卷城镇，并将一切抹去，连一个人、一只野兽、一所房子也未能幸免。"[14]牙买加的一个前种植园主说过，这场飓风"百年一遇，它将抹平人类的虚荣心和骄傲，惩罚人类的轻率与傲慢"。[15]当风暴离开牙买加并席卷古巴时，它与几艘英国海军舰艇相遇。[16]此次飓风"击沉"了4艘船，大部分船员在飓风中遇难。其中，"凤凰号"上的一名船员，中尉本杰明·阿彻（Benjamin Archer），在写给母亲的一封信中记录了他所遭受的可怕磨难。

1784年前后的版画，描绘了1780年10月6日，在"滨海萨凡纳飓风"中，英国皇家海军的"赫克托号"和"布里斯托尔号"被飓风吹断桅杆

"凤凰号"在牙买加和古巴之间航行时遇到了风暴。当风力提高到飓风的程度时，水手们把帆系好，把炮拴好，把船弄得尽可能舒适。在做这些准备工作时，阿彻注意到，"鸟儿简直像是从天上掉下来的"。这些海鸟被飓风吹落到甲板上，许多海鸟被撞昏了过去。当海鸟苏醒时，它们不敢离开暴风雨中的"避风港"。许多海鸟蜷缩在船的角落里，试图躲避风浪。飓风和海鸟的撞击给船体带来了巨大的压力，以至于船上所有的接缝处都开始漏水。阿彻以前也经历过恶劣的天气，但从未如此糟糕。"我的上帝！想想看，风居然可以有如此巨大的力量！"

水手们拼命地抽水,以防止下层甲板被水淹没,他们整夜不停地工作,但飓风仍在逼近。阿彻把自己捆在甲板的一根柱子上,在震耳欲聋的喧闹声中尽最大努力向船员发号施令。他在信中写道:"再多的言语也无法向你描述风暴的情景——天空一片漆黑,海浪万分汹涌。巨浪就像阿尔卑斯山或特内里费岛的山峰一般高耸,风刮得比雷声还响……这艘可怜的船被巨浪步步紧逼,在风雨飘摇之中,船身吱吱作响。"[17]

1780年,在"滨海萨凡纳飓风"期间,本杰明·阿彻中尉正在割断"凤凰号"上的挂索,这是阿奇博尔德·邓肯(Archibald Duncan)的《水手纪事》第二卷(1804年)中的一幅版画

最终,"凤凰号"撞向了古巴克鲁斯角(Cape Cruz)以东约10英里处的海岸。海浪将船尾推到高高的岩石上,"凤凰号"就此搁浅。飓风过后,"凤凰号"几乎彻底损毁,好在船身还算完整。五

名船员被巨浪冲入海中，溺水身亡。许多受伤的人躺在甲板上。阿彻慨叹道："在死亡面前，那些往日里最趾高气扬的恶霸，无一不是惊慌失措的可怜人。"

随着风暴慢慢平息，"凤凰号"的军官和船员们爬到海岸更高处，远离汹涌的海浪。在接下来的几天里，阿彻和其他四个人驾着小艇来到蒙特哥贝（Montego Bay），在那里，他们找到了3艘可用的船，将"凤凰号"剩余的船员运送回牙买加。与此同时，在离开古巴之后，飓风继续向北行进。它在美洲殖民地海岸移动了数百英里，严重破坏了两支英国海军舰队，迫使许多船进入港口维修。[18]

一个月后，加勒比地区又遭遇了一场十分猛烈的风暴，也就是后世所说的"1780年大飓风"。它经过背风群岛，在波多黎各和伊斯帕尼奥拉岛之间穿过。随后，飓风向东急转，给百慕大群岛造成了严重打击，最终消逝于大西洋中部上空。这场飓风对巴巴多斯岛、马提尼克岛和圣尤斯塔提乌斯岛（St. Eustatius）的影响最为严重，据估计，仅这些岛上的死亡人数就多达1.7万。[19]

飓风来临之时，乔治·布里奇斯·罗德尼（George Brydges Rodney），背风群岛站的总司令，正在一艘驶离纽约的航船上。在回到巴巴多斯几周后，他在一封信中表达了对巴巴多斯地区灾情的震惊和悲痛。"飓风在巴巴多斯造成的破坏和那里居民的悲惨状况无法用言语来描述……整个地区仿佛一片废墟，这座世界上最美丽的岛，如今却像一个被战火摧毁的国度。此间惨状简直无以言表。"[20]

飓风还给英法海军带来了极大的损失。[21]英法两国都把加勒比海的港口作为在美国独立战争中作战部队的集结地。而在这场飓风中，英国损失了8艘船和几乎所有的船员，而法国则损失了40多艘运输船，以及船上的数千名士兵。据估计，"1780年大飓风"造成约2.2万人死亡，一些史料认为，死亡人数甚至更高。[22] 不管怎样，这场令人震惊的惨剧使此次飓风赢得了大西洋有史以来最致命飓风的称号。

1780年10月袭击加勒比地区的两场飓风引发了这样一个问题：这些反常的天气事件是否影响了美国独立战争的进程？① 历史学家纳撒尼尔·菲尔布里克（Nathaniel Philbrick）认为，飓风对美国革命造成了决定性的影响，因为飓风曾导致美国在独立战争期间的盟友——法国重新评估其立场，以决定是否派遣舰队北上与英国海军交战。[23] 菲尔布里克说："（飓风的）教训是不容忽视的。"对此，法国人的结论是：在飓风季节将船停留在加勒比地区十分危险。在此之前，法国一直认为，派遣海军北上协助大陆军是一种"战略选项"，但并非最优选。在10月的那场可怕飓风之后，法国的态度开始发生转变。[24]

由于对飓风的破坏力有了新的认识，1781年冬天，法国人在加勒比地区修理他们的船，加强他们对法国殖民地的控制。此后，法军把大部分海军部队遣往北美殖民地，这既是为了避免被飓风侵袭，又帮助了北美殖民地的大陆军。这一决策使得法军在关键一役——切萨皮克战役（Battle of the Chesapeake）中发挥了重要的作用，并最终帮

---

① 1780年10月，当年的第三场大规模飓风——"索拉诺飓风"在"1780年大飓风"几天后袭击了加勒比海。虽然它对西班牙海军上将何塞·索拉诺-博特（José Solano y Bote）指挥的舰队造成了巨大的破坏，但它没有影响到英国或法国的舰队，因此没有对美国独立战争产生直接影响。

1781年10月19日,在约克镇(Yorktown),被法国和美国士兵包围的查尔斯·奥哈拉(Charles O'Hara)少将向本杰明·林肯(Benjamin Lincoln)将军递交配剑

助北美大陆军在约克镇战役中战胜了英国人。1781年10月19日,查尔斯·康沃利斯勋爵(Lord Charles Cornwallis)指挥的英军在约克镇向乔治·华盛顿投降,北美大陆的战事宣告结束。这一历史性事件的意义如此重大,以至于当英国首相——专横的诺斯勋爵(Lord North)——得知英军投降的消息时,他悲叹道:"哦,上帝,一切都结束了!"[25]事实确实如此。英军的投降结束了这场战争,英美双方开始进行和谈。1783年9月3日,英美两国签订了《巴黎条约》。

独立战争业已结束,美国宪法得到批准,一个崭新的国家正式建立了。然而,大自然的力量继续折磨着这个新生的共和国。1795年,两场飓风袭击了北卡罗来纳州。[26] 1812年的"路易斯安那大飓风"几乎摧毁了密西西比河沿岸所有的低洼土壤和沙堤,以及新奥尔良及其周边地区的大部分房屋。[27]三年之后,1815年的"九月狂风"(Great September Gale)——其实只是此次飓风的代称——呼啸着掠过长岛的北部,给新英格兰地区带来了致命的打击。[28]

这场飓风以大约50英里每小时的速度向北飞驰,不仅袭击了沿海地区,而且在逐渐减弱之前向内陆行进,并一路造成破坏。著名的词典编纂者诺亚·韦伯斯特(Noah Webster)在写于马萨诸塞州阿默斯特农场的日记中道,这次风暴"是一场真正的飓风,就像在西印度群岛经历的那样"。[29]暴风雨激起的雨浪有海水的咸味,雨水在整个地区的窗户和树叶上都留下了一层盐釉。伴随着浪花而来的是一群群海鸥,其中一些甚至被吹到了距海洋45英里的伍斯特(Worcester)。

罗得岛州的普罗维登斯(Providence)深受其害。可怖的飓风把大量的海水推入纳拉甘西特湾,海水沿着狭窄的普罗维登斯河(Providence River)猛烈地涌入这座城市。码头在猛烈的冲击中坍塌,40艘船被撕扯出停泊区域,并撞到桥上,像导弹一样穿过街道,摧毁了沿途的一切。屋顶被狂风掀到空中,烟囱被吹倒,围栏被夷为平地,汹涌的海水(高于最高潮位15英尺)冲毁了建筑物。一个目击者写道:"到处都是破败和荒凉之景。"[30]但令人惊讶的是,仅有两人在飓风中丧生。其中一个是一名老妇人,据她的邻居说,这位老婆婆当时在自己屋中烤面包,并拒绝离开。结果面包还没烤好,她的房子就被洪水冲走了。

这场飓风给老奥利弗·温德尔·霍姆斯(Oliver Wendell Holmes Sr.)留下了深刻的印象,他当时只有7岁,后来成为美国最著名的散文家和诗人之一。在回忆多年前的那场风暴时,他写道:"飓风卷起了海湾和查尔斯河的水,就像疯鼯鼱撕扯彼此头上的毛发一样。"[31] 霍姆斯在1836年的诗《九月的大风》中幽默地叙述了飓风经过他位于剑桥的家时的情景,诗中有一节讲述了暴风雨对他的戏剧性影响:

> 我们洗衣服那天,
> 所有的东西都在晾晒;
> 暴风雨呼啸而过,
> 它们全都飞了起来;
> 我看到那些衬衫和裙子
> 像巫婆一样骑着扫帚离开;
> 哎!我难过地哭泣,
> 我的裤子也随风而去![32]

18世纪末至19世纪初,尽管飓风曾多次袭击加勒比地区和美国海岸,但在富兰克林的发现之后,有关飓风气象学的知识几乎还是一片空白,直到威廉·C. 雷德菲尔德(William C. Redfield)登上历史舞台。[33]

威廉·C. 雷德菲尔德

雷德菲尔德于 1789 年出生在康涅狄格州米德尔敦（Middletown）的一个贫困家庭，在完成基础教育后，他如饥似渴地继续学习，并自学成才，成为一名成功的商人。13 岁时，他的父亲在航海途中去世。第二年，他的母亲把他送到毗邻的米德尔敦上屋镇（Upper-Houses，现在的克伦威尔镇）当马具制作师的学徒。这个镇子紧邻新英格兰最长的河流康涅狄格河的西岸。四年后，雷德菲尔德的母亲再婚，并带着他的其他兄弟姐妹搬到了俄亥俄州，雷德菲尔德则继续留在克伦威尔镇独自生活。尽管经历了一段艰苦的学徒生涯，但雷德菲尔德对知识的渴望给予他生活的动力。他成立了当地的辩论社团，并寻求学习新知识的机会。幸运的是，附近的塔利（Tully）医生对雷德菲尔德感兴趣，向这个年轻人开放了大量的私人藏书。雷德菲尔德学而不厌，并大量阅读各类书籍，尤其是科学书籍。学徒期结束后，雷德菲尔德在克伦威尔镇定居下来。到 1821

年，他已成为一名受人尊敬的商人，经营着一家杂货店和一家鞍具铺。

1821年10月初，雷德菲尔德驾着马车离开了家。他此行的目的是前往马萨诸塞州斯托克布里奇（Stockbridge），向他的岳父岳母通报一个令人悲痛的消息：雷德菲尔德的妻子在诞下一子的数周后故去，他们儿子也在几天后早夭。即便是心怀悲伤之时，雷德菲尔德仍然是个敏锐且富有洞察力的观察者——途中树木的状况引起了他的注意。

一个月前，一场强力飓风从大西洋袭来，席卷康涅狄格河谷，并穿过马萨诸塞州甚至更远的地方。飓风途经之处满目疮痍，大片的树木被刮倒。在他去斯托克布里奇的旅途中，雷德菲尔德看着那些树倒下的方式，注意到一些奇怪的事情。在克伦威尔及其周围，所有倒下的树的树冠都朝西北，而在斯托克布里奇附近，大约70英里远、略向西，倒下的树却朝着相反的方向——东南。

树木以一种奇怪的方式倾倒，这让雷德菲尔德大为不解。在询问沿途的人之后，他得知，飓风发生当晚约9点，克伦威尔的风来自东南方向，而斯托克布里奇的风则来自西北方向。雷德菲尔德的儿子约翰后来回忆说："这些事实起初在他父亲看来是自相矛盾的。"雷德菲尔德不相信"两股如此猛烈的风会在仅70英里的距离内直接吹向对方"。[34]在排除了这种可能性之后，雷德菲尔德找到了他能想出的唯一合乎逻辑的解释——飓风是一股巨大的旋风，它的风围绕着一个中轴旋转。克伦威尔位于飓风的一边，斯托克布里奇则位于飓风的另一边。[35]

当时，这只是一种合理的假设，雷德菲尔德并没有公开它。相反，他把自己的猜想雪藏了整整十年，在此期间，他持之以恒地研究这一假设。对他来说，这意味着要收集更多关于 1821 年飓风的信息，还要阅读所有他能弄到手的有关气象学和飓风的资料——所有这些都是为了把他的假设变成既定的事实。除了在业余时间从事自学式的气象研究，雷德菲尔德还成立了自己的公司，他建造蒸汽轮船，从事航运事业，在美国广阔的河流网络和海岸上下都有他的客户，雷德菲尔德逐渐成为一名富有的商人。

终于，在 1831 年初，一次偶然的机会将雷德菲尔德的飓风研究公之于众。在一艘从纽约前往纽黑文的汽船上，他偶遇了耶鲁大学数学和自然哲学教授丹尼森·奥姆斯特德（Denison Olmsted）。当时，39 岁的奥姆斯特德已经以气象学和天文学的教学和研究而闻名，雷德菲尔德对他的一些工作颇为熟稔。尤其值得一提的是，雷德菲尔德拜读过奥姆斯特德关于冰雹产生的理论，他对这一理论有一个问题，并向奥姆斯特德教授提出了这个问题。

在他们讨论的过程中，奥姆斯特德很快意识到，雷德菲尔德对气象学非常了解。当雷德菲尔德开始分享他对飓风形成和结构的看法时，奥姆斯特德惊呆了。他从未听过这样的想法，并认为它们既新奇又重要，以至于奥姆斯特德强烈鼓励雷德菲尔德在《美国科学与艺术杂志》（American Journal of Science and Arts）上发表他的发现。[1]

---

[1] 该刊物于 1818 年开始发行，后来更名为《美国科学杂志》，是美国历史最悠久的连续出版的科学杂志。

雷德菲尔德既谦虚，又担心自己缺乏正规的科学训练，这可能会导致人们轻视他的研究，因此并未同意。在奥姆斯特德的不断坚持下，雷德菲尔德同意发表他的观点，但有一个附加条件。雷德菲尔德说，只要奥姆斯特德承诺会根据需要修改文章，并监督文章提交给该杂志的情况，他就会撰写这篇论文。协议达成后，雷德菲尔德的论文在1831年7月那一期发表。

这篇文章题为《北美各州大西洋沿岸的盛行风暴评论》，内容十分翔实，详细回顾了历代学者关于飓风的发现，包括富兰克林对飓风的观察，然后给出了雷德菲尔德自己的结论。他的核心发现得到了大量数据的支持，这就是他最初的推测——飓风以"巨大旋风的形式"出现。[36]

但雷德菲尔德并不是第一个提出这个观点的人。[37]1697年，著名的英国探险家和博物学家威廉·丹皮尔（William Dampier）在环球航行期间，在中国附近海域航行时遇到了台风，他指出，它们是"一种猛烈的旋风"。在一次台风中，他的船曾多次进出风眼，丹皮尔注意到，一开始，台风的风向为东北风，随后是一段时间的风平浪静，紧接着风向又转变为西南风。同样，在19世纪早期，东印度公司的詹姆斯·克拉珀上校（Colonel James Clapper）和德国教授海因里希·多弗（Heinrich Dove）都发现了飓风的旋风性质。早期的这些观察者仅仅暗示了飓风的旋风性质，雷德菲尔德则整理了大量的数据，从而充分证明了他的观点，即飓风确实是"猛烈的旋风"。[38]雷德菲尔德的发现令人印象深刻，因为他对之前关于这个主题的有限发现一无所知。

在随后的几年里，雷德菲尔德发表了其他文章，通过进一步的分析完善了他的理论。[39]总之，这些文章更为完整地解释了飓风的结构和演进过程。除了将飓风描述为旋风，雷德菲尔德还指出，飓风是绕轴旋转的，在赤道以北是逆时针方向，在赤道以南则是顺时针方向。[40]他还确定，当一个人从飓风外缘向飓风中心移动时，风速会显著增加，而且整个飓风向前移动的速度是可变的，但总是比它旋转的速度慢得多。

内部速度与前进速度的差异意味着风眼正右侧部分的风力最强，因为飓风旋转的速度与前进的速度会叠加（因此，如果飓风的持续风速为 80 英里每小时，而整个飓风的移动速度为 30 英里每小时，则右侧的实际风速为两者之和，即 110 英里每小时）。出于同样的原因，风眼左侧的风力是最弱的，该侧飓风的实际速度为飓风的持续风速减去飓风的移动速度（在我们的例子中，就是 80 英里每小时减去 30 英里每小时，即飓风的风速在左侧只有 50 英里每小时）。

因为缺乏相应的学术履历，在一开始，雷德菲尔德担心他的发现不会被学界认真对待；但许多科学家和更多的业余爱好者都称赞雷德菲尔德对气象学做出了开创性贡献。然而，有一位著名的科学家并不接受雷德菲尔德的观点。事实上，他想抹黑雷德菲尔德，毁掉其研究。他的名字叫詹姆斯·P. 埃斯皮（James P. Espy）。[41]

1785 年 5 月 9 日，埃斯皮出生在宾夕法尼亚州的乡下。当他还是一个小男孩的时候，他家搬到了俄亥俄州西部。在肯塔基州列克星敦的特兰西瓦尼亚（Transylvania）大学获得法律学位后，埃斯皮回到宾夕法尼亚，结婚并在费城定居，在那里，他成为富兰克林学院古典文学系主任。他虽然学的是法律，但一直热爱科学，并有科学才能。19 世纪 30 年代初，他积极从事气象研究，其研究重点便是飓风。

根据对气体在动力系统中运行方式的深刻理解，他假定飓风本质上是由热空气驱动的，热带地区温暖、潮湿的空气从海洋表面上升，在冷却过程中形成了构成云的水滴或冰晶。

詹姆斯·P. 埃斯皮

热空气或水蒸气转换为液态水滴或晶体过程，会释放出能量，并导致空气进一步上升，而这同时为飓风提供了一定的推动力。热空气的上升创造了一个气压极低的环境，也就是与飓风有关的低气压。此外，由于自然界没有绝对的真空，大气中的空气会冲进低压区域，试图平衡这一区域的气压。但是，由于涌入的空气在较暖的水的作用下不断升温，它也会上升，如此循环往复，更多的空气被卷入低压区域。

这是一个绝妙的见解，事实上，这确实是产生和维持飓风的驱动力。实际上，这套热力理论的关键贡献是解释了为什么飓风在遇到较冷的水或陆地后会迅速减弱——因为飓风在此过程中失去了主要的能量来源。埃斯皮还认为，空气会直线涌入低压区域（想象一下，风由自行车车轮的辐条所代表，所有的辐条都汇聚在一个中心点上）。这个模型与雷德菲尔德的观察不一致，雷德菲尔德认为，飓风是一种旋风，在北半球，风绕着中心轴逆时针旋转。

埃斯皮和雷德菲尔德之间的分歧引发了后来被称为"美国风暴之争"的事件，这场争论以埃斯皮和雷德菲尔德以及他们各自的支持者为中心，并迅速扩展到科学界和大众媒体。[42]由于埃斯皮的气象研究以及他公开推广其理论的努力，他很快赢得了"风暴之王"的外号，他恶毒地攻击了雷德菲尔德的理论。[43]埃斯皮声称，来自无数场飓风的数据，甚至是雷德菲尔德收集的那些数据均清楚地表明，自己才是正确的。面对任何人——更不用说像雷德菲尔德这样的业余爱好者——的质疑，埃斯皮试图用大量的侮辱和过于学术化的科学争论来压倒雷德菲尔德。埃斯皮甚至将学术争论扩大化，将其进一步带入个人生活和教书育人的过程。

但雷德菲尔德并没有被吓倒，他尽最大努力在一系列文章中与他的对手较量，逐点驳斥埃斯皮，为自己的理论辩护。美国著名物理学家约瑟夫·亨利（Joseph Henry）在见证了这场激烈的辩论后，发表了颇有洞见的评论："气象学一直是争论的焦点，仿佛大气的剧烈波动在那些试图研究它们的人的头脑中引起了共鸣。"[44]然而，雷德菲尔德并不是孤军奋战。到19世纪30年代末，他得到了一些强力盟友的支持，其中最重要的是威廉·里德（William Reid）。[45]

1831年，一场强大的飓风席卷巴巴多斯，造成近1500人死亡，皇家工兵部队的威廉·里德上校受英国政府派遣，协助当地进行重建工作。[46]一个经历过飓风的人将飓风的咆哮声比作"数百万人在最后的痛苦绝望中痛苦地尖叫"。[47]里德不仅想重建殖民地，而且想更深入地了解飓风，特别是"它们的成因和作用模式"，希望这样的了解可以帮助临海地区的居民和海上的水手更好地应对飓风。[48]

一开始，里德在寻找关于飓风性质的资料时陷入困境，直到1831年，他在《美国科学与艺术杂志》上偶然发现了雷德菲尔德的一篇文章。里德认为雷德菲尔德的观点是有道理的，于是开始研究数据能否支持这些观点。他详细研究了遭遇飓风并幸存下来的英国海军船只的航海日志，以及他从历史记录中收集的其他任何有关飓风的信息。他不仅收集了1831年巴巴多斯飓风的资料，还网罗了"1780年大飓风"的资料，以及其他许多大西洋飓风和太平洋台风的资料。

在大量数据的支持下，里德证实了雷德菲尔德关于飓风的旋风性质的论断。到1838年，两人建立了亲密的关系，定期通信，分享观点。同年，里德参加了英国科学促进协会在纽卡斯尔举行的年会。在那里，他汇报了自己的最新发现，在场的观众对其成果报以雷鸣般的掌声，他们为雷德菲尔德的观点和里德的精彩证明所折服。

会议结束后不久，里德出版了一本名为《利用事实发展风暴定律的尝试》（*An Attempt to Develop the Law of Storms by Means of Facts*）的书，进一步阐述了他的发现。里德在书中提出了一个构想，他认为，通过了解风眼位置和飓风风向，水手可以采取规避动作，避开危险，找到最快和最安全的路线逃离，甚至避开飓风。总而言之，他认为，水手可以通过更好地了解飓风的性质并做出适当的反应来改变他们的命运。这一观点是具有开创性的。

在回顾了埃斯皮和雷德菲尔德的工作之后，《爱丁堡评论》（*Edinburgh Review*）的编辑们宣称两人的发现"在风暴的统计学和哲学研究方面已经迈出了真正的一步"。他们谈到，"试看将来，在研读了这些关于飓风的研究后，任何水手都会觉得自己是有备而来，能够更好地应对飓风天气"。[49]他们还警告说，不携带里德上校的著述就贸然前往西印度群岛或东印度群岛的水手，会发现这一做法仿佛是把"最好的航海时计和最可靠的指南针"抛在身后，而那时他会发现为时已晚。他在试图逃离锡拉岩礁的狂风时，可能又会卷入卡律布狄斯大旋涡。①

英国人亨利·皮丁顿（Henry Piddington）进一步发展了雷德菲

---

① 锡拉岩礁与卡律布狄斯大旋涡均出自《荷马史诗》，相传在这两地生活着以抓捕出航的水手为乐的女妖。——译者注

尔德和里德理论。[50]皮丁顿担任了十多年的商船船长,在东印度和中国从事航海贸易。1830年前后,也就是他30岁出头的时候,他离开了航海业,开始从事科学研究。他在加尔各答定居,并被任命为当地经济地质博物馆的馆长。此后,他发表了各种主题的文章,内容涉及新恐龙化石的发现、鱼类生物学,以及各种土壤是否适合种植经济作物。1839年,皮丁顿确立了他的学术旨趣,决定把精力集中在对飓风的研究上。[51]

皮丁顿花了接下来十年的大部分时间研究飓风,但他没有那样称呼它们。相反,他创造了"旋风"(cyclone)一词,这个词来源于希腊语,意为盘绕的蛇,专指发生在南太平洋和印度洋的飓风。[52]作为一名前水手,皮丁顿旨在通过他的研究为水手提供他们所需的知识,以便在波涛汹涌的海上安全航行。为此,1848年,他利用雷德菲尔德和里德的研究撰写了一本航海指南,名为《水手关于风暴法则的入门书:一本揭示风暴运行规律的实践指南,以简单易懂的卡片和实例为主,适用于任何地区的任何水手》。

这本书的前言介绍道,该书旨在"用通俗易懂的语言,向水手解释世界各地风暴规律的理论和实际应用。这门科学现在已成为航海知识中如此重要的一部分,每个渴望履行自己职责的海员都应该对此有所了解……这门科学旨在教导海员如何规避风暴,如何在遭遇风暴时更好地控制船只,以及如何从风暴中获益!"书中还附带了两张描绘风暴结构的半透明卡片。作者声称,如果海员举起一张地图或海图,将其与卡片相重叠,并掌握了正确的船舶位置,这两张卡片不仅可以用来指示船长朝哪个方向航行能最快地逃离风暴的魔爪,而且可以指引船长将飓风的风力化为船只的动力,帮助加速航行。[53]

在这场关于风暴的大争论中,最需要准确信息的水手们普遍站在了雷德菲尔德和里德一边。美国海军准将马修·C. 佩里(Matthew C. Perry)于1854年在日本进行了一次开创性的探险,与日本签订了条约,并迫使这个神秘的国度向西方"开放"。佩里对雷德菲尔德和里德说:"航海家们对发现一条已经并将继续为在海上航行的船只的安全做出巨大贡献的法则表示由衷的感谢。"佩里承认,虽然其他人对飓风同样有着一定的见解,但他认为,雷德菲尔德和里德应该因"这一不可否认的自然规律的最初发现和应用于有用的目的"而获得赞誉。[54]

大约在同一时间,一位英国海军上校写了一部与皮丁顿的书很相似的巨著,名为《风暴罗盘,或水手的飓风伙伴》,他宣称:"各国海员应怀着感激之情铭记雷德菲尔德和里德,因为在纯粹的真理之光下……他们帮助航海者免于恐怖飓风的侵扰。在过去的岁月里,这一规律如果早点被发现,可以拯救多少人的生命!本可以避免多少苦痛!又可以救回多少满载着贵重财物的船,使它们回到主人那里!"[55]

埃斯皮目睹了这些对他理论的攻击,并越来越对此感到警惕与愤怒,他与雷德菲尔德的对抗愈加针锋相对。埃斯皮认为,科学的中心是欧洲。因此,他决定前往英法等国宣传自己的理论。[56]然而,他于1840年在格拉斯哥出席英国科学促进协会会议时的表现并不如他所愿。由于这一庄严的科学机构已经宣布支持雷德菲尔德，他们仅仅礼貌而不温不火地听取了埃斯皮的观点。此后不久，里德给雷德菲尔德写信说："我从英国听说，人们对风暴的旋转理论感到满意；因此，在格拉斯哥和其他地方，很少有人愿意听埃斯皮先生解释他的特殊理论。"[57]而法国科学院给予埃斯皮更热情的接待，也更支持其理论。[58]据记载，著名的法国天文学家和数学家弗朗索瓦·阿拉戈（François Arago）十分欣赏埃斯皮研究的价值，并宣称："法国有居维叶，英国有牛顿，美国有埃斯皮。"[59]为了推进他的事业，1841年，埃斯皮出版了一部极其冗长且乏味的巨著《风暴哲学》（*The Philosophy of Storms*），向全世界阐释他的理论。[60]

埃斯皮如此笃信他所开创的理论的优点，以致他没有客观冷静地分析其他人的任何理论。即使有与他的观点相反的证据，他也不肯让步。亚历山大·达拉斯·贝奇（Alexander Dallas Bache）是埃斯皮在富兰克林学院的同事，也是他的朋友。贝奇评论了埃斯皮的固执，并认为这有碍于他的学术研究。"他对自己提出的理论深信不疑，"贝奇写道，"以及他对其炽烈的热情，也许还有他的年龄，让埃斯皮先生在理论探究的过程中没能反思并超越自我。……他不去反复检查理论的前提和结论，而是认为他的论断一经论证，便可以成为既定的事实。"[61]美国前总统，时任国会议员的约翰·昆西·亚当斯（John Quincy Adams）对埃斯皮的评价就更为不留情面了，他认为埃斯皮是"一个有条不紊的偏执狂，他的自尊心是如此膨胀，比他的甲状腺还要肿大"。[62]

雷德菲尔德于1857年去世，埃斯皮则死于1860年。[63]他们二人至死都认为自己对飓风的认识是正确的。事实证明，他们的理论都有其可取之处。在飓风中，正如埃斯皮预测的那样，风确实会冲向气压极低的中心区域，但它们不会沿着直线移动。尽管风确实围绕着一个中心点旋转，但它们并不是像雷德菲尔德认为的那样在旋转。相反，飓风的风旋向中心，因为它们受到所谓的科里奥利效应（Coriolis effect）的影响。科里奥利效应是法国数学家古斯塔夫-加斯帕尔·科里奥利（Gustave-Gaspard Coriolis）于1831年提出的假说，这一理论当时并没有被应用于气象学。直到数十年后，威廉·法瑞尔（William Ferrel）开始将这一理论运用到飓风研究中。[64]

和雷德菲尔德一样，法瑞尔头脑敏锐，同样是自学成才。他在宾夕法尼亚州和弗吉尼亚州的乡下长大，只接受过基础教育，大部分时间在父亲的农场和附近的农场工作。法瑞尔用他赚来的钱买了一些数学书，他对天象十分痴迷，尤其是日食和月食。不久，他就精通天文计算，能够相当准确地预测日食和月食的到来。法瑞尔坚持阅读了更多的数学论著，进一步完善了他的知识储备，并就读于两所学院，在那里，他学习了数学、拉丁文和希腊语。在27岁那年，他从西弗吉尼亚州的贝瑟尼学院（Bethany College）毕业，不久之后便开始了他的教学生涯。

在密苏里教书期间，法瑞尔继续他的自学式研究，购买了牛顿最重要的一本著作《自然哲学的数学原理》，即通常所说的《原理》。这部关于数学、物理以及天体和地球运动力学的著作为法瑞尔打开了一个全新的世界。法瑞尔在肯塔基州和田纳西州从事教学工作时，继续阅读经典的科学论著。法瑞尔专注于宇宙的奥秘，他把学术精力集中在气象学研究上，尤其是风和海洋的运动。

他在1856—1860年发表了三篇论文，其中第二篇论文（《地球自转对近地表物体相对运动的影响》）里的一句话巧妙地概括了他的关键结论，这篇论文发表于1858年的《天文学期刊》。"如果一个物体朝任何方向运动，"法瑞尔断言，"有一个力（科里奥利力），由地球的自转产生，它总是使这个物体在北半球向右偏转，在南半球向左偏转。"换句话说，法瑞尔展示了在飓风中冲向低压区域的空气将如何改变方向或偏离其路线，从而使飓风进行迷人的螺旋状运动。[65]

显然，雷德菲尔德在去世前并未了解到法瑞尔的理论，但埃斯皮读了法瑞尔的第一篇论文（美国科学家约瑟夫·亨利曾将这篇文章转交给埃斯皮）。虽然埃斯皮对于法瑞尔支持关于驱动飓风的能量来源（上升的水蒸气凝结所产生的热力）的理论感到鼓舞，但他强烈反对法瑞尔关于地球自转对飓风进程影响的发现，他固执地倾向于坚持自己的观点。尽管如此，法瑞尔的贡献还是被及时接受了，他为飓风的运动提供了一个更准确的概念。他的理论是揭示飓风奥秘的最后一块拼图，并向我们展现了基本且公认的飓风形象——一团富含水汽的、螺旋状的风；越接近风暴的中心轴，风速越快；风眼处则风平浪静、阳光和煦。

到了19世纪中期，飓风不再是一种高深莫测的自然力量，而是一种可以解释的自然现象，尽管其原理并未完全为人所知。此外，宽泛地了解一种自然灾害和能够保护自己免受其害是两回事。

虽然雷德菲尔德、里德和皮丁顿的研究为如何在海上躲避或绕开飓风提供了一定的指导，但海上和陆地上的人们仍然无法提前预测飓风的来临。飓风来临前可能会出现一些迹象，如红色的天空或汹涌的海水。但当人们察觉到这些迹象之时，飓风其实已几近来临。因此，如果要恰当地应对飓风，人类不仅需要了解飓风的动态，还需要能够预测飓风在何时袭击何地，以便人们做好准备，采取规避行动。随着美国的蓬勃发展和沿海地区人口的膨胀，以及贸易的迅速增长，这个年轻国家迫切需要一种预报天气和发布飓风预警的方法。

第三章

窥见未来

1850 年前后，马修·B. 布雷迪（Mathew B. Brady）为电报的发明者塞缪尔·F. B. 莫尔斯（Samuel F. B. Morse）拍摄的照片

1837 年，约翰·罗斯金（John Ruskin）[1]还是牛津大学的一名 18 岁本科新生，当时他给伦敦气象学会写了一封信，评论"气象学的现状"。罗斯金展示了他深邃的才智和文学才华，这使他成为维多利亚时代最著名和最有影响力的艺术和社会评论家之一。他认

为，气象学——一个令他着迷多年的研究领域——有可能大大造福人类。他认为，气象学家最重要的任务之一是"追踪全球风暴的行进路径，判断风暴产生的地点，预测风暴消退的时间"。[2]

然而，他惋惜地说，关于飓风的信息如此有用，但当今气象学家的工作仍有局限性——因为他们"孤军奋战"。"单打独斗的气象学家的能力十分有限，他的气象观察毫无价值。因为他们只能在某个单独的地区看问题，所以，得出的推测必定是片面的。此外，即使他们能够在多个地区进行气象观测，但从时间上来看，气象学家很难掌握各个地区历史上和未来的气象变迁。"[3] 罗斯金用颇具诗意的话语总结了独立气象观察的局限性："他希望掌握整个空间的规律，却只能窥得一隅；即便他能算尽世界上的大气流向，最终也只能掌握一阵微风的方向。"换句话说，为了发掘气象学的潜力，气象学家需要能够实时分享他们的观察结果，这样他们就可以跟踪天气并对未来做出预测。仅仅七年后，塞缪尔·芬利·布里斯·莫尔斯（Samuel Finley Breese Morse）[4] 就提供了一个工具，可以帮助他们做到这一点。

莫尔斯于1791年出生在马萨诸塞州的查尔斯敦（Charlestown），他成长于一个非常重视教育的家庭。他的父亲杰迪代亚·莫尔斯（Jedediah Morse）是牧师，也是地理学家。他因写了第一本出版的美国地理学教科书《地理变得简单》（Geography Made Easy）而闻名于世。这本书于1784年出版，莫尔斯因此获得了"美国地理学之父"的称号。塞缪尔（他的父母称呼他为芬利）先后就读于菲利普斯学院（Phillips Academy）和耶鲁大学，并于1810年毕业，他基础扎实,但算不上优秀。

虽然莫尔斯的正式学习集中在哲学、数学和科学上,但他的最爱是绘画。他的父母敦促他找到一个更加稳定和传统的工作,但令他们失望的是,莫尔斯渴望成为一个艺术家。尽管不太情愿,但莫尔斯的双亲还是勉强支持他在英国皇家美术学院进行学习。1815年回到美国后,莫尔斯喜欢创作历史主题的大幅油画,他希望美国人能欣赏这一绘画类型,但事与愿违,美国人更偏爱自画像和名人肖像画。为了养家糊口,莫尔斯只能顺应市场,投其所好,同时在力所能及的时候继续自己更宏伟作品的创作。他总是希冀能得人赏识,但这一愿望从未实现。

1826年,在其第一任妻子卢克丽霞(Lucretia)不幸去世后不久,莫尔斯帮助在纽约成立了国家设计学院(National Academy of Design),该学院的使命是"通过教学和展览在美国推广美术"。[5]三年后,莫尔斯仍然渴望成为一名自己理想中的艺术家。他再次离开美国,前往欧洲继续他的绘画生涯。他曾在法国、意大利和瑞士停留。1832年回到美国后,他被任命为纽约大学绘画和雕塑教授,他立即投身艺术世界的潮流,并拼命地试图提升自己的地位。但是,他获得的委任书寥寥无几,而他追求的最大目标——绘制一幅壁画来装饰华盛顿特区的国会大厦圆形大厅——被交给他的四位同辈人完成。这种冷落使他感到疲倦和沮丧,纳闷为什么自己的梦想仍然未能实现。尽管如此,莫尔斯后来确实"一夜成名",但他的成功与艺术无关。

1832 年，莫尔斯乘坐"萨利号"航船从欧洲返回美国，与同行的乘客讨论发明一种可以通过电线远距离传输信息的机器的可能性——换句话说，就是电报。① 莫尔斯对电力一直很着迷，早在就读于耶鲁大学时，他就参加了有关电路的演示实验，并选修了涉及电流和电池实验的化学课。"萨利号"上的一些乘客，包括波士顿的查尔斯·杰克逊（Charles Jackson）博士，对电力非常了解，他们慷慨地与莫尔斯分享想法。航行结束时，莫尔斯相信他能制造出电报，而且他认为，这一想法是他的原创。当然，他显然没有意识到，在此之前已经有人有了同样的设想，并正在努力将其付诸实践。

在接下来的五年里，莫尔斯致力于秘密完善他的电报。1837年，他得到了一个残酷的"惊喜"：一些欧洲人声称已经开发出听起来类似莫尔斯设想的机器，他们在媒体上大肆宣扬这一发明。震惊之余，莫尔斯很快恢复镇定，并用多年的努力来证明自己制造的机器是最优秀的，他才是真正的电报发明者。在这段时间里，莫尔斯忙不迭地进行着各种活动，从反对杰克逊博士的主张——杰克逊博士坚持认为莫尔斯剽窃了他的想法，到发表文章展示自己的成果。此外，莫尔斯还请其他科学家帮助改进他的仪器，并共同开发出巧妙的、用点和破折号来传输文字的系统，这就是后来众所周知的莫尔斯电码。经过多年的、小规模的实验性演示，又反复游说国

---

① 电报这个词来源于希腊语 *tele*（遥远的）和 *graph*（作家），它最初被用来描述 1791 年法国人克劳德·沙普（Claude Chappe）发明的一种非电力驱动的视觉信号系统。

塞缪尔·F. B. 莫尔斯的《卢浮宫画廊》，布面油画，创作于 1831—1833 年。莫尔斯创作这幅大幅画作的目的之一是让美国观众欣赏到欧洲艺术的奇迹

会提供拨款，以证明电报在长距离上的可行性，最终在 1844 年，莫尔斯得偿所愿。

1844 年 5 月 24 日，万事俱备。一条 36 英里长的线路连接着位于华盛顿特区的美国联邦最高法院和巴尔的摩郊外的一个火车站。在法庭上，莫尔斯用电报敲出《圣经》中的那句名言："上帝的杰作！"考虑到这一发明对人类历史进程的推动，这句话恰如其分。莫尔斯的助手艾尔弗雷德·韦尔（Alfred Vail）在另一端的车站收到了这条信息，他立即通过电报向法庭发回了同样的信息，证实了这一成功。虽然这个事件是人类科技进步历史上的里程碑，但在当时，电报并没有引发舆论的轰动。当时的媒体认为，电报只不过是一个神秘但并不实用的玩具。

三天后，当莫尔斯和韦尔再次合作时，一切都改变了。在莫尔斯和韦尔以电报为媒介互相交谈时，电线两端聚集了越来越多的旁观者，其中包括众多颇有权势的政治家。当民主党提名詹姆斯·K. 波尔克（James K. Polk）为总统候选人的重大消息传到莫尔斯的耳朵里时，他立即将这一消息通过电报发送给远在巴尔的摩的韦尔。这一消息让两地的人群为波尔克的成功欢呼。同样地，电报传递信息的实时性也让众人为这一发明欢呼。[6]

目睹了这一奇观的人突然本能地理解了他们眼前这一通信技术革命的重要性。在人类历史的大部分时间里，信息的传播速度不会比人们走路或骑马快。在 18 世纪晚期，信号（使用旗帜或特殊形状的木臂在山脊线与山脊线之间传达字母和文字的视觉信息系统）在某些场景中可以提高效率。后来，随着 19 世纪 20 年代蒸汽动力铁路的出现，信息的传播速度可以达到火车行进的速度。但电报提供了一种可能，即信息可以在瞬息之间传递到数百英里乃至数千英里之外。

借助于此次实验，莫尔斯轻而易举地击败了竞争对手，并证明了电报系统的实用性。一名记者将这一发明称为"思想之路"。[7]另一位作家宣称，莫尔斯"打破了空间和时间的界限"。[8]《皮茨菲尔德太阳报》（Pittsfield Sun）称，电报以"闪电般的速度"传递信息。[9]"跟它比起来，火车的速度就像蜗牛一样慢。""闪电般的"成为电报的最佳注解。由于其卓越成就，莫尔斯被亲切地称为"闪电人"。[10]几乎在一夜之间,他成为美国家喻户晓的名人,步入了最伟大发明家的殿堂,与美国开国时期的发明家本杰明·富兰克林相提并论。

但问题依然存在:谁将是电报的所有者?莫尔斯想把他的专利卖给联邦政府。他认为,政府是为电报系统注资并将其推广至全国的最佳"人选"。然而在当选总统后,波尔克坚决反对为此提供资金,这扼杀了政府掌控电报系统的可能性。最终,私人公司购买了该技术的使用权,为电报网络的爆炸式发展奠定了基础。到美国内战开始时,电报网络已经遍布美国,使驿马快递业就此破产,并退出历史舞台。

接下来,正是威廉·雷德菲尔德第一个发掘出电报技术发展气象学的潜力,实现了罗斯金的梦想——联合世界各地的气象学家,让他们能够共同"追踪全球风暴的路径"。在1846年11月出版的《美国科学与艺术杂志》中,雷德菲尔德写道:"通过电报系统,我们可以及时向大西洋的各个港口,以及墨西哥湾、南部或西部各州发出风暴预警,使商船避免在风暴期间离港,暴露在猛烈的大风中。"[11]尽管雷德菲尔德知道,及时的警告并不能"完全避免风暴的袭击",也不会消除对航行的所有威胁,但他坚信,"可以通过采取及时和明智的预防措施来避免风暴带来的沉船等重大事故"。

1847年,史密森学会的第一任秘书约瑟夫·亨利对雷德菲尔德的乐观表示赞同,他说:"美国公民现在分散在北美南部和西部的各个地方,电报线路的延伸将提供一种方便的方式来警示北部和东部的更多观察者，留意即将到来的风暴。"[12]然而，与雷德菲尔德的理论讨论不同，亨利能够从实践上使这个电报气象学系统成为现实。他很快联系了遍布全国的各家电报公司的总裁，说服他们以一种非常巧妙而又相对低调的方式，免费向史密森学会提供气象信息。[13]通常情况下，电报员用"O. K."这个词开始他们常规的早晨传送，表示线路正在工作。亨利让总裁们告诉电报员，每天早上开始传送时使用描述天气的术语，如多云、晴朗或下雨。为了更好地确保电报员的观测是正确的，亨利让史密森学会给他们提供了相应的气象仪器，并附带了这些仪器的操作说明。

约瑟夫·亨利，史密森学会的第一任秘书，他在电报技术中看到了天气预报和气象科学发展的新希望

有了这个基本的系统，亨利就能掌握近乎实时的天气变化概况。[14] 1856 年，在史密森博物馆主楼的大厅里，他竖立了一张气象图，显示电报员报告的天气情况。当时大约有 30 个电报员，只覆盖了美国东部，最西到辛辛那提，所以地图不算特别详尽。但它确实提供了这一广阔地区的每日气象概览。地图上每个电报站点的位置插着一根铁丝，上面挂着一张直径约 1 英寸的彩色圆纸，用不同的颜色表示天气状况，如雪、雨、晴天等。每张圆纸的边缘有 8 个孔，中心画有一个箭头。因此，每张圆纸都可以借由特定的孔挂在铁丝上，以显示该地点的风向。这张地图在华盛顿大受欢迎，游客和国会议员都喜欢，他们经常来看他们所在的州和地区当时的天气如何。

下一个合乎逻辑的步骤是对天气变化进行预测。仅仅一年后，气象学家就开始推动这项工作。那时，《华盛顿晚报》从史密森学会电报网获取了气象信息和分析数据，并印刷了美国第一份天气预报。"昨天，佐治亚州梅肯（Macon）南部有一场强烈的风暴；但今天清晨，当地和惠灵（Wheeling）的天气仍然晴朗。由此来看，这场风暴很可能是地方性的。"[15] 虽然这一成就在如今看来毫不起眼，但不积跬步无以至千里，美国正是在此基础上构建起了庞大的国家预报系统。

亨利不仅对预测天气感兴趣，他更希望能够掌握气象运行规律。[16] 出于此目的，他在全国各地召集和培养了一个庞大的志愿观察员网络。这些公民报道者配备了史密森学会提供的仪器，记录当地的天气情况，并每月向华盛顿提交报告。在那里，亨利的气象学家团队分析数据,目的是揭示气象变化的秘密,并完善风暴理论。

亨利的最终目标——把科学和预测结合起来——在1861年4月12日受到了致命的打击。[17]当时南卡罗来纳州查尔斯敦的南方邦联炮台开始炮击萨姆特堡,迫使保卫萨姆特堡的联邦军队举起白旗投降。就这样,美国历史上最血腥的战争——南北战争打响了。在很短的时间内,南方的电报线路被切断,而遍及北方的电报线路则被用于传送有关军队、运输和军事战略的信息,使天气预报事业成为这场战争的众多受害者之一。出于同样的原因,亨利的观察员网络基本停摆,因为几乎所有来自南方的报道都停止了,大多数北方观察员也被战争冲突所波及。

1865年4月9日内战结束后,罗伯特·E. 李将军在弗吉尼亚州的阿波马托克斯法院向尤利西斯·S. 格兰特将军投降。亨利试图恢复他的气象电报网络和志愿气象观察员网络,但收效甚微。1865年1月24日,史密森博物馆遭受火灾的打击,那场大火烧毁了大部分主要建筑,包括亨利的办公室。此外,国家电报公司还拒绝继续免费提供天气信息,迫使亨利为这项服务支付一定费用。亨利越来越清楚地意识到,天气预报事业需要联邦政府介入并资助一个机构来接手天气预报和气象科学研究的庞大任务。

最终,在1870年2月9日,格兰特总统签署了一项法案,该法案授权美国陆军通信部队使用全国各地的军用电台,从中收集天气信息,并要求其为五大湖和东海岸地区发布天气预报。[18]由此,军方——而不是史密森学会或其他机构——被赋予了这项新使命。因为人们认为,得益于军队数据的精确性和军人纪律的严格性,军队

19世纪中期的平版版画，描绘了绰号为"黄金船"的"中美洲号"蒸汽船的残骸。1857年9月12日，一场2级飓风在离北卡罗来纳州哈特拉斯角海岸大约160英里的地方击沉了"黄金船"。当时，这艘船正从巴拿马的阿斯平沃尔［现在的科隆（Colón）］驶往纽约，船上载有近600名乘客和许多吨来自加利福尼亚的黄金和白银。此次灾难造成400多人丧生。这艘船和宝藏一直隐藏在海底，直到20世纪80年代末，一队打捞人员发现了它们，并开始打捞宝藏

发布的天气预报将比平民发布的更可靠。两年后，即1872年，该部队的职责进一步扩大，开始发布全国性的天气预报。

1870年11月8日，该部队发布了第一个风暴预警，提醒五大湖地区第二天很可能会有强风。[19]在接下来的二十年里，该部队继续每天从华盛顿发布预报——尽管直到1876年，这些天气预报都被称为"可能发生的事件"，后来又被称为"指导性建议"，在1889

美国陆军通信部队绘制的 1872 年 9 月 1 日的气象图

年才最终变成真正的天气预报。为了帮助处理如潮水般涌进华盛顿办公室的电报信息,军队的气象学家准备了一张覆盖全国的气象图,在图上标注了盛行风、气压、温度以及报告地点的天气类型,并用等压线标注相应的气压变化。通过分析一系列这样的气象图,人们可以直观地看到各项天气数据,并有希望解释和预测天气随时间发生的演变。

尽管人们对军队提供国家最初的气象服务的能力寄予厚望,但它因管理不善、缺乏专业精神,以及高达 20% 的预测误差而饱受批评。[20] 1888 年 3 月 11 日星期日,军队发布了最令人尴尬的天气预报[21]:"今晚有降雨,伴随着清新的东风。星期一将有寒冷的西风,大西洋各州都将迎来晴朗的天气。"[22] 然而,星期一却不是一个美好的晴天。当天，美国历史上最严重的暴风雪袭击了纽约附近地区，然后沿着海岸一直影响到新英格兰腹地，该地区的降雪量达4英尺之多，造成上千万美元的损失，超过400人在雪灾中死亡。[23]

除了这些"知名"的错误，该部队也陷入了其他争议，其中大部分是由于某些雇员骇人听闻的个人行为。[24]中西部的某一名气象观察员是个赌博成性的人。为了获得赌资，他当掉了气象站所有昂贵的设备，并被迫在当铺进行日常气象观察。另一名驻守在落基山脉的观察员，比起气象工作，他更喜欢在河边钓鱼。为了尽量将时间用在钓鱼"事业"上，他会提前编造多封电报，每封电报都包含对不同日子的天气观测。他会把电报交给当地的电报员，并指示他们按日期顺序将这些电报发给总部。这两名雇员以及其他数十名表现不佳的雇员都被解雇了。

但是，最严重、最广为人知的丑闻发生在负责支付通信部队费用的雇员亨利·W. 豪盖特（Henry W. Howgate）身上，他从该组织挪用了约25万美元。[25]对于这些负面新闻，国会不堪其扰。1891年，联邦政府剥夺了军队进行天气预报的职责，并将其转移给隶属农业部的民用气象局。

在这段时间里，从约瑟夫·亨利的电报网络开通到美国气象局（Weather Bureau）的成立，飓风预报并不是政府气象学家的研究重点。[26]气象局把大部分精力投入农业相关的预报，以及跟踪从西到东、从南到北的大陆天气变化。他们利用虽不完善但不断扩展的天气预报电报网络，以及关于大气动力学不断增加的知识来逐步推进气象预报事业。尽管气象局收到了来自加勒比海六个气象站的有限

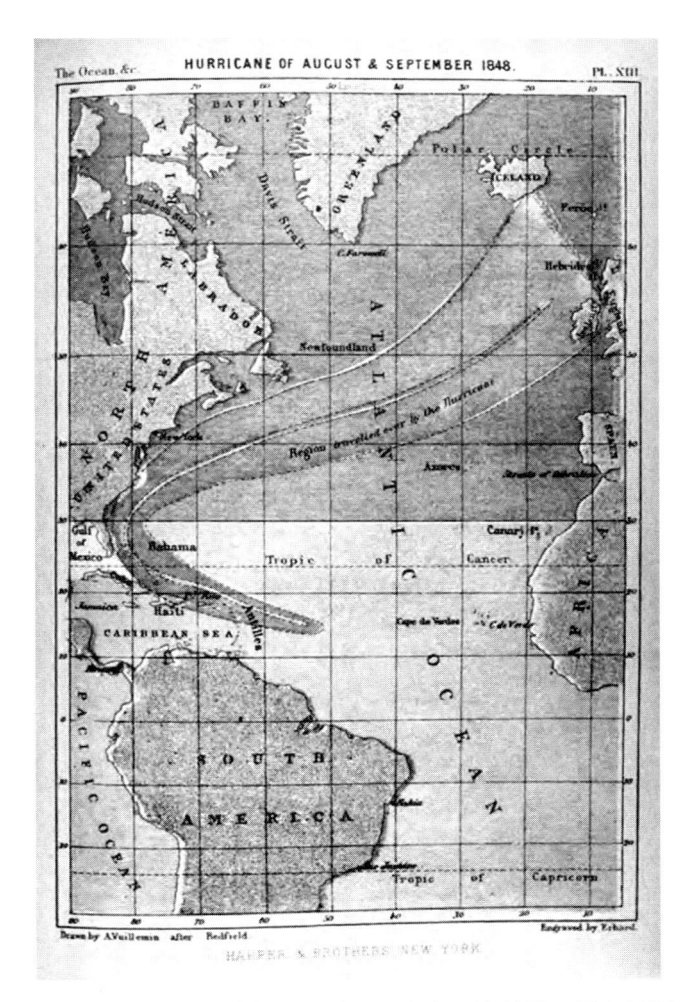

1848 年的一场飓风的轨迹预测图,发表于埃利泽·雷克吕斯（Élisée Reclus）的《海洋、大气和生命》（1873 年）。这是最早描绘飓风风暴轨迹的插图之一

和零星的天气报告，偶尔也有船驶进港口，但在飓风袭击海岸之前，美国气象学家在大多数情况下对飓风的预测是盲目的。他们只能有限地预测这些风暴的移动路径，对沿岸地区提供一定的预警。

当然，气象局确实偶尔会发布飓风警报，第一次是在1873年，根据气象局的预测，此次飓风将在新泽西州的开普梅（Cape May）和康涅狄格州的新伦敦之间的任何地方迫近，[27]这两个地方相距大约200英里。这场风暴没有在美国登陆，而是在加拿大纽芬兰地区登陆，造成至少223人死亡。当美国人在飓风预报方面没有什么进展时，古巴人走在了前面，这几乎完全是因为一个勇敢的人——贝尼托·比涅斯（Benito Viñes）神父的功劳。

1837年，比涅斯生于西班牙西北角的波沃莱达（Poboleda）村。[28]他所受教育的细节相互矛盾，但在19世纪50年代的某个时候，他加入了一个耶稣会神学院，在那里，他接受了宗教研究和科学方面的培训，后者是他通过自己阅读天文学和气象学书籍建立起来的。19世纪60年代，他被任命为一名神父，1870年，他来到哈瓦那，成为贝伦耶稣会学院气象台的台长。比涅斯担任新职位的主要动机是对上帝的谦逊和对人类福祉的追求。他写道："除了以某种方式为科学的进步和人类的福祉做出贡献，为人类服务，我只期望响应上帝的感召，此外别无他求。"多年来，飓风给古巴人带来了如此多的苦难，因此他选择专注于揭开飓风的神秘面纱。

作为一名神职人员，比涅斯坚信"向上帝祈祷"能够规避飓风。[29]这就是为什么他鼓励其他神职人员在飓风最可能出现的地点和月份向上帝祈祷，请求上帝让飓风远离尘世。然而，比涅斯知道不能仅仅依靠上帝的力量来保护自己。他认为，人类的聪明才智可以帮助古巴更好地应对任何飓风，这些飓风顽固地抗拒着祈祷的力量，反而袭击了这个岛国。因此，他开始尽可能多地了解飓风的活动，研究了雷德菲尔德、埃斯皮、里德等人的开创性著作，并在实践中收集原始数据。

1870 年，比涅斯接任气象台负责人时，气象台的管理一片混乱。[30]在接下来的几年里，他整理了前辈们收集的数十年的详细天气记录，修复了旧设备，并获得了最先进的新仪器。他开始了每天十次的严格观测，收集关于温度、压强、相对湿度、风速和风向，以及云层位置和形状的信息。除此之外，他还利用来自气象台仪器的数据、古巴海军和停靠在哈瓦那的船只的报告，以及加勒比范围内的观察员网络，扩充气象资料。

虽然身体十分消瘦，但比涅斯拥有详细观察气象和广泛分析数据的天分，通过记录和分析当地气象，他很快就建立起属于自己的一套基于经验的对飓风的理解。然而，他并不满足于简单地描述飓风的活动，他还想利用自己的知识预测飓风将在何时何地登陆。

就像泰诺人告诉哥伦布某些气象状况预示着飓风的来临一样，比涅斯也非常关注这类现象。除了经常预示着暴风雨即将来临的砖红色的天空，以及长而涌动的波浪，比涅斯还关注上升然后迅速下降的气压计读数，凉爽且干燥的反气旋风的存在，以及美丽、晴朗的天空。最重要的是，比涅斯对云层开展了细致的研究。他认为，飓风来临的第一个预兆是一缕缕的卷层云，他称之为"猫的尾巴"、

"公鸡的羽毛"或"风的羽毛",所有这些名字都表现了这些云彩有着精致的、幽灵般的外表,而且是由冰晶组成的薄雾。[31]他说,卷层云之后是浓密的层积云和越来越暗的积雨云,以及从这些积雨云中分离出来的越来越强烈的飑线。但是,天气预测不仅依赖观察,更依赖个人天赋。就像一位大师从一群音乐家的交响乐中创造出卓越的音乐一样,比涅斯能够整合所有的观测数据、观察到的现象和收集到的历史数据,利用他独特的洞察力,将它们转化为统一的整体,用于预测未来的天气变化。[32]

比涅斯首次涉足飓风预报是在 1875 年 9 月 11 日,当地报纸《古巴之声》(*La Voz de Cuba*) 刊登了他的警告。他宣称飓风在几天前经过向风群岛,即将接近古巴的北部和东部,但尚未登陆。比涅斯表示,应该提醒船长,任何想向北或向东航行的人应该在港口待上几天。这位尽职尽责的神父在结束他的第一次飓风预报时警告说:"这些只是我根据飓风的一般规律和我近几年的直接观察得出的粗略估计。"

当比涅斯的预报应验后,当地报纸热情地赞扬了他。随着他准确预报飓风的记录不断增加,报纸的溢美之词越来越多。随着时间的推移,他的观察员网络不断扩大,他收到了越来越多的来自古巴以及加勒比海其他地区的气象站的天气预报电报。

当然,比涅斯的预报并不是万无一失的。例如,1888 年 9 月,他预测一场经过波多黎各北部和伊斯帕尼奥拉岛的飓风将沿着东北方向去往佛罗里达,古巴不会受到风暴的冲击。但事实上,飓风在古巴北部被佛罗里达上空的高压穹所阻挡,向左急转,在哈瓦那以东约 100 英里处登陆。据估计，此次飓风造成的死亡人数为 600 人，超过 1 万人无家可归。

尽管有数次类似的预报失败，比涅斯的飓风预报成功率还是比较高的。根据鲍勃·希茨（Bob Sheets）博士（国家飓风中心前主任）和"今日美国"气象网的创始人兼网站编辑杰克·威廉姆斯（Jack Williams）的说法，比涅斯的"成功预报几乎肯定是运气多于技巧，但也不全是运气使然"。[33] 究竟是哪个成分占多数还有待商榷。不过毫无疑问的是，比涅斯确实能够利用他获得的有限信息进行异常准确的飓风预报。

19 世纪 80 年代至 90 年代早期，比涅斯和他的气象台的声誉不断提高，他们不仅闻名古巴，而且在整个加勒比海、欧洲和美国都很有名望。19 世纪 70 年代，为了促进双方进行更为紧密的气象研究合作，比涅斯访问了美国。1885 年，美国海道测量局对比涅斯的气象记录印象深刻，并翻译出版了他的一部著作——《西印度群岛飓风实用提示》（*Practical Hints in Regard to West Indian Hurricanes*）。在这本书中，比涅斯向水手们介绍了预示飓风即将到来的几种天气现象。两年后，通信部队长官阿道弗斯·格里利（Adolphus Greely）在一封信中表达了对比涅斯的尊敬和感谢，因为比涅斯及时向通信部队通报了飓风的到来。[34]

1893 年初，比涅斯被邀请参加 8 月下旬在芝加哥举行的国际气象会议，这是一项非凡的荣誉。[35] 美国的会议组织者请求他提交一篇关于安的列斯群岛飓风的论文。比涅斯体弱多病，多年来一直与各种疾病做斗争，当收到邀请时，他的身体状况并不好。尽管视力不断下降,形同枯槁,他还是孜孜不倦地写作。他写完了论文,但没有机会提交了。7月23日,比涅斯因脑出血去世,享年55岁。他度过了充实而有意义的一生,当然,他也实现了自己的最终目标:"以某种方式为科学的进步和人类的福祉做出贡献。"

在比涅斯去世后不久,美国经历了有记录以来最严重的飓风季节之一,这只能证明美国的预报能力还有很多有待提高的地方。1893年8月的第三周,四场飓风同时搅动着海洋,全都向美国进发。在接下来的几天里,有两次飓风登陆没有被精准地预测到。这两次飓风造成了毁灭性的灾难。[36]

8月23日星期三午夜,第一场飓风登陆纽约地区,它又被称为"午夜风暴"。[37]几天前,气象局注意到一场飓风正在向北移动,但人们认为它离海岸很远。[38]因此,尽管气象局敦促沿海船只提防汹涌的海浪,但当天晚上纽约地区的官方预报相当温和,只说会有"西北风","沿海地区有小雨"。[39]然而,几小时后登陆的是一场1级飓风,它几乎把这座城市搅得天翻地覆。

在随后的几天里,《纽约时报》在报道这场风暴时,用了几乎头两个版面的篇幅来记录这个"西印度怪物""几乎无可匹敌的狂暴"。[40]"在堪萨斯州,当一场真正的龙卷风袭来,房子变为一片废墟。纽约人切实感受到了堪萨斯民众曾经遭受的苦难。"有数百个烟囱倒塌,屋顶被掀翻,破碎的玻璃散落在地上。24小时内近4英寸的降雨量打破了历史纪录,暴雨在本周早些时候,结合风暴潮,在极高的潮汐的协助下,淹没了地下室和城市的低洼边缘,看起来好像是大海要一个街区接着一个街区地毁灭纽约城。[41]

在中央公园,"一百多棵大树被连根拔起,到处都有树枝被扭断"。[42]公园里散落着数千只麻雀和其他鸟类的尸体。成群的流浪男孩纷纷去公园捡拾,希望把它们出售给当地的餐馆。电线杆和电线撞向地面,造成混乱,几乎切断了纽约与世界其他地方的通信,使纽约与外界隔绝,直到临时通信建立起来。火车和电车被冲离轨道,码头变成了孤岛,海岸边的船被从停泊处扯了出来,"被冲到岸上"。[43]船沉没时,34名水手在海上丧生。[44]

飓风几乎摧毁了皇后区海岸附近的一个小堰洲岛,它就在埃奇米尔的洛克威社区对面。从大陆乘坐票价为五美分的渡轮就可以到达豪格岛(Hog Island)——之所以这么叫是因为它的形状像野猪的脊背——岛上有澡堂、酒吧和餐馆,夏日狂欢者经常去这些地方躲避城市的炎热。[45]飓风引发的巨大风暴潮和巨浪侵蚀了岛上的大部分地区,摧毁了所有的人造建筑,包括帕特里克·克雷格(Patrick Craig)拥有的一家豪华餐厅兼娱乐厅,这是坦慕尼协会(Tammany Hall)的政客和其他权力掮客最喜欢光顾的地方。

当飓风呼啸而来时,克雷格同他的妻子和女儿正待在岛上简陋的避暑小屋里,如果不是当时也在岛上的两个年轻人斯蒂芬·斯蒂尔瓦贡(Stephen Stillwagon)和马特·雷纳(Matt Raynor)的英勇行为,他们可能已经死了。当时附近没有任何船只,斯蒂尔瓦贡和雷纳表现出了"无畏的勇气",据《纽约时报》报道,他们毅然"跳入水中,向大陆游去"。他们一边躲避漂浮的碎片,一边与湍急的水流搏斗,最后挣扎着爬上了海滩,找到一艘小船,重新向小岛驶去。尽管被淹没了两次,他们仍然"继续前进,最终,克雷格夫人抱着她的孩子,踏上坚实的土地,远离饥饿的大海"。尽管《纽约时报》扣人心弦的报道并没有过多提到克雷格的经历,但他确实也活了下来。[46]

在随后的几年里,这个避暑胜地进行了小规模重建,直到20世纪初,海浪和风暴的不断冲击终于消除了它最后的痕迹,它才完全消失。从那时起,有关豪格岛的记忆逐渐消失,直到20世纪90年代中期,皇后学院(Queens College)教授、自称"法医飓风学家"[47]的尼古拉斯·K.科奇(Nicholas K. Coch)和他的一些学生开始在埃奇米尔的一处海滩上进行挖掘。他们发现了大量的文物,包括破碎的盘子、啤酒杯、砖块和娃娃的残骸。科奇推测这些物品是在1893年的飓风中被冲到海滩上的,这一发现有力地证明了此次飓风的破坏力。

当纽约市的人们正在清理飓风过后的一片狼藉之时,又一场飓风瞄准了美国东海岸。[48]8月25日星期五上午,美国气象局发布预报称,在佛罗里达州东南约500英里处有一个风暴中心,它正在向西北方向移动。[49]第二天,气象局预测,这场现已被正式认定为飓风的风暴将在纽约市南部的东海岸登陆。[50]这一潜在影响是如此巨大,以至于除了警告沿海船只待在港口,直到危险过去,气象局实际上没有做任何准备工作。

星期日上午,气象局进一步完善了其预报,警告称飓风将袭击佐治亚州海岸。[51]当天晚上,气象局指出,萨凡纳将受到飓风直接袭击。但当这个消息传到该地区的官员那里时，已经太晚了。尽管萨凡纳和稍远一点的查尔斯敦的报纸上刊登了一些关于飓风即将到来的简短消息，但当地民众几乎没有时间做准备，因为此时飓风正在登陆这一地区。[52]对于那些生活在佐治亚州和南卡罗来纳州海岸附近的海群岛（Sea Islands）的人来说，那里既没有电报线路，也没有报纸，飓风的到来几乎是一个彻头彻尾的、毁灭性的意外。

8月27日星期日午夜前后，风速为116英里每小时的3级飓风呼啸着在萨凡纳附近登陆，带来了比正常水位高出15—20英尺的风暴潮，并将翻腾的水墙沿萨凡纳河推入该市。大风和洪水的猛烈结合摧毁了无数的建筑，造成许多人死亡，把铁轨甩到远离它们的基座的地方，留下了杂乱的残骸和死亡的臭味。即使在萨凡纳以北约150英里、距离海岸超过100英里的南卡罗来纳州的哥伦比亚，减弱的飓风仍然具有强大的冲击力。据《国家报》报道，飓风登陆两天后，这场风暴"似乎陶醉于它所造成的破坏，全力扫荡着繁茂的丛林和地势起伏平缓的城市。它抓住一切机会，让当地民众笼罩在对飓风的恐惧中"。[53]

但是，萨凡纳和哥伦比亚的灾情与海群岛，尤其是萨凡纳东北方向的岛屿相比，根本不值一提。这些岛屿恰好位于此次飓风的右侧，那里是风暴最猛烈的地方。在希尔顿黑德（Hilton Head）到查尔斯敦的沿海地区，有一条地势低洼的潮汐带和堰洲岛，河流、小溪和沼泽在这里互相交错，从陆地延伸而出，它们同时也是海洋的一部分。这些岛屿的平均海拔非常低，当地居民甚至将一个海拔仅为20英尺的种植园称为"小山"。[54]

当时，这些岛上居住着成千上万的黑人和少数白人。这些黑人在当地被称为"古拉人"（Gullahs），他们原本是奴隶，大多是西非血统，为白人主人在低地（Low Country）的水稻田和棉花地里劳作，在内战结束后获得自由。随着时间的推移，他们发展了一种独特的以英语为基础的语言，融合了克里奥尔语和非洲词汇，并基于他们的语言、祖先关系以及丰富多彩的艺术、精神和音乐传统，形成了充满活力的文化。获得自由后，古拉人继续种植玉米和甘薯等作物，要么为自己干活，要么做佃农。他们还为南卡罗来纳州蓬勃发展的磷矿工业提供了大部分的劳动力，从事艰苦的工作，挖掘并疏通河流和沼泽，以露出在上层淤泥之下的富含磷的岩石——所谓的"发臭的石头"。这些岩石一旦干燥并被磨成粉，就成为宝贵的肥料，被运送到全国各地。[55]

海群岛的居民在文化和日常生活上都与大陆隔绝，他们几乎不可能收到飓风袭来的警告。虽然一些年长的岛民因气压降低而关节疼痛，或观察到巨浪冲击海岸，从而猜测暴风雨将要到来，但当飓风裹挟着汹涌的海水袭来，几乎将一切夷为平地之时，大多数人对此措手不及。

据圣赫勒拿岛的白人居民劳拉·汤（Laura Towne）小姐说："27日是满月，在涨潮时，开始刮起可怕的大风，大风把海水吹到陆地上，海浪在那里肆虐了8个小时……潮水涨到高水位线以上18英尺，汹涌的海浪把船只、树木、木板和动物无情地卷走。"[56]

在飓风中死亡的人数尚不清楚，但大多数人估计有1500—2000人，一些人声称死亡人数高达4000人或5000人。这些死亡绝大多数发生在海群岛，许多人在汹涌的洪水中被淹死。在这些数字之外，还必须加上数不清的人，他们在接下来的几周和几个月里死于受冻和疾病，因为积水池成为携带疟疾病毒的蚊子的滋生地，而未掩埋的尸体在烈日下腐烂。幸存者保住了自己的生命，但仅此而已。大约3万人无家可归，由于当地几乎所有的水井都被盐水污染，大部分庄稼被毁，所以没有饮用水，没有食物，也没有其他任何农产品可供售卖。

这些岛屿与社会的其他部分隔绝，过了几天，有关这场灾难的全部性质的消息才向外传播到该地区的其他地方和整个国家。即便如此，种族主义和偏见的有害影响还是拖延了反应，加剧了灾难造成的人员伤亡。历史学家玛丽安·莫泽·琼斯（Marian Moser Jones）指出，信奉白人至上主义的南卡罗来纳州州长本·蒂尔曼（Ben Tillman）对海群岛的救援非常滞后。直到9月底，由于担心当地黑人离开这些岛屿，前往南卡罗来纳州本土的城镇，扰乱公共秩序，并对白人女性构成"性威胁"，州长才不得不对海群岛伸出援手。[57]

因为没有任何应对灾难的政府机制，蒂尔曼求助于克拉拉·巴顿（Clara Barton）和美国红十字会。尽管出生在马萨诸塞州的巴顿没有接受过正规的护理训练，但她在内战期间通过为受伤的联邦军人提供医疗用品和帮助而声名大噪，被称为"战场上的天使"。[58]受到这段经历的激励，而且她对总部位于瑞士的从事人道主义事业的红十字会有所了解，于是在1881年，巴顿创立了美国红十字会，其目标是在战争期间和自然或人为灾难发生时为需要帮助的人提供服务。在"海群岛飓风"发生之前，巴顿和她的红十字会小团队在如1889年约翰斯敦洪水等灾难的救援工作中做出了出色的贡献。1893年10月初，她和她的三名工作人员，以及十几名志愿者，来到南卡罗来纳州海岸，协助当地进行灾后救援工作。

克拉拉·巴顿，约19世纪60年代

巴顿在9月29日的日记中写道："为3万人提供食物、衣服、工作、医疗和护理，这是一项伟大的事业……而且，这一切都要靠个人的爱心来完成。"[59]在接下来的九个月里，她和她的团队不知疲倦地参与救援，为灾区提供了价值3万美元的援助。尽管六口之家每周的口粮配给极为有限，仅有1磅猪肉和8夸脱（约7.5千克）玉米面粉，各家各户还得靠采集野菜、捕猎等手段来补充食物，但红十字会提供的食物对抵御大规模饥荒仍然至关重要。

在红十字会的安排下，有行动能力的男女老少纷纷参与房屋建造、农作物种植或缝制衣服等工作,用劳动来换取生活必需品。灾民们的劳作大大加快了灾后重建和恢复的进程。正如巴顿所描述的那样,"我想要做的不仅是分发物资。我希望播下希望的种子。我本可以直接让他们'享用果实',他们可以借此度过灾难。但我更希望他们种下一棵希望之树,并让它茁壮成长"。[60]因此,红十字会的干预在灾难来临之际,为当地民众指明了灾后重建的道路,给予他们"生的希望"。当地民众也受益于此。灾后多年中,当地居民经过漫长和艰苦的过程,他们每个人以及整个社区都重获新生。[61]

在飓风带来的所有苦难和绝望中,有许多英雄主义的故事,最令人印象深刻的是邓巴·戴维斯(Dunbar Davis)的英雄事迹。[62]戴维斯是北卡罗来纳州橡树岛(Oak Island)救援站的管理员。当时,联邦政府在沿海的许多关键地点设立了救援站,其主要职责就是向遭遇海难的水手提供援助。虽然橡树岛与飓风在萨凡纳的登陆地点的距离有200多英里,但风暴造成的巨浪向四面延伸,北卡罗来纳州海岸附近的许多船处于非常危险的境地。幸运的是,至少对其中一些人来说,戴维斯在执勤。

当时,戴维斯是救援站唯一还在执勤的人员,因为其他工作人员都在享受每年一度的休假,从4月底一直到9月1日。对戴维斯来说,这个夏天还算风平浪静,但在8月28日星期一的下午,情况变得糟糕起来。他和附近的恐惧角(Cape Fear)救援站的管理员J. L.瓦茨(J. L. Watts)望向海平面,他们发现,在秃头岛(Bald Head Island)以东的地方,"三姐妹号"货船——一艘从萨凡纳向费城运送木材的三桅纵帆船——显然已经遭遇了海难。船体大量进水，在波涛汹涌的大海上来回颠簸。那天清晨，在煎锅浅滩（Frying Pan Shoals）附近，飓风的强大风力撕碎了这艘重 286 吨的船的船帆，并刮倒了它的后桅。更糟糕的是，船长和大副都被冲到海里，溺水而亡。厨子负责管理剩下的 5 名船员。戴维斯和瓦茨认为，船员可能是想设法将船驶向海岸。此时的大海波涛汹涌，两个救生员知道，再这样下去，船上所有的人必死无疑。瓦茨设法向"三姐妹号"的船员发出信号，指示他们就地抛锚，让救援人员前来营救。

戴维斯和瓦茨尽全力投入救援工作，他们从附近的绍斯波特镇（Southport）招募了 9 个人。8 月 29 日星期二黎明前，他们坐着冲浪艇，绕过恐惧角，最终把"三姐妹号"上的 6 个人送回陆地。然而，戴维斯的工作还没有完成。当天下午早些时候，他在回到自己的救援站时，再次巡视海平线，发现了"凯特·E. 吉福德号"（Kate E. Gifford），一艘 420 吨重的新泽西纵帆船陷入了困境。

戴维斯再次召集了志愿者，在接下来的 24 小时里，他领导了另一次艰苦的救援行动，从遇难的船上救出了 7 个人。这些人和志愿者返回救援站，戴维斯和"吉福德号"的大副则留在了后面，希望通过轮流在他们于海滩上搭起的篝火旁打盹来恢复体力。但就在戴维斯刚要睡着的时候，另一艘船出现了，它正挣扎着冲破海浪向岸边驶去。那是当天早些时候沉没的一艘纵帆船的救生快艇，艇上还有 7 名幸存者。在他们救了这 7 个人后，"吉福德号"的大副用牛车把这些筋疲力尽的人送到救援站，而戴维斯则继续坚守在海滩的篝火旁。

当大副和牛车在日落时分返回海边时,牛已经筋疲力尽,无法再折返救援站。戴维斯后来回忆说:"到那时我已经非常疲惫了。我当时浑身湿透,已经两天没吃东西,12个小时没喝水了。"因此,戴维斯把牛、车和救生装备留在海滩上,而他和大副则拖着沉重的脚步回到了救援站。[63]

8月30日星期三晚上9点前后,极度疲劳且饥饿的戴维斯终于到达救援站。当时站内"人满为患",所有被救援的人都在这里暂时安顿下来。戴维斯的妻子和橡树岛灯塔看守人及其妻子盛情款待了这些船员,并给他们提供了食物和床铺。由于所有的床位都被占用了,戴维斯最后在沙发上躺下,好好睡了一觉。

被戴维斯、瓦茨和他们的志愿者救下的人是幸运的。在更靠南的地方,在南卡罗来纳州和佐治亚州附近的水域,其他许多船也遭遇了飓风的袭击。其中8艘沉入海底,船上56人全部遇难。[64]

1893年8月,风暴活动十分频繁,共有两次较大规模的、极具破坏性的飓风登陆美国。[65]随后的9月相对平静,只有一场飓风袭击了大陆,登陆路易斯安那州,影响相对较小。而到了10月,又一场猛烈的、令人措手不及的飓风突然袭来。[66]

10月1日星期日,根据美国气象局的预报,路易斯安那州和密西西比州天气"晴朗,今晚沿海地区有阵雨,伴有西南风"。[67]然而,当天下午,巴拉塔里亚(Barataria)地区的居民已经知道,近海地区可能有风暴正在汇聚。在新奥尔良南部和西部的岛屿和河口,当地的渔民和附近居民看到了这些天气迹象。长而深的波浪轻轻拍打着海岸，气压不断下降，海平线上乌云密布，海鸟也不再歌唱，这一切都预示着暴风雨的到来。

安德烈·吉尔博科斯（Andre Gilbeaux）不只是担心，他已经听天由命了。他住在谢尼埃-卡米纳达（Chénière Caminada），一个最高海拔仅4英尺的沙岛。它不到1英里宽，大约2.5英里长，位于离新奥尔良大约60英里的杰斐逊教区最南端。吉尔博科斯是岛上众多渔民中的一员，他们为一些高级餐厅和海鲜市场提供新鲜的海龟、螃蟹、牡蛎和虾。他住在一个被大多数人称为小木屋的地方，小木屋有一个棕榈叶形状的屋顶，并用柱子支起，使得房屋能稍稍高出海浪和潮汐。那个星期日，吉尔博科斯召集了他的亲戚和朋友到他家参加临时宴会。这一宴会的目的不是庆祝，而是告别。

宴会结束时，吉尔博科斯举着高脚杯站了起来。他的客人们中断了闲聊，把注意力转向亲切的宴会主人。吉尔博科斯对客人们说："这将是我们最后一次会聚一堂，因为今晚我就要淹死了。"[68]还没等有人提出异议，或者质问吉尔博科斯为什么那么笃定自己会死，他已经自顾自地继续说下去。"很可能有人跟我一样就此离去。你们可能会认为我疯了，但我坚信我将溺毙于海水之中。我现在要为大家干杯，希望我能够得到安息。愿上帝保佑生还者，愿与我一同死去的同伴们能够安息。"据一名目击者称，吉尔博科斯的妻子和其他一些客人认为他是想自杀，并苦苦劝解他。但吉尔博科斯平静地回答说，他没有自杀的意愿；他只是觉得，自己将会死于此刻正在向他们袭来的飓风中。

由于对吉尔博科斯的死亡预言感到不安，宾客们纷纷散去，各自回家并做了最坏的打算。几小时后,飓风登陆。随着星期日傍晚的日落,风力开始增大,海浪也逐渐变得汹涌。很快,路易斯安那州的巴拉塔里亚地区遭遇了 4 级飓风的袭击,风速超过 130 英里每小时。第二天,风暴减弱为 2 级飓风,然后是 1 级飓风,它横扫了密西西比州和亚拉巴马州的海岸,之后变成热带风暴向东北内陆移动。

气象局后来声称,"飓风来得突然,来得出乎意料",从气象局的角度来看,确实是这样,但这只是因为它完全不清楚这场风暴的形成过程。[69] 后来的分析显示,飓风至少在登陆的 5 天前就已经形成了,起源于加勒比海西部,穿过尤卡坦半岛,然后袭击墨西哥湾沿岸。气象局之所以感到惊讶,就是因为它对这一过程几乎一无所知。

此次飓风期间,路易斯安那州受灾最严重,特别是谢尼埃-卡米纳达。高达 10—15 英尺的风暴潮席卷了半岛,几乎摧毁了所到之处的一切。费迪南德·格里莫(Ferdinand Grimeau)是当地天主教堂——卢尔德圣母教堂(Our Lady of Lourdes)的神父,他后来讲述了当晚他和岛民同胞的恐怖遭遇。当周围脆弱的渔棚和其他房屋开始屈服于狂风巨浪时,格里莫爬上了他居住的教堂的上层,"在可怕的、如爆炸般的风声中,我只能无助地紧紧抓住窗台。周围回荡着那些可怜的、垂死的教区居民的哭声和痛苦的呼号"。[70]

当飓风风眼经过时,一些"勇敢而强壮的人"利用短暂的间歇期,乘小船把水里的人救起来,把他们带到更坚固的建筑里,希望能让更多人在猛烈的风暴中幸存下来。[71] 确实有许多人因此得救,但最终,还是有大批居民失去了生命。在谢尼埃-卡米纳达岛上的 300 多座房屋中,只有 4 座基本完好。这 4 座建筑成为重要的避难所。格里莫神父对飓风的可怕影响进行了评估。这是一个总人口曾经达到1471人的小镇,在此次飓风过后,"共有779人遇难,仅696人生还。①历史悠久的谢尼埃-卡米纳达已经不复存在"。[72]

1893年飓风过后,谢尼埃-卡米纳达岛上一座房屋的残骸

正如吉尔博科斯自己所预言的那样,他在飓风当晚遭遇了厄运。他的小船在海湾翻滚的海水中倾覆,他的妻儿也因此丧生。遇难者如此之多,生还者的境遇也十分悲惨,死者注定无法被体面地安葬。岛上的尸体被草草掩埋在刚刚挖好的壕沟里。成百上千的尸

---

① 该处数据中的总人数与遇难者和生还者的人数有所不符,据查,作者引用的原文数据如此,可参见 Rose C. Falls, *Cheniere Caminada, or the Wind of Death, the Story of the Storm in Louisiana*, New Orleans: Hopkins' Printing Office, 1893, p. 8。——译者注。

体被冲进墨西哥湾或卡米纳达湾，归于大海。

飓风的破坏范围远远超出了谢尼埃-卡米纳达。风暴向北延伸至新奥尔良，再向东北延伸，撕裂了亚拉巴马州莫比尔海岸的众多河口和社区。死亡不仅发生在陆地上，更出现在海面上。有200多艘小型帆船①在飓风中沉没。这次飓风总共造成大约2000人丧生。在先前的"海群岛飓风"过后，救援物资过了好几个星期才开始进入受灾最严重的地区。与之形成鲜明对比的是，此次飓风的灾后救援效率相对较高。来自遭受风暴重创的新奥尔良的民间组织、企业，以及其他州和地区的救援物资迅速流向了急需救援的地方。然而，全面的恢复仍然需要花费数年时间。一些社区，如谢尼埃-卡米纳达，甚至再也没能从灾难中恢复过来。

1893年的最后一场飓风在不到两周后到来，于10月13日在南卡罗来纳州查尔斯敦北部登陆，风速达到120英里每小时，这是一场3级飓风。[73]在飓风绕过佛罗里达，然后沿着海岸向北移动的过程中，气象局跟踪到了它的运动轨迹，并发布了充分的警报，提醒人们它将在南北卡罗来纳州的某个地方登陆。尽管它和"海群岛飓风"一样强大，但造成的损失要小得多，只有28人死亡。至此，1893年的飓风季节结束了。这是美国到那时为止最致命的飓风季节，造成大约4000人死亡。

---

① 小型帆船是一种传统的渔船，有两根或更多的桅杆，每根桅杆都支撑着一面四角的耳帆，帆在升起并悬挂在桅杆上时，与桅杆部分地重叠。

人们可能会认为，鉴于如此可怕的死亡人数和平庸的飓风预警，美国政府应该会给气象局更多的资源。很明显，气象局确实需要加强飓风研究，加强与加勒比地区气象组织的合作，以及在东南部和墨西哥湾沿岸建立更多的气象站来改善飓风跟踪和预报。虽然气象局在佛罗里达州等地区设立了更多的气象站，但1893年飓风季节的冲击并没有给美国政府和气象局带来真正的变革。[74]随后，一场战争的爆发改变了现状。

"缅怀美国'缅因号'军舰！"成为促使美国于1898年4月25日对西班牙宣战的口号。然而，这艘美国战舰在哈瓦那港的爆炸和随后的沉没只是美西战争的导火索。这场冲突背后的强大驱动力是帝国主义、商业贪婪、媒体炒作以及支持古巴从西班牙独立的愿望。在战争刚开始的时候，威廉·麦金莱（William Mckinley）总统脑海中有许多紧迫的问题，其中之一就是飓风。

在冲突爆发之前的几个月里，气象局局长威利斯·路德·摩尔（Willis Luther Moore）带着严重的担忧找到他的上司、农业部长詹姆斯·威尔逊（James Wilson）。"我知道，"摩尔写道，"过去许多舰队不是被敌人所打败，而是被天气——被风暴击沉的船只可能和被敌方舰队的炮火摧毁的船只一样多。"因此，摩尔告诉威尔逊，如果战争爆发，美国海军不仅要与西班牙作战，还要与自然母亲作战，她可能是更危险的敌人。他警告说，飓风有可能摧毁美国舰队。摩尔认为，避免这种灾难的最好办法是扩大气象局在加勒比海地区的天气监测和报告网络。[75]

忧心于飓风的威尔逊安排与麦金莱会面，并要求气象局局长摩尔列席。根据摩尔自己后来的描述,他展开了加勒比海地区的地图,向总统讲解了飓风的威力以及它们在加勒比海的典型行进路径。麦金莱"一条腿漫不经心地放在桌子上,手托下巴,胳膊肘搁在膝盖上",专心地研究着地图,然后"突然转向农业部长说:'威尔逊,比起西班牙海军,我更惧怕西印度群岛飓风的威力。'"最后,总统命令摩尔采取一切必要行动,提高气象局在西印度群岛的预报能力。[76]

摩尔还没来得及完成他的任务,战争就结束了。不出意料,由于力量悬殊,战争在三个月内就结束了,7月16日,西班牙军队在古巴无条件投降;1898年12月10日,美西两国在巴黎签署了和平条约,战争正式结束。① 然而,战争结束后,摩尔迅速利用古巴成为美国保护国的新地位,在哈瓦那建立了加勒比海地区天气预报总部,并任命威廉·B. 斯托克曼(William B. Stockman)为其负责人。此外,摩尔还在多米尼加、巴巴多斯、圣基茨、巴拿马和波多黎各设立了其他观测站,波多黎各也在美西战争后被纳入美国的势力范围。

在古巴的这个气象站本有可能成为飓风预测的一个重要站点。多年来,由于比涅斯等人的努力,古巴在飓风预测的科学和技术方面一直处于领先地位。在比涅斯去世后,他的助手们延续了他的天气预报传统。但是,美国人非但没有吸取古巴人丰富的飓风预测经验,反而对它视而不见,甚至经常贬低其科学价值。1900年9月,美国人为他们的自负付出了代价。

---

① 根据和平条约,古巴成为美国的保护国(这种状态在1902年古巴正式获得独立后结束),关岛和波多黎各被割让给美国,美国以2000万美元的价格购买了菲律宾。

第四章

被飓风"抹去"

"1900年加尔维斯顿飓风"纪念碑,由加尔维斯顿艺术委员会委托大卫·W. 摩尔雕刻创作,于2000年完成后矗立于得克萨斯州加尔维斯顿的海堤上

第四章 被飓风"抹去"

1900年9月8日星期六,得克萨斯州加尔维斯顿,日出时分,一个名叫布福德·T. 莫里斯(Buford T. Morris)的房地产和保险经纪人在自己家中醒来,望向了窗外。此时呈现在他眼前的是一幅奇妙的景象:"整个天空是一片灿烂的粉红色,仿佛是珍珠镶嵌而成,鱼鳞状的云彩五颜六色。"[1]这种魔幻而静谧的清晨景象没有持续多久。艳丽的天空很快褪色,天色逐渐晦暗,开始下起了雨。

这样的天气并没有引起加尔维斯顿人的担忧。尽管在一周以前,强热带风暴给古巴带来了超过两英尺的降水,然后掠过佛罗里达州南端,直奔墨西哥湾而去,但美国气象局的预报员不认为这场风暴会演变为飓风。他们认为加尔维斯顿会受到风暴的影响,但也仅仅是强风天气和轻度的洪水——这座城市对于这样的状况已有应对经验。

然而,气象局的预报可以说是大错特错。此次途经加尔维斯顿地区的风暴已经演变为一场4级飓风,它将夷平数千栋建筑,并造成至少6000人死亡。[2]美国气象学家艾萨克·门罗·克莱因(Isaac Monroe Cline)是此次史诗般悲剧的经历者。当时,他根本没预料到会发生这样的事情。

大约十年前,也就是1891年7月初,一场1级飓风在加尔维斯顿西南约110英里的得克萨斯州马塔戈达(Matagorda)附近登陆。飓风外围扫过加尔维斯顿,引发了严重的洪水。飓风过后,《加尔维斯顿每日新闻》(*Galveston Daily News*)的编辑向29岁的克莱因提出了一个问题:加尔维斯顿是否会在未来的某个时刻受到飓风的袭击。换句话说,加尔维斯顿人是否应该担心有一天会遭到飓风和巨浪的袭击?[3]克莱因时任美国气象局加尔维斯顿站站长，同时也是气象局得克萨斯州分部的负责人，考虑到他的职位，这位年轻的官员无疑是回答这一问题的合适人选。

克莱因出生于田纳西州门罗县，在他家的水果农场，他懂得了努力工作的价值和回报，同时对自然现象，尤其是气象抱有浓厚的兴趣。[4]他曾就读于田纳西州麦迪逊维尔的海沃西学院（Hiwassee College），在校期间成绩优异。他于1882年毕业，之后不久，在学院校长的强烈推荐下，克莱因到美国陆军通信部队的气象服务部门就职。

艾萨克·门罗·克莱因

克莱因最初在阿肯色州小石城（Little Rock）的气象办公室工作，后来被派驻得克萨斯州的阿比林（Abilene），然后于1889年前往加尔维斯顿任职。他从一个懒散的列兵手中接管了当地的气象站。此时的加尔维斯顿气象站年久失修,并为当地的商人群体所反感,因为他们对这个气象站的"预报能力"早已失去信心。克莱因到来后,很快就为这处站点重建了良好的声誉,而他本人也备受当地社区尊重,在气象领域堪称权威人士。鉴于克莱因的名望,难怪《加尔维斯顿每日新闻》的编辑会在飓风过后向这位年轻的气象学家提出这样的问题。

加尔维斯顿是一个堰洲岛,以沙地、沼泽、草地以及少量的灌木丛和树木为主要景观,长 28 英里、宽 1—3 英里,位于加尔维斯顿湾和墨西哥湾之间。加尔维斯顿距离大陆约 2 英里,地势很低,最高点仅高于海平面 9 英尺,平均海拔只有 4.5 英尺。在这个相当不起眼的小岛上,一座几度经历狂风暴雨的城市拔地而起。

1817 年,臭名昭著的海盗、走私犯、战争英雄让·拉菲特(Jean Lafitte)在加尔维斯顿定居下来。拉菲特曾帮助安德鲁·杰克逊(Andrew Jackson)的军队在 1812 年战争的最后一战中成功保卫新奥尔良,驱逐了当地的西班牙势力。拉菲特和他的哥哥皮埃尔在加尔维斯顿建立了一个叫坎佩切(Campeche)的海盗王国。这个王国拥有 2000 名居民和 100 多栋建筑,包括酒吧、妓院和拉菲特令人印象深刻的私人据点——一座两层楼高的"海盗之家",周围有壁垒保护,还有大炮对着港口。海盗们在墨西哥湾和加勒比海掠夺船只,以此赚得盆满钵满。他们面临着许多困难,其中之一是 1818 年 9 月袭击加尔维斯顿的强飓风。暴风雨让岛上

加尔维斯顿鸟瞰图，1871 年

的大部分地区被淹没，摧毁了几乎所有的建筑和许多停泊在港口的海盗船只。[5]

　　拉菲特和他的手下迅速重整兵马，重建港口，但他们并没有在岛上待太久。几年后，当拉菲特的一些船员鲁莽地袭击了一艘美国海军舰艇时，美国进行报复，绞死了他们中的一些人，并命令海盗们撤离加尔维斯顿。为了不与美国海军发生冲突，海盗们离开了，并在临走时将城镇付之一炬。

　　1836 年，得克萨斯地区脱离墨西哥独立，成立共和国。到了 19 世纪 40 年代早期，加尔维斯顿已经从破败的海盗聚居地发展成为规模虽小但越发重要的港口，当地有数千居民和 300 余栋建筑。1842 年，加尔维斯顿遭遇了一场飓风，洪水几乎淹没了整个岛，摧毁了近一半的建筑。[6]当英国旅行作家兼小说家胡斯顿夫人（Mrs. Houstoun）第二年到访加尔维斯顿时，这个城市的状况已经有所好转，破败的建筑得到了重建，新的楼房拔地而起。通过当地人了解到飓风的破坏力后，她对加尔维斯顿"脆弱性"的评论颇具洞见："去年9月发生的巨大飓风，正如它被描述的那样，是为了给人们某种预示，即在未来的某一天，繁荣的加尔维斯顿市可能会被汹涌的海水冲垮。"[7]

1845年，得克萨斯共和国并入美国，得克萨斯州建立，成为美国国旗上的第二十八颗星。在接下来的五十年里，加尔维斯顿飞速发展，除却内战时期商业发展受到阻碍，而且大部分人口逃离城市以躲避战乱。到1891年，当《加尔维斯顿每日新闻》的编辑向克莱因提问之时，当地已是得克萨斯州的主要港口之一——尽管这个港口较浅，较大的船无法停泊，必须用吃水浅的小型驳船将货物转运到码头。此时的加尔维斯顿是一个国际化的多民族城市，人口接近3万，密集地分布在岛的东端，街道呈精确的几何形网格状排列，许多街道两旁坐落着该市富裕阶层的豪华住宅。加尔维斯顿的未来似乎更为光明，因为当地正在进行大规模疏浚工程，这一工程将很快把加尔维斯顿港变成一个深水港，使得当地更能招徕贸易。[8]

时间回到19世纪末，在《加尔维斯顿每日新闻》的读者阅读了克莱因1891年7月16日的那篇回应文章后，他们一定会如释重负地笑出来。从本质上说，克莱因告诉读者无须担忧。这篇长文用令人印象深刻的地图展现了墨西哥湾飓风的走向，描绘了一幅"得克萨斯例外论"的图景。克莱因断言,在过去的二十年里,有二十次飓风从大西洋上空刮来,经过西印度群岛和"美国南部海岸",但"其中只有两次到达得克萨斯州"。他认为原因在于,飓风穿越大西洋时,几乎总是从巴哈马群岛和古巴的西端之间向北部和西北部移动,然后通常朝东北方向发展。一般来看,飓风或是在佛罗里达登陆,或是沿着东海岸北进,又或是盘旋进入大西洋。[9]

克莱因对自己的判断如此肯定,以至于他提出了一个大胆的观点:"按照大气运动的普遍规律,得克萨斯州海岸可以免受西印度群岛飓风的侵扰。到达得克萨斯州的两次飓风的路径不同寻常,在气象学上只是一种意外现象。"他还指出,在过去的二十年间,有七次飓风发源于墨西哥湾,它们不属于西印度群岛飓风的类别。和西印度群岛飓风一样,墨西哥湾飓风往往也会避开得克萨斯州,只有两场墨西哥湾飓风袭击了得克萨斯州的海岸。因此,加尔维斯顿人应该放宽心。

尽管克莱因如此笃定且自信——有些人觉得这是傲慢的表现——但他的判断在很多方面是错的。没有所谓的"普遍规律"能够预测西印度群岛飓风的走向,无法保证这些飓风一定会远离得克萨斯州,也没有证据可以证明,袭击得克萨斯州海岸的飓风是气象学上的意外现象。[10]当时,科学界对飓风的认知仍然相当有限,没有任何数据或理论能支持克莱因的断言。此外,当涉及所谓的西印度群岛飓风时,克莱因的数据也是错误的。从1871年到1891年,也就是他所淡论的这二十年间,实际上共有七次飓风袭击了得克萨斯州的部分海岸。[11]确实有两场源自墨西哥湾的飓风袭击了得克萨斯州海岸,但还有五次并非源于墨西哥湾的飓风对当地造成了破坏,可以说，飓风袭击在得克萨斯州海岸绝不是偶然事件。[12]

克莱因的理论还存在一个致命的问题，那就是他选取的时间框架——二十年。为什么选择这样一个时间范围呢？如果克莱因回溯更久远的记录，他就会发现，在更长的时段里，得克萨斯州的海岸多次被飓风侵袭，一些飓风对加尔维斯顿造成了相当大的破坏。[13]除了1818年和1842年的飓风之外，1867年10月3日，一场2级飓风差点在里奥格兰德（Rio Grande）河口附近登陆，它摧毁了许多城镇，包括布拉索斯圣地亚哥（Brazos Santiago）、伊莎贝尔港（Port Isabel）和布朗斯维尔（Brownsville）。然后它绕过得克萨斯州海岸，向东移动。当它经过加尔维斯顿附近地区时，它带来的洪水淹没了城市的大部分地区，严重损坏或摧毁了许多建筑，建筑的屋顶被掀翻，地基被推平。此次飓风对这座城市的破坏和影响是如此之大，以至于历史学家和气象学家经常将其称为"1867年加尔维斯顿飓风"。风暴结束几天后，得克萨斯州布朗斯维尔市一份名为《牧场主报》（*Ranchero*）的报纸的编辑和胡斯顿夫人一样富有洞察力。他问道："加尔维斯顿海岸的海拔较低，如果类似的风暴直接袭击加尔维斯顿，会发生什么？"[14]

如果更深入地研究历史，拓宽视野，克莱因本可以找到另一个质疑自身观点的理由。1856年，一场飓风摧毁了路易斯安那州海岸附近的热门度假胜地德尼瑞岛（Isle Dernière），它向加尔维斯顿以东约200英里处移动。这听起来很遥远，但考虑到一些飓风的巨大规模，飓风向西移动轨迹的轻微偏差可能会使德尼瑞岛幸免，并袭击加尔维斯顿。这样的误差幅度理应让任何气象学家注意到。[15]

至于克莱因声称的在过去二十年里"意外"袭击得克萨斯州的两次西印度群岛飓风,他进一步声称,它们都没有造成重大的财产损失。"在这两次飓风期间,"他写道,"财产损失的总和比中部各州任何一场龙卷风造成的财产损失都要少。"即使这是真的(目前还不清楚),克莱因并没有把飓风造成的人员伤亡考虑在内。事实上,人员伤亡是更严重的损失,也是报纸读者最担心的。[16]

这两场所谓的意外飓风都袭击了位于加尔维斯顿西南仅125英里的得克萨斯州印第安诺拉镇(Indianola)。[17]印第安诺拉位于马塔戈达湾(Matagorda Bay)边缘,距墨西哥湾约14英里,在一排堰洲岛的后面,当第一次飓风于1875年9月16日袭来时,它是一个拥有5000人的繁荣城市。超过115英里每小时的风速,伴随着汹涌的海浪,致使这座城市被淹没,这次飓风造成了极大的破坏。[18]印第安诺拉的地方检察官D. W. 克拉姆(D. W. Cram)在飓风过去几天后给当地报纸的编辑发了一封令人痛心的信,他写道:"我们一贫如洗,城镇已几近消亡,四分之一的人口遇难。尸体散落在海湾20英里的范围内。90%的房屋被摧毁。看在上帝的分上,帮帮我们吧。"[19]官方公布的死亡人数是176人,但由于当时有那么多居民和游客在城里,最终的死亡人数已经永远不得而知。

灾难过后,印第安诺拉从废墟中重新崛起,到1886年,它以拥有墨西哥湾沿岸最美丽的海滩而标榜自己是一个旅游景点。但就在当年8月20日,另一场威力更大的4级飓风再次给予这个城镇致命一击。尽管最终的死亡人数尚不明确,但此次飓风造成了大量的人员伤亡,几乎所有的城市建筑都变成了瓦砾和成堆的木头碎

印第安诺拉鸟瞰图（得克萨斯州）；赫尔穆斯·霍尔茨（Helmuth Holtz）的平版印刷作品，1860 年

片。印第安诺拉未能再次复苏，从此不复存在。[20]

事实上，在这两次飓风期间，加尔维斯顿也未能幸免，城市的大部分地区被洪水淹没，飓风的破坏范围很广，而且飓风造成了人员伤亡。1886 年飓风过后，《奥斯汀政治家周刊》（*Austin Weekly Statesman*）的编辑对形势进行评估，并对加尔维斯顿人发出了警告，这与胡斯顿夫人和《牧场主报》编辑早先的评论相呼应："总的来说，这是一场几乎与 1875 年飓风同样可怕的灾难。[21]我们对飓风的后果进行研究，可以得出一个合理的结论：总有一天，很可能会有一场迅猛且可怕的风暴，像那场吞噬了印第安诺拉的飓风一样，横扫加尔维斯顿岛，小岛将被这些巨大的海上风暴淹没，并湮灭在人类文明的历史中。这样的情形很可能重现，这座坐落在海湾沙滩上的，令人骄傲的城市可能与它更靠南的姐妹印第安诺拉落得同样的命运。"

加尔维斯顿人似乎对此深感认同。1886年飓风过后六周，该市有名望的商人们呼吁采取行动。他们敦促市民支持建造一道巨大的海堤，以保护其生命与财产免遭未来飓风可能带来的洪水淹没。当地《论坛晚报》（*Evening Tribune*）的编辑大肆宣传这一项目，并保证它会取得成果。"当像他们这样的人说修建海堤的工作应该立即开始并推进完成时，公众可以相信会有实质性的工作完成，而且不会有不必要的延误。"[22]

编辑们错了。呼吁变革的号角确实带来了改变，这座城市计划修建堤坝以预防洪水，并发行了一项州债券来为此买单，但最终，盲目乐观的心态扑灭了变革的火焰。加尔维斯顿的工程师E. M. 哈特里克（E. M. Hatrick）说，飓风过后好几个月，当债券到期时，人们的态度是："哦，我们不会再遇到这样的飓风了，堤坝工程也到此为止吧。"

正如历史学家埃里克·拉森（Erik Larson）在他关于"1900年加尔维斯顿飓风"的著作《艾萨克的风暴》（*Isaac's Storm*）中指出的那样，"如果加尔维斯顿人对当地没能建起一座堤坝有着挥之不去的焦虑，1891年克莱因的那篇文章会缓解这种焦虑"。[23]加尔维斯顿人会从克莱因的结论中得到特别的安慰："一些不了解实际情况的人认为，加尔维斯顿在某个时候会被[飓风]严重破坏的观点……只是一种荒谬的错觉，它起源于想象而非理性；由于北部地区面积太大，地势比岛屿低，洪水可能漫延，所以任何气旋都不可能形成飓风，也不会对城市造成实质性伤害。"[24]

加尔维斯顿人对自己的未来充满信心，同时得到了当地备受尊敬的气象学家的宽慰，他们走向20世纪，并不担忧飓风可能会破坏这座城市的宏伟前景。[25]事实上，当加尔维斯顿步入新世纪之时，这座城市经历了人口和经济的爆炸式发展。加尔维斯顿的居民人数一跃超过3.8万，移民的涌入让加尔维斯顿真正具备了国际特色，街上的人说着各种各样的语言。此时的加尔维斯顿已经是得克萨斯州的第四大城市，是贸易和旅游中心，它通过三座火车高架桥和一座供马车和行人通行的桥与大陆相连。疏浚工程完成后，加尔维斯顿港已经可以承载源源不断的深水货船，它们运送诸如咖啡、葡萄酒、水泥和麻绳等货物，当时，加尔维斯顿港是全美第三大港口。满载货物的船只驶离港口，远行海外。该港口的货物吞吐量十分惊人，每年运送货物的累计价值接近1亿美元，货物包括近200万包棉花、大量谷物、糖、牛、玉米、锌和木材等。

庄严的砖石建筑和华丽的大楼矗立在市中心，反映了加尔维斯顿的商业繁荣，这里有四层楼高的棉花交易所，这是美国第一个棉花交易所。主要街道上铺着用柏树芯制成的木块，而林荫道上则铺着几英寸深的从海里捡来的碎贝壳。在城市较富裕的地区，电车和时髦的游览马车经过宏伟的大厦、豪华的餐馆、繁荣的企业和庄严的教堂，周围遍布着芬芳的夹竹桃、高耸的橡树、摇曳的棕榈树和精心修剪的花园，似乎永远繁茂。加尔维斯顿的许多酒店中旅客蜂拥而至。其中最引人注目的是豪华的特里蒙特酒店，它拥有250个房间，是富人和名人的最爱，并以电力的奢侈而自豪。那些寻求娱乐的人可以去看歌剧，听音乐会，穿过城市的六个公园之一，到海边钓大海鲢，或者在美丽的海滩上休息，那里有一排排浴室，还有出售食物和纪念品的娱乐区。

1900年夏天，加尔维斯顿的商业发展蒸蒸日上。这里的百万富翁比罗得岛纽波特地区的还多。[26]加尔维斯顿的主要商业大道斯特兰德被称为"西南华尔街"，[27]这一称呼似乎十分贴切，因为整个城市都被贴上了"海湾纽约"的标签。在蓬勃发展的过程中，一场风暴开始酝酿。

"1900年加尔维斯顿飓风"第一次有迹可循的大气扰动发生在8月27日，[28]当时在大西洋中部的一名船长遇到了一股"温和的风"，[29]他认为这是由远处的风暴引起的。在接下来的几天里，当飓风接近小安的列斯群岛时，其他船只记录了风力的增强，外岛的观察员也追踪到飓风已进入加勒比海地区。9月3日星期一，古巴西南部遭遇倾盆大雨，两天后，飓风到达古巴以北的佛罗里达海峡。

此时，气象局十分关注这场风暴，并预计它几乎肯定会影响美国大陆。在华盛顿总部的要求下，风暴预测工作进入了高速运转模式。根据气象局的政策，总部单独负责发布区域天气预报和风暴预警。在全国各地的气象站将观测结果和气象数据传送给总部后，华盛顿总部对全国各地的天气状况做出最后的预测。

气象局称，佛罗里达海峡的风暴强度适中，并朝东北方向移动，进入佛罗里达。[30]接下来，它将沿着东海岸移动，最北可能到达新英格兰南部地区，然后在北大西洋上空消散。直到9月7日星期五上午，气象局才确信，该风暴并没有向北越过佛罗里达，而是升级为热带风暴，并进入墨西哥湾，往西北方向移动。尽管如此，气象局认为没有必要过度担心，因为这场风暴并不大。据预测，此次风暴只会带来暴雨和强风，绝对不是一场飓风。[31]同样在追踪风暴的古巴人并不认同这一观点，但气象局对此毫不在意，因为它不尊重古巴人的意见。

在1899年向国会提交的关于扩展"西印度群岛事务"的报告中，局长威利斯·摩尔撒了一个谎。"一开始，"他写道，"很难让（西印度群岛的）人们对（飓风）预警事务产生兴趣，因为他们天性非常保守，安于现状，很难适应新鲜事物。飓风警报的发布是最根本的改变，居民们习惯了只有在飓风接近时才看到这些现象。"[32]

但事实并非如此，尤其是对古巴人来说，他们在理解和预测飓风方面领先于美国人。[33]像美国的其他许多人一样，摩尔对加勒比人有一种非常居高临下的偏见，这影响了他对古巴人的气象学技艺和潜力的估计。他认为古巴人过于感性，而不具备冷静的理性思维，他们太快地把任何严重的风暴都归为飓风。除了这种偏见之外，摩尔还颇为自负，控制欲极强。他非常有野心，希望他的机构在预测飓风或其他任何与天气相关的现象时都能够掷地有声。在摩尔看来，承认古巴人或其他任何人有价值的东西就是在承认自己的弱点。不幸的是，摩尔在哈瓦那的手下威廉·B.斯托克曼也持有这种傲慢的立场。

尽管美国气象学家和古巴气象学家在哈瓦那的关系日益紧张，但在1899年报告撰写时，古巴气象学家仍然被允许使用电报线路收集信息，提交预报，并与他们的美国同行进行交流。然而到了1900年8月，摩尔受够了。虽然没有证据，但他认为古巴人正在窃取美国的数据和气象图，以改进自己的预报，从而与美国气象局竞争。为了制止古巴所谓的阴谋，摩尔要求控制岛上电报线路的美国陆军部禁止古巴气象学家"出于任何目的"使用美国电报线路。摩尔认为，唯一来自古巴的天气报告应该是驻扎在那里的美国人提交的。军方同意了，古巴人被立刻切断了与美国的联系。[34]

古巴气象学家对这一惩罚性决定表示抗议，其中一位气象学家认为，这表明了美方"对公众的极度蔑视"，[35]因为公众依靠古巴气象专家的专业知识来预警即将来临的危险。禁令下达时正值飓风频发的季节。

如果美国人听了古巴人的抗议，他们会得出与之前截然不同的结论。[36]早在8月31日，古巴气象学家就认为这场风暴具备形成飓风的条件。9月5日星期三，当它在佛罗里达海峡时，气象局工作人员预测它将越过佛罗里达，向东北移动，古巴气象学家开始称它为飓风。第二天，哈瓦那天文台负责人，比涅斯的继任者，洛伦佐神父（Father Lorenzo）在《斗争报》（*La Lucha*）上发布了一个警告，称飓风正在向墨西哥湾方向移动。[37]到了星期六早上，洛伦佐认为飓风已经袭击了得克萨斯州。他对飓风走向的预测是正确的，只是飓风刚刚接近海岸，尚未完全登陆。[38]

星期五上午9点35分，位于华盛顿特区的气象局总部给加尔维斯顿发了电报，指示艾萨克·克莱因升起风暴预警旗帜———一面红色的小旗，上面有一个黑色的方形图案，挂在气象站楼顶的杆子上。[39]当天晚些时候，来自气象局的信息显示，风暴正朝西北方向，向路易斯安那州南部进发，将给当地带来强风和暴雨。不过，大家都认为没有必要因此感到惊慌。艾萨克和他的兄弟约瑟夫还有约翰·D. 布莱格登（John D. Blagden）一起继续监测这一情况，后两人也在气象站工作。汹涌的海浪冲击着海滩，温度保持在令人难以忍受的 90 华氏度①，而水银气压计的读数在连续几天下降后，于晚间小幅上升。9 月 7 日午夜，读数是 29.72 英寸，气压较低，但没有什么特别值得注意的天气现象。② 这时，约瑟夫离开气象站回到他在艾萨克家里的房间，那里离海滩只有几个街区。艾萨克已经入睡，约瑟夫很快也睡着了。

凌晨 4 点前后，约瑟夫猛然惊醒。"不知怎么的，"他后来回忆说，"我感觉海湾的海水已经淹没了我们的后院。"他看到外面的情况确实如此。他慌忙赶去叫醒兄弟，告诉后者"天气状况已经十分糟糕了"。[40]当约瑟夫回到办公室，为早上 7 点要送到总部的报告准备资料时，艾萨克把他的马套在两轮猎车上，前往海滩去调查。他看到的是："异常汹涌的巨浪从东南方向涌来，没过几分钟就淹没了距离海滩三四个街区的城市南部低地。""在此之前从未观测到如此高的水位加逆风"，[41]艾萨克后来写道，一些"预示飓风来临的常

---

① 90 华氏度约为 32.2 摄氏度。——译者注
② 可利用水银气压计预测天气的变化，根据其原理，气压计显示气压高时，天气晴朗；气压降低时，将有风雨天气出现。——译者注

见征兆在这种情况下并没有出现"。没有砖红色的天空，也没有那常常预示暴风雨即将来临的高高的缕缕卷云。[42]

根据艾萨克自己在几十年后写下的关于接下来发生的事情的描述，异常的涨潮和巨浪向他发出了警告，"就好像这是一个书面信息，预示着巨大的危险正在逼近"。他急忙跑到气象站给总部发了封电报，提醒他们注意风浪，然后又跑回海滩。他沿海滩奔行，告诉眼前的所有人，他们面临着巨大的危险，并建议在海滩避暑的约6000人立即返回家中。艾萨克还说，他警告那些住在离海滩几个街区以内的人，要搬到地势更高的地方，因为他们的房子很快就会被"不断上涨的风暴潮淹没，并被冲走"。[43]

艾萨克深知，按照官方规定，只有总部才能发布风暴和飓风警报，但他声称，此时已来不及向华盛顿方面申请批准。[44]相反，他继续说："我在紧急情况下接管了发布警报的权力，提醒加尔维斯顿民众即将到来的危险，并建议他们采取必要的行动来保护他们的生命和财产。"艾萨克后来声称，他的行为拯救了"大约6000条生命"。[45]

在拉森关于"加尔维斯顿飓风"的著作中，他向世人讲述了一个截然不同的故事。拉森查阅了大量飓风幸存者的个人记录，其中没有人提及艾萨克那"保罗·里维尔①式"的英雄壮举。拉森认

---

① 保罗·里维尔（Paul Revere，1735—1818年）是美国马萨诸塞州波士顿的银匠、实业家，也是美国独立战争时期的一名爱国者。保罗·里维尔是杰出的军人，他协助组建了针对英军的情报与警报系统。他最著名的事迹是在列克星敦和康科德战役前夜警告民兵方面，英军即将来袭。——译者注

为，艾萨克并未警告民众飓风即将来临，也未劝诫人们逃离城市或前往地势更高的地方。拉森的结论是，艾萨克的英雄主义和自说自话般的叙述根本不是真的。拉森指出，即使艾萨克发出了这样的预警，在飓风如此接近的情况下，也没有足够的时间或火车车厢供大批市民逃离。[46]

飓风来临的那天清晨，民众对海滩上的景象充满了惊奇，而非惊恐。[47]人们来到海边驻足观看，"欣赏"不断上涨的潮水和令人印象深刻的巨浪，并将其视为大自然的壮观景象，而不是不祥的预兆。为什么他们会如此"淡然"？虽然气象站已经升起了风暴预警的旗帜，但加尔维斯顿已经历经风暴的洗礼，骄傲的加尔维斯顿人认为自己见多识广。很少有人意识到，一场史无前例的强力飓风即将来临。

随着风越来越大，水位也越来越高，海水先是吞没了海滨浴场，然后又冲碎了娱乐区，海滩上的气氛迅速改变。人们不再好奇和兴奋，反而越发惊慌，他们开始向地势较高的地方冲去，但这些地方也很快被淹没。下午早些时候，即使是最乐观的观察者也不得不承认情况越来越糟，风暴很可能会冲击加尔维斯顿的大部分地区。风力在迅速增大，洪水涌入并似乎要淹没整座城市。

艾萨克此时也开始惊慌起来。回到气象站后，他每隔两个小时就向总部汇报不断恶化的情况，并接听忧心忡忡的市民打来的电话，还回答了许多来气象站寻求建议的人提出的问题。下午3点前后，艾萨克给总部的摩尔发去一份急件，向摩尔汇报了当地可怕的状况，并告诉他这座城市正在迅速沉入水中，这必然会造成大量的人员伤亡，同时强调当地急需救援。[48]

约瑟夫蹚过汹涌的水流，把艾萨克的信息带到电报局，却发现电报线路已经中断。然后他前往当地的电话大楼，设法用一条正常工作的线路把消息传递给休斯敦，几分钟后，这条线路就中断了。当地与外界的所有联系都被切断，加尔维斯顿沦为一座孤城。[49]

艾萨克认为干坐在办公桌前无济于事，他也非常担心怀孕的妻子科拉（Cora）和他们三个年幼女儿的安危。他一边躲避在空中飞过的木片和瓦片，一边穿过在汹涌的海水中打旋的被毁建筑的残骸，挣扎着走了2英里，直到下午5点前后才回到家中。路上，艾萨克看到了一个近乎超现实的画面。据他后来回忆，海水"已经漫过海湾，覆盖了整座岛。[50]事实上，那里已经看不到陆地，只有一片汪洋。房屋在波浪之间翻滚，海水中隐约矗立着一些较高的建筑"。

艾萨克回家后，布莱格登留在了气象站，定时检查仪器的读数。下午5点，气压计的读数是29.05英寸，风速达到100英里每小时，这时风速计已经被狂风卷走。加尔维斯顿正面临着越发严重的气象灾难。水位还在上涨——这一定使艾萨克感到吃惊。

在1891年的一篇文章中，艾萨克认为，加尔维斯顿有一天会被因飓风而产生的"风暴波"严重破坏是一种荒谬的想法。[51]他的信心是基于对飓风动力学的笃定。他和他在气象局的同事们认为，大气压力每降低1英寸，海平面就会上升大约1英尺。因此，即使在大飓风期间，大气压力可能下降2英寸或更多，人们也可以预计海平面最多上升约 2 英尺。艾萨克和他的同事们也知道，因风产生的海浪可能会导致海平面上升，并对其路径上的任何东西造成让人难以置信的破坏。但艾萨克不认为这样的海浪会对加尔维斯顿产生重大影响，因为当地处于近海。

由于和数英里外的深海区域相比，加尔维斯顿附近的水域较浅，艾萨克认为，虽然会有大量海水涌来，但往往会扩散到宽而浅的大陆架上，所以海平面的上升幅度不会太大。虽然因气压降低和风力产生的海浪造成的"风暴波"并不是微不足道的，但也不会造成巨大的破坏，人们认为城市的大部分地区将会幸免于难。艾萨克认为，在飓风期间，由于气压下降和海浪的作用，水位会上升到一定程度，但不会完全淹没加尔维斯顿，大部分高水位的水会流过地势较低的土地，穿过海湾流向北部。[52]

艾萨克关于大气压力和海浪活动的预测是正确的，在某种程度上，他关于低洼地区吸纳一些水的能力评估也有其可取之处。但他没有考虑其他一些影响风暴潮的极其重要的因素，如飓风对海浪的集聚作用，以及近海地形的相关影响。无论是他还是气象局的其他同事都没有意识到这些因素。当飓风移动时，风眼右侧的最强风会导致海水在风暴前方不断堆积，而这种堆积通常也发生在风暴的右侧。由于大气压力降低，水位上升，风暴潮的高度进一步增加。

在风暴潮接近陆地时，海水堆积的程度取决于海岸的地形。在较深的水域，重力迫使水潮下沉，它就像水下洋流一样没入深海。[53]但当水潮遇到海岸线上的浅滩时，海水无法向下进入海洋，只能被推往高处。这就是加尔维斯顿正在经历的现象。此时，风眼位于城市的西南方向，因此城市位于飓风的右侧。更糟糕的是飓风迫近的角度：飓风与得克萨斯海岸正面相撞，几乎与海岸垂直，于是强大的风暴潮直接涌入城市。[54]

还有其他一些不为艾萨克所知的因素影响了风暴的强度。当飓风穿过深海地区时，它会搅动海水，将温暖的表层海水和较冷的下层海水混合在一起。这种混合冷却了最接近海面的海水，由于较冷的海水为飓风提供的热量较少，风暴会逐渐减弱。然而，加尔维斯顿附近的水域情况有所不同：第一，墨西哥湾的海水在相当深的地方都很温暖，没有足够多的冷水削弱风暴强度；① 第二，加尔维斯顿附近的海水整体较浅，水温整体偏高，没有更深处的冷水层来"冷却"上层海水。因此，飓风在穿越海湾并逼近城市时获得了额外的动力。[55]

由于所有这些因素，加尔维斯顿正面临着一场史无前例的风暴潮。汹涌的波涛伴随着咆哮的风暴。这座城市的一些居民已经死于这场灾难，越来越多的人也将步其后尘。几天后，当地记者理查德·斯皮兰（Richard Spillane）在分享他对灾难的观察时说："加尔维斯顿的民众就像陷阱里的老鼠……离开房子［或任何建筑］会被淹死。留下就是在废墟中坐以待毙。"[56]

---

① 墨西哥湾相对较深的暖水层来自墨西哥湾流带来的暖流旋涡。墨西哥湾流是大西洋的主要洋流之一。南、北赤道流在大西洋西部汇合之后，进入加勒比海，通过尤卡坦海峡，在离开佛罗里达和古巴之间的海湾前，湾流在墨西哥湾内部形成一股暖流旋涡，构成内循环。其中小部分暖流被留在墨西哥湾，成为墨西哥湾暖水层的来源；其余大部分暖流穿过佛罗里达和巴哈马群岛之间北上，形成墨西哥湾流。

当艾萨克回到家时，外面的水已有齐腰深，他发现约有 50 个人躲在他的屋檐下。他们之所以聚集在这里，是因为艾萨克家的房子是加尔维斯顿最坚固的房子之一，它是按照艾萨克要求的规格建造的，可以抵御飓风级别的强风。事实上，房子的建造者及其家人对房子的质量很有信心——他们就蜷缩在艾萨克家的一楼。

晚上 6 点 30 分，约瑟夫到家时，水位还在不断升高，他告诉艾萨克，就在他一小时前离开气象站的时候，气压计的读数已经降到了 29 英寸以下，这显然表明飓风正在继续加强。[57]实际上，气压将继续急剧下降，这一点两人无从得知。直到当晚 8 点 30 分，气压计的读数已降至 28.48 英寸的最低点，这是气象局有史以来记录到的最低气压读数。美国国家海洋和大气管理局（National Oceanic and Atmospheric Administration，NOAA）后来的分析表明，此次飓风的强度更大，最低气压读数达到了 27.64 英寸，但这是风眼内的气压，风眼并未直接穿过加尔维斯顿。[58]

在风暴的嘈杂声中，约瑟夫大喊着恳求艾萨克离开住所，前往市中心的高地。周围所有的房子都被风和水摧毁了，约瑟夫担心艾萨克的住处也会被摧毁。艾萨克不肯让步，他认为"试图穿越在飓风中飞舞的建筑残骸是一种自杀行为"。[59]此外，他的妻子科拉已有身孕且抱病在身，艾萨克很担心在这种情况下转移可能会让她遭遇不测。所以他们留在了家中。[60]

晚上 7 点 30 分，艾萨克站在门前，凝视着飓风的旋涡。突然，在几秒钟内，水位上升了 4 英尺，屋中的人纷纷逃到二楼。在接下来的一个小时里，水位又上涨了近 5 英尺，达到海平面以上 20 英尺。水位上涨是风向的急剧变化所造成的。当日早晨的离岸风突然调转方向,直冲海岸,而且风力比早些时候的要强得多。当天晚上,飓风的持续风速估计超过 138 英里每小时,阵风风速接近或超过 180 英里每小时。[61]

从东向西的巨大水流,加上猛烈的风,推动各种各样的残骸,撞击着艾萨克家的外墙,但房子稳稳地矗立在地面上。然而,黑暗中出现了新的威胁。距离艾萨克家不远的地方有一个长约四分之一英里的电车栈桥,它在汹涌的海水中仿佛一座堤坝般支撑了一段时间,栈桥后堆积了大量的残骸。在越来越大的压力下,这座承载着大量残骸的栈桥终于倒塌,它仿佛势不可当的攻城锤,摧毁了行进路线上的一切建筑,其中就包括艾萨克的房子。在被栈桥撞击后,房子颤动了 10—15 秒,然后猛烈地坠入水中,墙壁、地板和天花板在可怕的压力下弯曲。

8 点 30 分前后,就在栈桥被冲毁之前,约瑟夫以及艾萨克的两个年龄较大的女儿阿莉·梅(Allie May)和罗斯玛丽(Rosemary)站在一扇大窗户旁边。房子倒塌时,约瑟夫打碎窗户,抓住女孩们的手,从窗框里跳了出去,落在倒塌的外墙上。与此同时,原本在房间中央的艾萨克、科拉和他们六岁的女儿埃丝特·贝柳(Esther Bellew)被甩到烟囱上,随后三人连同房子一起坠下。

被困在水下残骸中的艾萨克仿佛历经了世界末日。在失去知觉之前,他最后的想法是他即将死去,而"此时的挣扎已是徒劳"。[62] 但他很快就醒过来了,大口喘着气。一些木头浮到了水面上,他利用这些木头来保持漂浮。

艾萨克在漆黑的夜色中几乎什么也看不见。突然,一道闪电划破夜空,他看到小女儿埃丝特就在附近,漂浮在一些残骸上。艾萨克奋力挣脱木头的阻拦,游向埃丝特,紧紧地抱住她。又一道闪电闪过,约瑟夫还有艾萨克的两个大一些的女儿就在不远处,正抱着他们自己的残骸浮木。艾萨克挽着埃丝特游向他们。艾萨克和约瑟夫在一堆建筑残骸上重聚,他们用自己的身体保护孩子们免受飓风和空中飞来的杂物伤害。[63]为了保护自己不受空中残骸的伤害,并在被击中时分散冲击力,兄弟俩从水中抓起一些木板挡住正面,背靠背漂浮在水中。

他们漂流了三个小时,不知道自己身在何处,也不知道末日是否即将来临。有几次,兄弟俩一度被拍入水中,但他们奋力守住了安全的位置。又有两个人加入了他们可怕的旅程:他们从废墟中救出一个四岁的小女孩和一名女性,并帮助她们爬上了浮木。"风暴和洪水交加,到处都是建筑物被风暴撕裂的声音,"艾萨克后来回忆道,"虽然在黑暗和可怕的倾盆大雨中,声音十分嘈杂,但我们仍然可以清晰地听到伤者和垂死者的尖叫声。"

11点30分前后,海水迅速消退,流回海湾;浮木停在坚实的地面上,距离他们地狱般的旅程开始的地方只有300码。艾萨克和约瑟夫把孩子们带到附近的一所房子里,他们在那里住了一夜。他们是幸运的,在艾萨克家里避难的50多人中,只有18人幸存下来。艾萨克的妻子科拉和他们未出生的孩子也在死者之列。几天之后,她的遗体在离家不远的地方被发现。"即使她已逝去,"艾萨克说,"她也和我们同在,在风暴中陪伴我们前行。"[64]

平版印刷画，约 1900 年，题为《墨西哥湾的潮汐——加尔维斯顿的可怕灾难，1900 年 9 月 8 日》

当天还有其他的悲惨故事。星期六当天，加尔维斯顿市中心的里特咖啡沙龙（Ritter's Café and Saloon）聚集了一群商人和城市权力掮客，他们不会让区区一场风暴中断午餐计划。[65]风刮得餐厅的窗户嘎嘎作响，门外的水位不断上涨，然而，于屋内就餐的人们仍在分享情报，达成交易，对恶劣的天气几乎没有表示任何担忧。事实上，他们还以此开玩笑——当一个人注意到房间里有 13 个人时，另一个用餐者喊道："你吓不倒我，我可不是一个迷信的人。"[66]但他们诙谐的玩笑之下其实隐藏着恐惧：如果风暴变得更糟，会发生什么呢?

在接下来的瞬间,一股强大的风从屋顶撕裂了这栋两层的建筑,天花板塌下来,沉重的印刷机从二楼砸向下面的人,5人死亡,5人严重受伤。餐馆老板派了一个黑人服务员去请医生,但那个服务员离开餐馆不久,就被汹涌的洪水吞没。

同样的悲剧也在其他地方上演。距离加尔维斯顿市中心约3英里的圣玛丽孤儿院本身几乎就是一个岛,附近只有几座破败的房屋。[67]它的两翼——女生宿舍和男生宿舍——各有两层,住着93个年龄不等的孩子,由10个修女照料。孤儿院离海滩只有几码远,只有一些低矮的沙丘和一道白色的尖桩篱笆把它和海浪隔开。

随着洪水的上涨,孤儿院被包围,所有的逃生路线都被切断,孤儿院院长M. 卡米拉斯·特蕾西修女(Sister M. Camillus Tracy)把所有人都集中到教堂。修女们从外面拿了一根晾衣绳,将它剪成几段,然后以6人或8人为一组,把小一点的孩子的手腕绑在一起。继而她们把绳子的一端系在一个修女或两名护工的腰上。大一点的孩子们只好自己照顾自己。

为了保持冷静,卡米拉斯修女领着孩子们唱赞美诗。教堂里的水越涨越高,大家都爬上了女生宿舍的二楼。狂风呼啸得更响了,很快,男生宿舍就被汹涌的海水吞没,崩塌成一堆废墟。[68]

最后,天气稍微好转,建筑彻底倒塌,孤儿院中的孩子几乎全部身亡,只有3个年纪大一点的男孩幸存。他们的手腕没有被晾衣绳绑在一起。他们设法爬过气窗,爬上一根漂过的浮木。所幸的是，这根浮木没有被冲到海湾深处，反而被"约翰·S. 埃姆斯号"（*John S. Ames*）帆船的桅杆拦住。这艘帆船在离孤儿院不远的海上沉没。孩子们整夜待在那里，被海浪、风和汹涌的潮水拍打着。第二天早晨，这根浮木漂到了海滩上，幸存的孩子们终于得救，并徒步进城避难。

飓风过去后，一个男人沿着海滩寻找生还者和死难者。他看到一个孩子，后者的尸体有一部分被埋在沙子里。当他试图抱起尸体时，他发现这个孩子被一根晾衣绳与另一具尸体相连，然后又与另外6具尸体相连，其中包括一名修女。本用来保护孩子们安全的绳子，却让孩子们连同死难者一同被拖入洪水中，并最终溺水而亡。[69]

9月9日星期日，黎明，天空晴朗，阳光灿烂，微风和煦，海面平静。[70]艾萨克说，这是"一个最美好的日子"，却"展示了文明人所见过的最可怕的景象"。[71]3500多座房屋被完全摧毁。码头被击碎，数十艘甚至数百艘船沉没或被冲上岸，桥梁被冲走，数不清的商铺、礼拜堂、旅馆和医院被严重损坏或彻底毁坏。到处都是木头残骸，看上去就像一个复仇心切的巨人袭击了一个巨大的木材场，把所有的东西都胡乱抛向了空中。残存的建筑物歪歪扭扭地排列着，有一处或多处墙壁被冲毁。一座曾经骄傲的城市俨然成为一片阴森的废墟。当地的经济损失估计为2000万—3000万美元。但是，财产损失并不是悲剧的终点。[72]

在建筑残骸附近，遍布尸体和血肉模糊的尸块。浮肿的尸体被淤泥和沙子覆盖，四肢扭曲成不自然的姿势。这一令人毛骨悚然的

"1900年加尔维斯顿飓风"过后，码头残骸中的一具死难者遗体

景象，是飓风强大破坏力的无声证明。当时大多数的报道认为死亡人数是6000人，但毫无疑问，实际数字还要更高。异常炎热的天气让许多游客来到加尔维斯顿享受海浪和沙滩，但游客的死亡人数不详。还有数不清的人被卷入大海或海湾，就此失踪。因此，死亡人数可能是8000—10000人，甚至更多。[73]

当地发布了戒严令。警察、当地民兵和许多普通市民联合起来维持秩序，逮捕抢掠者，帮助清理废墟。[74]他们还确保救援物资被公平分配给8000名无家可归的人，以及那些虽有住所但急需援助的人。为了阻止不守规矩的行为，市长下令所有酒吧在星期日下午关门，到戒严令结束后再重新开放。

幸存者在"加尔维斯顿飓风"过后寻找死难者遗体

烈日之下，天气酷热难当，飓风死难者的遗体迅速腐烂，释放出的恶臭令人窒息，给整座城市蒙上了一层令人作呕的阴影。死亡人数之多和尸体的腐烂状况引发了紧急的公共卫生问题，迫使地方官员面临迅速处理尸体的艰巨任务。对于如此大量的尸体，只靠传统埋葬方式是行不通的，所以加尔维斯顿的生者决定将尸体沉入海中或烧掉。

黑人男子在士兵的枪口下被迫把尸体装上船，这些船将它们带到离海岸数英里的地方，尸体被压沉至水里。尽管采取了预防措施，许多尸体还是浮到了海面上，在风、洋流和海浪的作用下，它们堆积在海滩上，形成了一条可怕的残骸线。一些被冲上岸的尸体被草草埋葬在壕沟或浅坟里。而更多的尸体，连同散落在岛上的其他尸体，被堆成堆焚烧。几天里，加尔维斯顿笼罩在焚烧尸体的"瘴气"中，这座城市变成了人间炼狱。

内莉·凯里（Nellie Carey）是一名经历了那场飓风的速记员，她在9月12日给父母写信，讲述了她亲眼看见的恐怖情景："街上有成千上万死去的人，海湾和浅海处遍布尸体。整个岛被毁了。没有一滴水，食物短缺。如果我们不能很快获得救援，每个人都会面临饥荒……丈夫带着绝望的神情寻找所爱的妻儿，多么可怜啊！最可怜的是那些相对年幼的孩子——虽然上帝知道，他们已经沦为孤儿和无家可归之人。他们用惊恐而恳求的目光望着身边的人。这是一幅如此悲惨的画面。"[75]

随着灾难的消息传开，美国和世界各地的报纸都向读者讲述了这个令人震惊的事件。除了对飓风肆虐的详细描述外，报纸还生动而令人不安地描述了这场灾难的后果和造成的人员伤亡。报纸文章的主要话题之一是抢劫问题，许多关于飓风的书也频频谈到这一话

民众在"加尔维斯顿飓风"的废墟中寻找贵重物品

题。某些男性被称为"食尸鬼",他们独自或成群结队地游荡,剥去尸体上的贵重物品,这些耸人听闻的故事成为媒体广泛报道的内容。[76]

并不是所有男人都被指控犯下了这种可怖的罪行,主要的"嫌疑人"是黑人男性。最为典型的是一名得克萨斯州的记者在飓风过后两天发出的一篇报道,这篇报道被全国多家新闻机构转载。它讲述了"食尸鬼们在死人面前狂欢。这些人大多数是黑人，但也有白人参与了亵渎……他们不仅抢劫死者，而且肢解尸体，以确保获得可怕的战利品。10名黑人刚从抢劫之旅回来。他们剥去了尸体上所有的贵重物品，有些抢劫者的口袋里塞满了死者的手指，这些手指被割掉了，因为它们肿得太厉害，戒指无法被取下……为了得到值钱的珠宝，他们割掉了死者的手指和耳朵"。这名记者说，这种行为"激怒了"身份不明的旁观者，他们向抢劫者开枪。这种惩罚普遍存在。记者继续说，在整座城市，负责维持秩序的人，以及普通市民，"都在努力阻止对死者的抢劫，有几次还杀害了肇事者。据说有一次，8人被杀，另一次有4人被杀。成群结队的罪犯被枪毙，被处决的总人数超过50人"。

毫无疑问，劫掠者中既有黑人也有白人，其中有少数人被枪杀，但有关成群的失控的人——主要是黑人——在加尔维斯顿街道上横行霸道的耸人听闻的报道根本不是事实。这些报道更多发挥了"黄色新闻"的功能，反映了当时的种族偏见和刻板印象。正如《加尔维斯顿论坛报》（*Galveston Tribune*）谨慎的执行主编克拉伦斯·乌斯利（Clarence Ousley）当时所说，多达75个关于"食尸鬼"被枪杀的报道太夸张了。"人们经过仔细调查也没有找到确凿的证据。"[77]

在飓风过境后，大量的经济和物资援助涌入了这座由各种团体和个人管理的城市。红十字会主席克拉拉·巴顿在到达现场后感到非常震惊和悲伤。她后来回忆道："这是一个可怕的事件，实在是让人不堪回首——至少有5000人被草草火葬。"[78] 就连德国皇帝威廉二世也被这场灾难所触动,他给美国总统威廉·麦金莱发电报表示同情,称自己"真诚地希望加尔维斯顿再次崛起,走向新的繁荣"。[79]

加尔维斯顿的确再次崛起了,但飓风前的繁荣景象已然不再。受灾前,当地一度成为得克萨斯州无可争议的经济和商业中心。但在灾后,这一中心逐步转移到附近的休斯敦,那里的河口被疏通,使其成为一个主要的内陆港口。大约在世纪之交,得克萨斯州的油田开始源源不断地涌出"黑金",推动了休斯敦的繁荣发展。相反,加尔维斯顿更像是旅游目的地和度假胜地,但它仍然是一个重要的港口,拥有重要的商业社区。

被飓风袭击的加尔维斯顿人知道,他们必须采取行动,保护这座城市免受另一次这样的打击。因此,他们抓住了之前被忽视的修建海堤的想法。他们意识到仅靠一堵墙是不够的,于是同意了一项双管齐下的计划。一方面,他们将建造一道巨大的海堤,高度超过平均低潮位 17 英尺;另一方面,市政部门计划按照各城区海拔的不同,用泥沙等材料将整座城市抬高 1—11 英尺。

这花了十年时间,但他们做到了,完成了那个时代最惊人的工程壮举之一。[80]这道 17593 英尺长的水泥海堤首次完工于 1904 年。①海堤的弧面朝向大海,底宽 16 英尺、顶宽 5 英尺。每英尺堤坝重达 4 万磅,堤坝一侧是一条 100 英尺长的路堤。此外,抬高城市的工程共从港口外的海底挖出了超过 1600 万立方码的沙子和泥浆用

---

① 从那时起,当地的海堤进行了 7 次扩建,目前它有 10 多英里长。

作地基。六年后，城市中的所有 2000 栋建筑，连同所有相关的水管等设施，包括有轨电车的轨道，都被整体抬高。

加尔维斯顿海堤完工前，一名男子站在堤坝上

1915 年 8 月，当另一场 4 级飓风袭击这座城市时，加尔维斯顿的工程解决方案迎来了第一次重大考验。[81] 尽管部分海堤受损，城市的大部分地区被淹，但海堤和较高的建筑高度证明了它们的价值，加尔维斯顿只有 11 人死亡，经济损失也远低于 1900 年的情况。

艾萨克·克莱因没能在加尔维斯顿亲眼看见这座城市的变化。摩尔把他调到了在新奥尔良新成立的预报办公室，负责墨西哥湾沿岸及其他多个州的预报工作，直到 1935 年退休。艾萨克没有再婚，他一直为失去科拉和他未出生的孩子而悲伤，觉得自己应该为他们的死负责，因为他没有按照约瑟夫的要求，放弃自己的房子，转移到更高的地方去。

艾萨克在新奥尔良任职期间，创作了一些颇受好评的飓风研究著作，而且特别关注风暴潮的动态变化，他正确地认为风暴潮是飓风最致命的特征。在自传《风暴、洪水和阳光》(*Storms, Floods and Sunshine*) 中，他为自己在飓风到来时的行为辩护。为了证明自己的观点，他还附上了美联社一名记者的评论。艾萨克说，这名记者在飓风过后告诉他，"在灾难发生时你已经尽了全力"。[82]当然，艾萨克也承认，他错误地判断了飓风能释放出的愤怒。"这是我第一次遇到热带气旋，"艾萨克写道，"我没有预见到它会造成如此严重的破坏。"

飓风过后，气象局的发展如何？据《休斯敦每日邮报》(*Houston Daily Post*) 的编辑称，它已经支离破碎。1900 年 9 月 14 日，他们写道："这段时间以来，美国国家气象局没有体现出应有的价值，星期五和星期六在得克萨斯州南部出现了飓风，气象局没有对当地发出任何有价值的警报。……气象局说，星期六天气晴朗，空气新鲜，东得克萨斯海岸北风凛冽，谁承想，那一天出现了当代最具破坏性的飓风。"[83]虽然编辑的报道存在谬误，称气象局对飓风当天天气的预报为"晴天"，实际上当时预报的是"雨天"，但报纸对气象局误报的其他描述大体上是准确的。

摩尔在读了这篇社论后勃然大怒,并给该报编辑写了一封回信。两周后,这封信在报纸上登出。在信中,摩尔为气象局百般辩护。他谎称,关于"即将到来的飓风"的预警在风暴来袭几天前已经在整个墨西哥湾地区"全面发布"了。摩尔还声称,星期六早上于加尔维斯顿发布的风暴警报在几个小时后就"被改成了飓风警报"。摩尔盛赞了艾萨克·克莱因的"英雄精神"。在危急时刻,艾萨克警告数以千计的沿海民众,劝他们逃到高处避难。同时,他还继续履行作为天气预报员的责任,在天气持续恶化的情况下与总部保持联络,直至坐在办公桌前无济于事,他才离开岗位,与妻子和家人团聚。[84]

这已经不是摩尔第一次发表此类言论。事实上,自飓风袭击以后,他就一直在吹嘘气象局的行动卓有成效。最终,摩尔对事件的描述被全国各地的许多媒体所接受。例如,《波士顿先驱报》(*Boston Herald*)认为,"气象局提供了优质服务"。[85]《纽约太阳报》(*New York Sun*)也表示:"在'加尔维斯顿飓风'前,气象局提供的飓风预报的价值不容小觑。"[86]

"1900年加尔维斯顿飓风"是一场骇人听闻的悲剧,也是飓风历史上浓墨重彩的一笔。直到今天,它仍然是美国历史上最致命的自然灾害之一。在美国历年关于飓风的讨论话题中,都有"加尔维斯顿飓风"的身影。新闻媒体为了展现飓风的破坏性,也往往以"加尔维斯顿飓风"做类比。无论未来会发生什么,它的故事总是让我们着迷。"加尔维斯顿飓风"是对世人的一个警示,它告诉我们,人类在面对大自然的力量时切莫心存傲慢。

第五章

阳光州的灾难与毁灭

"1926年迈阿密大飓风"期间,迈阿密海滩的洪水

由于官僚主义、预算、科技水平和相关数据收集等限制,20世纪的前三十五年是美国飓风预测科学相对停滞的时期。气象局在"1900年加尔维斯顿飓风"过后自夸做得很好,一如既往地继续飓风预测工作。总部加强了对预警权力的控制,不允许当地的气象学家私自发布天气预警;但这些人最了解当地气象变化。发布飓

风警报成为华盛顿特区官员的专属权力。1902年对古巴的军事占领结束后,气象局还召回了派驻在西印度群岛地区的大部分工作人员,在波多黎各设立了一个小办公室,负责对该岛及其周边地区发布警报。

另一个典型的官僚主义问题是工作时间。尽管飓风的威胁是全天候的,但气象局及其监测站每天只运行12—15小时。更糟糕的是,气象局每天只发布两次国家天气图和风暴警报,这意味着在动态天气监测方面存在明显滞后。雪上加霜的是,卡尔文·柯立芝总统(President Calvin Coolidge,1923—1929年在任)削减了气象局的预算,这使气象局在飓风活跃季节的气象监测时间减少了6周,进一步限制了气象局及时发布飓风预警信息的能力。

在科学理论方面,对飓风的研究也没有取得长足的进展。事实上,艾萨克·克莱因关于热带气旋的研究——尤其是风暴潮的性质和影响——是这一时期仅有的科学成果之一。最后,无线通信技术的进步在一定程度上推动了飓风数据或信息的收集工作,但这一进步背后也存在弊端。[1]

19世纪40年代,塞缪尔·莫尔斯发明的有线电报为天气预报开辟了新纪元。有线电报系统使得气象学家能够实时交流,"跟踪全球风暴的路径",并基于这些数据对未来的天气变化进行预测。然而,有线电报的缺陷就在于"有线"——如果电线没有到达某个地点,就无法获得该地点的即时信息。因此,莫尔斯的发明的用处仅限于有电报线路覆盖的陆地及沿海岛屿地区。无线电报的发明打破了这一限制。

20 世纪初，经过古列尔莫·马可尼（Guglielmo Marconi）和尼古拉·特斯拉（Nikola Tesla）等众多发明家多年的反复试验，无线电报在国际舞台上崭露头角。马可尼带头推广无线电报技术，并成为其公众形象。1901 年 12 月 12 日，他发送了第一条"信息"——莫尔斯电码穿越 2100 英里，横跨大西洋，从英格兰的康沃尔到达纽芬兰的圣约翰。一年多以后，1903 年 1 月 19 日，马可尼和他的团队跨越海洋发送了第一条真正值得被称为信息的信息。西奥多·罗斯福总统写给爱德华七世国王的信从马萨诸塞州的韦尔弗利特发往英康沃尔的波尔杜，信中写道："科学研究的辉煌成就和发明创造完善了无线电报系统，我代表美国人民向你和大英帝国的所有人民致以最诚挚的问候和美好的祝愿。"国王回复道："我刚才通过马可尼的跨大西洋无线电报收到了您的善意，对此十分感谢。"[2]

人们很快认识到无线电报（后来被称为无线电）在天气预报方面的潜在应用。当时有了一种与海上船只通信的方法，更重要的是，可以从海上船只那里获得它们遇到的风暴的发展和运动信息。利用这种船上的观测，陆地上的气象学家可以跟踪风暴，并提前发布风暴来临的警报，让人们有时间准备。

无线电报在飓风追踪中的第一次应用发生在 1909 年 8 月 25 日。当天，"卡塔戈号"蒸汽船在尤卡坦海峡遭遇了飓风。[3] "卡塔戈号"向 600 英里外新奥尔良的气象站发送信息，报告了风暴的性质和方向。利用这些信息，气象局总部在靠近墨西哥边境的得克萨斯州海岸发布了飓风警报。风暴过后，南帕德雷岛（South Padre Island）的幸存者把他们的逃生归功于该机构，因为气象局的预警让他们有足够的时间前往避难所。"如果没有这些警报,"他们说,"我们中的任何一个人都可能被淹死。"[4]

船只与海岸间的无线电通信对海员来说也是一个福音,因为他们可以及时了解到海上飓风的动向,并改变航线予以规避,或者停留在港口躲避风暴。事实上,许多船只就是靠这一手段及时避开了飓风。[5]然而,这种非常合理的规避手段反而限制了无线电追踪飓风的作用。[6]气象历史学家伊万·雷·坦尼希尔(Ivan Ray Tannehill)曾在20世纪20年代至50年代担任气象局预报部门的高级官员。据他所说,"海上航船一旦收到警报,发现自己处于飓风的行进路径上时,就会以最快的速度离开危险的航线。因此,飓风预测越准确、越及时,飓风行进路径上的船就越少,气象局能够收集到的后续信息也就越少。搜寻风暴的船只能海底捞针一般在茫茫大海上找寻飓风的踪迹。无法准确追踪飓风中心,就不可能发布准确的警报"。因此,尽管船只已经配备了无线电系统,但陆地上的人往往直到飓风登陆才意识到它的存在。[7]

飓风预报的技术和实践在20世纪的前三十五年停滞不前,美国却遭受了60多次飓风的袭击。其中3次飓风造成了巨大的破坏,带来了大量的人员伤亡。这3次飓风登陆的地区都位于佛罗里达,其中第一次是在1926年的迈阿密。[8]

亨利·莫里森·弗拉格勒(Henry Morrison Flagler)[9]曾让迈阿密这座城市闻名于世。弗拉格勒1830年出生于纽约的霍普韦尔,早年在盐矿和谷物生意上取得了一定成功,后来靠"黑金"发家致富。

1870 年，弗拉格勒与老约翰·D. 洛克菲勒（John D. Rockefeller Sr.）和其他一些小合伙人创立了标准石油公司（Standard Oil），这家公司迅速成为美国首屈一指的石油生产、精炼和运输公司，也是世界上最强大、最富有的公司之一。然而，它惊人的成功将导致它的毁灭。1911 年，最高法院裁定标准石油公司是一家垄断企业，违反了《谢尔曼反托拉斯法》（Sherman Antitrust Act），因此必须被拆分为更小的独立实体。埃克森美孚（ExxonMobil）、康菲石油公司（ConocoPhillips）和雪佛龙（Chevron）都是这一决定的最终产物。

标准石油公司使弗拉格勒成为美国最富有的人之一，他把大部分财富投资于佛罗里达。他和前两任妻子在游览了这个阳光州后爱上了这里，并认为它在旅游业和其他方面存在巨大的商机。1888 年，弗拉格勒在圣奥古斯丁市建造了拥有 540 个房间的豪华的庞塞德莱昂酒店（Ponce de Leon Hotel），这是他投资佛罗里达的首次尝试。弗拉格勒意识到，酒店生意兴旺的关键在于确保付费的旅客能够轻松到达酒店，于是他投资修建了通往该市的铁路。游客光顾，财富就会随之而来。

被在圣奥古斯丁的成功所鼓舞，弗拉格勒确定了一个雄心勃勃的目标。他将把铁路线延伸到佛罗里达东海岸。他在沿线有商机的地点建造奢华的酒店，这些酒店不仅是吸引富人和名人的度假胜地，也作为他和其他开发商继续投资的基础。当这些地区成为繁荣的城市时，弗拉格勒可以通过他的铁路运送人和货物，以此赚取更多利润。

在接下来的几十年里，弗拉格勒的佛罗里达东海岸铁路沿着海

亨利·莫里森·弗拉格勒

岸线蜿蜒而下，最终在 1912 年 1 月修建至基韦斯特（Key West）。这位 82 岁的商业巨头实现了他的目标。在 1913 年去世前，弗拉格勒又在奥蒙德海滩（Ormond Beach）、棕榈滩（Palm Beach）和迈阿密建造、购买并翻新了一批标志性的豪华酒店。

19 世纪 90 年代中期，当弗拉格勒把目光投向迈阿密时，当地还被称为达拉斯堡（Fort Dallas），它是一个被遗弃的军事前哨，只有数百名居民。其中有来自俄亥俄州克利夫兰的富有寡妇朱莉娅·塔特尔（Julia Tuttle）及其家人。塔特尔梦想着把达拉斯堡变成一个繁荣的城市。为此，她带头说服弗拉格勒把他的铁路延伸到这个地区，建造一家酒店，并在当地的发展中发挥带头作用。作为回报,她许诺给予弗拉格勒一大片土地。

1895 年,弗拉格勒接受了她的提议,第二年,铁路线延伸到了达拉斯堡。此后不久,当地激动而自信的居民决定建立一座城市。他们想将城市命名为弗拉格勒,以纪念他们的恩人,但弗拉格勒拒绝了。随后,他们以附近的迈阿密河(Miami River)命名这座城市,而迈阿密河的名字则来源于当地一个印第安部落的名字"玛雅米"(Mayaimi)。[10] 1897 年,弗拉格勒履行了诺言,在比斯坎湾(Biscayne Bay)的边缘开设了拥有 350 间客房的皇家棕榈酒店(Royal Palm Hotel),这是他的另一家豪华酒店,它是美国镀金时代纸醉金迷的完美写照。

塔特尔的计划成功得超乎她的想象。直到 20 世纪 20 年代中期,迈阿密一直是美国发展得最快的城市之一。1900—1910 年,当地人口增长超过 200%,从 1681 人增至 5471 人。[11] 在接下来的十年里,尽管第一次世界大战造成了后方的混乱,迈阿密的人口还是增长了 440%,达到 29517 人,到 1925 年更是达到了惊人的 84258 人。伴随爆炸性人口增长而来的是同样爆炸性的房地产热潮。由于当地对住房、酒店和办公楼的需求如此之大,土地被迅速抢购,房地产市场迅速膨胀。仅在 1925 年,这座城市就有价值 6000 万美元的新大楼拔地而起,2000 家公司和 2.5 万名经纪人争分夺秒地投身于当地的房地产交易。[12] 在豪奢的设想和一日暴富的期望下,当地地产投机猖獗。各类地产以闪电般的速度不断易手,房地产价格飞涨。[13]

迈阿密的繁荣蔓延到了邻近的城市迈阿密滩(Miami Beach),

它于1915年成立，位于比斯坎湾的另一边，最初是一个相对狭窄、地势低洼的堰洲岛，由沙子和红树林沼泽构成。在岛上种植作物的各种尝试都以失败告终，而后，一群投资者把它变成了一个旅游胜地。红树林被砍伐，通往大陆的堤道被修建，卡车运来大量沙土填造岛屿，让这座城市为崭新的、迷人的奢华生活做好准备。[14]迈阿密滩在成立仅仅十年后，用历史学家特德·斯坦伯格（Ted Steinberg）的话来说，已经成为"一个房地产主题公园",[15]拥有大量豪华酒店、众多公寓建筑群和近1000套私人住宅。

在美国，没有哪个地方比迈阿密和迈阿密滩更能代表"咆哮的20年代"。空气中弥漫着一种无可置疑的经济活力，涌现的大量资金推动着城市的发展。派对、阳光以及时髦的性自由是当时的社会潮流。即使是禁酒令也不能抑制这种热烈的情绪。酒精在地下酒吧间流淌，风流女郎有着时髦的发型，穿着短裙，随着感性的爵士乐曲舞动，丝毫不在乎上流社会对她们所谓的出格行为有何看法。难怪迈阿密被同时代人称为"世界游乐场"[16]、"神奇都市"和"奇迹之城"。[17]

总而言之，炫耀性消费是当地的生活风尚。不仅是房地产，还有所有能买到的东西。1925年7月26日的周日版《迈阿密每日新闻》（*Miami Daily News*）显示了该地区令人惊叹的繁荣、享乐主义和经济活力。这份报纸每期重达7.5磅，[18]有504页，是有史以来出版的体量最大，也是广告最多的报纸。几乎没有人停下来去思考疯狂的繁荣、荒谬的价格，以及如此多的享乐行为所反映的肤浅与贪婪。正如约翰·肯尼斯·加尔布雷斯（John Kenneth Galbraith）在他的《1929年大崩盘》(The Great Crash 1929) 一书中所写的那样，"佛罗里达的繁荣是美国20年代的乐观情绪和信念的写照——上帝保佑美国中产阶级变得富有"。[19]

1926年，尽管迈阿密和迈阿密滩的房地产市场已经开始降温，但没有人真正担忧美好时光即将结束，也无人担心飓风会破坏该地区的繁荣景象。上一次影响这座城市的飓风要追溯到1906年10月，那场飓风在佛罗里达群岛 (Florida Keys) 登陆时造成了较大的破坏，造成124名修建铁路的工人死亡。当飓风到达迈阿密时，其强度已经大幅减弱。虽然相当多的房屋被严重破坏，许多街道因洪水而无法通行，但没有人死亡。[20]

自1906年以后，还有一些飓风袭击过佛罗里达群岛和佛罗里达西海岸等地区，但迈阿密一直未被波及。[21]因此，迈阿密或迈阿密滩的居民中几乎没有人经历过飓风，大多数居民似乎认为，他们无须担心飓风会袭击该地区。当潜在购房者谈起飓风将袭击迈阿密或迈阿密滩的话题时，当地的房地产经纪人打消了他们的担忧，并向他们保证这永远不会发生。1926年7月底，一场飓风在迈阿密以北仅70英里的地方登陆，给棕榈滩和更远处的海岸造成了严重的破坏，但迈阿密人仍然不太担心。毕竟，这场飓风只是扫过迈阿密，给当地带来了一定程度的强风天气，几乎没有造成洪水。[22]飓风过后几天，气象局迈阿密办公室的气象学家理查德·W. 格雷 (Richard W. Gray) 在迈阿密基瓦尼斯俱乐部 (Miami Kiwanis Club) 的成员面前发表讲话，他说："不必担心飓风会造成严重破坏。"[23]连科学家都不担心飓风的到来，其他人为什么要担心呢？然而，格雷和迈阿密市民很快就会发现,他们的自信大错特错。

1926年9月14日星期二,气象局总部通知格雷,一场热带风暴正在向巴哈马群岛移动。[24]三天后的中午,当风暴被认为接近拿骚时,气象局指示格雷提高风暴警报等级。但此时当地人仍然没有太在意这场风暴,《迈阿密先驱报》(*Miami Herald*)告诉读者,当晚只有"热带风暴"会袭击这座城市。[25]

回到办公室后,格雷继续观察当地气象的变化。直到傍晚,他没有发现任何令人担忧的迹象。当时的风力较小,气压稍有下降。热带风暴之前通常会下雨,但此时当地也没有出现降雨迹象。而到晚上10点以后,风力加大,气压计读数开始迅速下降。格雷突然担心这不仅仅是一场热带风暴。[26]随后,他的担忧得到了证实。晚上11点16分,他接到消息,总部要求他升起代表飓风二级警报的两面旗帜。

格雷赶忙照办——一面预警旗在气象站的楼顶,另一面在半英里外的城市码头的飓风预警塔上。他还打电话向铁路和海岸警卫队办公室以及长途接线员发出预警,后者将紧急信息转达给迈阿密和附近城镇的地区电话局。但为时已晚。大多数人在睡梦中,未能收到警报。到次日凌晨3点,大风如此猛烈,以致迈阿密和迈阿密滩的电话线都被切断了。飓风咆哮而来。

凌晨4点30分,当地风速达到115英里每小时,几分钟后,气象局大楼楼顶的仪器防护罩被大风掀飞,砸落到地面。早上6点后不久,风眼直接掠过迈阿密。大多数迈阿密人从来没有经历过飓风,或者从来没有想象过飓风会袭击他们美丽的城市，他们不知道飓风有风眼，更不用说风眼意味着什么。所以，当强风平息后，许多人从建筑中走出来，以为最坏的情况已经过去，他们看着残骸，庆祝自己的幸存。

《迈阿密每日新闻》头版，1926年9月18日格雷显然更清楚这一危险,他跑到街上大喊:"风暴还没结束!我们进入了风眼!快到安全的地方去!最坏的情况还在后头!"[27]此时的喊叫已是徒劳,仅有附近的少数人听从了他的号召,但大多数人没能听到这一警告,因此对危险一无所知。大约35分钟后,当风眼过去时,风力迅速增强到飓风强度,许多人措手不及,被飞来的残骸击中或被卷入翻腾的洪水中身亡。[28]

在"第二次风暴"中,迈阿密滩的艾利森医院(Allison Hospital)楼顶处的风速达到了128英里每小时。不久之后,风速计被狂风卷走。风速估计达到145英里每小时,使其成为4级飓风。

大风加上9英尺高的风暴潮,严重破坏了迈阿密和迈阿密滩的大部分地区。迈阿密滩在洪水高位时完全被淹没,当水退去时,所有靠近海洋的街道都被泥沙覆盖,迈阿密的整个海湾地区也是如此。数百艘船,包括豪华的游艇和大型商船,像儿童玩具一样散落在各处。潮水灌入迈阿密河,许多船或是沉没,或是被吹到河岸边。仅在这两个地区,就有成千上万的房屋被风吹走或被洪水冲垮,余下的建筑也几乎都受到了严重的破坏。[29]其中,许多房屋是为满足房地产热潮而仓促建造的,质量很差。据《纽约时报》报道,"佛罗里达俱乐部——曾经辉煌的梦想,一个时尚的英美社会冬季度假胜地——已经变成了一片沼泽。街边长长的一排排路灯被飓风吹弯,似乎在弯腰鞠躬,嘲弄人类的无知"。[30]

格雷后来写道:"风暴的强度和它留下的一片狼藉简直无法用语言描述。狂风咆哮,建筑物被撕裂,残骸飞舞。玻璃板的撞击声、提供救援的消防车和救护车的鸣笛声夹杂在一起。街道一片混乱，无法通行。像雾一样密集的雨、短路电线的闪光给暴风雨地区的成千上万人留下了可怕的雷雨夜的记忆。"[31]

建筑物被"1926年迈阿密大飓风"摧毁

正如作家马乔里·斯通曼·道格拉斯（Marjory Stoneman Douglas）所言："这座建立在疯狂的承诺和希望、钞票以及不加控制的投机之上的城市，就像数英亩土地上脆弱的建筑和广告牌一样，已经消失了。"[32]尽管迈阿密和迈阿密滩遭受了飓风的冲击，但它们并不是仅有的受影响地区。迈阿密周围的所有城镇也被摧毁。利奥·弗朗西斯·里尔登（Leo Francis Reardon）讲述了他和家人在迈阿密以西6英里的科勒尔盖布尔斯（Coral Gables）所遭受的苦难，从中我们可以窥见飓风带来的恐怖。[33]

星期六下午4点前后，利奥离开他在科勒尔盖布尔斯建筑大楼的办公室去打高尔夫球。他和他的朋友们对天气预报所说的"热带风暴"并不担心。他们经历过热带风暴，现在照旧就好。比赛结束后，他们结伴去利奥家享用晚餐，晚上 11 点前后，利奥的朋友们离开了，此时，天气开始变得糟糕。

利奥锁上了窗户，并闩上了连接阳光房和起居室的双扇门。几分钟后，一阵狂风刮掉了房子一侧的遮阳篷，一块炮弹状的残骸击穿了卧室的窗户。惊慌失措的利奥叫醒了八岁的儿子，抱起六岁的女儿，把他们俩送到妻子蒂尼（Deanie）在二楼的房间里，自己则继续守护这所房子。

此时风力越来越大，又一阵狂风刮掉了房子另一侧的遮阳篷。然后屋里的灯灭了。此时，利奥和蒂尼有些惊慌失措，忙着给孩子们穿衣服。窗户纷纷破碎，墙壁随着外面大风的节奏摇摆不定。为了试试他们能否跑到一座更坚固的建筑里，利奥冒险走出大门，进入飓风中。强风把他沿着房子的一侧吹出好几码，他抓住固定在墙上的一根遮阳篷栏杆，才避免自己被风卷走。利用这些支撑物，他挣扎着回到门口，返回屋内。

利奥知道，他得把家人带到一个更安全的地方，所以他回到楼上，发现蒂尼和孩子们躲在她的房间里。他领着妻儿，沿着走廊爬下楼梯，来到了车库。他认为如果房子被吹走，最安全的地方是在他们的车里——一辆重型敞篷跑车。为了加强保护，利奥在车顶放了一个旧床垫，以防天花板塌下来。然后他用自己的身体护住妻儿，以进一步保护他们免受任何打击。

他们在车里蹲了将近五个小时，外面狂风呼啸，到处都是被刮倒的树木，利奥后来回忆说，他们"每时每刻都在担心，要么被数吨重的灰泥和古巴瓷砖掩埋，要么被洪水冲走"。黎明时分，风突然停了下来。里尔登一家和其他大多数人一样，以为飓风结束了。他们松了一口气，回到屋里查看损坏情况。

利奥担心人们会抢购食物，于是开车绕着倒下的树木和废墟驶过二十个街区，直到找到一家营业的杂货店。他希望买瓶装水，因为他家的水龙头不出水了，但商店里已经没水了。他买了一些食物，当他把食物放进车里时，风又刮起来了。他"心里充满了恐惧"，飞驰返回家中。

利奥和蒂尼在房子的前门附近抱着彼此和他们的孩子，并认为如果有必要，他们可以爬到停在车道上的汽车旁。"风势一刻也没有减弱，风越吹越猛，听起来就像上百个汽笛同时响起。"在起居室的双扇木门被吹开后，利奥让蒂尼和孩子们待在门厅里的一个沉重的箱子后面，然后他沿着墙爬向门，试图把它们关上。他用一只手关上了一扇门，用脚顶在门后，然后另一只手用力抓住另一扇门，眼看门就要合上了，就像利奥说的那样，"一阵狂风呼啸而来，把我的身体掀起来，甩到40英尺外的餐厅自助餐台上"。

由于担心房子随时会倒塌，利奥带着家人来到洗衣房，他和蒂尼把孩子们放在两个大的石板洗衣盆里，并在他们身上盖上枕头。利奥从七扭八歪的窗框向外望去，自东向西，"我们可以看到高大的澳洲松柏在疾风中扭曲翻滚。空中到处都是垃圾桶、汽车顶、狗窝、家具和建筑物残骸"。

星期日中午刚过，风力有所减弱，利奥一家离开了相对安全的洗衣房，穿过自家房子的废墟。利奥说，它呈现出"一幅令人作呕的荒凉景象"。他们收拾了些衣服，开始长途跋涉，来到迈阿密的大沼泽地酒店（Everglades Hotel），在那里订了一个房间。利奥记录了沿途的景象和声音。"几乎看不到什么人……我们看到的那些人不是歇斯底里地笑就是哭……［在迈阿密］公寓楼的整个侧面都被撕碎，半裸的男男女女在他们房屋的废墟中迷惘地徘徊……救护车冲向四面八方，哀号的警笛仿佛暴风骤雨的声音。有个满身是血的男孩茫然地跑过马路，他的父母在哪？"

即使是迈阿密以北 25—30 英里的沿海社区也遭受了巨大的打击，它们受到了飓风右翼的强力冲击，这里发生了无数的心酸事。9 月 17 日星期五，飓风来袭的那个晚上，在好莱坞，一个花了数月为他的新婚妻子准备小屋的年轻人骄傲地欢迎她来到他们的新家。不幸的是，这座房子不够坚固，没能挺过暴风雨。倒塌的房子压死了他的妻子。第二天早上，救援人员发现了这名丈夫，他断了三根肋骨，一只胳膊骨折。他的心也为妻子的离去而支离破碎。

在往北几英里的劳德代尔堡（Fort Lauderdale），一对夫妇的房屋倒塌。丈夫被压在废墟下，妻子用尽全力想帮他挣脱，但没有成功。她跪在他旁边，看着水位继续上涨，扶着他的头，以免他溺水。他恳求妻子放手，因为水位正在上涨，接近没过他的下巴，也已经快要淹没妻子。最后，妻子泪流满面地与丈夫吻别，然后逃到了安全的地方。[34]

毁灭的脚步并没有停留在迈阿密及其附近的海岸地区。飓风朝西北方向穿过佛罗里达半岛,给奥基乔比湖西南边缘的穆尔黑文镇(Moore Haven)带来了特别猛烈的冲击。[35]奥基乔比在塞米诺尔印第安语中的意思是"大水",这个湖名副其实。奥基乔比湖是完全在美国境内的第三大天然淡水湖——最大的是密歇根湖,第二大的是阿拉斯加的伊利亚姆纳湖(Lake Iliamna)——占地730平方英里,其面积略大于罗得岛的一半。尽管湖面很宽广,但湖水相对较浅,平均水深只有9英尺。

就像湖泊周围的其他农业社区一样,穆尔黑文建在曾经是大沼泽地一部分的土地上。被马乔里·斯通曼·道格拉斯称为"草之河"的大沼泽地最初从奥基乔比湖一直延伸到佛罗里达州的最南端。湖水缓缓地流过大片的锯草,流向海洋,在陆地上沉积了一层丰富的有机沉积物。这种黑色的淤泥形成了一个复杂生态系统的基础,为各种各样的动物和植物提供了宝贵的栖息地。但在20世纪早期,开发商和农民将大沼泽地视为臭气熏天的广袤荒地。对他们来说,黑色的淤泥就是农业的黄金,他们觊觎并占有了湖泊周围的肥沃土地。他们在草地上砍伐、焚烧、犁地,疏浚水渠排水。他们称之为开垦,这只不过是强迫自然为人类需求服务的另一种说辞。

到1926年,穆尔黑文是奥基乔比湖沿岸最大的城镇,人口有1200人,其中大多数是种植蔬菜、柑橘和甘蔗的农民。湖水会周期性地泛滥,穆尔黑文的居民对这类事件泰然自若,尤其是湖水带来了丰富的沉积物,它们沉积在田野上,使得土地更为肥沃。但在

约瑟夫·戈尔兹伯勒·布拉夫（Joseph Goldsborough Bruff）绘制的 1846 年佛罗里达地图的细节。奥基乔比湖下面写着"Pah-Hay-O-Kee，或水草茂盛的大沼泽地"

1922 年，这个湖的水位过高，当地人对此感到十分不悦。在春季和夏季，当地有近 100 天降雨，奥基乔比湖的水位上升了 4.5 英尺，淹没了穆尔黑文和周围的社区，还有当地的庄稼。为了防止这种情况再次发生，佛罗里达州修建了一条长达 50 英里的堤坝。[36] 它是由土堆成的，高 5—9 英尺，底部宽 20—40 英尺。在接下来的几年里，农民们在堤坝的边缘和顶部重新种植农作物。由此，已经受到农田和排水工程严重破坏的大沼泽地又遭受了一次打击，因为它长期依赖的重要水源被切断了。

州政府和当地居民都认为这个临时堤坝不够用。他们认为，需要一种更坚固、更大、特别设计的堤坝，能够在未来几十年里提供真正的保护，不受任何可能出现的潮湿条件的影响。然而，事实证明，这样一个计划的成本太高了，至少对那些必须授权提供资金的州县官员来说是如此。所以这个计划失败了。在此期间，天气仍然干燥，降雨较少，堤坝表现得很好。

然而，在 1926 年夏天，大雨又来了，使湖水水位涨得更高，直到仅仅低于堤坝顶部 1 英尺。尽管一些人敦促通过水闸将水排入河流来降低湖泊水位，但水资源管理人员拒绝了，他们希望为未来的干旱时期储备宝贵的资源。然而，当水位继续上涨时，管理人员有所动摇，并打开了水闸。但已经太晚了。飓风即将袭击佛罗里达海岸。

弗雷德·A. 弗兰德斯（Fred A. Flanders）是负责穆尔黑文及其周边地区水资源控制的州工程师。[37]他在 9 月 17 日星期五深夜接到电报，据称一场飓风正在逼近迈阿密。他和他的同乡们只是有点担心，认为风暴不会对当地造成太大的影响，因为他们离迈阿密有 90 英里。但情况开始恶化。当迈阿密刚刚开始遭受飓风袭击时，奥基乔比湖上已经下起大雨。尽管水闸打开了，但湖水水位又开始上升，逼近堤坝顶部，非常危险。弗兰德斯惊慌地打开了火警警报器。所有跑来的人都被派去在堤坝顶上堆沙袋。他们工作了一整夜，但这都是徒劳的。

星期日凌晨，当飓风的右翼冲进奥基乔比湖时，这个平日里"温顺"的湖泊仿佛变成了一艘驱逐舰。飓风级别的狂风在湖的西南角掀起巨浪，在穆尔黑文的门户地区堆积了大量的湖水。在巨大的水压下，堤坝多处决口，高达 17 英尺的巨浪涌进了小镇。

穆尔黑文的大部分房屋在洪水和狂风中倒塌，许多居民在废墟中丧生，而其他跑到外面的人被激流卷走淹死。尽管如此，镇上的大多数人还是活了下来，他们或是抓住漂浮的残骸，或是爬到二楼，又或是爬到那些仍然屹立的建筑物的顶上。

在摧毁穆尔黑文之后，飓风继续席卷整个州，进入墨西哥湾，从温暖的海水中汲取能量，然后在佛罗里达州的彭萨科拉再次登陆，彭萨科拉遭受了洪水和大风的严重破坏。随后，飓风在亚拉巴马州、密西西比州和路易斯安那州的内陆地区继续肆虐，并在沿途逐渐消散。

尽管当时的报告对"1926 年迈阿密大飓风"的死亡人数莫衷一是，但最近的一项深入分析得出的结论是，最可靠的死亡数字是 372 人。这一估计包括在迈阿密和迈阿密滩遇难的 132 人（其中大约一半死于比斯坎湾的船上），以及在穆尔黑文及其周边地区遇难的 150 人。实际死亡人数可能超过 372 人，因为有些人失踪了，没有被计入死亡人数，毫无疑问，在穆尔黑文及其周围，有一些身份不明的移民工人，他们没有被任何报道所关注。除了死者之外，还有数千人受伤。[38]对飓风造成的损失的估计各不相同,但气象局确定的数字为 1.05 亿美元。[①][39]最后,这场风暴还导致 4 万多人无家可归。

对于曾经繁荣的迈阿密和迈阿密滩地区来说,飓风给予的打击是毁灭性的。正如历史学家阿尔瓦·摩尔·帕克斯(Arva Moore Parks)所说:"很多来到这里投机的人因飓风而离开了。[40]它扼杀了繁荣,提前三年开始了当地的大萧条。"潜在的买家消失了,房地产价格暴跌。

但是,迈阿密人十分顽强,意志坚定。飓风过后一天,《迈阿密论坛报》(Miami Tribune)就发表了一篇社论。"芝加哥有其热忱所在,一个新的芝加哥诞生了,"[41]这篇文章说,"旧金山地震后,城市重新崛起并再次繁荣。加尔维斯顿今天在航运界的首要地位可以追溯到一场几乎毁灭了这个岛屿城市的巨大海啸。这些城市都经历了毁灭性的打击,它们所遭遇的困难似乎是无法克服的。"就像这些城市会在逆境中奋起一样,迈阿密也会如此。这位社论作者敦促他的迈阿密同胞们"勇敢地展望未来。这就是迈阿密的精神,从

---

① 2018 年的一项研究使用多种方法对历史性的飓风造成的损失进行了标准化估算。正如作者所说,是"对历史上的极端事件发生在当代社会条件下所造成的直接经济损失进行标准化估算"。换言之就是,如果"迈阿密大飓风"发生在 21 世纪的第二个十年,而不是 1926 年,会造成多少经济损失。这项研究采用的主要方法是"根据通货膨胀、人均财富和受影响县的人口来调整历史损失数据"。据分析,"迈阿密大飓风"被确定为 1900—2017 年最具破坏性的飓风,如果该飓风发生在 2017 年,"它造成的损失将高达 2360 亿美元"。可参见 Jessica Weinkle, Chris Landsea, Douglas Collins, Rade Musulin, Ryan P. Crompton, Philip J. Klotzbach, and Roger A. Pielke Jr., "Normalized Hurricane Damage in the United States: 1900–2017," *Nature Sustainability* (December 2018), 808–13.

这种精神中，一座新的城市将崛起，面对未来的任何风暴"。

这座城市最终确实重新崛起了。迈阿密大学在 1926 年秋季迎来了第一届学生，在不久的将来，该校决定将足球队命名为"飓风"，以纪念刚刚刮过的那场风暴。为了延续这一主题，该校选择了白色朱鹭作为其官方吉祥物，这是对朱鹭的一种认可，因为它总是在飓风来袭时提前避难，并在飓风过去后第一个返回家园。[42]

在军方的帮助下，穆尔黑文的居民也开始重建家园。这是一项艰巨的任务。几周后，洪水才最终退去。此时，当地卫生状况恶劣，尸体到处都是——田野里、湖里、沼泽里随处可见。由于腐烂和动物以尸体为食，许多尸体几乎无法辨认。恐有疾病传播的风险。因此，国民警卫队命令所有居民暂时离开该地区，直到他们完成最初的清理工作。

陷入困境的穆尔黑文居民在返回后，建造了新房子，并修复了少数幸存的房屋。他们在圣诞节那天举办了一场聚会，以缓解压力，期待早日回归正常生活。在随后的几年里，他们重新种植庄稼，并修复了堤坝作为防护手段，祈求它再也不会受到这样的考验。不幸的是，另一场飓风很快就要袭来。

"1928 年奥基乔比湖飓风"的第一个迹象出现在 9 月 9 日星期日，当时"科马克号"（*Commack*）在巴巴多斯以东约 600 英里处记录了气压下降和强风（39—54 英里每小时）。从那时起，这一"相当强烈的热带扰动"继续增强并朝西北方向行进。[43] 9 月 12 日，它从强大的热带风暴发展为成熟的飓风，袭击了瓜德罗普（Guadeloupe），使法国的哨所变成一片废墟，死亡人数可能高达 1000 人。[44] 接下来受灾的是蒙特塞拉特岛（Montserrat），当地有超过 40 人死亡。此后，美属维尔京群岛的圣克罗伊岛（St. Crois）也遭到袭击。虽然那里只有少数人死亡，但几乎所有的建筑都遭到破坏或摧毁。

9 月 13 日，飓风给波多黎各带来了多达 25 英寸的降水。风暴潮和时速 160 英里的大风摧毁了岛上几乎所有的建筑和大部分的基础设施。至少有 300 人死亡，其他一些人估计的数字要高得多，大约 70 万人无家可归。损失估计超过 8000 万美元。这场飓风在波多黎各被称为"圣费利佩"（San Felipe），它是第一个已知的，登陆美国的 5 级飓风。自 1851 年至今，只有五场飓风达到了 5 级水平。①[45]

飓风离开波多黎各后，气象局预测它将向巴哈马群岛移动，但几乎可以肯定，它将偏离佛罗里达，朝东北方向移动，要么沿着海岸向北行进，要么进入北大西洋。事实上，它掠过特克斯和凯科斯群岛（Turks and Caicos Islands），还摧毁了巴哈马群岛的伊柳塞拉岛（Eleuthera Island）。但在 9 月 15 日星期六晚上，气象局开始两面下注。气象学家表示，在星期日早些时候风暴略微向拿骚北部移动后，飓风的外缘可能会掠过佛罗里达州的东南海岸并带来大风。然而，在星期日，情况发生了巨大的变化。[46]

当时的最新分析表明，飓风不会转弯，而会在当天傍晚径直进

---

① 其他四场飓风分别是："1935 年劳动节飓风"，它袭击了佛罗里达群岛；"卡米尔飓风"，它在 1969 年登陆路易斯安那州；1992 年袭击佛罗里达州东南部的"安德鲁飓风"；"迈克尔飓风"，它于 2018 年在佛罗里达狭长地带登陆。

入佛罗里达，在棕榈滩以北的朱庇特地区登陆。气象局向迈阿密和棕榈滩的气象站发送了紧急信息，命令它们在上午 10 点 30 分向迈阿密到代托纳（Daytona）范围内的各地区发布飓风警报，并将飓风来袭的消息传播到各地。下午 1 点，气象局发布了最新警报，预测飓风登陆不是在晚上，而是在当天下午。[47]

气象站站长竭尽全力向当地报纸和广播电台通报飓风的威胁，但效果有限。报纸已经出版了早间版，分享了已经过时的信息——佛罗里达海岸可能只会受到轻微的打击。[48] 虽然有一些广播电台播送新闻，但个人收音机价格昂贵，尚未普及，所以只有少数佛罗里达人能接收到这一信息。[49] 尽管如此，在沿海地区还是有相当多的人收到了飓风即将来临的警报，要么通过广播，要么通过电话和口口相传。但当消息传开时，当地人已经无能为力了，因为飓风的边缘已经抵达。

下午 1 点后不久，强风开始冲击棕榈滩。晚上 7 点，当风眼在头顶上的时候，气压计度数降至 27.33 英寸。这比"1926 年迈阿密大飓风"时的最低气压度数还要低 0.18 英寸，这也是美国有记录以来的飓风最低气压。[50] 风暴继续向西朝内陆移动，以 15 英里每小时的速度前进。

此次飓风途经的范围很广，受灾地区绵延长达数百英里，从基韦斯特到杰克逊维尔，佛罗里达各地的风力均十分强劲。从庞帕诺（Pompano）到朱庇特等多个沿海地区受到了普遍的破坏，棕榈滩这块富有的飞地，以及工人阶层居住的西棕榈滩遭受的破坏最为严重。官方测量的最大持续风速为 145 英里每小时，这使其成为强烈的 4 级飓风。尽管沿海地区损失严重，至少有 26 人死亡，但真正的悲剧发生在飓风到达奥基乔比湖之后。[51]

"1926 年迈阿密大飓风"对穆尔黑文造成的破坏促使人们再次呼吁改善环绕奥基乔比湖的堤坝系统。来自地区城镇的代表呼吁州立法机构为该项目提供资金，但提出的议案多次被否决。1926 年的飓风是这种不作为的部分原因，因为风暴对佛罗里达州经济的影响使该州陷入了严重的经济衰退。资金匮乏，修复湖堤在优先考虑的事项中排名很靠后。随着人们对 1926 年飓风的记忆逐渐淡去，该项目的紧迫性也降低了。但奥基乔比湖仍然是一枚嘀嗒作响的定时炸弹，1928 年 9 月 16 日晚上，它"爆炸"了。[52]

离开海岸后，飓风径直向内陆约 40 英里处的湖泊进发。这是一个异常潮湿的夏天，水位上升的程度与 1926 年飓风之前的情况差不多。然而，此次飓风的风力比两年前的风力强得多，而且飓风直接掠过此地。

飓风在平坦、人烟稀少、潮湿的沼泽地上行进，接近湖泊时风力稍有减弱。湖边的两个联邦研究站的风速计被吹走了，当时风速为 75 英里每小时，后来，风速再次加强，估计最终超过了 120 英里每小时。[53]

幸运的是，湖周围的一些人能够为这次袭击做好准备，因为他们在当天早些时候从广播中听到了警报，或者接到了来自海岸的电话。[54]不过，对大多数地区的居民来说，这场飓风来得完全出乎意料。对于成千上万从南部其他各州和加勒比地区来到这里种植和收割庄稼的黑人移民劳工来说尤其如此，因为他们住在与外界隔绝的破败房屋里。

就像在1926年一样，飓风吸起了湖水，但这次风暴活跃的地点在湖的南部和东南部，而不是穆尔黑文所在的西南部。这一地区大约22英里长的堤坝全部或部分决口，在许多地方引发了超过20英尺高的洪水，淹没了邻近的莱克港（Lake Harbor）、贝尔格莱德（Belle Glade）、南湾（South Bay）、秋森（Chosen）和帕霍基（Pahokee）等城镇。[55]

在1937年的经典小说《他们的眼睛注视着上帝》（*Their Eyes Were Watching God*）中，佐拉·尼尔·赫斯顿（Zora Neale Hurston）用特别令人难忘的语言描述了这种来自大自然的磅礴力量："仿佛怪物出笼一般，时速200英里的大风解开巨兽的锁链。巨兽摧毁堤岸，向前狂奔，摧枯拉朽一般把房屋和树木连根拔起。它无所畏惧地向前冲去，碾压堤坝，冲击房屋，摧毁任何人和物，沉重的脚步践踏着这片土地。"[56]

甚至在堤坝坍塌之前，汹涌的湖水就已经成为"凶手"。[57]星期日下午晚些时候，奥基乔比湖南岸附近的托里岛（Torry）的居民收到了飓风即将到来的警报，正准备通过堤道返回岸边，但他们错过了逃生的机会。汹涌的湖水已经堵住了他们的出口。其中23个人冲进了当地的一家包装厂，试图躲避风浪。随着水位不断上涨，他们先是爬上厂里的拖拉机和板条箱，后来一路爬到椽子上，在屋顶绑上木板，搭起平台坐上去。据一名目击者称，狂风暴雨猛烈地击打着铁屋顶，发出的声音就像正在被"一百条消防水龙带的水流"冲击。

倾倒的树木撞向包装车间,形成了一道堤坝,风和浪冲击着建筑的一侧,这一面的墙体不堪重压而崩溃。轰然倒塌的墙体砸在避难者的头上,包装厂里的 23 个人全都掉进了水里。最后,只有 13 人幸存。拉尔夫·切里(Ralph Cherry)的小儿子是最令人心碎的遇难者之一。拉尔夫试图一只手抓住小儿子,另一只手抓住一棵柏树的树枝,从建筑物的废墟中爬出来。正当他拼命想抓牢树枝时,一块浮木击中了他。拉尔夫松开了树枝和自己的小儿子,被洪水冲走。他设法游到附近的一所房子前,一直躲在此处,直到暴风雨过去,然而,他的小儿子被洪水卷走了。

几个小时后,堤坝开始崩塌,在湖的南部和东南部沿岸的城镇里,同样可怕的场景上演了。随着风的呼啸和水位的上升,人们在各种各样的建筑中避难,许多建筑屈服于自然灾害。屋顶被掀到空中,墙壁倒塌,就连地基也被完全摧毁。

例如,在帕霍基附近,农场主查尔斯·莫兰(Charles Moran)的近 60 名工人在被洪水冲走后淹死,仅一人幸免于难。唯一的幸存者罗伯特·卡尔霍恩(Robert Calhoun)后来回忆起他亲眼看见的四户人家——总共 21 个人——遇难的可怕情景。"水开始上涨时,我能听到妇女和儿童的尖叫。一些大一点的孩子抱着那些幼童。随着房屋开始倒塌,水开始上涨,他们的叫声变得可怕起来。我听到大一点的孩子呼喊着寻找他们的父母,说他们已经无力抱住弟弟妹妹。渐渐地,哭声渐息,尖叫也停止了。他们一定都已经遇难了。"[58]

第五章　阳光州的灾难与毁灭　155

在贝尔格莱德，一辆货车载着"1928年奥基乔比湖飓风"遇难者的尸体

这场后世所说的"奥基乔比湖飓风"造成了约7500万美元的经济损失，[59]但死亡人数存在争议。红十字会统计的数字是1836人。[60]当时，佛罗里达的一些报纸刊文声称死亡人数为2200—2300人。新近研究中更有说服力的数字是2500—3000人。不管总人数究竟是多少，有一点毋庸置疑，那就是绝大多数遇难者都在奥基乔比湖附近。正如贝尔格莱德的一名幸存者在飓风过后一天所说的那样，"可怕的死亡简直无处不在"。[61]

正如人们所预料的那样，在这个时期的美国，特别是在南方，飓风前后的救援工作夹杂着种族主义的纷扰。例如，当南湾商人弗兰克·舒斯特（Frank Schuster）听说飓风正在向奥基乔比湖方向移动时，他跳上汽车，在城镇内和周围来回跑了好几趟，"目的是召集

白人居民，把他们转移到一艘大型驳船上"，结果有211人获救。[62]

然而，黑人就没有这么幸运了。飓风过后，处理遇难者遗体的任务是沉重而令人作呕的。类似于"1900年加尔维斯顿飓风"过后的情况，许多黑人在枪口的威胁下，被迫协助收集和埋葬遇难者遗体。其中一个名叫库特·辛普森（Coot Simpson）的黑人就在可疑的情况下被国民警卫队开枪打死。[63]关于事情的真相众说纷纭。辛普森的一些亲戚说，他是西棕榈滩的"收尸人"之一，工作了几天后，他说想回到自己的家中。但警卫队队员拒绝了这一请求，并说他不能离开。当辛普森去找工头理论时，队员开枪将他打死。在另一个版本的说辞中，辛普森拒绝跟随警卫队队员去寻找遇难者遗体，然后用玻璃瓶攻击了队员，随后被击毙。不管到底发生了什么，当地报纸报道说辛普森袭击了那名队员，后者声称他的开枪行为是自卫。在随后的简短审讯中，陪审团认定这实际上是一宗自卫案件，法院释放了这名队员，理由是他的开枪行为是正当防卫。

大多数遇难者的遗体要么被就地焚烧，要么将被埋在湖周围的公墓中，其中最大的安葬地是在马卡亚港（Port Macaya）。[64]据估计，在那里被埋葬的尸体多达1600具，不过也有人认为这个数字过高。此外，数以百计的尸体像木材一样被码放在卡车上，运往西棕榈滩掩埋，那里是种族主义的重灾区。69名白人遇难者被埋在只供白人使用的伍德劳恩公墓（Woodlawn Cemetery），大多数人有单独的棺材。在下葬前的12—24小时，人们有机会辨认尸体，以确认他们是不是自己的亲人。墓地还拥有一个公共的墓碑。相比之下，

674 名黑人遇难者没有棺材，而是被安置在城市焚化炉旁边的一条大壕沟里。这一地点位于罗望子大道和第 25 街之间，曾长期被用于埋葬穷人。人们没有宽限期去辨认亲人的遗体。虽然少数黑人遇难者的脚趾上有标记，但大多数遗体是"无名氏"。所有人都被草草扔进深沟，并撒上石灰。当壕沟被填埋时，也没有墓碑或纪念碑来纪念死者。可以说，在死亡之后，这些男女仍在遭受生前的种族隔离和不公。

1928 年 9 月 30 日，西棕榈滩市长文森特·奥克史密斯（Vincent Oaksmith）命令这两处墓地的所有工人停工一小时，以便举行仪式。5000 名白人悼念者出现在伍德劳恩，3000 名黑人悼念者前往罗望子大道。在后一地点，玛丽·麦克劳德·白求恩（Mary McLeod Bethune）参加了该地区黑人教堂组织的仪式。她是一名黑人教育家和活动家，因在代托纳比奇（Daytona Beach）建立了白求恩-库克曼大学（Bethune-Cookman University）而闻名。[65]在回忆那段经历时，她写道："当看到一个巨大的土堆，里面有数百具男人、女人和孩子的尸体时，我们痛彻心扉。那些幸免于难的人站在那里，满脸泪痕，双手交叉。许多人要么失去了所有的家人，要么近乎妻离子散。这一幕的悲伤像阴云一样笼罩着我们。"[66]

又过了七十三年的时间，这座城市才试图为黑人遇难者遭受的不公正待遇做出补偿。2001 年，经过当地活动人士多年的游说，西棕榈滩市和佛罗里达州州务院最终在黑人遇难者的集体埋葬地点放置了一个历史纪念性的标志。次年，该墓地被列入国家历史遗迹名录。

"1928年奥基乔比湖飓风"之后,在西棕榈滩的伍德劳恩公墓举行的葬礼

飓风期间奥基乔比湖堤坝的决堤以及随之而来的悲剧足以说服联邦和州政府为一项大规模的堤坝建设项目提供资金。1938年,美国陆军工兵部队(US Army Corps of Engineers)完成了奥基乔比湖新堤坝的建造。[67] 这一堤坝长85英里,高34—38英尺,底部宽125—150英尺,顶部宽10—30英尺,并有许多排水渠、飓风闸门和水闸。从那时起,这座在20世纪60年代被命名为"赫伯特·胡佛"(Herbert Hoover)的大坝被加高,并被加长到143英里,现在几乎环绕整个湖泊。迄今为止,这条堤坝经受住了多次风暴,但没有一次风暴达到1928年飓风的强度。尽管人们希望堤坝能够防止

此类灾难的发生，但如果如此强度的飓风再次袭击奥基乔比湖，会发生什么还不得而知。[68]

1929年10月29日，随着黑色星期二的到来，经济大萧条像飓风一样席卷美国。数百亿美元的财富消失，数百万人的投资化为乌有。尽管一些人认为，在这种急剧的抛售之后将很快出现反弹，但这一愿望未能实现。美国经济直线下滑，到1933年，1500万美国人失业，约占劳动力总数的15%；将近一半的银行倒闭。不仅是经济上的大萧条，精神上的抑郁也牢牢地控制着这个国家。破产司空见惯，自杀人数激增，大大小小的城镇里挤满了排队领取救济面包的人。收音机里的热门歌曲是 E. Y. 哈伯格（E. Y. Harburg）和杰伊·戈尼（Jay Gorney）的《兄弟，能给我一毛钱吗?》（Brother, Can You Spare a Dime?）。[69]这一歌曲完美地抓住了国民的情绪，成为大萧条时代的哀歌。

尽管出现了大萧条，联邦政府却并没有陷入停滞。随着精力充沛、信心十足的富兰克林·德拉诺·罗斯福（Franklin Delano Roosevelt）总统的新政府推动经济重回正轨，经济增速达到了前所未有的水平。他的政府也在寻求改革，以期提高行政效率，气象局的飓风预报活动也从这类改革中受益。

1933年，罗斯福在国家研究理事会（National Research Council）之下设立了新的科学顾问委员会（National Research Council），负责报告如何改进政府的科研工作，以更好地服务公众。[70]科学顾问委员会的分析发现，气象局的飓风预报程序严重欠缺。气象局局长威利斯·R. 格雷格（Willis R. Gregg）对此深以为然，他声称传统的预报程序"非常粗略"。[71]该委员会提出的最紧迫的建议是将飓风每日预警次数从 2 次增加到 4 次，并更多地关注长期的飓风监测。

富兰克林·德拉诺·罗斯福总统，1933 年 12 月

在委员会拟订建议之时，社会层面也有呼吁改革的声音，因为 1933 年是大西洋热带风暴和飓风活跃的标志性年份。官方确认当年共出现了 21 次飓风，包括袭击美国大陆的 5 场飓风。然而，当时的气象局对这些风暴的预报大多不准确。因此，公众开始呼吁机构改革。[72]

第二年发生的另一件事进一步强调了变革的必要性。8 月底的一个星期日，气象局华盛顿特区总部的气象预报员在加尔维斯顿地区发布了飓风预警。然后他离开了办公室，打算等到晚上进行下一次天气预报的时候再回来。与此同时，加尔维斯顿的人们变得焦躁不安，特别是因为，根据早上的预报，飓风应该已经到来，但天空是一片明亮的蔚蓝，地平线上也没有出现乌云。当地气象站仍对即将到来的风暴保持警惕，于是向总部发了消息，要求提供最新情况。随后，总部的地图绘图员回复了一条简讯，他太过诚实地答道："预报员正在打高尔夫球，联系不上。"[73] 正如一位观察家所说："在加尔维斯顿，天气依然平静，但民众的紧张情绪迅速上升。"[74] 有惊无险的是，这个相对较小的飓风只掠过了得克萨斯州海岸，波及加尔维斯顿西南部。

1934 年 10 月，科学顾问委员会建议罗斯福改组气象局。1935 年，国会开始付诸实践，并拨款 8 万美元，以帮助实现大范围的飓风监测改革计划。1935 年 7 月 1 日，改组生效，更多的资金被投入飓风预报研究。气象局总部被剥夺了发布飓风警报的权力，除非风暴移动到北纬 35°——大约是哈特拉斯角（Cape Hatteras）的位置——以北。为了覆盖其余海岸的预报工作，国会投资建立了三个新的飓风预报中心，每个中心负责不同的地区：圣胡安（San Juan）分部将发布加勒比海和古巴东部及南部岛屿的预报；新奥尔良分部将覆盖佛罗里达州阿巴拉契科拉（Apalachicola）以西的墨西哥湾沿岸；杰克逊维尔分部①则负责大西洋、加勒比海和墨西哥湾的其余部分。② 这一举措背后的理由是，当地的气象学家在地理

---

① 1943 年，杰克逊维尔的飓风预报中心迁至迈阿密。
② 1940 年，第四个飓风预报中心在波士顿成立，从气象局总部接过了预报飓风的责任，负责对北纬 35°以北的风暴进行预警。

位置上更接近飓风,并有宝贵的地方知识,他们是监测热带扰动以及发布飓风预报和警报的最佳人选。[75]

此外,每日发布飓风预报和警报的次数被提高至 4 次,以便向公众提供更多、更及时的预警信息。当飓风即将登陆时,每小时都会发布相关警报。最后,在新奥尔良和杰克逊维尔,预报员将 24 小时值班,以更好地监测气象的变化。另外,气象局还将做出更大努力,从位于西印度群岛的外国气象站收集更多的观测数据。

这些变化,以及改组带来的科学使命感,导致气象局变得过于自信。改组生效后不久,气象局就发起了一场"舆论闪电战",旨在让沿海居民相信,政府的天气监测机构已经解决了飓风突然登陆而让民众措手不及的问题。在全国各地的报纸上,气象局的宣传语告诉读者:"山姆大叔已经完善了他的飓风预报服务,甚至可以在飓风尚未被人察觉之时就准确地予以预测。"[76]

坦率地说,这是夸张和一厢情愿的想法。虽然组织的变革是受欢迎且值得的,飓风预测实践也确实有所改善,但这一变革不足以让气象局"改天换地",做到丝毫不犯错误地预测风暴、准确地跟踪风暴,并将其行进路线无误地转告公众。事实上,即使在今天,如此精确的预测也是气象学家无法做到的。20 世纪 30 年代中后期,在飓风登陆之前如何确定它们在海上的活动路线仍然是一个未解之谜,这严重限制了风暴预测的能力。两场异常强大的飓风很快就会证明这一点。

第一场飓风始于特克斯和凯科斯群岛北部和东部的一次轻微的

大气扰动。[77] 1935 年 8 月 30 日星期五，气象局注意到了这一情况。第二天，气象局越来越为此感到担忧。[78] 在巴哈马群岛的长岛附近，大气扰动变得更有规律，虽然风暴规模不大，仍是热带低压，但其中心附近风力已接近飓风级别。佛罗里达州从皮尔斯堡（Fort Pierce）到迈阿密都发布了警报，在这一地区航行的船只被警告要小心大浪。气象局说，风暴正在向佛罗里达南部和佛罗里达群岛附近地区进发。

佛罗里达群岛是一个大约 200 英里长的珊瑚群岛，包括 1700 个岛，从迈阿密附近的弗吉尼亚岛（Virginia Key）到基韦斯特，再到德赖托图格斯群岛（Dry Tortugas），形成了一道优美的弧线。这是古珊瑚礁和沙洲的遗迹，一边是大西洋，另一边是比斯坎湾和佛罗里达湾，这也是一个与墨西哥湾相连的浅水河口。从水面上看，几乎所有礁岛的海拔都不到 5 英尺，这使它们特别容易受到海洋气象活动，尤其是飓风的影响。

基韦斯特是美国最南端的城市，位于佛罗里达海峡边缘的群岛南部。佛罗里达海峡将群岛与古巴隔开，两者相距仅 90 英里。于 1935 年 8 月底逼近的热带扰动引起了基韦斯特最著名的居民欧内斯特·海明威的注意。1928 年夏天，他在自己的朋友、美国小说家约翰·多斯·帕索斯（John Dos Passos）的推荐下，第一次到访基韦斯特。帕索斯说，这个小镇的景致"和佛罗里达的其他地方都不一样，当地的景色让人感觉仿佛置身于梦境"。[79]

此时的海明威已经是著名作家，他在 1926 年出版了《太阳照常升起》。1928 年，海明威第一次在基韦斯特度过夏天，他用了大部分时间来完成下一部重要作品《永别了，武器》。随后，他爱上了基韦斯特，每逢夏日便会来到这里。垂钓、温暖的天气和悠闲的生活方式都很吸引他。"这是我去过的最好的地方，"他在给一个朋友的信中写道，"有鲜花、罗望子树、番石榴树、椰子树……昨晚我喝苦艾酒喝醉了，还玩了玩飞刀。"[80] 1931 年，海明威和他的第二任妻子波琳·法伊弗（Pauline Pfeiffer）在小镇历史最悠久的地区买下了一栋富丽堂皇的法国殖民地风格的住宅，就在基韦斯特灯塔对面。他在那里一直住到 1939 年，创作了短篇小说《乞力马扎罗的雪》（The Snows of Kilimanjaro）和小说《有钱人和没钱人》（To Have and Have Not）。最终，这些作品以及后来的其他作品，如《老人与海》，帮助海明威获得了 1954 年的诺贝尔文学奖。

欧内斯特·海明威的照片，1939 年

1935年8月31日星期六傍晚，海明威完成了一天的写作。他坐在门廊下，边喝酒边阅读当地的报纸。当他读到气象局的警报，说有一场暴风雨正朝他的方向袭来时，他的心情变得有些糟糕。他后来写道："工作结束后你不由得感到生气和沮丧，因为你原以为一切都很顺利。"[81]他拿出群岛地区的风暴图，它记录了1900年以后所有在该地区登陆的飓风的轨迹。海明威结合气象局提供的信息，开始自己盘算，这个新风暴会在何种程度上干扰自己未来几天的度假计划。海明威认为，如果飓风会袭击基韦斯特，那么预计的登陆时间可能是下星期一。因此在星期日和星期一清晨，海明威加固了他的房子和心爱的38英尺长的渔船"皮拉尔号"（Pilar），以防备可能登陆的飓风。与此同时，大约70英里外，在稍微偏东北方的一个小村庄内，数百名一战老兵也在忧心于风暴的到来。

这些退伍军人在佛罗里达群岛伊斯拉莫拉达村（Islamorada）的三个"政府劳动营地"工作。[82]3号和5号营地在下马特坎比礁岛（Lower Matecumbe Key），1号营地在温德利礁岛（Windley Key）。① 他们为何在此工作？这可以追溯到美国对一战老兵的一个承诺。1924年，国会为英勇服役的退伍军人颁发了证书和军役补贴。该补贴按照他们服役的时间和地点计价，给予驻扎国内的军人每日1美元，海外则是每日1.25美元。1945年，这些士兵可以将军役补贴

---

① 2号和4号营地分别位于佛罗里达州的圣彼得斯堡（St. Petersburg）和克利尔沃特（Clearwater）。

兑现，金额最高可达 1000 美元。然而，1929 年大萧条来临，让许多本就很难重新融入社会的退伍军人的生活雪上加霜。1932 年夏天，一个由 1.5 万—2 万名退伍军人及部分家属组成的"军役补贴军团"（Bonus Army）前往华盛顿特区，希望得到政府的同情和帮助，并要求联邦政府立即兑现他们的军役补贴。

尽管赫伯特·胡佛总统顽固地拒绝与游行者会面，但国会领导人还是提出了一项法案来偿还这一债务。在讨论这项法案的时候，退伍军人们住在阿纳卡斯蒂亚河（Anacostia River）岸边废弃的政府大楼里，以及一个由帐篷和棚屋组成的仓促搭建的棚户区中。该法案在众议院获得通过，但在参议院被否决。许多退伍军人对法案未获通过感到沮丧，随即返回家乡。还有数千人则留下来，继续盘踞在国会大厦附近，其中一些人甚至发誓要在此停留至 1945 年，以获得应得的报酬。

1932 年 7 月 13 日，军役补贴军团在国会大厦附近扎营

胡佛认为军役补贴军团是对首都的潜在威胁,尽管退伍军人在表达诉求时表现得非常平和。唯一真正的冲突发生在7月28日,那时当地警察将退伍军人从旧的国民警卫队军械库驱逐出去。在随后的短暂混战中,退伍军人投掷砖块,挥舞拳头,而警察在反击时也殴打了许多士兵,并开枪打死两人。由于担心紧张局势升级并发生更多流血事件,胡佛迅速命令陆军参谋长道格拉斯·麦克阿瑟(Douglas MacArthur)动用武力,将这些退伍军人赶出华盛顿特区。[83]

胡佛希望军队"在符合人道主义的前提下适当开展行动",但专横的麦克阿瑟另有想法。[84]尽管几乎没有确凿的证据来支持他的妄想和偏执的观点,麦克阿瑟还是坚信这些士兵中有大量的共产主义者、罪犯或其他煽动者。这些人混迹在军役补贴军团中,试图掀起一场反对政府的阴谋,并即将执行他们的行动计划。为了防备这一"叛乱",麦克阿瑟打算以压倒性的力量进行反制。接下来发生的事不是一场战斗,而是一场屠杀。7月28日傍晚,数百名拔出军刀的骑兵和手持带刺刀的枪支的士兵在坦克和机枪的支援下,用催泪瓦斯和手榴弹袭击退伍军人,扫清了道路。到了午夜,军队将军役补贴军团的棚户区付之一炬,余下的军团成员被迫离开首都。

美国军队在首都袭击同胞的事在全国各地的报纸上和电影院里的新闻短片中被一遍遍重述、再现。军队的这一行为激怒了公众,使胡佛在秋季大选中以溃败般的劣势输给了罗斯福。据联邦最高法院法官菲利克斯·法兰克福特(Felix Frankfurter)说,罗斯福在广播中听到袭击事件后,转身对他说:"好吧,菲利克斯,这次选举我已经赢了。"[85]

然而，罗斯福很快面临着新的军役补贴军团事件。在他就职几个月后，3000名退伍军人返回首都继续抗议，在随后的几年里，越来越多的退伍军人来到这里。罗斯福没有给他们现金，而是给了他们工作。罗斯福的亲密顾问、联邦紧急救济管理局（FERA）局长哈里·霍普金斯（Harry Hopkins）将总统的实践巧妙地总结为一句名言："给人一份救济金，你只能暂时拯救他的身体，但摧毁了他的精神。给人一份工作，给他可靠的工资，你就能同时拯救他的身体和精神。"[86] 罗斯福将大部分退伍军人安置在新成立的民间资源保护队，他们被派往全国各地，从事各种各样的保护项目。余下的退伍军人被送到位于南卡罗来纳和佛罗里达的联邦紧急救济管理局的劳动营地，这类营地由当地州政府监管。其中约700人最终被安置在佛罗里达群岛的营地，他们的工作是修建一条高速公路，取代旧有的铁路线，以恢复基韦斯特的交通。

让我们将时间回溯到1912年1月22日早晨，当亨利·弗拉格勒在基韦斯特走下火车时，他兴高采烈。[87] 他为自己规划的"跨海铁路"[88]的胜利完工而欣喜。批评人士长期以来嘲笑他试图用铁路连接迈阿密和基韦斯特的雄心勃勃的计划，并称其为"弗拉格勒的蠢行"。[89] 但是，这位实业家的数千万美元和他雇用的成千上万人的技能，让这项壮举得以完成，创造了为时人所称道的"世界第八大奇迹"。[90] 弗拉格勒相信，这条铁路将成为中南美洲货物和产品进入美国商业版图的主要通道，会给他带来辉煌的成功。

然而，弗拉格勒的豪赌没有得到理想中的回报，尽管他并没有亲眼看见铁路的消亡，他于1913年5月20日去世，当时铁路还没开始崩溃。预期中的货物洪流从未出现，而中等规模的客运量也未能弥补这一损失。大萧条使铁路的运营状况变得更糟。基韦斯特的人口逐渐下滑，从1910年的约2万人下降到1930年的不足1.3万人。1931年，这条日益老化、资不抵债的铁路进入破产管理程序。1934年，基韦斯特市宣布破产。就在基韦斯特被债务淹没的时刻，联邦政府向它抛出了救生索。为了振兴这个城市萧条的经济，联邦紧急救济管理局决定修建一条从迈阿密到基韦斯特的高速公路。[91]

大部分高速公路已经建成，以公路和桥梁的形式横跨南北，但在正中间有一段路没能贯通。[92]旅客如果从最北端出发，公路的尽头只延伸到下马特坎比礁岛，他们还需要在此搭乘35公里的轮渡前往无名礁岛（No Name Key），并在这里重新驶上高速公路，抵达最南部。由于渡轮速度慢、不可靠且运载量较小，这段路成为当地南北交通发展中的巨大瓶颈。联邦紧急救济管理局计划在轮渡路线上修建一条道路。联邦紧急救济管理局相信，道路完工后，游客会蜂拥而至，帮助基韦斯特摆脱破产的境遇。修路需要大量的劳工，这就是退伍军人来到此地的原因。

在下马特坎比和温德利礁岛的营地里，有大约700名退伍军人，他们的收入是每天1美元，这是形形色色的一群劳工：他们参加了世界上最残酷、最致命的战争，许多人饱受"弹震症"的折磨，也就是我们今天所说的"创伤后应激障碍"。[93]这些退伍军人被自己内心的痛苦和大萧条无情的经济现实所击倒，许多人试图用酒精麻醉自己，缓解痛苦。他们经常把薪水花在酒上，营地中的酒后斗殴已是司空见惯。正如马乔里·斯通曼·道格拉斯所说，"其中一些人的生活已经变得麻木而荒废"。[94]另一些人则竭尽全力地生活下去。一位与退伍军人密切合作的营地管理人员说："当然，虽然一些人有着自身的问题，但他们大多数是好人。"[85]

营地的居住条件较为恶劣。退伍军人的住所要么是帐篷，要么是仓促搭建的、简单的木结构棚屋，每边长 20 英尺，木制屋顶上覆盖着柏油纸或帆布。大部分住所建在煤渣砖或木桩上，稍微离地一些，还有一些住所被固定在地面的珊瑚上，或者被周围堆起的沙子固定住。[96]其他建筑，如食堂和临时医院的牢固程度也是如此，它们都距离海岸线很近，这不足为奇，因为基韦斯特岛十分狭长，大部分地区的宽度不足半英里，许多地方甚至只有几百英尺宽。[97]

在离退伍军人营地不远的地方，住着当地的原住民，他们被称为康克人（Conch，意为海螺壳）。这一名字来自原住民的主要食物来源——大凤螺。这种海螺在当地沿海水域无处不在。康克人的数量很少，从基韦斯特岛到佛罗里达大陆，整个地区只有不到 1500人。这是一个坚强的、骄傲的、有韧性的族群，与退伍军人的相处常常不太融洽。但在大多数情况下，这两群人还算相安无事。康克人对退伍军人如此脆弱的住所感到惊讶。他们坚信，这些建筑连较强的风暴都无法抵御，更不用说应对飓风了。事实证明，在将要到来的飓风中，甚至这些原住民更为坚固的房屋也岌岌可危。

第五章　阳光州的灾难与毁灭　171

1935 年，8 月底 9 月初的那个周末，营地里比平时安静许多，因为星期一是美国劳动节，几百名退伍军人到迈阿密去看棒球比赛。营地主管雷·谢尔登（Ray Sheldon）密切关注着即将到来的风暴。他依据气象局的报告，定时查看气压计的变化。8 月 31 日星期六，天气情况不容乐观。[98]康克人开始用木板加固房屋，还有一些当地渔民看到大量的大海鲢从大西洋游入海湾，这是恶劣天气即将到来的预兆。公路建设负责人埃德·希兰上校（Colonel Ed Sheeran）告诉谢尔登，康克人担心即将到来的风暴会是一场飓风。希兰敦促谢尔登下令，从迈阿密调派一辆救援列车来撤离营地里的人。但谢尔登注意到，当时气压计的读数是 30 英寸，属于正常范围，他认为这样的行动是多此一举。风暴距离营地还比较远，所以谢尔登觉得他有足够的时间提前准备。

星期日早上，阳光明媚，微风轻拂。然而，随着夜幕降临，天气情况越来越糟。风力增强，降雨断断续续，气压计读数开始缓慢下降，巨浪开始拍击海岸，这些迹象表明风暴即将到来。[99]来自杰克逊维尔的气象局报告再次警告称，这场风暴位于巴哈马群岛的安德罗斯岛（Andros）以南，正在向佛罗里达海峡前进，并且强度正在增加，风暴中心附近可能会刮起飓风级别的大风。气象局命令从迈阿密到皮尔斯堡各地升起风暴预警旗帜，并敦促群岛周围的船只驶往港口或离开该海域。

恶劣的天气成为营地中的谈资。大多数退伍军人从未见过大型热带风暴，他们对可能出现的飓风感到兴奋。一个来自纽约的老兵说："很自然，我们都期待目睹或经历一场飓风，并希望它能把蚊子吹走，让天气变得凉爽起来。"[100]谢尔登可不这么认为。他知道飓风会严重破坏营地，危及他和这些退伍军人的生命。按照营地的规定，他和佛罗里达州杰克逊维尔的退伍军人营地主管弗雷德·根特（Fred Ghent）要共同决定，是否应该把这些退伍军人转移到迈阿密。到星期日晚上，他们的回答仍然是"没必要"，然后他们就去睡觉了。[101]

一夜之间，热带风暴从巴哈马群岛以西的广袤海域吸收了能量，当时的海水温度异常高，达到了 86 华氏度。[102]海水热能的注入和有利的大气模式，使原本不起眼的风暴变成了气旋紧密纠缠的、令人难以置信的超强飓风。由于该海域没有船只经过，也没有气象站驻扎，这种剧烈的气象变化没有引起人们的注意，气象局也没能预料到即将到来的威胁。

星期一劳动节的上午，气象局又发布了两次警报，与先前发布的类似，并未注意到风暴强度的急剧提高。[103]气象局称，风暴当时位于哈瓦那以东 200 英里左右的位置，风暴中心附近可能会刮起飓风级别的大风，风暴仍在向佛罗里达海峡方向移动，可能在未来 24—36 小时经过那里。当然，气象局的新警报确实谈到，在整个佛罗里达群岛地区将会出现大浪和强风。

与此同时，营地中的谢尔登注意到气压继续下降，风力开始增大。但直到上午晚些时候，他仍然不认为营地有任何危险。下午 1 点 30 分，谢尔登和根特终于通了一次电话，正当他们商量对策之时，广播里突然传来了气象局的新警报。它首次将这场风暴定为飓风，并命令基韦斯特地区提高飓风警报级别。下午和傍晚时分，警报再次提醒，群岛地区预计会遭遇飓风，而基韦斯特以北和基拉戈（Key Largo）以南地区的风力会达到 9 级，那里恰好是营地所处的位置。不断更新的飓风警报以及这个不幸的消息，最终说服了谢尔登和根特采取行动。他们立即打电话给佛罗里达东海岸铁路公司的调度员，请他从迈阿密调派救援列车来。调度员说，火车应该会在下午 5 点或 5 点 30 分到达营地。

然而，实际的天气情况远比警报预计的严重得多，因为气象局的预报出现了巨大的失误。气象学家当时并不知道，飓风已经不会穿过海峡和群岛。相反，它向右急转弯，直奔下马特坎比和温德利礁岛而去。[104]

随着救援列车即将到来的消息传遍各个营地，老兵们抓紧收拾行李准备避难。在他们等待列车到来时，天气迅速恶化，他们也不敢再期待"经历"飓风。气压计读数继续下降，海浪越来越高，狂风怒号，且风力不断增大。

下午 3 点前后，气象局收到来自哈瓦那的信息，这一信息从根本上改变了气象局的预测。古巴的气象学家一直在追踪这场飓风，他们对美国人的预测感到既担心又困惑（美国人预测风暴将继续向西穿过佛罗里达海峡）。按照这一预测，飓风即使没有袭击古巴，也会非常接近古巴。然而，哈瓦那的气压自星期六以后一直在上升，这表明飓风正在远离该岛，而不是向该岛移动。为了获得更多数据来确定风暴的位置，并确定古巴是否处于真正的危险之中，古巴的气象部门要求空军派出一架飞机执行侦察任务。被选中执行这项任务的人是伦纳德·詹姆斯·波维上尉（Captain Leonard James Povey），他是一名美国试飞员，被雇来重组和训练古巴空军，并担任古巴军事领袖富尔亨西奥·巴蒂斯塔-萨尔瓦迪（Fulgencio Batista y Zaldívar）的私人飞行员。[105]

波维跳上了他那架 25 英尺长的柯蒂斯霍克 II 型（Curtiss Hawk II）双翼飞机，飞机的驾驶舱是开放式的。他起飞去追寻风暴，很快就发现了飓风。正如他后来告诉一名记者的那样，"我上升到 1.2 万英尺的高度，在好几英里以外就能看到飓风的轮廓，但没法飞得太近。它似乎是一个倒锥形的云体。飓风下方的海浪此起彼伏，拍打撞击"。[106]

他虽然没有离飓风太近，但可以确定，飓风的行进路线比美国人认为的更靠北。飓风没有穿过佛罗里达海峡，而是转向远离古巴、接近礁岛的地区。着陆后，波维将这一信息与古巴气象学家分享，后者迅速将其转达给美国同行。于是，气象局在下午 4 点 30 分发布了一个新警报，称飓风实际上已经右转，将正面袭击礁岛。气象局认为基韦斯特可能是目标，但那些退伍军人更清楚这一点。半个小时后，飓风外围已经到达，风速高达 125 英里每小时。不幸的是，救援列车晚点了。

营地与佛罗里达东海岸铁路公司关于飓风季节的救援列车曾有一项协议，谢尔登和根特一直认为，按照协议，铁路公司的火车应该随时能够出发。然而，铁路公司认为，只有在收到营地的提前通知后，它才会调派列车。[107]所以，在调度员得到谢尔登和根特的通知后,他无法马上把火车派过去。首先,他得召集一群铁路工人,而这是一个假日周末,需要时间。又过了一个小时,机车的锅炉积聚了足够的蒸汽,火车这才缓缓开动。这不是列车的最后一次延误。火车刚驶出迈阿密站,就不得不在一座吊桥前停了大约 10 分钟,因为当时有许多船正在经过。下午 5 点 15 分,火车到达霍姆斯特德(Homestead),这是礁岛前的最后一站。这时,工程师决定把引擎调换到火车尾部,这样火车可以开往礁岛,并在到达终点后直接向北返程。这次调换又花了半个小时。由于这些延误,火车在晚上 7 点终于到达温德利礁岛。

工程师 J. J. 海克拉夫特(J. J. Haycraft)计划继续前往地势较低的营地,在那里接上这些退伍军人,并在返回途中搭载更多人。但火车突然停了下来。一根一英寸粗的钢索从吊杆上掉下来,落在两节车厢之间的铁轨上,紧紧地卡住了。大约 40 分钟后,火车才重新启动,然后隆隆地前进。当人们正在移除钢索时,气象局又发出警报称,飓风正在接近上马特坎比礁岛。但为时已晚,列车已经与飓风相遇。

晚上 8 点前后,火车驶进了上马特坎比礁岛的车站。当谢尔登和其他人开始往火车跑的时候,他们的脚已经被水淹没了,而当他们开始上车的时候,水已经淹到他们的腰部,而且还在迅速上涨。晚上 8 点 20 分前后,谢尔登进入火车头的驾驶室,试图在严峻的局面下让气氛变得轻松一些,他诙谐地向海克拉夫特打招呼说:"我们可算找到你了。"[108]

然后,谢尔登询问海克拉夫特,他是否认为火车可以继续沿着礁岛开往 3 号和 5 号营地，那里还有数百名老兵在等着。海克拉夫特也不敢确定，但他说会试试。然而，过了一会儿，火车再一次被迫停下。被派去调查此事的列车员带回了可怕的消息。强风把一节 75 吨重的车厢推离了轨道，触发了自动刹车。在他们考虑脱钩和放开车厢之前，发动机驾驶室里的水上升到胸部高度，淹灭了加热锅炉的火焰。[109]没有蒸汽，火车哪儿也去不了。

过了一会儿，火车发生了侧翻。正如其中一名乘客描述的那样："一堵 15—20 英尺高的水墙（风暴潮）把车厢卷起，列车像稻草般在天上旋转。那一刻我们感觉自己命不久矣。"[110]只有 160 吨重的火车头还在轨道上。幸运的是，他们最终活了下来。[111]不幸的是，营地内和周围的人没能逃过一劫。

J. E. 杜安（J. E. Duane）是气象局的合作观察员，也是长礁岛（Long Key）上一个钓鱼营地的看守人。长礁岛距离下马特坎比的 3 号和 5 号老兵营地仅几英里。由于距离很近，他的日记对飓风期间该地区的人们所经历的天气进行了详尽的描述。[112]

下午 6 点 45 分，杜安的气压计读数是 27.90 英寸。风中的建筑残骸仿佛导弹一般，被甩出超过 300 码的距离，击穿了杜安家的墙壁，差点击中屋内的三个人。在大约两个小时后，风眼到达时，气压计的读数是 27.22 英寸。在一个小时的平静期中，杜安等 20 余人退守到礁岛上最坚固的建筑内。杜安说，当他抬头向上望去，天空一片晴朗，"星星闪烁着明亮的光芒。转眼望向海洋，那里却是一幅可怕的景象。我永远也忘不了洪水漫延时的情景——不，那不

被派去接退伍军人的救援列车在上马特坎比礁岛被强风和风暴潮冲毁

能被称为波浪,而是仿佛天空把海水吸起来,然后倾倒向大地"。[113]

大浪把他们藏身的小屋从地基上掀了起来,然后将它推到远处。晚上 10 点刚过，就在小屋被风浪掀飞之前，杜安最后看了一眼气压计，读数是 26.98 英寸。随着小屋的解体，杜安被甩进了洪水中，他用手死命抓住一棵椰子树的叶子。随后，空中的碎片击中了他，使他失去知觉，将近 5 个小时后，当他醒来时，他被困在离地面约 20 英尺的树冠上。到星期二早上 5 点，飓风终于过去，但狂风和暴雨持续了一整天。

杜安捕捉到的 26.98 英寸的气压计读数已经足够惊人了，但气压最低值更令人瞠目结舌。在距离退伍军人 3 号营地大约 1 英里的克雷格礁岛（Craig Key），伊瓦尔·奥尔森（Ivar Olsen）在他的船上度过了飓风，他的船就停泊在铁路的一个路堤边上。他看着气压计读数越来越低，已经达到表盘上的最低值。然而，指针还在继续下降，所以奥尔森在气压计的黄铜表壳上划了几个记号，以追踪气压的下降。奥尔森后来把气压计交给了气象局，在确定气压计已经过适当校准后，气象局得出结论，当时气压已降至 26.35 英寸——这是飓风登陆美国大陆时所测量到的历史最低读数。[114]

最大持续风速是 185 英里每小时，阵风风速高达 200 英里每小时或以上，使这次飓风足以被载入史册。再加上风暴潮和巨浪，这场飓风仿佛一只炫耀自身力量的野兽。[115] 同时，此次飓风的"结构紧凑"，风眼直径只有 6 英里，① 整个风暴仅有 50—75 英里宽。[116]

星期二，"1935 年劳动节飓风"的幸存者面临着惨绝人寰的场

---

① 飓风风眼越小，破坏力越大，因此这次飓风的破坏力十分惊人。——译者注

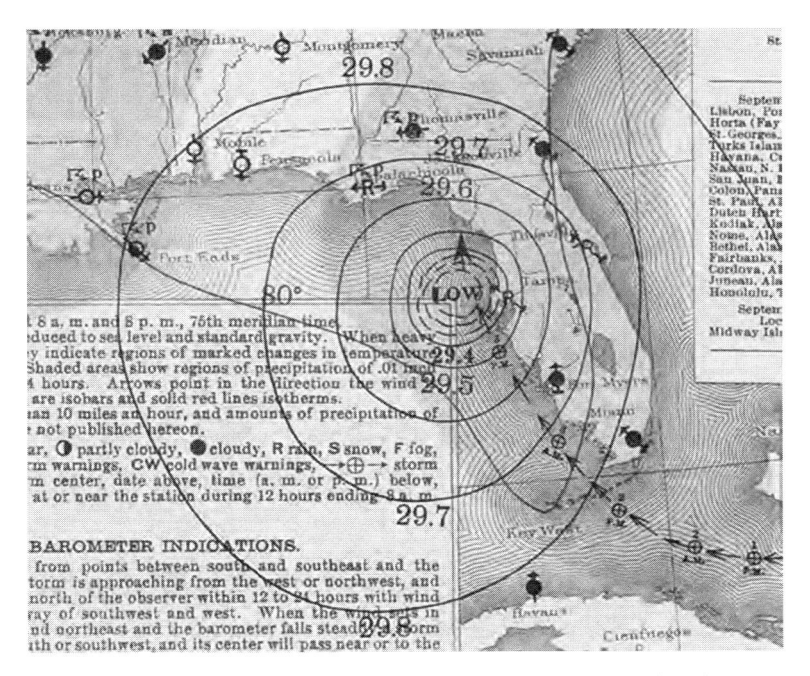

第五章 阳光州的灾难与毁灭　179

气象局的地图展现了"1935年劳动节飓风"经过佛罗里达群岛以及在佛罗里达州西海岸的行进情况

面。温德利礁岛和上、下马特坎比礁岛的几乎所有建筑都被飓风摧毁，数百人丧生。死者扭曲的尸体散落在各处，许多人的衣服被剥光，甚至有些死者的皮肤被风中的沙粒刮掉。在随后的几天里，随着救援人员的到来，这场悲剧的全貌终于浮现在世人的眼前，可怕的灾难事件通过报纸和广播传播到了更多地区。[117]

当海明威得知此次灾难的消息时，他为此悲痛欲绝，[118]因为这些老兵大多是他的朋友。在这些老兵去基韦斯特领取工资时，海明威经常与他们在他最喜欢的邋遢乔酒吧（Sloppy Joe's Bar）共饮烈酒。他们特别喜欢交流战争时期的往事，海明威会回忆起自己在意大利为红十字会开救护车的经历。由于飓风只刮过基韦斯特岛和海明威的船"皮拉尔号"，他的豪宅基本上毫发无损，于是他立即自发为退伍军人营地送去应急食物和医疗用品，并协助收殓死者。他搭上了朋友的一艘船，这艘船在星期三凌晨驶入了下马特坎比礁岛的渡口。

"整个岛成为一片棕色，"海明威说，"好像这些永不入秋的岛到了秋天……那是因为树叶都被飓风吹走了。"汹涌的海潮在岛的山脊上留下一层厚厚的沙子，巨大的建桥设备都被吹倒。"红树林附近是死者最多的地区。他们的遗体堆叠在一起，泡在水中。死者被身上原本显得十分宽松的牛仔裤和工装勒紧。在水和阳光的作用下，死难者的遗体已经开始膨胀并腐烂。"[119]

在给编辑马克斯韦尔·珀金斯（Maxwell Perkins）的一封信中，海明威写道："在高速公路建设期间第一批进入5号营地的187名退伍军人中，只有8人幸存。这比我在1918年6月于意大利下皮亚韦河（Lower Piave River）看到的死人还要多……我们往返了五趟，试图找寻生还者，给他们送去食物，但一无所获。马克斯，你无法想象，两个光着身子的女人被飓风甩到水边的树上，肿胀、发臭，乳房像气球一样大，下垂到两腿之间……我认出她们是两个好姑娘，曾在离轮渡3英里的地方经营三明治店和加油站。"[120]

还有一些死者的经历也非常可怕。同样是在星期三，从椰林区（Coconut Grove）赶来帮助照顾伤者的富兰克林医生乘船前往下马特坎比礁岛。在 5 号营地，他遇到了老兵埃尔默·克雷斯伯格（Elmer Kressberg），他被一根木桩刺穿了胸膛，木桩从肋骨下穿入，从肾脏上方穿出。在当时的情况下，克雷斯伯格仍然活着，而且出奇地冷静。富兰克林告诉他，自己想拔出那根木桩，并给他打了一针吗啡止痛。克雷斯伯格拒绝了，他告诉医生这已经无济于事了。[121]他知道，木桩一旦拔出来，他就会死。他真正想要的是再喝一杯，他要了两杯啤酒。很快，有人把酒送来。享用完人生的最后一杯酒后，克雷斯伯格说："拔出来吧。"医生照做，克雷斯伯格随即死去了。

即使是一些幸存者的经历也十分骇人。克利夫顿（Clifton）和约翰·罗素（John Russell）都是上马特坎比礁岛原住民部族的成员，自 19 世纪中期他们就定居于此。[122]飓风到来之时，他们带着家人到岛上的最高点，大约高于海平面 12 英尺。在那里，克利夫顿、他的妻子和五个孩子，还有约翰、他的妻子和四个孩子，挤在兄弟俩建造的防风棚里。在巨浪摧毁了这座庇护所后，只有克利夫顿两兄弟和一个孩子幸存。不幸的是，对罗素家族来说，这只是那天带来的恐怖的一小部分。住在上马特坎比礁岛的罗素家族有 70 多名成员，只有 11 人挺过了飓风。

来自弗吉尼亚州的老兵杰克·克利福德（Jack Clifford）说："当建筑物开始破裂时，人们像飞奔的兔子一样四散跑出去，结果却被飓风卷起，吹向四面八方。"[123]另一名来自康涅狄格州的老兵说："我宁愿面对机关枪的射击，也不愿再经历一次这样的磨难。"[124]

灾后，大约 1200 人帮助找寻遇难者遗体。这是一项令人毛骨悚然、难以忘怀的繁重任务。埃德尼·帕克（Edney Parker）就是其中的参与者之一，他是上马特坎比礁岛的警察。在职业生涯中，他已经十分坚强，能够用专业精神处理遇难者遗体。然而作为一个 12 岁孩子的父亲，在处理年幼遇难者的遗体时，他还是难以控制自己的情绪。"我可以把遇难者的遗体运走，没问题，"帕克说，"在 5 号营地，我们发现 39 具尸体仿佛木柴一样堆在水边。我发现一个水池中有 5 个淹死的孩子，我把一个面部朝下的小家伙的遗体抱出来。我对他默念，'为什么会这样？你的妈妈刚给你打扮得漂漂亮亮的，你却这样猝然离去'。然后我的情绪崩溃了，号啕大哭。"[125]

由于许多遗体并未被找到，也无法确切统计飓风来袭时该地区的人口，所以各方对死亡人数的估计不尽相同。根据最全面的统计，死亡人数为 485 人，其中 257 人是退伍军人，其余的都是平民。[126]在温德利礁岛和上、下马特坎比礁岛，以及一些邻近的岛屿，均有民众丧生。

罗斯福总统最初希望把这些退伍军人运到华盛顿，安葬在阿灵顿国家公墓（Arlington National Cemetery）。但由于遗体数量较多，运输距离超过 1000 英里，且大多数遗体已经开始腐烂，这一计划没能成行。最终，大多数罹难老兵在礁岛被就地火化，而其余的要么葬在迈阿密的伍德劳恩公墓，要么被运到自己的亲人处安葬。大多数平民也被火化，另一些被埋在不同的墓地或交由亲戚安葬。[127]

所有幸存的退伍军人要么被送到民间资源保护队的营地，要么在得到补偿后，回归先前的工作。1936年，这些老兵的境遇有所改善。当时的国会推翻了总统的决定，将第一次世界大战退伍军人的补贴提前九年发放。至于那些幸存下来的原住民，他们大多数选择在礁岛上重建家园，结婚生子，开始新生活。毕竟礁岛是他们世代生活的故土。[128]

飓风摧毁了通往基韦斯特的铁路。灾后，它的路权被卖给了佛罗里达州，公路项目得到了新的资金和人力的注入。1938年3月29日，通往基韦斯特的高速公路向公众开放。随后游客接踵而至，带动了整个群岛的发展。

离开礁岛后，飓风继续深入墨西哥湾，沿着佛罗里达海岸向北移动，并逐渐减弱为1级飓风。然后，它穿过佛罗里达狭长地带，进入佐治亚州，减弱为热带风暴并继续深入内陆，最终在切萨皮克湾（Chesapeake Bay）的入口附近进入大西洋。一路上，它带来了一系列的洪水和严重的风灾。在北大西洋海域，它又一次加强为1级飓风。

在飓风离开礁岛后不久，各方开始相互指责与推诿。率先向政府"开炮"的是海明威，他写了一篇标题颇具挑衅性的文章，题为《谁谋杀了老兵？》。1935年9月17日，该文发表在马克思主义杂志《新大众》（New Masses）上，这一刊物与美国共产党关系密切。他追问：是谁在飓风季节，将这些退伍军人安置在佛罗里达群岛简陋的棚屋中？[129]当时人们已经知道将会有飓风袭击群岛，撤离可能是唯一有效的保护措施，为什么没有人安排这些老兵在星期日，或

碑文:"纪念在 1935 年 9 月 2 日的飓风中丧生的平民和退伍军人。"这座纪念碑位于伊斯拉莫拉达,在 1937 年 11 月 14 日落成

者最迟星期一早上撤离？是谁延误了救援列车的出发时间，把退伍军人撤离工作一直拖延到星期一下午4点30分，导致火车在到达地势较低的营地之前就被吹离轨道？虽然这篇文章没有指责任何具体的个人或组织，但海明威在给珀金斯的信中明确指出了谁应该为此负责。"那些营地里的老兵几乎是被谋杀的，"他写道，"负责管理退伍军人的人（谢尔登、根特及其州和联邦政府同事）和气象局（据说它低估了风暴的严重程度）应该承担相应的责任。"[130]

为了确定谁应该为此负责，国会、联邦紧急救济管理局、退伍军人管理局、美国退伍军人协会和佛罗里达州进行了多项调查。[131]它们均得出结论，没人应该为此负责。它们甚至认为，考虑到当时的状况，那些应急措施已经足够及时了。正如联邦紧急救济管理局和退伍军人管理局的联合报告所说，"在我们看来，这场灾难必须被定性为'天灾'，它在本质上超出了人类现有的应对能力。当今的技术条件无法精准且及时地预见到灾难的发生及其后果，从而无法让人们采取足够的措施，避免死亡和灾难"。[132]

然而，退伍军人管理局发起的第二项调查得出的结论是管理存在疏忽，并将大部分责任归咎于谢尔登和根特。根据调查，虽然气象局的预报有一定缺陷，没有正确判断飓风的行进路线，但在灾难发生前，气象部门已经多次警告他们，即将到来的风暴非常严重。调查认为，出于谨慎，谢尔登和根特本应该更早地安排救援列车。如果这么做了，他们将挽救许多生命。尽管这个结论相当有说服力，却仍然没有人被正式追究责任。[133]

除了海明威和少数几家报纸之外，几乎没有人批评气象局的预报存在失误。相反，舆论认为鉴于气象局预报技术的局限性，它已经竭尽所能。气象局也完全同意这一结论。在 1935 年 12 月发表的飓风分析报告中，气象局承认，追踪这场风暴非常困难。"此次飓风在其发展阶段经过了巴哈马群岛南部的偏远岛屿和浅滩，当地没有船只或气象站来记录小型风暴的形成，因此就无法准确定位风暴中心，随后对风暴的演进及其行进路线的预测更是十分困难。尽管如此，杰克逊维尔预报中心还是及时、准确地发布了预报。"此外，这次飓风的演进速度极快，而且爆发力较强，这进一步增加了预测的难度。事实上，还有一些飓风同样具有这类特性，即使是现代气象学家也仍然在努力了解和预测此类飓风。[134]

在飓风过后不久写的一封信中，杰克逊维尔气象局办公室主任沃尔特·詹姆斯·班尼特（Walter James Bennett）为气象局的表现再次进行辩护，他说："我们认为，如果风暴警报不足以让人们及时撤离，那么救援火车就应该提前做好准备。风暴警报是在风暴到来的 36 小时前发出的，飓风警报是在风暴中心到达前至少 8 小时发出的。"班尼特补充说，为了使气象局的预测更有意义，"应该记住，气象学不是一门精确的科学，而且很可能永远无法做到精确。我们不可能提前很长时间预测风暴中心将在哪里登陆，以及风暴将有多严重"。[135]"1935 年劳动节飓风"过后三年，又一场飓风袭击了美国，印证了班尼特这段话中的智慧。

第六章

"1938 年大飓风"

在"1938 年大飓风"中,海浪冲击着海堤,仿佛间歇泉喷发一般

1938年夏天，美国东北部阴雨绵绵。[1] 9月21日星期三，阴雨天气有所缓解，天气开始转暖，大部分时间阳光明媚，预示着这是美好的一天。尽管天气很好，但欧洲方面的消息传来，国际局势阴云密布。[2] 一个多星期前，哥伦比亚广播公司的播音员告知听众，德国总理将在纽伦堡举办的纳粹党集会上进行讲话。播音员说："整个文明世界焦急地等待阿道夫·希特勒的演讲，他的任何言论都有可能将欧洲卷入另一次世界大战。"

在集会上，希特勒用尖刻而犀利的演说，表达了"夺回"苏台德地区的冷酷决心。英美等国都为这一宣言所影响。第一次世界大战结束时，根据《圣日耳曼条约》（Treaty of Saint-Germain），苏台德地区被划归为捷克斯洛伐克的一部分，这片土地上的300万日耳曼人也从此不再属于奥地利。9月21日，《纽约时报》向读者呈现了一篇篇令人不安的报道和评论。希特勒以咄咄逼人的姿态要求捷克斯洛伐克割让苏台德地区，否则他将直接通过武力进行占领。在德国的威胁下，捷克斯洛伐克所谓的盟友——法国和英国，正在积极讨论是否要放弃保护捷克斯洛伐克不受外国侵略的承诺。当天晚些时候，英法两国就选择对德妥协，站在希特勒一边。这一举动为9月30日的《慕尼黑协定》铺平了道路，根据该协定，英国和法国基本上将苏台德地区拱手相让。英国首相内维尔·张伯伦（Neville Chamberlain）称赞该协定，宣称它实现了"我们这个时代的和平"，[3] 如此天真的言论被证明是严重失实的。

在9月21日的《纽约时报》上长达26页的国际和国内新闻后面，第27页的左下角，隐藏着一篇不起眼的短文，内容与即将来临的飓风有关。[4]这场飓风在几星期前起源于非洲地区。9月4日，在尼日尔东北部的比尔马（Bilma）绿洲，一名法国气象观测员注意到大气出现了轻微的扰动，可能就像风向变化或雷暴一样平常。尽管当时没有人意识到这一点，但这一扰动变成了一股向东的波浪，演变成佛得角飓风，横扫大西洋，引起了气象学家格雷迪·诺顿（Grady Norton）的注意。

诺顿于1915年加入美国气象局。他早期的任务主要是一般性的天气预报，但在一次令人难忘的遭遇之后，他转向研究飓风预测。1928年9月下旬，诺顿前往佛罗里达州探亲。在途中他看到人们把土铲进一条沟里，沟里堆满了"奥基乔比湖飓风"遇难者正在腐烂的尸体。他听到身后的一个女人说："气象局的预报出现了偏差，否则乔本能够及时逃走的。"诺顿后来回忆道："我把那个可怜的女人说的话记在心里，我当时就知道，我这辈子最想做的就是阻止这种本可以避免的灾难。"[5]

就在"1935年劳动节飓风"来临的几个月前，诺顿成为气象局杰克逊维尔办公室的首席飓风预报员。那场毁灭性的风暴带来了悲剧般的后果，尤其是造成了巨大的人员伤亡，这更坚定了他改进飓风预报的决心。[6]因此，当他在1938年9月16日通过收音机听到巴西汽船"阿莱格雷特号"（*Alegrete*）报告说，在背风群岛东北方向约1000英里处气压读数非常低而且有飓风级风力时，诺顿立即行动起来，把所有注意力都集中在即将到来的风暴上。[7]

在随后的几天里，来自船只和陆地气象站的报告进一步显示，飓风将以 20 英里每小时的速度前进，向巴哈马群岛和佛罗里达进发。[8] 9 月 19 日上午，诺顿向佛罗里达海岸的从杰克逊维尔到基韦斯特的多个地区发布了飓风警报，并敦促当地居民为可能到来的飓风做好初步准备。然而，当天下午晚些时候，新的数据给了人们乐观的理由。巴哈马群岛的气压读数几乎没有下降，诺顿认为，这表明飓风正在朝东北方向移动。第二天，诺顿的怀疑得到了证实。飓风会错过佛罗里达，但危险还没有结束；报告和气压读数显示飓风正在向哈特拉斯角移动。诺顿下令向北至新泽西州大西洋城的地区发出风暴警报，他建议位于风暴路径上的船只要小心谨慎，尤其警告从查尔斯敦到弗吉尼亚角等区域内的小型船只留在港口。许多船只注意到了这一警报，不过这是一件喜忧参半的事情，因为从那以后，海上已经没有船只能够向气象局提供有关风暴路径和状态的最新信息。

随着飓风向海岸移动，风暴追踪工作从杰克逊维尔办公室转移到了华盛顿特区，那里的首席预报员名叫查尔斯·米切尔（Charles Mitchell），他是资深的气象工作者，有三十年工作经验。[9] 根据少量的数据，米切尔得出结论，此次风暴与以往的"佛得角飓风"的路径类似，即接下来会在北大西洋被称为"百慕大高压"的高压穹丘周围拐弯，该高压穹丘通常位于北大西洋西部的百慕大附近。由于百慕大高压是顺时针旋转的，它倾向于引导飓风向北行进，与海岸平行。风暴绕过高压边缘，向东行进，最终远离大陆，进入开阔的大西洋海域。米切尔还认为，随着飓风继续向北移动，它将在较冷的海水上迅速减弱，从飓风转变为大风，然后在寒冷的北大西洋消失。

1926 年，华盛顿特区的气象局预报办公室

在场的几乎所有气象学家都同意首席预报员的意见，除了查尔斯·H. 皮尔斯（Charles H. Pierce）。皮尔斯 28 岁，是一名才华横溢的初级预报员，他在气象局工作不到一年。他看到同样的数据后，得出了截然不同的结论。他认为，由于百慕大高压比平时更靠北，它会将飓风推向更北的地区，这意味着风暴可能会在纽约和新英格兰南部附近登陆。他认为，华盛顿地区的测量数据表明，当地普遍受到强力南风的影响，这将使飓风在向北移动时，速度继续增加。皮尔斯还指出，更北部的内陆地区的高层大气中正在形成一个强大的冷锋或低压槽，他认为，这会使北部内陆地区与百慕大高压之间形成一条通道，成为风暴向海岸快速移动的理想途径，遑论这一通道已经被潮湿、温暖的热带空气浸没。

由于米切尔是首席预报员，他对建议有最终决定权。于是，气象局在星期二（9月20日）晚些时候的官方预报中告诉公众，这场风暴将远离陆地。《纽约时报》9月21日的文章呼应了米切尔对飓风路径的信心，称风暴将在进入北大西洋时减弱。它可能会在下午晚些时候或傍晚，在海岸的部分地区引发强风和巨浪，但整体影响不会很大。[10]

《纽约时报》文章的读者当然不会对预测的轨迹感到惊讶。东北部地区的民众普遍认为，飓风威胁的是美国东南部和墨西哥湾沿岸。当然，以前有飓风袭击过长岛和新英格兰。上一次登陆这一地区的飓风可以追溯到1903年，但那次风暴相对较小。在那之前，规模较大的飓风袭击东北部已经是19世纪中期的事情了。在东北部，很少有人经历过或记得1903年的飓风，也很少有人知道，在早期历史上这个地区有过强飓风的登陆。

9月21日上午，皮尔斯越来越忧心于这场飓风的到来。诺顿于9月19日发布警报后，仅有几艘船报告了风暴的发展情况，其中便有英国豪华邮轮"卡林西亚号"（*Carinthia*）。9月21日凌晨，"卡林西亚号"在佛罗里达州东北数百英里处遭遇了猛烈的飓风，在汹涌的海浪中猛烈颠簸。邮轮上的上流乘客为了他们宝贵的生命挣扎着。在风浪中，他们几乎无法站立，随地都是乘客晕船的呕吐物。在拼命防止船倾覆的同时，船长用无线电向气象站发送了当时的气压读数——仅有 27.85 英寸。大约一小时后，这艘船脱离了飓风。船的性能尚且稳定，但船体受损严重。船长的报告使皮尔斯确信，这场飓风仍然非常强大，而且会持续相当长一段时间。[11]

这个来自"卡林西亚号"的新数据，加上其他从海岸气象站收集的报告，使米切尔略微改变了官方预报。气象局在 9 月 21 日下午 2 点的报告中说，风暴将在下午晚些时候或当晚早些时候在长岛和康涅狄格州附近登陆，但只会造成大风天气，不是一场飓风。不幸的是，这个预测大错特错。

正如皮尔斯所预测的那样，仍然强大的飓风向北移动，冲向海岸。它在长岛的萨福克县（Suffolk County）登陆，然后以 3 级飓风的形式在新英格兰南部登陆，持续风速高达 120 英里每小时。① 就连皮尔斯都被飓风的行进速度震惊。北大西洋佛得角飓风的平均速度是 20—30 英里每小时，而此次飓风以 50—60 英里每小时的惊人速度在开阔的海洋上飞驰。"1938 年大飓风"来得如此之快，以至于记者们称它为"长岛快车"[12]。

后来，米切尔和皮尔斯之间的争论越发戏剧化，米切尔被描绘成一个恶棍。这是一个古板、傲慢、守旧的老派气象学家与一个傲气的、接受新理论和新思想的年轻气象学家的对立。后者试图说服他的上司认识到自己的错误，但没有成功。在通常的描述中，米切尔傲慢地驳斥了皮尔斯的担忧，告诉他要保持谦逊，把气象预测工

---

① 此次飓风期间，波士顿郊外的蓝山天文台一度记录到速度高达 186 英里每小时的阵风，但测量地的海拔约为 650 英尺，而且那时飓风已经减弱为温带风暴。

作留给那些有几十年丰富经验的气象学家。但是，正如普利茅斯州立大学（Plymouth State University）气象学教授卢尔德·B. 阿维莱斯（Lourdes B. Avilés）指出的那样，当代的记录没有描述过如此戏剧性的对决。相反，这种说法是几十年后历史学家的一种写作加工和"场景再现"。[13]

事实是，没有办法确切知道这两个人之间发生了什么，因为他们两人，以及他们的所有同事，都没有详细说明那天发生的情况。因为米切尔是一位有着数十年经验的备受尊敬的预报员，阿维莱斯认为，"大多数情况下，他的预测报告是正确的。初级预报员或气象分析师确实可以学习他的经验。[14]但至少在最重要的这次预测上，米切尔错了。或者说，他似乎没有真正掌握此次飓风期间大气的运动情况"。

米切尔似乎对东北部地区的飓风历史也不太熟悉。虽然他是正确的——大多数佛得角飓风向北移动，然后在逡巡于百慕大高压附近的过程中，风力大大减弱，但凡事都有例外。如果他了解 1635 年、1815 年和 1821 年毁灭性的新英格兰飓风，[15]以及 1869 年、1878 年、1893 年和 1903 年袭击该地区的其他飓风，在这些历史的基础上，他至少应该更为审慎地看待自己的预测，或者考虑更多的预防措施，予以此次飓风更多的关注。不幸的是，米切尔显然缺乏历史视角，他决定不相信皮尔斯的分析，这意味着当飓风袭击海岸时，其路径上的人们毫无防备。

9 月 21 日下午 3 点前后，飓风在长岛登陆。南岸（South Shore）

的观测者望着大海，起初对地平线上出现的东西感到困惑，然后感到惊恐。其中一人说，我们以为这是"一团从海上快速卷来的又浓又高的雾。当它靠近时，我们看到那不是雾，而是飓风卷起的海浪"。[16]这场飓风来得太不是时候，当地此时正值异常的涨潮期，再加上大风、低压和风暴的影响，沿海地区产生了巨大的风暴潮，比平均海潮高度高出 25 英尺。据报道，冲击海岸的巨浪有 30—50 英尺高。这场风暴摧毁了大量的通信系统，包括电话和电报线路，以致许多最先受到冲击的地区无法向其他地区发出警报。所以，新英格兰大部分地区没有准备好应对突然包围它们的大旋涡。

长岛东端的一个事件反映了此次飓风来势之凶猛。飓风来临前，当地一名居民正盼望着一份属于他的包裹到来。从他还是个孩子时，他就对天气很着迷，想要一个顶级的气压计来追踪大气的变化。[17]9 月 21 日上午，包裹送到了他的家门口。他急切地打开阿贝克龙比 & 费奇（Abercrombie & Fitch）百货公司的箱子，里面装的是各种户外用品，首先映入眼帘的是一个闪闪发光的气压计。但随后他的好心情就被破坏了。这个气压计的指针指向"暴风雨"的读数，读数如此之低，只能说明飓风即将来临或已经来临，然而此时的天空一片晴朗，阳光透过缕缕卷云照耀着，大海和风都没有在地平线上显露出任何不祥的迹象。他以为气压计已经损坏，摇了摇气压计，希望把它调好，但还是没有变化。于是他给厂家写了一封愤怒的投诉信，然后去当地邮局寄了出去。他不应该那么鲁莽。当他从城里回到家时，"1938 年大飓风"已经把他的房子和宝贵的气压计吹走了。

女演员凯瑟琳·赫本也同样措手不及。[18]赫本因主演《小妇人》（*Little Women*）和《牵牛花》（*Morning Glon*）而成名,并由此获得了她的第一个奥斯卡奖。飓风来临的那天,赫本正在康涅狄格州旧塞布鲁克镇（Old Saybrook）芬威克街区的避暑别墅中漫步。这座别墅坐落于海滨的绝佳位置。早上 8 点,31 岁的赫本到海边游泳。此时阳光明媚,微风轻拂,水面泛起涟漪。早餐后,她和朋友杰克·哈蒙德（Jack Hammond）打了几局高尔夫,尽管风力开始变大,她还是打出了完美的一杆,创下了她在球场上的个人最好成绩。

胜利归来后,赫本和哈蒙德再次前往海滩游泳,但此时的天气与早些时候的已经有很大的不同。海边的风力开始变大,浪花开始变高。他们在海浪中徜徉,玩得很开心。在他们上岸后,风力还在加大,迎着风几乎已经无法站立。空中飞舞的沙粒刺痛了他们暴露在外的皮肤。

他们赶忙跑回屋里与赫本的母亲凯瑟琳会合。此时屋内还有她的哥哥迪克、厨师范妮和一个正在修理门廊上的纱窗的修理工。事实证明,维修工作已是徒劳。当修理工修理纱窗时,他原本停在车道上的汽车被一阵风吹离地面,卷入了附近的湖中。就在那之后,洗衣房也被狂风撕裂。那一刻,所有人都放下了手头的事情,唯一的目标就是生存。

迪克担心整座房子很快就会倒塌,于是带着大家走出餐厅,走进了暴风雨中。在齐膝高的急流中,他们紧紧抓住同一根绳子,艰难地走了大约 15 分钟,穿过一片田野来到更高的地方。"回首望去，"赫本后来回忆道，"我们看到房子被风从地面卷起，朝东北方向沿着汇入沼泽的小溪飘走。整座房子就这么轻而易举地漂走了。"

随着暴风雨的肆虐，赫本一行六人被迫来到出于季节原因而关闭的"江海旅馆"（Riversea Inn）避难。第二天早上，他们去查看了赫本家房子原来所在的地方。那里只剩下"一个倾斜的浴缸和一个马桶"。到了塞布鲁克电话公司的办公室后，赫本终于接通了住在哈特福德的父亲的电话。她向她父亲保证家里人都很安全，当她告诉他房子被毁时，他的回答颇具黑色幽默："你应该再机智一些，你可以在房子被飓风刮走之前往里面扔一根火柴。我给房子买了火险。"

就在赫本和她的亲友奋力求生的同时，在离海岸仅 25 英里远的地方，飓风正冲向纳帕特里角（Napatree Point），这是一个从罗得岛韦斯特利的沃奇希尔村（Watch Hill）伸出来的狭长沙洲，背靠大西洋，另一边毗邻小纳拉甘西特湾。[19] 1614 年，荷兰探险家、商人阿德里安·布洛克（Adriaen Block）为此地命名。布洛克看到这里树木繁茂，就把它叫作"树颈镇"（Neck of Trees），随着时间的推移，该地逐渐被称为"纳帕特里"（Napatree）。然而，这个名字在两个世纪后失去了意义。1815 年的"九月狂风"吹倒了纳帕特里地区的所有树木和一些建筑，几乎将这里夷为平地。

到了 20 世纪早期，纳帕特里已经不再是荒凉之地，它成为一个富有的夏日社区，有 39 座别墅、1 个游艇俱乐部、1 个海滩俱乐部和 1 个浴场。其中一座别墅的主人是成功的商人杰弗里·摩尔

（Geoffrey Moore），他的公司位于美国西部，主要生产弹性织物，用于高尔夫球、女士内衣等各种商品。1938年9月21日，摩尔的三层别墅里住着10个人：摩尔、他的妻子凯瑟琳和他们的4个孩子、一位友人以及3名帮忙打理家务和照顾孩子的用人。

刚吃过午饭，摩尔感到胸口一阵剧痛，瘫倒在椅子上。他的家人和用人把他扶到客厅的沙发上，凯瑟琳立刻叫来了医生。医生随后赶到，诊断摩尔犯了轻微的心脏病，嘱咐他卧床休息三天。医生走后不久，凯瑟琳扶着摩尔去了他们的卧室。几分钟后，飓风袭击了纳帕特里角。

"成吨的水被泼向房子。"凯瑟琳回忆说，透过窗户，她看到他们旁边的一座别墅在风浪中倒塌。几分钟后，前门传来一阵响亮的敲门声。当凯瑟琳打开门时，18岁的吉姆·内斯特（Jim Nestor）正站在那里，上气不接下气，只穿着内裤。凯瑟琳看到的被飓风吞没的别墅是他家的，当她问吉姆他的家人在哪里时，他回答说："他们都不见了。"

茫然中，摩尔赶忙振作起来，下床来到客厅，试图控制局面。他把大家引导到房子的中心，站在分隔两个房间的厚门框下。作为一个虔诚的家庭，摩尔一家人都开始祈祷。凯瑟琳则更为实际，她嘱咐每个人脱掉鞋子，以防逃离之时需要游泳。

当房子开始分崩离析的时候，摩尔呼喊着让每个人都到三楼，这样如果房子塌了，他们不会被埋在一堆碎石下面。他们一到三楼的平台，二楼就已经坍塌。摩尔担心三楼也坚持不了太久，于是，他打碎了浴室的窗户，准备把大家带到暴风雨中去。就在那一刻，女仆房间的屋顶被掀飞。正如凯瑟琳所说,"剩下两根钢管插在地板上,这些建筑残骸刚好成为一艘'木筏',我们可以抓住钢管来保持平衡"。

他们坚持了下来,一股猛烈的波浪把这艘"木筏"从房子中卷了出来。他们仿佛在风浪中启航,随浪漂流,飞快地穿过小纳拉甘西特湾。尽管受到海浪和漂浮残骸的冲击,11个人还是紧紧抓住钢管,"木筏"最终停在了康涅狄格州的巴恩岛(Barn),这一地区距离他们的别墅——这次令人毛骨悚然的"旅程"的起点——大约一英里。

幸运的是,一行人在这里发现了一座废弃的谷仓,他们在干草堆的凹处度过了一个风雨交加的夜晚,干草堆有助于他们抵御依然猛烈的狂风。夜里,他们看到远处的天空映出明亮的橙色,以为附近的斯托宁顿镇(Stonington)发生了火灾。他们的判断偏差了大约10英里。那束火光来自新伦敦,当地著名的滨海区失火了。第二天早上,杰弗里在残骸中发现了一面镜子,在阳光的照耀下,他用镜子的反光朝不同的方向发送求救信号。过了一会儿,当地的一个渔民看到闪烁的光,营救了他们。

后来回想起他们的苦难经历时,凯瑟琳说:"我有时觉得我们见证了世界末日……对一些人来说,这是他们尘世生活的结束;对我们来说可能很容易……我们永远不会忘记飓风来临时那种无助的感觉。我相信,我们经历过这场飓风的人,对生活的看法比以往任何时候都更深刻、更丰富、更完整。"那天在纳帕特里角的42个人中,只有27个人活了下来,毫无疑问,他们每个人都经历了凯瑟琳讲述的这种改变人生的重大变故。至于那些别墅、游艇俱乐部、海滩俱乐部和浴场，全都在飓风中消失了。如今，这里已成为一个保护区，唯一的居民是岸边的野生动物。

"1938 年大飓风"前后，罗得岛州韦斯特利的大西洋大道

在沿着海岸再向北走 30 英里的地方，飓风夺走了一群孩子的生命，这是此次风暴期间最令人心痛的事情之一。当天下午 3 点前后，巴士司机诺曼·卡斯韦尔（Norman Caswell）在纳拉甘西特湾入口处的罗得岛州詹姆斯敦的托马斯·H. 克拉克小学（Thomas H. Clark Elementary School）接了 8 个孩子。[20] 卡斯韦尔负责把孩子们送回家。这一天，危险伴随飓风而来。卡斯韦尔在途中必须穿过一条狭窄的堤道，这条堤道连接着詹姆斯敦的两个主要部分。在堤道的南侧是鲭鱼湾（Mackerel Cove），这片水域通常相对平静，孩子们经常在那里学习游泳。然而，在那一刻，这里成了一片疯狂的海洋，纵横交错的波浪互相撞击，水花从浪尖飞溅而出。海湾里水位高涨，以致淹没了堤道，水有几英尺深。卡斯韦尔可以看到远处抛锚的汽车。他需要做一个决定：应该转身还是继续前进？

当地的奶农老约瑟夫·马托斯（Joseph Matoes Sr.）看着卡斯韦尔开车下山向堤道驶去，他疯狂地挥手让卡斯韦尔停下来。马托斯的 5 个孩子中有 4 个在车上。他知道，如果卡斯韦尔继续往下开，就会招致一场灾难。不久前，马托斯试图自己穿过堤道，但在低处，他的卡车被卷到水里。他游到岸边，挤在墓地边缘的一堵石墙旁，才保住了性命。

卡斯韦尔要么没看见马托斯，要么无视了这一警告。不管怎样，他都没有回头。他把脚踩在油门上，希望汽车的高度能让他顺利开过去。在半路上，巴士停了下来，然后两股巨浪击中了它的侧面。卡斯韦尔记得他当时想："我们最好出去，否则会像老鼠一样被淹死。"[21] 他打开后门，把孩子们扶下来，并呼喊着让他们手拉手，卡斯韦尔试图把孩子们带到岸上。就在这时，另一股海浪袭来，他们都被抛进了翻腾的海水中。

在相对安全的地区，马托斯只能眼睁睁看着这恐怖的一幕。当时的天气情况非常糟糕，即使是对一个看着自己的孩子被冲走的父亲来说，他也不太可能对孩子们进行营救。马托斯在余光中发现一个黑色的身影在水里移动，然后停在了岸边，他赶忙前去查看，发现那是卡斯韦尔，脸朝下，一动不动地趴在草地上。马托斯踢了他一下，看他是不是还活着。卡斯韦尔咕哝了一声，据马托斯说，卡斯韦尔说："求求你让我去死。校车上的很多孩子因我而死，这都是我的错。请别管我了，让我去死吧。"[22]

卡斯韦尔未能如愿，他活了下来。但他从此以后一蹶不振，并在几年后死去。正如詹姆斯敦的一个居民所说，"他死于这场灾难给他带来的打击。"[23]另一个在巴士事故中幸存下来的人是克莱顿·切利斯（Clayton Chellis）。他当时12岁，是詹姆斯敦最南端海狸尾灯塔看守人的儿子。克莱顿身体强壮，水性极好，他成功地战胜了激流和巨浪，游到了岸边。

克莱顿7岁的妹妹玛丽昂（Marion）也在车上。根据当时的说法，她下车前对哥哥说的最后一句话是："克莱顿，别被水淹到自己。"[24]可悲而讽刺的是，克莱顿——这个因其出色的游泳技能而在飓风中逃过一劫的男孩最终的宿命是魂归大海。1946年，克莱顿作为美国海军的一员在塞班岛驻防。为了庆祝他们即将结束兵役返回美国，克莱顿和他的海军兄弟们前往海滩狂欢，最终克莱顿不慎溺水身亡。[25]

普罗维登斯位于普罗维登斯河岸边，距离纳拉甘西特湾源头不远。从某种意义上说，1938 年 9 月 21 日的普罗维登斯成了一个"活靶子"。这个城市的问题在于它的位置。罗得岛位于长岛以东，没有任何可以阻挡海洋冲击的屏障，而普罗维登斯更是处于罗得岛东部的入海口处。当飓风向新英格兰袭来时，这座城镇完全暴露在汪洋大海之中。据一个观察者称，"狂风怒号，海浪汹涌，一波比一波高的浪潮达到 30 英尺高，轰隆隆地冲上罗得岛的海滩"。[26] 波浪伴随着风暴潮，席卷了宽阔的海湾，并汇入越来越狭窄的河流，导致水位上升到惊人的高度，把市中心变成了一个翻涌的湖泊。

这次洪水的最高水位比以往的平均水位高出 13 英尺多，打破了 1815 年的"九月狂风"创下的纪录，当时的最高水位为 11 英尺又 9.25 英寸。经历过飓风的人往往不知道如何用语言充分描述这种噩梦般的经历，但著名小说家、诗人和短篇故事作家大卫·科内尔·德容（David Cornel De Jong）[27] 擅长于此。他记录了 1938 年的飓风袭击他和美丽的城市——普罗维登斯时发生的事情。

那天下午，德容在《普罗维登斯日报》办公室的自助餐厅里喝着咖啡，当与他交谈的记者们被召去报道即将到来的暴风雨时，他预感到坏天气即将来临。冒着倾盆大雨和阵阵狂风，德容步履艰难地来到市场买食物。正当他忙着购物时，外面的情况恶化了。买完东西后，他在过道里踱了半个小时，希望暴风雨会平息下来，但情况变得更糟了。最后，他离开了商店，勇敢地面对恶劣的天气。

刚走出几步，一阵强风就把他吹到墙边，"倾盆而下的雨水"把他浇得透湿。他挣扎着走上拱廊商场（Arcade）的台阶。这座商场始建于 1828 年，是美国最古老的室内购物中心，距离普罗维登斯河岸大约 500 英尺。在商场里，他加入了其他 50 名在风暴中逗留的人的行列，这些人"从拱廊商场的一个入口匆匆赶往另一个入口找寻出路，但大风让他们无路可走"。德容在拱廊商场巨大的多利安式圆柱附近找到了一个位置，那里的风不那么猛烈，他"必须下定决心，即使只是为了培根和鸡蛋的安全……我们站的地方相当危险，附近的街灯不断被打碎，我们头顶上的大钟摇摇欲坠。在街上，人们被飓风吹倒在建筑物旁或人行道上"。

当一片铁皮屋顶在空中飞舞并把一个人撞倒时，德容对他的"临时庇护所"彻底失去了信心。在风暴间歇的片刻，他开始往家里跑。然而，强风很快又刮了起来。就在那一刻，一扇巨大的店面窗户碎了，玻璃碎片洒向他和附近的人。"就在我们前面，一个老太太的脖子被一块玻璃划破了；她不幸跌倒，又赶快站起来，低下头，在暴风雨中继续前行。她的身后留下了一串血迹。"当德容和其他人去帮助她时，又一阵大风将他们吹到墙上，"把那个女人的血溅到了我们的脸上"。

大风沿着大楼的一侧，将人群推到旋转门里。旋转门随风转动，把门内的人一个个卷到了大厅中，"一群人傻乎乎地嘲笑我们，直到他们看见那个受伤的老妇人"。当一名女服务员处理这个老太太的伤口时，有人喊道："小心水流！汹涌的洪水突然冲入街道，水浪翻腾起来。"人和汽车在水流中挣扎。当水开始涌入大厅时，人们冲向楼梯。在上楼的路上，德容遇到了一个律师朋友，他把德容带到三楼的办公室，其他人也加入了他们的行列。

天色在风暴之中变得越发黑暗。德容和逃难的同伴们眼睁睁看着飓风吞没了整座城市。他们偶尔讲些笑话来缓解恐怖的气氛。"在我们脚下,城市无助地躺在大海里,在灰色的波浪中,一个个生命逝去。"奇怪的景象在他们眼前滚滚而过。"一个黄色头发的假人,在黑色的横梁间摆动着,昂着头,面色茫然,在洪水中旋转着,就像一个彬彬有礼的少女……一堆网球从一家商店破碎的橱窗里涌入水中,就像一群鼓胀的热带鱼一样。"16个人手牵手形成一道人墙,在没过胸口的洪水中艰难行进,终于到达一幢安全的建筑。水淹没了大量的汽车,车辆的警报灯不断闪烁,短路的车喇叭响个不停,仿佛世界末日一般。

灾难过后总有一些害群之马出现。"一些抢劫犯,他们或蹚水前行,或游泳,拿着晾干的手电筒,浮出水面,消失在被冲毁的商店橱窗中。起初这些暴徒只是单独作案,后来他们成群结队,互相协助。一些人爬进商店,另一些人接过赃物,把它们堆在划艇上或塞进麻袋里。他们组织有序,似乎是有备而来。他们厚颜无耻,贪得无厌,像老鼠一样成群结队,掠夺一切能够带走的东西。当几个警察划着划艇经过时,他们也无动于衷。他们知道自己人多势众,而且警察大多忙于救援工作,无暇处理这些抢劫犯。"

德容和其他人在大楼里等着,担心在被水淹没的大厅里可能有潜在的危险,直到消防员和他们的卡车到达,帮助疏散被困人员。消防员使用的手电筒带来的"突然的强光"勾勒出飓风破坏后城市的轮廓,阴郁的水面映出了破坏的景象。德容爬上了一辆卡车,手里仍然抓着他的那包食物,举着不让它进水。卡车把他和其他许多

记录了 1815 年的"九月狂风"和"1938 年大飓风"期间，洪水水位最高高度的石碑，位于罗得岛普罗维登斯北大街老市场的西南角

人带到河对岸的高地上，在那里"人群欢呼着迎接我们"。德容在人群中往前走，但被一名警察拦住，警察认为他一定是抢劫犯，要求看他包里有什么东西。当德容把袋子里的东西展示给他看时，警

察"疑惑地摇了摇头,但还是让我走了"。德容终于回到家中,筋疲力尽地上床睡觉。第二天早晨,当他醒来时,强烈的阳光照耀着破碎的城市。

在所有的悲剧和悲伤的事件中,也有一些或真实或编造的幽默故事。在长岛南福克(South Fork)的一个村庄里有名妇女,飓风来袭时,她正坐在自己的车里。她把车停在了一个公共车库,希望能找到避难所。服务员打开车库门让她进去,但车库的后墙瞬间被风暴刮走,所有的窗户都塌了。"我想我给这里带来的伤害已经够多了,"有人听到那个女人说,"我还是想办法回家吧。"最终她开车离开此地。[28]

《纽约客》(The New Yorker)的作家文森特·麦克休(Vincent McHugh)在报道当天的新闻时采取了不同的策略,他一本正经地编造了一些关于飓风及其后果的谎言。其中一个故事讲述的是一个富有的49岁男子,他21岁的妻子,他们的芬兰厨师、年轻的威尼斯园丁和法国女佣,都住在纳拉甘西特湾边缘的一所大房子里。妻子在洗澡时开始对丈夫大喊,说厨房的门发出了噪声。经过检查,他发现风把它吹开了,而且关不上,于是他走到邻居那里拿了一把锤子和一些钉子。当他回来时,他的房子、妻子、厨师和园丁都不见了。

麦克休指出,丈夫对这一事态的转变"并没有太过惶恐"。"他的妻子以前离开过他两次,每次都在一两天内回来。"然后,他看见他的房子在远处,正飘向普罗维登斯。丈夫"在海滩上待了一整夜,精神错乱,法国女佣试图安慰他"。与此同时,那名芬兰厨师被冲到了海岸不远处的一家高级餐厅旁，这家餐厅当场就雇用了她。至于妻子，第二天早上，丈夫发现了她的踪迹，"他的妻子在浴缸里，同样在里面的还有年轻的威尼斯园丁，园丁像划船一样，用那块属于丈夫祖母的熨衣板作为船桨，划着浴缸在洪水中前行，口中吹着'圣卢西亚'的口哨小调"。麦克休说："也难怪这对夫妇后来离婚了。"[29]

随着飓风向内陆移动，它的风力慢慢减弱，但仍然有足够的力量，并以将近 50 英里每小时的速度快速穿过新英格兰，第二天早上在加拿大的边远地区消散。[30]即使已经远离海岸，它的风力仍然如此强大，这种现象是不同寻常的。通常情况下，飓风一旦遇到陆地，就会迅速减弱。这是因为飓风与地面的摩擦增加，速度逐渐放缓，同时飓风也远离了海洋，这是它们主要的热能来源。但此次飓风的情况有所差别，当风暴遭遇西部地区的低压系统时，温差给了风暴巨大的能量，增加了飓风的强度，也扩大了其影响范围。另一个重要的影响因素是飓风的速度。"长岛快车"在到达海岸时移动速度非常快，而且在陆地上继续以极快的速度前行，风力几乎没有减弱。

"1938 年大飓风"共造成 680 人死亡，一多半的死难者生活在罗得岛地区，另有近 2000 人受重伤。如果飓风早来一个月，死亡人数无疑会高得多，因为那时正值夏季高峰期，海滩上挤满了游客。大约 2 万座房屋和农场建筑在此次飓风中受损，2.6 万辆汽车和 3000 多艘在港船损毁（另外 2500 艘在海上沉没），95% 的车辆

"1938年大飓风"过后，康涅狄格州哈特福德的布什内尔公园的露天舞台被洪水淹没

和船只没有购买相关保险。[31]近6.3万人请求紧急援助。由于生活必需品短缺、水电等生活设施停摆，人们的生活仿佛回到19世纪。2万英里的电线和电话线被切断，50万人的电话通信中断。从波士顿到纽约的东部走廊的铁路服务中断了一到两周（造成这条路线上的航班需求一度激增）。

由于夏季异常潮湿，已经处于洪水阶段的河流被从天而降的潮水变成了横冲直撞的野兽，一些地方降水量甚至超过7英寸。洪水摧枯拉朽一般撕裂大地，冲毁了数百条道路和桥梁，把城镇变成了一片汪洋。200英里宽的大风横扫长岛东端和新英格兰的中心地带，刮倒或折断了成千上万树木。由于洪水的浸泡，许多树木根部的泥土十分松软，树木无法得到坚实的支撑。一个来自康涅狄格州的四年级学生在一首优美的两行诗中描绘了这一场景，诗中写道："狂风如此猛烈／大地与树木如此脆弱。"[32]

在纽黑文挺立着近1.5万棵高耸的榆树，其中许多已经因荷兰榆树病而枯萎。再加上飓风的破坏，这座城市和耶鲁大学校园里的树木仿佛经历了战争的摧残。在许多地方，倒下的树木堵塞了城市道路和高速公路，极大阻碍了当地的交通。也有少数屹立不倒的大树，但大部分树叶已经枯死，在空气中弥漫的盐雾的作用下变色起皱。即使当这场严重减弱的风暴到达遥远的北部和内陆，如新罕布什尔州著名的华盛顿山时，风速也高达163英里每小时，通往山顶的齿形铁路（Cog Railway）的大部分栈桥被吹垮。据估计，"1938年大飓风"造成的损失总计高达3亿—4亿美元。迄今为止，它仍然是新英格兰遭受的最具破坏性的自然灾害，也是美国历史上最严重的灾难之一。

1938年的飓风来得如此突然，且烈度大、影响范围广、破坏性强，给所有经历过它的人留下了不可磨灭的印象。据报道，一个投机者牢牢地抓住了民众对飓风灾难的好奇心。他漫步在波士顿公园，肩膀上挂着一块广告牌，上面写着："只需付25美分，我就给你讲述飓风的故事。"[33]直到今天，老人和他们的孩子都很喜欢给任何愿意听的人讲述飓风来袭时发生的故事。

无论是在海上还是在陆地上，风眼仿佛一个巨大的"鸟笼"。鸟类常常被困在飓风中，并试图在风眼内飞行，以避免被抛回大旋涡。这就是为什么飓风中的船只有时会成为疲惫的鸟儿的着陆平台。同样的道理，当飓风掠过陆地时，被困的鸟会从空中降落到地面寻找庇护。因此，观鸟者常常能在飓风过后追踪到一些迷途的鸟儿。1938年，一只百慕大国鸟——白尾热带鸟被卷入这场大飓风，被一路带到佛蒙特州的伍德斯托克，人们发现时它已经死亡，毫无疑问，它是死于疲劳或飞行物造成的外伤。这是第一次在佛蒙特州发现这种鸟。这种鸟的栖息地通常在百慕大群岛、加勒比海、夏威夷等热带地区

天空放晴之后，全国都在反思飓风中暴露的问题，气象局因飓风预报的失败而受到铺天盖地的批评。普林斯顿大学天文物理学教授约翰·Q. 斯图尔特（John Q. Stewart）声称："在官方气象预报漫长而值得称道的历史中，那一天肯定是最糟糕的一页。"这句话

代表了很多人的观点。他断言,由于气象局"没有提供任何有价值的预警,数百条宝贵的生命就此逝去,他们甚至没来得及知道是飓风带来了死亡,就已经猝然离世"。[34]

当时担任气象局代理局长的查尔斯·克拉克(Charles Clark)博士尽其所能避免外界的指责。据《波士顿晚报》(*Boston Evening Transcript*)报道,克拉克说:"根据手头的数据,[预报员]很难给出更准确的预警,因为这场热带风暴——东北部历史上最严重的一次——是反常的;它没有遵循通常的风暴发展模式……在它到达哈特拉斯之前,没有任何迹象表明它会变得特别危险,它似乎很可能会去远离大西洋沿岸的海上。"他还补充说:"如果风暴没有以前所未有的速度移动,毫无疑问,气象局通过广播和其他媒体发出的警报几乎会传到受灾地区的每个人耳中。"[35]

克拉克对预报的辩护只有部分说服力。是的,至少就它的速度和轨迹而言,此次飓风是一个怪物,因为它没有遵循通常的路径。如果飓风以更典型的20—30英里每小时的速度前进,我们有充分的理由相信,身处危险地带的许多人(如果不是大多数人的话)能够提前有所防备,不会完全措手不及。克拉克辩护的其他部分却不太有说服力。毕竟,皮尔斯也使用了和其他人一样的数据,但他正确地预测了飓风的走向。如果他的观点得到了重视,东北地区就能收到更多的预警,人们能够有充裕的时间来防备。"卡林西亚号"船长报告的极低的气压读数,是皮尔斯注意到的,清楚地证明了飓风在接近哈特拉斯角时仍然相当危险。而且正如之前提到的,任何认真研究过纽约和新英格兰气象历史的学者都知道,尽管这是一个不寻常的，甚至是反常的事件，但在历史上，确实有一些类似的、非常危险的飓风曾登陆这一地区，造成了灾难性的后果。[36]

不过，我们也不应过于苛责气象局。虽然皮尔斯的预测是准确的，但可用的数据确实相当有限。皮尔斯的判断是正确的，但他也可能漏掉了一些迹象，或者没有把证据合理地拼凑在一起，因此他的判断结果存在一定误差。飓风在登陆前的7个小时内，从哈特拉斯角向长岛急速移动，气象局几乎没有任何关于这个时间段的数据。所有人都只能猜测它在那段时间里到底在做什么。

当然，缺乏数据并不是一个新问题。自从气象局开始预报飓风以后，由于缺乏飓风海上活动的实时数据，它的工作一直受到严重阻碍。当然，有些时候，因为早期预警提供了有价值的信息，船只没有散开。如果飓风经过有气象站的岛屿附近或上方，就会产生另一个数据点。但是，为了避免像"1938年大飓风"这样的灾难——更不用说与"1926年迈阿密大飓风"、"1928年奥基乔比湖飓风"和"1935年劳动节飓风"有关的灾难——气象局迫切需要的是更多关于海上飓风的数据，以及更精确的科学来理解和预测它们的动向。

幸运的是，这一切以及更多的事情即将发生。在整个20世纪的剩余时间里，直到现在，我们对飓风的理解以及我们监测和预测飓风运动和动向的能力都有了极大的提高。飞机、卫星、雷达、高科技测量设备和计算机都发挥了关键作用。但这些并不是在这个充满活力的时代发生的仅有的变化。我们命名、报道飓风的方式也以新的有趣方式继续演变。

第七章

深入旋涡

描绘美国国家海洋和大气管理局 WP-3D 猎户座"飓风猎人"飞机"克米特号"（注册号 N42RF）穿越风眼的艺术作品

自 19 世纪末以来，气象学家一直致力于追踪和预报飓风，并从天空中寻求想要的答案。由于气象信息主要来自地面观测或少数几艘碰巧在风暴路径上的船，气象学家获取飓风相关信息的能力非常有限。到了 20 世纪 30 年代，气象局越来越多地使用携带气象仪器的热气球来收集数据，但它们无法与飓风之下的强大风力相抗衡。这些气象气球及其所搭载的仪器常常在收集到有价值的数据之前就被飓风摧毁。气象学家深知，如果有一种方法可以在飓风穿越海洋而远离陆地时更接近它们，那么飓风的追踪和预测工作就会变得容易得多。第二次世界大战的来临使这种监测成为可能。

自古以来，战争就具有两面性，它既激发了人类的创造力和智慧，也播下了死亡和毁灭的种子。在生死存亡的关头，每个国家都专注于夺取战争的胜利。第二次世界大战中的美国亦是如此。战争需求推动了美国诸多领域的进步。气象学，特别是飓风科学，成为受益者之一。

自然有其规律，天气从不会为战争的需求而改变。因此，美国军事指挥官知道，如果飞行员想要更好地执行战略战术，就必须同时具备在良好和恶劣的条件下飞行的能力。这意味着飞行员必须依靠飞机自身的仪器设备，而不仅仅是依赖可见的地标来引导他们的飞行方向（通过可见的地标执行飞行任务被称为目视飞行）。为了使飞行员掌握仪表飞行技术——一种即使在天气条件掩盖了地面和地平线的情况下也能飞行的技艺和科学——空军请飞行员约瑟夫·B. 达克沃斯（Joseph B. Duckworth）[1]担任教官。

达克沃斯于 1902 年出生在佐治亚州的萨凡纳，1927 年获得空军飞行资格，进入私营部门，最终在 1930 年成为民营航空公司的一名飞行员。作为一名商业飞行员，他严格遵守飞行计划，能够在各种天气下执行飞行任务。1929 年，仪表飞行技术崭露头角，达克沃斯便自学了仪表飞行的技艺。1940 年，达克沃斯重回军营担任教官，训练空军飞行员，以使他们熟练地掌握这项技术。

1943 年，达克沃斯中校已经是得克萨斯州布莱恩空军飞行学校的指挥官。他在 AT-6 "得克萨斯人"教练机上进行教学。这是一架单引擎、双座椅的飞机，将近 30 英尺长，翼展有 42 英尺。7 月 27 日，气象局提醒军方，墨西哥湾的飓风将很快在加尔维斯顿登陆。这一警告促使空军考虑将 AT-6 战斗机飞到内陆更深处的另一个基地，以保护它们免受飓风灾害的影响。这就是接下来这场"赌约"的开端。

达克沃斯的学生中有一群来自英国的、头发花白的飞行高手，他们通过在欧洲上空与德国空军作战，为自己赢得了荣誉。然而，他们没有经历过飓风，他们认为飓风只不过是恶劣的雷暴天气。在英国，当这样的暴风雨出现时，他们的飞机仍停在停机坪上，安然无恙。因此，7 月 27 日早饭时，英国学员们听闻美国军方高层正考虑在飓风来袭前将飞机迁往内陆，他们开始取笑美国 AT-6 战斗机是如此不堪一击。

达克沃斯在椅子上坐直了身子，对他的英国学员无奈地笑了笑，试图纠正他们所谓的"飓风只不过是恶劣的雷暴天气"的观点。达克沃斯和他们打赌，他可以驾驶一架 AT-6 进入飓风，然后返回基地。这样的飞行将证明飞机的强度，以及仪表飞行的可靠性。达克沃斯说，输家要请赢的人喝酒。

达克沃斯需要一名导航员，所以他请飞行基地当天唯一的导航

AT-6C"得克萨斯人"教练机，1943 年

员——拉尔夫·奥海尔（Ralph O'Hair）加入。奥海尔有些犹豫不决。他主要担心的是，飓风中的大雨可能会破坏飞机的引擎，导致飞机停止工作，那么后果将不堪设想：飞机很有可能会坠毁，两人身亡；运气好一些的话，两人或许能从受损的飞机中弹射逃生，然后跳伞到安全的地方——这似乎也不是一个稳妥的选择。尽管如此，奥海尔还是同意了，正如他后来回忆的那样，因为"他尊重达克沃斯作为飞行员的丰富经验"。[2]

由于这是人类首次驾驶飞机进入飓风，这样的"实验性仪表飞行"风险极大，达克沃斯认为他不可能得到总部上级的许可。所以他决定先斩后奏。当天下午早些时候,当 1 级飓风横扫海岸时,这两人径直朝着飓风的方向飞去。[3]在路上,他们用无线电通知了休斯敦的空中交通管制塔。当他们告诉惊恐的接线员他们要去加尔维斯顿时,接线员以为他一定是听错了。接线员问两人是否知道加尔维斯顿有飓风。"是的,"奥海尔回答说,"我们打算飞过去。"接线员无力阻止他们的行为,他只能要求他们时不时地向地面汇报最新情况。历史学家伊万·雷·坦尼希尔说:"显然,他十分清楚飞机在风暴中坠毁的下场如何。"

虽然达克沃斯和奥海尔表面上很冷静,但在接近那个未知的地方时,他们的心情还是十分紧张。当他们在 4000—9000 英尺的高度进入飓风时,天空突然一片黑暗,暴雨倾盆而下,飞机受到猛烈的上升气流和下降气流的冲击,能见度几乎为零。奥海尔说,自己就像"被狗叼在嘴里甩来甩去的棍子"。[4]

两人最初的计划是飞到飓风的外围,然后就飞回来。但还没等达克沃斯转弯,飞机就冲入了风眼。在飓风中盘旋时,他们被漆黑的、"像浴帘一样的"云层包围,唯一能看到的只有飞机正下方的得州乡村。大约两小时后,两人逃离风眼返回了机场。[5]

他们未经授权飞行的消息传遍了整个队伍。当他们着陆时,基地的气象官员威廉·琼斯-伯迪克中尉(Lieutenant William Jones-Burdick)在那里迎接他们。琼斯-伯迪克失望于没能参加这次飞行行动,但他仍然渴望获得这样的机会。他说服达克沃斯进行第二次飞行,以便他也能近距离地看到飓风。琼斯-伯迪克接替奥海尔做导航员,他们再次起飞。在第一次飞行期间,达克沃斯和奥海尔都没有针对飓风的气象特点进行记录。而这次,达克沃斯和琼斯-伯迪克都尽可能多地记录了飓风结构和温度变化等相关数据。

那天晚上,基地的军官俱乐部举行了一场欢乐的庆祝活动,达克沃斯的学员们,尤其是那些英国学员,纷纷向这位英勇无畏的老师敬酒。虽然他违反了规定,在那天未经允许起飞,冒险进入飓风,但达克沃斯后来因为他的非凡功绩而被授予了飞行勋章。

这一历史性飞行的消息令弗朗西斯·W. 雷切尔德弗(Francis W. Reichelderfer)兴奋不已,他在"1938 年大飓风"几个月后成为气象局局长。自从波维上尉在"1935 年劳动节飓风"中进行飞行侦察以后,气象局就一直想探索在飓风附近飞行并收集相关信息的可能性。[6] 尽管气象局在多个部门进行过游说,但这一大胆想法未能获得任何支持。[7] 然而,达克沃斯的成功带来了转机。他的实践证明,飞机不仅可以在飓风附近飞行,而且可以直接冲入飓风之中。

此次飞行也引起了军方的注意。尽管此次飓风只是一场 1 级风暴,但它还是给得克萨斯州的石油工业造成了相当大的损失,并导致当地的炼油厂暂时关闭。而这些工厂负责为美国提供大部分航空燃料,对于空军的正常运作至关重要。因此,飓风对燃料供应的威胁促使参谋长联席会议采取行动。既然达克沃斯已经证明飞机可以监测飓风的动向,参谋长联席会议便授权军队,在飓风到来时对其进行跟踪飞行,希望借此在飓风来临前提供预警。这样一来,如果飓风威胁到基地或关键的战争物资供应商,那么军队就能更好地做准备。

雷切尔德弗对这一决策感到非常振奋，因为他所在的气象部门也可以从中获益。虽然这些侦察机隶属于空军和陆军，但它们的飞行任务将由军方和气象局在迈阿密的机构共同监督。1943 年后，这一机构取代了气象局在杰克逊维尔的分部，成为全国首要的飓风预报办公室。① 气象局首席飓风预报员格雷迪·诺顿对于这些飓风监测航班的起降和调度有决定权。自此，气象学家终于能通过航空手段收集有价值的飓风数据。

第二年，所谓的"飓风猎人"飞行的价值越发凸显。1944 年 9 月 10 日，诺顿听闻波多黎各以北 250 英里的大西洋上有一场强烈的热带风暴，随即派出一架海军飞机前去调查。它发现了一场完全发展起来的飓风，风速约为 140 英里每小时。在飞行过程中，飞行员一度担心飞机会解体或坠入大海。当飞机返回基地时，机况检查结果显示，机翼上有 150 个铆钉被飓风卷走。这场威力如此强大的飓风被气象局称为"1944 年大西洋飓风"。[8]

在接下来的四天里，飓风沿着海岸向北移动，诺顿又派出了六架侦察机追踪其动向。1944 年 9 月 14 日，飓风终于登陆，横扫长岛东部和新英格兰南部，平均风速超过 100 英里每小时，阵风的风力甚至更大。随后，它穿过罗得岛和马萨诸塞州，进入马萨诸塞湾和更广阔的大西洋。

尽管这场飓风在轨迹和登陆方面与"1938 年大飓风"有一些相似之处，但它对人员和财产的损害要小得多。此次飓风共造成死

---

① 1940 年，气象局从农业部被划到商务部。

海军上将"蛮牛"威廉·F. 哈尔西（William F. Halsey）在太平洋上遭遇台风的灾难性经历，给了军方支持"飓风猎人"飞行的更多动力。1944 年 12 月和 1945 年 6 月，由哈尔西指挥的美国第三舰队遭到了台风的重创。这两场被称为"哈尔西台风"的风暴对美军造成了巨大的打击，3 艘驱逐舰沉没，数十艘船受损，222 架飞机被摧毁，800 多人死亡。尽管军事法庭的调查将大部分责任归咎于哈尔西糟糕的决策，但此次惨剧发生的另一个重要原因是哈尔西下属的气象学家和位于珍珠港的海军舰队气象中心对此次台风的动向存在误判。在错误的指引下，第三舰队非但没有成功规避台风，反而迎头驶入了台风的范围。此次调查得出的主要结论之一，就是建议海军应该进行更多的气象侦察飞行，以便舰队能够有效规避台风和其他恶劣天气

亡 390 例，其中 46 例发生在陆地上，其余的大多是因为海上船只的沉没，最值得注意的是"沃林顿号"，它在佛罗里达州维罗海滩以东约 450 英里处因飓风倾覆，船上的 247 人丧生，68 名船员获

救。这些船员在水中挣扎了 40 多小时,后来被路过的其他船救下。此次飓风造成的损失约为 1 亿美元。大部分的损失集中在海岸附近,但同时,由于此次飓风破坏力较强,内陆的中北部地区也遭受了相当大的破坏。

1944 年的飓风造成的破坏比"1938 年大飓风"的要小。首先,1944 年的飓风在登陆时风力相对较弱,且正值低潮期。其次,此次飓风登陆的角度较为倾斜,没有直冲海岸线。再次,"1938 年大飓风"期间,大量建筑物已经被毁,许多地区仍处于重建之中,因此 1944 年的飓风对建筑物的损坏反而较小。最后,飓风侦察飞行员做出了重要的贡献。他们提供的信息帮助气象局及时发布了飓风预警。正如《时代》杂志几周后报道的那样:"从特拉华州到缅因州,各地的广播电台每小时都在播放飓风警报。沿海地区的人们足够重视警报,'1938 年大飓风'重灾地区的居民纷纷被疏散。"[9] 前文谈到的"沃林顿号"上的官员也收到了多个气象预警,称飓风正向他们袭来。然而,出于不为人知的原因,他们忽视了预警,结果造成了数百人的死亡。[10]

从成立之初的数架飞机,到如今令人印象深刻的飓风追踪机队,"飓风猎人"现在由空军预备役司令部的第 53 气象侦察中队与国家海洋和大气管理局(NOAA)管理。这些飞机从位于佛罗里达州迈阿密的国家飓风中心接受行动命令,该中心是 NOAA 下属国家气象局的一部分(气象局于 1970 年并入 NOAA,并改名为国家气象局)。

埃斯特拉·霍德（Estella Hode），1956年"飓风猎人"小姐。埃斯特拉被百慕大金德利空军基地的第59气象侦察中队选中。她左边的标志是典型的飓风旋涡，中间是飓风警报旗。标志上的文字写着"飓风猎人"和"为了公众的利益"（*Por Bono Publico*）。多年来，每年都有一名女性被授予这个头衔

当国家飓风中心追踪到海洋中的热带扰动，且这种扰动距离大陆较近时，中心就会派遣"飓风猎人"飞机前去调查。这些飞机包括洛克希德 WC-130J 和 WP-3D 猎户座等多种型号，搭载高科技的气象监测仪器，配备了一流的飞行员和导航员，以及训练有素的气象学家。他们收集信息，供国家飓风中心对热带扰动进行评估。如果追踪到飓风的迹象，中心就会发布热带风暴或飓风警报。

飞机上的关键仪器之一是雷达，这是二战期间发展起来的一项技术。雷达最初的目的是探测敌机，后来科学家发现它也可以被应用到气象监测中。更具体地说，它利用微波的散射和反射来识别、可视化和分析各种天气现象，包括飓风。在气象领域，雷达能做许多事情，包括定位和显示飓风的轮廓，如风眼和风眼壁，以及测量降雨强度。雷达不仅部署在"飓风猎人"飞机上，也部署在陆地上，当热带风暴和飓风靠近海岸并向内陆移动时，雷达为气象学家提供同样的服务。

另一个关键仪器是下投式探空仪（或下投式测风探空仪），这是一个圆柱形的消耗性气象装置，装有测量温度、湿度和气压的传感器。它还包含一个全球定位系统的天线和接收器，使跟踪风速和风向成为可能。顾名思义，下投式探空仪是从"飓风猎人"飞机上通过延伸到机身的发射槽发射的。下投式探空仪打开一个小型降落伞，通过无线电，每隔 0.5 秒将所有测量数据传回飞机。另一个关键设备是步进频率微波辐射计（SFMR），它可以实时测量海面上方的风速和降水率。[11]

多年来，"飓风猎人"飞机已经飞行了数千架次。尽管飓风十分猛烈，这样的飞行相对来说还是安全的。一名"飓风猎人"飞行员开玩笑说，他一天中最危险的时刻不是在风眼中飞行，而是开车到跑道上，爬上陡峭的梯子登上飞机。[12]

在"飓风猎人"的飞行中，主要的危险不是直线风——毕竟，商用飞机经常在时速 150 英里或以上的喷射气流中飞行。最为致命的是那些突然出现的上升或下降气流。轻者会让飞行非常颠簸，而较为剧烈的气流甚至会把飞机撕裂。[13]虽然大多数飓风追踪飞行相对来说是例行公事，但也有不少是彻头彻尾的"恐怖事件"。早期的"飓风猎人"机组人员称这种危险的飞行为"毛骨悚然之旅"。[14]

1945 年，在一次"毛骨悚然之旅"中，导航员绘声绘色地描述了自己的飞行经历，他穿越了一个风速为 125 英里每小时的飓风。"前一分钟，这架飞机似乎还在控制之中。突然之间，飞机失去控制，垂直向下冲向水汽蒸腾的海面。片刻之后，它又以一种不可思议的速度径直向上爬升……在这种情况下跳伞无异于自杀。我只能蜷缩在机舱内。"[15]不久之后，这位拥有超过 1500 小时飞行时间的资深导航员体验到了他人生的第一次晕机。

1989 年 9 月，一架"飓风猎人"飞机前往追踪小安的列斯群岛附近的"雨果飓风"。此时的"雨果"是 5 级飓风，随后在南卡罗来纳州以 4 级飓风登陆，这是史上最严重的飓风之一。美国国家海洋和大气管理局的飞机"克米特号"［以深受喜爱的《布偶大电影》(*The Muppets*) 中的角色命名］在 1500 英尺的极低高度穿过风眼壁，飞行指挥杰夫·马斯特斯（Jeff Masters）博士讲述了当时的恐怖情形。

黑暗降临，强劲的阵风撕扯着飞机，把我们从一边吹到另一边。暴雨重创了飞机……猛烈的上升气流使机身剧烈摇摆，用两倍重力的力量把我们撞到座位上。几秒钟后，我们在失重状态下摇晃着，一阵令人心悸的下沉气流把我们往下推……浓密的乌云突然笼罩了飞机。强大的对流风像拳头一般，以三倍的重力砸向飞机。我被扔进了电脑控制台，又被弹回来，在那可怕的一瞬间，我发现自己以陡峭的角度俯视着地面……第二次气流使飞机剧烈震动。飞机起落架因先前的乱流而松动，起落架的零件在飞机内部乱撞，在墙壁和天花板上还有机组人员身上反弹……第三次可怕的气流几乎以六倍的重力使飞机剧烈晃动……可怕的轰隆隆的撞击声响彻机舱；我听到机组人员在喊……我们在坠落……飞机失去控制，突然朝右冲向大海。三号引擎着火了。一些碎片挂在四号引擎上。乱流突然停止。云层分开，黑暗消散。我们进入了"雨果"的风眼。[16]

"克米特号"受损严重，但仍能够飞行，在风眼内盘旋。为了减轻负重，使飞机能在试图逃离飓风前上升到更安全的高度，飞行员倾倒了1.5万磅燃料。气象学家们继续尽可能地收集天气信息，为了减轻额外的重量，他们投放了22个一次性的深海温度计，这些温度计通过无线电反馈测量的水温和洋流速度，每个重约30磅。此时，投放仪器主要目的不是数据收集，而是求生。"克米特号"得到了来自另外两架"飓风猎人"飞机的巨大帮助，它们便是与"克米特号"一同执行任务的国家海洋和大气管理局的"猪小姐号"（*Miss Piggy*）和空军的"蒂尔 57 号"（*Teal 57*）。

在得知"克米特号"的可怕处境后，"猪小姐号"和"蒂尔 57 号"也进入了风眼。它们在飓风附近的不同位置盘旋，寻找乱流较少的"软点"，并进入风眼。最后，"蒂尔 57 号"在大约 7000 英尺的高空发现了"克米特号"，并引导它飞出飓风范围。离开飓风的过程又是一次疯狂的旅行。此时风速为 170 英里每小时，阵风风速高达 190 英里每小时，还有一些可怕的上升气流。但此时的风速没有"克米特号"进入风眼时那么快，几分钟后，他们逃离了飓风。"赞美上帝！"马斯特斯兴高采烈地喊道，"阳光从未如此明媚，我们还活着！""克米特号"平安回到了巴巴多斯的机场。在 1989 年飓风季节的剩余时间里，它处于闲置的状态，但在经过维修后，第二年又重新投入使用。

一些飞机的飞行经历与"克米特号"的类似，但这些飞机的下场就没有那么幸运了。在历史上，有 6 架"飓风猎人"飞机曾不幸坠毁，机上人员全部遇难。其中 5 架是在太平洋进行台风侦察。"飓风猎人"飞机牺牲于飓风侦察活动的唯一飞行活动发生在 1955 年，当时 11 名机组人员（包括两名记者）从关塔那摩湾起飞，在追踪一场名为"珍妮特"的 4 级飓风时于加勒比海坠毁。9 月 26 日上午 8 点 30 分，飞机向机场发送了最后一条清晰的无线电信息，称"开始穿越（飓风）"。差不多两个小时后，飞机又传来了一条模糊不清的信息。官方尽管组织了大规模的搜索行动，但没有找到任何一块飞机残骸。[17]

可以说，只要能够确定飓风位置，"飓风猎人"飞机就可以追踪和分析风暴,但如何能够尽早确定飓风的位置呢?历史上,气象学家只能依靠船只和岛上气象站的报告来预判风暴发生的地理位置。而到了1960年,一种全新的、改变"游戏规则"的设备——气象卫星投入了飓风预报领域。[18]这一设备的发明部分归功于苏联以及冷战的爆发。

1957年10月4日,苏联成功地将世界上第一颗人造卫星"斯普特尼克1号"(Sputnik 1)送入轨道(*sputnik*在俄语中是"伴侣"的意思,但如今它是"卫星"的同义词)。这个卫星的重量仅有184磅,只有一个沙滩球那么大。但当它飞过美国上空时,发射了无线电信号,地面上的美国观察人士被这一成就所震惊。苏联人不仅证明了他们能够成功发射卫星,而且引发了美国人的担忧——将卫星送入轨道的导弹也可能被用于向欧洲和美国发射核弹头。一位历史学家说:"从未有过如此小而无害的物体在美国引起如此大的恐慌。"[19]美国对苏联取得这一进步难以释怀。长期以来,美国人认为自己才是世界科学技术领域的领导者,而这一信念被其冷战死敌苏联所动摇。几周后,11月3日,苏联又发射了"斯普特尼克2号",它携带了更多的仪器设备和一只14磅重的名为莱卡(Laika,在俄语中是"吠犬"的意思)的狗狗。[20]

为了回应苏联的"挑战",美国启动了自己的卫星计划,并在1958年创建了美国国家航空航天局(NASA),开始尝试将卫星送入轨道。1960年4月1日,美国成功发射了第一颗气象卫星泰罗斯1号(TIROS-1,电视红外观测卫星)。泰罗斯1号在轨道上只待了

78 天，这是一次测试各项性能的实验性发射。但在这段时间里，它向地球传送了一张台风的照片，由此可见卫星在追踪飓风方面有多重要。该台风位于澳大利亚布里斯班以东约 800 英里处，此时，当地的气象学家甚至不知道它的存在。

从那时起，卫星给气象科学带来了巨大的变化，并成为气象局了解和监测飓风至关重要的工具。美国国家飓风中心前主任鲍勃·希茨称卫星是"热带气象观测工具领域最大的成就"。[21]

美国国家海洋和大气管理局与美国国家航空航天局联合运行两种类型的卫星。极地轨道环境卫星（POES）系列气象卫星位于地球上空约 520 英里处，沿南北方向绕两极运行，每次飞过都会在全球 1740 英里宽的范围内收集图像。它们每天观察地球上大多数地点两次——一次在晚上，一次在白天。

另外，地球同步环境卫星（GOES）系统的卫星以与地球自转相同的速度环绕地球运行，因此有一个固定的位置。GOES 卫星位于地球赤道上空 22300 英里处，能够捕捉到地球大部分地区的图像，覆盖整个西半球。GOES 卫星的巨大价值在于，它们可以连续拍摄，每 30 秒就向地球传送一次气象影像，显示大气随时间的变化。

卫星是"飓风猎人"飞行不可或缺的补充。飞机的燃料限制了它的飞行和追踪范围，但卫星可以俯瞰大地，监测整个大西洋和太平洋。因此，它们可以帮助气象学家跟踪飓风从开始到消失的全过程。这些风暴再也不能对人类发动"突然袭击"了。除了能够监测飓风的移动和变化，卫星与"飓风猎人"飞机一样，也搭载了大量

泰罗斯1号,美国第一颗气象卫星

的高科技仪器,帮助气象学家分析各种参数,包括海面温度和高度、云和降水数据、热能以及水蒸气浓度。[22]

"飓风猎人"飞机和卫星以及通过气象气球和海洋浮标等其他手段收集的数据,共同帮助气象学家更好地了解和认识飓风。自20

世纪 40 年代以来，飓风研究领域涌现出许多重要发现。气象学界认识到了非洲东风波在飓风形成中的作用；揭示了飓风发展的关键因素，如水深约 150 英尺、水温至少为 80 华氏度、较低的垂直风切变等；更为深入地认识到了高层大气引导气流在决定飓风路径方面的影响；绘制了从高空到地面的，更丰富、更全面的飓风剖面图。

收集资料和进行基础研究的主要目的是提高预测飓风路径和强度的能力，以便提供足够的预警，让人们对未知的灾难做好准备，并在必要时撤离。由于飓风中的人员疏散可能要直接花费数百万美元，遑论还有更多的间接经济损失，所以，飓风预测的准确性十分重要。这是一项艰巨的任务，正如麻省理工学院教授、气象学家克里·伊曼纽尔（Kerry Emanuel）所说，"没有任何自然现象比飓风对气象预报员构成更大的挑战"。[23]

最有价值的飓风预报工具是计算机建模。[24]它最初在美国发展起来，自 20 世纪 50 年代初计算机时代开启，已有较长的历史。如今，气象学家可以建立基于飓风活动的数学模型，并在模型中导入气象设备采集到的真实气象数据。依托强大的超级计算机，气象学家可以对飓风在未来几小时、几天甚至几周内可能发生的情况进行预测。

国家飓风中心使用的各种模型在复杂性和设计逻辑上有很大差异。简言之，有一些统计模型严重依赖飓风的短期活动，并遵循过去类似路径的飓风的轨迹，来预测未来的飓风动向。这是最简单的模型类型，很少被直接运用于飓风预测，它只是作为基准参数，来检验其他模型的准确性。更复杂且可靠的动力学模型则往往会忽略历史数据，根据收集到的关于特定飓风的大量数据和围绕它的天气生成输出。而统计-动力学模型结合了这两种方法的优点。

动力学模型将地球划分为不同形状的三维网格，如正方形或六边形。网格点每边长 6—60 英里，厚度各有差异。这些网格点包含气象学家从不同来源收集的所有数据——气压、温度、风速等——这些数据可以描述任何给定时刻正在发生的事情。这种快照式、网格状的气象数据，被称为初始条件。当模型运行时，气象学家会将初始条件输入计算机，计算机迭代求解一系列复杂的方程，以预测飓风将如何随时间演变。这些模型极其复杂，涉及多达 1000 万个方程，往往需要数小时的运行才能得出结论。

世界各地有许多飓风预测模型，它们的优缺点各不相同。其中最著名的是欧洲中期天气预报中心模型（由英国使用）和两个国家气象局模型：全球预报系统模型和飓风天气研究预报模型。然而，气象学家在预报飓风时并不仅仅依靠一种模型。相反，他们考虑多种模型的预测结果——所谓的多模型集成——权衡每个模型的优缺点，从而得出相对一致的预测。根据国家飓风中心的说法，多模型集成的方法"通过抵消单个模型中的偏差，显著提高了预测的准确性。打个比方，多模型集成的预测过程就像一场音乐大合奏：每种不同的乐器都至关重要，但只有统一的整体才能演奏出和谐的乐章"。[25]

气象学家在预测飓风或飓风的可能性时，考虑的不仅是模型的

上：从1851年到2012年，所有大西洋飓风轨迹的图像汇编。在飓风减弱为热带风暴和热带低气压的过程中，运动轨迹一直在持续

下：约翰·托马斯·塞雷斯（John Thomas Serres）1797年所作，画作展现了"1780年大飓风"期间，波多黎各附近的英国皇家海军"迪尔城堡号"舰艇的残骸。在这幅画的左侧，可以看到一些船员在一堆残骸上挣扎求生

上：布面油画《1815 年的狂风》，约翰·罗素·巴特利特创作于 1835—1840 年

下：佛蒙特州的秋叶。这些奇妙的色彩部分源自"1938 年大飓风"的破坏力，它吹倒了大量的白松，使各种各样的落叶树得以生长，呈现出令人眼花缭乱的秋季景象

上：温斯洛·霍默的水彩画《飓风过后》，巴哈马，1899 年

下：2005 年 8 月 28 日，从美国国家海洋和大气管理局的 WP-3D "飓风猎人"飞机上拍摄的飓风"卡特里娜"的眼壁

2012年10月28日星期日中午，飓风"桑迪"离开卡罗来纳地区时的卫星图像

上：2012年10月29日，飓风"桑迪"期间，英国皇家海军舰船"邦蒂2号"在北卡罗来纳州哈特拉斯角东南约90英里处部分被淹没

下：飓风"桑迪"袭击新泽西州萨米特之后，大量树木倒下

上：2017 年 9 月 20 日，飓风"玛丽亚"登陆波多黎各 3 小时前的彩色红外卫星图像

下：极地轨道环境卫星 POES-18 的艺术渲染图。极地轨道环境卫星可以向世界各地的用户广播来自仪器的高分辨率实时数据。卫星在绕地球运行时，数据被连续记录在卫星上。当卫星经过指令和数据采集站时，数据流会在每一圈轨道运行中下载一次

上：地球同步环境卫星 GOES-17 的艺术渲染图。GOES-R 系列卫星于 2018 年 3 月发射，是新一代地球同步气象卫星。这是美国国家海洋和大气管理局与美国国家航空航天局合作研发的成果。GOES-R 系列卫星采用的先进空间技术和仪器技术，将带来更及时和准确的预报和预警。像该系列的其他卫星一样，GOES-17 携带了一套复杂的地球传感、闪电探测、太阳成像和空间天气监测仪器

下：1991 年 8 月，飓风"鲍勃"过境后，本书作者站在马萨诸塞州法尔茅斯一座受损的避暑别墅前

按照惯例，我的女儿莉莉·多林（Lily Dolin）会为我的每本书画一幅小画，这是她描绘的棕榈树在飓风中弯曲的画面

输出，他们对飓风动向的知识、经验和直觉也非常重要。飓风预测是科学和技艺的结合。

尽管有了所有的数据、复杂的计算机模型和气象学家积累的智慧，预测飓风仍然是一项相当棘手的工作。因此，气象预报员大多采用"不定度圆锥"来划定飓风运动范围，将飓风中心从最后一次记录的位置到未来可能的轨迹全部囊括在内，尽可能减少预测的误差。换句话说，这划定了飓风最有可能登陆的区域。[26] 为了建立"不定度圆锥"的数据模型，国家飓风中心统计了过去五年内，飓风行进 12 小时、24 小时、36 小时、48 小时、72 小时、96 小时和 120 小时后的路线预测数据误差，并取平均值。根据这些数据，以每个预测时间点的飓风中心为圆心，可以大致划定飓风行进路线的预测范围，这一范围涵盖了三分之二的历史飓风预测误差。[27]

由于这种预测方式只涵盖了三分之二的预测误差，所以，飓风仍有相当高的概率偏离人们的预测轨迹行进。而且随着时间的推移，预测误差会越来越大，划定的"不定度圆锥"预测范围也会不断扩大。举个例子，根据国家飓风中心的预测，2018 年某场飓风的 24 小时行进路线的"三分之二概率圈"半径是 49 英里。用通俗的方式来讲，就是在 2018 年，当时的天气预报预测"飓风将在未来 24 小时内到达纽约上空"，这一预测并不是确定飓风中心一定会在 24 小时内经过纽约正上方，而是表示飓风有三分之二的概率在纽约市南北 24.5 英里范围内。当然，飓风也有三分之一的概率偏离此范围。需要注意的是，"不定度圆锥"的预测方式不能给定风暴的实际大小。它只能表明飓风在划定范围内运动的大致概率。

好消息是,随着时间的推移,人们收集到的气象数据更为丰富,采用的模型也更复杂,预测准确性有所提高,飓风的"不定度圆锥"的范围已经大大缩小。[28]根据《科学》期刊最近的一篇论文,"现代的 72 小时飓风路径预测比四十年前的 24 小时预测更准确"。[29]坏消息或者至少是令人失望的消息是,完全精确的预测是可望而不可即的,"不定度圆锥"的模糊预测范围可能永远不会消失。爱德华·N. 洛伦茨(Edward N. Lorenz)[30]具有开创性的研究证明了这一点。

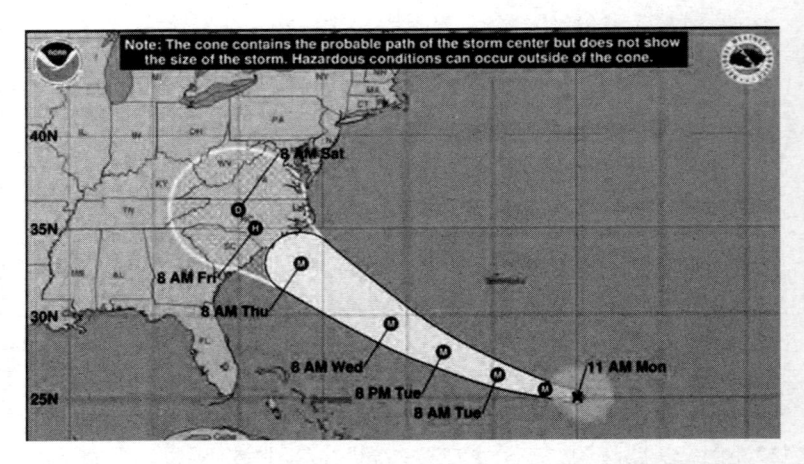

2018 年 9 月 14 日,根据国家飓风中心的图形,"佛罗伦萨飓风"在北卡罗来纳州赖茨维尔海滩(Wrightsville Beach)附近登陆,成为 1 级飓风,预测飓风行进路线的"不定度圆锥"的范围正在扩大

回忆起自己的青年时代,洛伦茨说:"当我还是个男孩的时候,我总是对数学十分感兴趣,也对天气的变化很感兴趣。"[31]他追随这

些激情，获得了数学和气象学的更高学位，然后成为麻省理工学院的气象学教授。1961年冬天，洛伦茨在马萨诸塞州剑桥的实验室工作时，有了一个重大发现，从根本上改变了我们对世界的总体看法，尤其是对天气预报的看法。像许多伟大的进步一样，他的发现源于一个意外。

为了更好地理解预测的复杂性，洛伦茨设计了一个相对简单的数学模型来模拟天气模式（基于风速和温度等12个变量）。他在 Royal-McBee LGP-30 计算机上运行这个模型，这台计算机大约有一张大桌子那么大。根据该模型的计算，打印输出的数据显示了模拟的天气在数周和数月内的变化情况。有一次，洛伦茨停止计算机运算，更仔细地检查结果。然后他又进行了一次模拟，在此期间，他出去买了一杯咖啡。大约一小时后，当他回来查看数据时，他惊讶地发现，两次模拟运行得出了截然不同的结果，而它们本应是相同的。这些分歧一开始很小，随着时间的推移变得越来越大。事实上，当他检查几个月内天气变化情况的两次模拟运行数据时，它们完全没有相似之处。

洛伦茨认为一定是硬件出了故障，于是检查了计算机。但他没有发现任何问题，所以他转向检查运算结果，发现了问题的症结所在。计算机运算到小数点后六位，但为了节省纸上的空间，洛伦茨要求计算机在打印结果时将计算结果四舍五入到小数点后三位。洛伦茨在进行第二次模拟时，使用了打印输出的四舍五入的数字作为起点，而不是计算机在第一次模拟中使用的略大的实际数字——例如，他用0.506代替了0.506127。这一微小的变化，仅仅是不到五千分之一的误差，造成了运算结果的截然不同。

这是一个惊人的发现。洛伦茨已经证明，初始条件的微小变化随着时间的推移可以导致戏剧性的变化或结果。在 1963 年发表的一篇重要论文中，他总结道："任何方法都不可能预测足够遥远的未来（天气），除非准确地知道目前的情况。鉴于天气观测很难避免误差，总会存在不准确和不完整的情况，精确的远期天气预报似乎不可能存在。"[32]

虽然洛伦茨的论文主要关注天气预报，但他惊人的发现具有更广泛的意义，并为混沌理论领域奠定了基础。在混沌理论下，"对初始条件的敏感依赖"会使一系列看似不起眼的现象起到相当关键的作用，如不规则的心跳、河流三角洲的形状，再到人口动态等。[33] 随着时间的推移，这一原则在大众文化中被称为"蝴蝶效应"（butterfly effect）。这个术语起源于洛伦茨在 1972 年发表的一篇论文，他在论文中提出了一个具有启发性的问题："一只蝴蝶在巴西扇动翅膀，会在得克萨斯州引发龙卷风吗？"洛伦茨的回答是，基本上，你永远不可能对此做出准确的预测；也许会，也许不会，因为结果是不可预测的。他的观点不是要在因果之间画一条线，而是要阐明他的中心论点，即初始条件的一个小变化（如一只蝴蝶扇动翅膀）可以导致未来的巨大变化或影响（如得克萨斯州的龙卷风）。[34]

洛伦茨的发现让当时的许多气象学家感到不安。正如历史学家詹姆斯·格莱克（James Gleick）所观察到的那样："五六十年代的科技发展使气象学家对天气预报盲目乐观。"[35] 计算机、卫星和复杂的天气行为数值模型的出现让一些人相信，天气预报问题总有一天会得到解决，人类可以对遥远未来的天气进行预测，即使不是精确无误，也是令人难以置信地准确。最终，气象预测的发展演变确实值得乐观对待，随着时间的推移，预测确实变得更加准确，但洛伦茨的理论表明，这种改进存在明显的局限性。

根据克里·伊曼纽尔的说法，"使用复杂天气预测模型进行的实验，包含了数百万个方程，得出的结果与洛伦茨使用简单模型的实验结果类似：初始状态的微小误差可能在计算的过程中被无限放大，最终使预测结果出现极大的偏差。这些实验表明，即使有非常出色且广泛的大气测量和非常好的模型，也不可能做出超过两周的详细天气预测"。[36] 这一结论适用于所有类型的天气，包括飓风。

鉴于洛伦茨的发现，气象学家用来改进飓风预报的一种相对较新的方法是，使用不同的初始条件运行多个不同的模型，以解释我们无法准确测量的大气在任何特定时刻的活动情况。根据欧洲中期天气预报中心的说法，"通过产生一系列可能的结果……这种方法可以显示未来几天不同情况的可能性，以及预报在未来多长时间内是有效的。人们认为，预测结果的范围越小，预报就越'准确'"。[37]

但是，无论有多少种预测模型，或者每种模型有多少种变化，气象学家都无法克服所谓的预测极限。正如气象学家克里斯托弗·W. 兰德西（Christopher W. Landsea）和约翰·P. 坎贾洛西（John P. Cangialosi）所写的那样，"尽管热带气旋路径预测的技巧和误差排除有了惊人的改进，但人们普遍认为，做出完美的预测是不可能的"。[38] 他们的结论是，我们还没有达到可预测性的极限，但可能已经非常接近了。

199　　飓风实时预测有所发展，但预测某一年可能发生的飓风次数是一种不同的挑战。这种科学实践又被称为季节性飓风预报。[39]它更广泛地考察了历史记录和各种长期的大气影响，从而粗略估计在一个飓风季节中，于大西洋盆地可能形成多少被命名的热带风暴和飓风，以及这个数字是高于还是低于平均水平。气象预报会列出预计有多少个大型飓风，其中一些预报还会指出至少一个大型飓风袭击东海岸、墨西哥湾沿岸或进入加勒比海的可能性。季节性飓风预报都是概括性的，绝对无法具体预测飓风会在何时何地来袭。

科罗拉多州立大学气象学教授威廉·M. 格雷（William M. Gray）在1984年发布了有史以来第一个季节性飓风预报，他创立的热带气象项目（Tropical Meteorological Project）从那时起就一直发布此类预报，直到2016年格雷去世。他考虑到了一系列影响飓风活动的因素，如大西洋的海平面压力和厄尔尼诺-南方涛动，即热带太平洋中部和东部海面温度高于平均水平的现象。

自从格雷创造了这种预报方式以后，大约有24家机构纷纷效仿，它们根据自己的方法发布季节性预报。[40]这些机构包括美国国家海洋和大气管理局的气候预测中心、IBM 的天气公司和总部设在伦敦大学学院的热带风暴风险中心。季节性飓风预报的历史记录变化很大。在某些年份，预报与实际情况相当吻合，而在另一些年份，预报与实际情况相去甚远。这种准确性的波动适用于所有预报机构的工作。一项长达二十五年的、针对热带气象项目的追踪调查得出结论，近年来，各个机构的季节性预报变得越来越准确，但仍有很大的改进空间。[41]

气象学家不仅对飓风预报感兴趣；在某个时期，他们还尝试"掌控"飓风。这种试图改变天气的野心并不是什么新鲜事。自古以来，人类就一直在寻求这种力量，从祈雨舞蹈到提供祭品，以祈求神灵灌溉干旱的土地。考虑到水孕育生命的力量，美国第一个关于人工干预天气的提议也关注降雨，或许就并不令人惊讶了。19世纪中期，詹姆斯·埃斯皮提出了通过点燃森林来制造降雨的想法。他认为上升的热空气会留住水蒸气，一旦潮湿温暖的气流上升至足够的高度，它就会冷却，从而使水蒸气凝结成水，形成降雨。[42]科学家同行们认为这是一个荒谬而危险的想法，而且它从未被测试过。一个世纪后，另一个干预天气的设想在美国兴起，这次是针对飓风。

1947 年 10 月 13 日，一架 B-17 轰炸机将 180 磅干冰（固体二氧化碳）扔到了位于佛罗里达州杰克逊维尔以东 415 英里处的飓风的外围，目的是通过改变飓风结构来削弱风暴。这个大胆的实验源于"卷云计划"[43]，由通用电气研究实验室、美国海军研究实验室和美国陆军通信部队共同负责，目的是探索用干冰播种云是否能诱发降水。

这个想法是通用电气公司科学家、1932 年诺贝尔化学奖得主欧文·朗缪尔（Irving Langmuir），以及文森特·J. 谢弗（Vincent J. Schaefer）和伯纳德·冯内古特（Bernard Vonnegut，美国著名作家库尔特·冯内古特的哥哥)等人提出的。他们一起开创了人工降雨的先河。他们发现,如果将干冰或碘化银之类的核引入充满过冷水(低于32华氏度,但未结冰)的云,水滴会在核周围聚集,形成雪或冰晶,这些雪或冰晶会以冻结的状态落在地面上,或者在下落的过程中融化,从而形成雨。① 卷云计划的重点是将干冰核投入各种类型的云中,看看它们是否能产生雪和雨,这就是我们所知的人工降雨或人工增雨,对于缓解干旱有积极作用。此外,当时正值二战时期,适时制造降雨或降雪可能是减缓敌人速度的行之有效的方法。卷云计划还试图操纵飓风,这就是1947年10月那次飞行的原因。他们的基本设想是将飓风云层中的过冷水转化为冰,释放出潜热,降低飓风的稳定性,从而削弱飓风的强度。

  干预一场飓风是个有风险的提议。最令人担忧的是,风暴可能改变方向并袭击陆地,项目的赞助者可能要为随后发生的任何死亡和破坏负责。为了将这种可能性降到最低,研究人员等待一场风险

---

① 从1947年到1951年,库尔特·冯内古特在通用电气公司担任公关。在那里,他听说科幻作家H. G. 威尔斯(H. G. Wells)去过实验室,欧文·朗缪尔向威尔斯提出了一个科幻作品的想法,书的主题是一位科学家发明了一种可以在室温下冻结或结晶的新物质。当它被扔进海洋时,它可以引发连锁反应,把所有的水都变成冰。尽管威尔斯对这一设想兴致寥寥,但冯内古特表现出了兴趣。当冯内古特最终离开通用电气公司去追求写作生涯时,他在《猫的摇篮》(*Cat's Cradle*)一书中提到了一种具有类似特征的物质,名为"九号冰"(Ice Nine)。"九号冰"的工作原理与云中的干冰和碘化银大致相同,"九号冰"形成一个核心,使得水在其周围聚集凝结,并可以无限延展。我不想剧透小说的结局,但只能说,在书中"九号冰"的发明对人类来说是一场灾难。可参见 Sam Kean, *Caesar's Last Breath: Decoding the Secrets of the Air around Us* (New York: Little, Brown, 2017), 276; and James Rodger Fleming, *Fixing the Sky: The Checkered History of Weather and Climate Control* (New York: Columbia University Press, 2010), 46。

相对较低的飓风到来。10月12日,一场被军方命名为"金"(King)的飓风朝东北方向掠过佛罗里达州,进入大西洋,B-17飞行堡垒(B-17 Flying Fortress)轰炸机在第二天起飞了。毕竟,"金"是在离海岸很远的地方,正在远离海岸,风力也越来越弱。人们认为,即使它改变了方向,它登陆的可能性也很小。

在B-17投放干冰的同时,另外两架辅助飞机观察云层以监测变化。观测结果十分令人困惑。一部分云层似乎散开了,而还有一部分云层则变厚了。第二天,飞机试图重新接近飓风,观察其变化,但飓风并没有出现在他们预计的位置。相反,进一步的搜索显示飓风向左转向135度,正朝西向陆地移动。此外,飓风风力也变大了。10月15日,"金"出乎意料地在佐治亚州的萨凡纳登陆,造成一人死亡和数百万美元的经济损失。

美国媒体对此反应迅速,他们暗示,甚至声称,卷云计划导致了飓风的转向,是飓风登陆的罪魁祸首。《时代》杂志报道:"上周在萨凡纳,南方同胞为一场惨剧的发生而愤慨。迈阿密的一位气象预报员曾暗示说,上个月那场灾难性的飓风可能不是天灾,而是洋基佬耍的低级把戏。"[44] 朗缪尔说他"有99%的把握"确定,飓风方向的改变是由于军方的人工降雨实验,这最终酿成了惨剧。[45]

尽管朗缪尔曾获得诺贝尔奖,但他这次的判断是错的。气象局后来证实,在投放干冰之前,飓风实际上已经开始朝西转向,气象局还分享了其他表现出类似行为的飓风的信息。然而,损失已无可挽回。从那时起,卷云计划就被各方警惕地注视着,它选择避开飓

1966年，佛罗里达州迈阿密，参与"风暴之怒计划"的气象局工作人员在道格拉斯 DC-6 飞机前合影

风课题。1952 年，卷云计划最终结束，但干预飓风的想法并没有随之消失，它在 1962 年"风暴之怒计划"开始时重新出现。[46]

国家飓风研究项目，后来演变为国家海洋和大气管理局的飓风研究部门，与海军合作实施了"风暴之怒计划"。本质上，它是卷云计划的升级版本，更复杂且资金更充足，正如科学作家萨姆·基恩（Sam Kean）指出的那样，它有一个"炫酷"的名字。[47]而且这一次，风暴之怒计划将完全聚焦于飓风干预，并试图用碘化银来达到这一目的。

这个计划一直进行到 1983 年，共持续了二十一年，其间只进行了四次干预实验。干预实验的间隔期如此之长，部分原因是研究人员担忧步卷云计划之后尘：如果受到风暴之怒计划干扰的飓风袭击了美国海岸，他们势必会受到舆论的指责。因此，就像那些负责卷云计划的人一样，他们一直等到合适的飓风出现，并期盼自己能比前人运气好一些。他们理想中适合实验的飓风不仅要远离海岸，也不能有转向陆地的迹象，而且还必须是成形的、威力较大的飓风。

　　风暴之怒计划的研究结果好坏参半。在两次实验中，飓风的风速降低了 10%—30%，但并没有产生其他的预期效果。考虑到有限的积极结果，研究人员最终得出结论，风暴之怒计划有"两个致命缺陷"。[48]该计划"在微观物理学上和统计学上都是不可行的。观测证据表明，在飓风中进行人工增雨是无效的，因为飓风云层含有的过冷水太少，而天然冰太多。此外，人工增雨的预期结果往往难以与自然发生的强度变化进行区分"。参与该计划的一名飞行员后来承认，他对计划的失败感到挫败。"我们的失败太令人失望了。在自然的暴风雨面前，人类的力量显得如此渺小。"[49]然而，风暴之怒计划并不能算是一场失败。国会提供的资金使美国国家海洋和大气管理局购买了另外两架飓风搜寻飞机，且该计划的相关研究进一步加深了人类对飓风的认知。

　　自 20 世纪中后期以来，除人工降雨外，人们还提出了其他许多方法来控制甚至消除飓风，这些古怪且完全不切实际的奇思妙想颇具创造性。[50]一些最稀奇古怪的想法包括：让一支庞大的螺旋桨飞机编队沿顺时针方向绕着飓风飞行，以削弱风暴；将冰山从北极拖到热带地区，为海洋降温，削弱飓风的能量；用超音速喷气式飞机环绕飓风，产生音爆，通过扰乱暖空气的向上流动来粉碎风暴；向飓风发射激光；在海岸上放置巨大的风车方阵，把即将到来的飓风吹回海洋。[51]还有一个"最受欢迎的"建议：用核武器摧毁它们！只需投几颗核弹到飓风中，把它炸成碎片。每年，国家飓风中心都会收到一些来信，常常有人鼓吹这个所谓的"绝妙解决方案"。[52]

这些所谓的"解决方案"或是像个儿戏，或是在技术上不可行。归根结底，正如那位飞行员所哀叹的，人类无法干预飓风的根本原因是，强大的飓风摧枯拉朽，而人类的力量却如此渺小。即使是核弹也会被飓风完全吞噬。爆炸后，飓风仍会继续前进，而这样一个附带核辐射的飓风将更令人担忧。

除了技术和科学障碍之外，环境伦理问题也值得注意。人类在操控自然方面从未落得什么好下场，这一历史事实应该发人深省。我们不知道飓风数量变少、风力减弱，甚至飓风完全消失的世界会是什么样子，但我们如果成功地创造出这样一个未来，可能会打开潘多拉魔盒，导致无法预见的后果。[53]

从20世纪40年代到现在，随着飓风追踪、分析、预测和研究等方面取得的诸多进步，飓风的命名方式也发生了戏剧性的变化。直到20世纪40年代，飓风都以各种各样的方式命名。有时它们以来袭的年份或最直接影响的地区命名，通常是两者的结合。因此我们有"1635年殖民地大飓风"、"1815年九月狂风"、"1926年迈阿密大飓风"和"1938年大飓风",这些命名验证了这一观念:当我们的祖先为飓风命名时,他们特别喜欢使用"大"(great)这一形容词对飓风进行修饰。

加勒比海地区的飓风通常以圣人的名字命名,以纪念飓风到来的日子。例如,于1867年袭击丹麦西印度群岛和波多黎各的飓风被命名为"圣纳西索"(San Narciso)。民间还可能以时人的名字来命名一些飓风。如1949年,哈里·S. 杜鲁门(Harry S. Truman)总统在迈阿密向海外退伍军人协会(Veterans of Foreign Wars)发表演讲时,当年飓风季节的第一场飓风正朝着加勒比海进发。这一系列事件促使《迈阿密先驱报》将这场风暴命名为"哈里飓风"。1949年晚些时候,另一场飓风袭击佛罗里达,有人称之为"贝丝",这是杜鲁门的妻子的名字。此外,还有许多未被命名的飓风悄然消失在历史的迷雾中。

在20世纪40年代末和50年代初,有时会形成如此多的飓风,以至于公众很难识别、追踪和区分它们,尤其是在随后的几年中,它们发生的时间相近或大致在同一时间登陆时。1951年,气象局决定采用陆军/海军联合音标来命名飓风,例如Able代表飓风A,Baker代表飓风B,以此类推,以Charlie、Dog、Easy等对飓风进行命名。[1]

这个命名系统在1951年运行得较为顺利。但到了1952年,国际

---

[1] 事实上,自1947年以后,气象局内部已经开始采用这一命名系统,但直到1951年才公开使用。

航空运输协会采用另一套字母命名系统,以 Alfa、Bravo、Coca、Delta 和 Echo 等代号进行命名。这会让飓风命名产生混乱,并令人困惑:飓风 A 应该是 Able 还是 Alfa?最终,气象局与军方共同决定废除以字母为基础的命名系统,开始用女性的名字来命名飓风。[54]这个奇特的选择是基于一段非常有趣的历史,这一切都始于一个独特而令人难忘的人,他的名字叫克莱门特·林德利·拉格(Clement Lindley Wragge)。[55]

从 1887 年到 1902 年,拉格是澳大利亚昆士兰州的首席天气预报员。他身材瘦高,"头发火红,脾气暴躁",[56]无所畏惧,颇为自负,精通古典文学,拥有聪明才智。拉格把天气预报变成了一种艺术。19 世纪 90 年代中期,他开始用希腊字母来命名威胁澳大利亚海岸的热带风暴和台风。他很快就拓展了自己的领域,开始用希腊和罗马的神、古代的军事英雄和想象中的土著妇女的名字来命名飓风。逐渐地,他开始用少女的名字来命名飓风。

俗话说人如其名,拉格给飓风命名工作加上了一些"个人注解"。热带风暴"埃利娜"(Elina)是一个"忧郁的少女",而对于另一场被称为"玛希娜"(Mahina)的热带扰动,他警告读者,"我们担心,'玛希娜'不会像塔希提少女那般温柔"。拉格曾告诉读者,他把自己看作一位"教父,给那些如南太平洋诸岛迷人少女般的热带扰动起一个温柔的名字"。[57]

1902 年,由于缺乏资金,他不再担任昆士兰州的官方预报员。那时,拉格成立了自己的气象局,虽然是私人机构,但仍部分依赖

克莱门特·拉格，约 1901 年

政府的支持。自此开始，他关于飓风的命名从艺术的、相对无害的，变成了好斗的、尖刻的。拉格开始用当地和地区政客的名字命名飓风，这些政客要么拒绝为他的气象局提供资金，要么以其他方式惹怒过他。例如，他在一篇文章中用刻薄的语气描写道："一场名为'詹金斯'（Jenkins）的南极风暴正在肆虐——我用南澳大利亚州州长的名字为它命名，这个人一点都不愿意向我们的气象局伸出援手——这场风暴现在位于墨尔本西南方向。'詹金斯风暴'东侧像州长本人一样尖酸、丑陋而可疑，上塔斯曼海（Upper Tasman Sea）的船只和乘客在今后的岁月里会牢牢记住他的名字。"

尽管拉格有很多支持者，但他的攻击为他招致了一群政客的敌意，这群政客本可以帮助他填补不断扩大的财政窟窿。由于资金短缺，他被迫在1903年7月关闭了气象局，这也终止了他的命名计划。在1922年去世前，拉格花了大部分时间在澳大利亚和其他地方巡回演讲，努力养家糊口。

1941年，多产的小说家乔治·里皮·斯图尔特（George Rippey Stewart）写了一本名为《风暴》（Storm）的书，拉格用女性的名字来命名风暴的想法获得了新生。[58]在为这本书做研究的过程中，斯图尔特读到了暴躁的拉格和他喜欢用女人的名字来命名风暴的故事，于是决定效仿拉格。[59]斯图尔特这本书的情节围绕着一场穿越太平洋并袭击加利福尼亚的巨大风暴（而不是台风或飓风）展开。这本书的主角之一是一名刚刚就职于气象局的初级气象学家，他用认识的女孩以及著名女演员和女英雄的名字来命名风暴。毕竟，他相信每个风暴都是"独立的个体"，都有自己的个性和特点。[60]然而，他选择的名字只是为了自娱自乐，他不敢和同事们分享。

当这位虚构的初级气象学家在他的办公室里扫描地图和绘制来自线路的数据时，他注意到在日本东南部有一个"处于萌芽期的小旋涡"。[61]就像他追踪过的所有风暴一样，他决定"必须给孩子起个名字"。他的选择是"玛丽亚"。"他就像一个刚刚给婴儿施洗礼的牧师，发现自己面带微笑，和蔼可亲，一开始就希望孩子幸福兴旺。祝你好运，玛丽亚！"在接下来的11章中，每章描述风暴历程中的一天，这本书讲述了"玛丽亚"的全部历程。而在其间的大部分时间里，这位初级气象学家对风暴的命名保持沉默。然而，在关于风暴第九天的那一章中,他把自己的秘密告诉了首席气象学家,后者羞怯地告诉主角,自己也做过同样的事情!只不过首席气象学家大多以历史上著名的男人和征服者(而不是女性)命名飓风。[62]

后来,《风暴》成为一本畅销书,并被列为二战期间海外美国大兵的必读书目之一。[63] 1944 年,军方决定以女性的名字非正式地命名太平洋台风。从某种程度来说,这本书的成功促使军方做出这一决定。

1951 年,风靡一时的音乐剧《漆好你的马车》(*Paint Your Wagon*)在百老汇上演,其中一首名为《他们称风为玛丽亚》(They Call the Wind Maria)的歌曲成为电台的热门歌曲,这使得斯图尔特书中的风暴"玛丽亚"再次声名鹊起。尽管这部音乐剧并不涉及风暴,而是关于加利福尼亚淘金热期间一个采矿小镇上的爱与失去的故事,但斯图尔特的《风暴》一书和这首歌之间的联系是不可否认的。听过这首美妙民谣的人都知道,当玛丽亚这个名字被唱出来的时候,它在末尾好像有一个无声的 h(mar-eye-uh)。[64]事实上,斯图尔特在 1947 年版的《风暴》中写道,"玛丽亚"的名字也是这样发音的。

1953 年,气象局和军方正式开始用女性的名字来命名飓风。不出所料,这一决定激怒了许多人。在随后的几年里,气象局受到了大量民众的激烈抵制。他们抱怨说,用这种方式来命名飓风是不合适的,甚至是一种对女性的侮辱。舆论要求气象局重新考虑该决定。一位观察人士认为,将女性与"飓风造成的悲剧和破坏联系在一起,是个糟糕的决定"。[65]另一位女性观察人士的批评虽然没有前者尖锐，但仍表达了对气象局的做法不满，她"宁愿让一场不知名的飓风袭击她的房子，也不愿以她丈夫的某位前女友的名字来命名飓风"。[66]然而，气象局不为所动。它坚持自己的命名系统，并于1956年将其固定下来。抗议逐渐平息——直到洛克西·博尔顿（Roxcy Bolton）站出来。

博尔顿被《迈阿密先驱报》称为"佛罗里达现代女权运动的奠基人"，她是全国妇女组织（NOW）的副主席，该组织是争取妇女平等的领导者。[67]1968 年，《女性主义的奥秘》（*The Feminist Mystique*）一书的传奇作者、全国妇女组织的联合创始人贝蒂·弗里丹（Betty Friedan）回忆道，博尔顿在写给她的信中说："所有人都对使用女性名字来命名飓风感到愤怒。"[68]两年后，博尔顿优先考虑迫使国家气象局停止这样做。报刊、广播和电视上对飓风的讨论明显带有男性视角和歧视女性的态度，这激怒了她。她厌倦了阅读和听媒体报道，其中以女性名字命名的飓风被描述为"女巫""反复无常""狂怒""野蛮""坏女孩""不淑女""恶毒""古怪""奸诈""荡妇""分娩的妇女"，这只是种种诽谤言论的一小部分。[69]漫画家们也大出风头，把飓风描绘成威胁海岸安全的、复仇心重的女人。

博尔顿不只是口头抱怨，她进一步付诸行动，向国家气象局发出了"停止"令，要求它停止用女性的名字称呼飓风，因为这"反映并制造了一种对女性的极端贬损态度"。她补充说："女性也是人，她们对自己被武断地与灾难联系在一起而深感不满。"[70]

洛克西·博尔顿

博尔顿提出了一些替代方案。她说，飓风可以用鸟类的名字来命名，或许也可以用美国参议员的名字来命名，尤其是这些官僚用自己的名字命名"街道、桥梁和建筑物"，那干脆也用他们的名字命名飓风。[71]博尔顿曾说："我们就不能看看这样的头条？比如，'美国参议员巴里·戈德华特（Barry Goldwater）毁灭了路易斯安那州！'或'美国参议员雅各布·贾维茨（Jacob Javits）毁灭了纽约！'"[72]她甚至建议用"himicanes"来称呼飓风。[73]为了证明她的观点，博尔顿参加了由国家气象局主办的飓风会议，并直接向负责命名系统的人发出呼吁。尽管她确实提高了这一议题的舆论话题度，但国家气象局拒绝让步。随后，美国商务部部长胡安妮塔·克雷普斯博士（Dr. Juanita Kreps）着手这项事业。

克雷普斯于 1977 年 1 月由吉米·卡特总统任命，成为第一位担任这个职务的女性——这是美国社会性别平权的又一个积极迹象。[74]克雷普斯自称女权主义者，由衷地支持博尔顿的倡议，并在澳大利亚的风暴命名实践中寻求灵感。1975 年，"南方大陆"（Land Down Under，即澳大利亚）为了纪念联合国国际妇女年的精神，决定从 1963 年起不再只以女性的名字命名风暴，改为以女性和男性的名字交替命名。上任后不久，克雷普斯就下令美国效仿其事。[75]不过有一个小问题：美国不再掌握飓风命名系统，这一责任被授予了世界气象组织下辖的一个委员会。即使该组织同意这一改变，具体实施也需要几年的时间，因为飓风的名字往往是提前几年就选定的。

最终，美国向这一组织施加了自己的影响力。1979 年，性别平等战胜了官僚主义。从那时起，大西洋热带风暴和飓风交替使用男性和女性的名字。此时正值美国许多领域都在指责性别歧视现象，飓风命名系统的平权成就得到了媒体的广泛报道，几乎没有人对此表示反对。[76]然而，也有一些人提出了建议，认为应该完全取消性别名称，用另一种没有任何社会含义的系统来识别飓风，如编号系统。

如今，美国轮流使用 6 份名单为飓风命名，每个名单包含 21 个名字。如果在任何一年里有超过 21 个被命名的风暴，随后的风暴就用希腊字母命名。就像在男女姓名命名系统生效之前的情况一样，如果飓风造成了惨重的人员伤亡和巨大的经济损失，它的名字就会被停用，因为重新使用它会被认为是对遇难者的不尊重。自1953年以来，大约有90个名字已经停用。当一个名字被停用后，世界气象组织下辖的一个国际委员会将选择一个替代名字。

2017年，有一个与飓风命名有关的甜蜜故事。当时，飓风"哈维"（Harvey）和"厄玛"（Irma）在8月底和9月初接连来袭。随后，一系列文章提到了两位老人——哈维·施吕特和厄玛·施吕特，他们来自华盛顿州斯波坎市（Spokane），当时已有102岁和92岁高龄，他们已经结婚七十五年了。[77]多么巧合！这是第一次有以这两个名字命名的飓风接连来袭，而且也将是最后一次，因为这两个名字此后就被停用。[78]

在博尔顿开始反对固有的性别歧视命名惯例的时候，一种新的飓风分级方式开始生效。自19世纪末以后，气象学家一直努力提醒公众注意即将到来的飓风的严重程度，以便人们能够采取适当的行动。他们可以使用一系列的形容词，如"强劲的"或"严重的"，但人们仍然很难直观了解所面临的潜在危险。救援机构也发现很难确定应该采取什么样的措施应对飓风。当时需要的是一种识别飓风带来的风险的简便方法。赫伯特·S.萨菲尔（Herbert S. Saffir）[79]和罗伯特·霍默·辛普森（Robert Homer Simpson）博士发明了新的分级方式。

萨菲尔是一名工程师，曾为联合国工作，评估飓风、台风、旋风和其他类似风暴对世界各地低成本住房的影响。为了描述不同强度的风暴会造成的损害，他创建了风速量表，从75英里每小时到155英里每小时，并根据速度将其分为五级。1971年，萨菲尔向国

1956 年，罗伯特·辛普森（左）和塞西尔·金特里〔Cecil Gentry〕在佛罗里达州西棕榈滩的国家飓风研究项目研究行动基地。注意建筑物上的飓风项目标志，这是表示飓风的通用符号——旋涡

家飓风中心主任辛普森展示了他的量表。

辛普森儿时因飓风而在情感上留下了创伤。1912年,辛普森出生于得克萨斯州的科珀斯克里斯蒂(Corpus Christi)。早年间,他生活在距离科珀斯克里斯蒂湾一个街区外的一栋两层楼高的住所中。[80]1919年9月14日星期日,一场飓风摧毁了城市的大部分地区,包括辛普森的房子。所幸的是,他和他的家人没有受伤,因为他们已经被疏散到地势较高的市法院。在法院的六楼,辛普森和其他疏散者无助地看着飓风席卷他们心爱的城市。有一个场景深深地印在辛普森的脑海中。他看见一个男人抓着一个婴儿,婴儿摇摇晃晃地坐在一个水箱顶上,在街上上下浮动。当水箱到达十字路口时,旋涡和横冲而来的水流使水箱旋转起来,将该男子抛入水中。在辛普森看来,似乎过了很久之后,那个男人浮出水面,然后立即潜进水里去找他的孩子。然而,这一次,他没有再出现。辛普森后来回忆说,"对一个6岁半的孩子来说,这是多么可怕的经历啊"。[81]他也意识到自己是多么幸运。如果飓风来袭时是星期五而不是星期日,辛普森和科珀斯克里斯蒂的其他孩子当时应该在学校,而这所学校在那致命的一天被完全摧毁了。

几十年后,辛普森成为美国最受尊敬的气象学家之一,他的研究主要集中在飓风上。他在看到萨菲尔的量表时,看到了它的潜在价值。长期以来,他一直在思考国家飓风中心应该如何向民众通报飓风的危险程度。此时他意识到,根据风速进行划分是一个良好的开端。就此,以萨菲尔-辛普森命名的飓风风速量表问世,它将飓风分为 1—5 级，至今仍在使用。①

这一量表的应用如此广泛，以至于在讨论飓风时不提到它的分级几乎是不可能的。作为量表被人们广泛接受的另一个标志，最具毁灭性的级别已经进入流行文化，成为绝对毁灭的同义词。正如气象学家罗伯特·亨森（Robert Henson）所说："我曾经听说，2008年的金融危机被描述为 5 级风暴。这可以告诉你萨菲尔-辛普森量表对美国公众意识的渗透有多深。"[82]

随着飓风命名和分级方式的演变，媒体报道它们的方式也在演变。19 世纪末 20 世纪初，报纸是飓风信息的主要来源。20 世纪 20 年代无线电的出现为此类新闻提供了另一种途径。飓风报道的激增则要追溯到 20 世纪 50 年代，那是电视的黄金时代。

爱德华·R. 默罗（Edward R. Murrow）是第一批意识到要将飓风报道带入电视行业的人之一，他关于飓风的报道颇具戏剧性和表现张力。默罗是他那一代人中最具影响力、最受尊敬的记者，他曾在欧洲为哥伦比亚广播公司做广播报道，报道了二战期间的许多重大事件，如希特勒的崛起、最令人难忘的"闪电战"，还有可怕的伦敦大轰炸。默罗回到美国后，继续在哥伦比亚广播公司从事广播事业。20 世纪 50 年代早期，默罗的代表作之一是获得艾美奖和皮博迪奖的电视新闻杂志和纪录片《现在请看》（*See It Now*）。这个

---

① 最早版本的萨菲尔-辛普森量表将中心气压、风暴潮和洪水影响作为飓风分级的要素，但这些要素后来被删除，风速成为唯一的分级标准，原因有很多，例如，风暴潮的大小受到诸多因素的影响，如当地的海水深度、飓风规模的大小和飓风袭击海岸的角度，等等。

萨菲尔-辛普森飓风风速量表

级别	持续风速	损害类型
1	74—95 英里每小时 64—82 节 * 119—153 公里每小时	具有危险性的风暴，会造成一些破坏：结构良好的房屋，屋顶、瓦片、乙烯壁板和水槽可能会损坏。大树枝会折断，浅根的树可能会倾倒。电线和电线杆的大面积损坏可能会导致持续数天的停电
2	96—110 英里每小时 83—95 节 154—177 公里每小时	颇具危险性的风暴，会造成广泛的破坏：结构良好的房屋，屋顶和壁板可能会损坏。许多浅根的树将被折断或连根拔起，并阻塞许多道路。预计停电将持续数天至数周
3	111—129 英里每小时 96—112 节 178—208 公里每小时	毁灭性的破坏力：建造良好的房屋可能会遭受重大的破坏或屋顶平台和山墙顶部被摧毁。许多树木将被折断或连根拔起，堵塞许多道路。在风暴过后，电力和水将会中断数天至数周
4	130—156 英里每小时 113—136 节 209—251 公里每小时	灾难性的破坏力：建造良好的房屋会遭受严重的破坏，大部分屋顶结构和/或一些外墙会消失。大多数树木将被折断或连根拔起，电线杆被吹倒。倒下的树木和电线杆将使居民区成为孤岛。停电将持续数周甚至数月。大部分地区将在几周或几个月内无法居住
5	157 英里每小时或以上 137 节或以上 252 公里每小时或以上	灾难性的破坏力：高比例的房屋将会被摧毁，屋顶完全被破坏，墙壁倒塌。倒下的树木和电线杆将使居民区成为孤岛。停电将持续数周甚至数月。大部分地区将在几周或几个月内无法居住

资料来源：国家飓风中心，"萨菲尔-辛普森飓风风速量表"，https：//www.nhc.noaa.gov/aboutsshws.php. 访问时间：2018 年 9 月。

* 1 节的速度相当于每小时航行 1 海里，换算成人们熟悉的速度单位就是 1.85 公里每小时。——译者注节目的主要内容是向观众展示对本周热点新闻的深刻分析。1954年9月中旬，默罗当期节目的主题是报道一场正威胁着东海岸的飓风。9月10日，46岁的默罗和他的摄制组与第53气象侦察中队一起登上了一架"飓风猎人"飞机——经过特殊改装的空军B-29轰炸机。他们带着摄像机，飞到百慕大以西约100英里的地方追踪飓风"埃德娜"（Edna）。当他们接近时，默罗注意到公众已经至少提前24小时收到了飓风预警，"她的动向……像总统或电影明星那样被追踪报道。"他补充说："大家普遍认为，'埃德娜'似乎不会表现得像个淑女。"[83]

旅程起初还相对平静。在飞机被云层笼罩时，默罗评论道，"我们好像是在牛奶中飞行"。当他认为到目前为止一切顺利时，飞行员回答说："这种旅程大部分时间十分无聊，中间穿插着几分钟恐惧。"从镜头向下看，默罗对这一景象印象深刻："整个海洋表面起伏不平，掀起一个接一个的巨浪，就像某个庞大的巨人在抖动地毯。"

随后，飞机被风吹得开始颤抖。几下"猛击"之后，他们进入了风眼。默罗一时忘乎所以，欣喜若狂地喊道："在那儿，[眼壁]……有数千英尺高，相当于珠穆朗玛峰……多么美丽的景色啊！我们仿佛身处被云层包围的圆形剧场。它看起来像一个被雪包围的可爱的高山湖。"在风眼中心下方的海面上，默罗惊讶地发现有一艘孤独的船在与翻腾的波浪搏斗。随后，飞机掉头返回基地。

在进入"埃德娜"的风眼后，默罗向观众展现了2级飓风在新英格兰登陆时的情景：洪水，人们挣扎着站稳脚跟，树木猛烈地前后摆动，飓风警报旗被风吹得粉碎。回到演播室后，默罗看着摄像机，准备做他的总结陈词："在飓风的风眼里，你所领略到的不是具体的科学知识，而是人类的渺小。如果要给谦卑下一个真正的定义，它应该被镌刻在飓风的中心。"

20世纪50年代，随着越来越多的新电视台涌现，几乎所有的电视台都把天气预报列入节目单。有些电视台会实时报道有威胁的飓风的情况，但不像默罗所做的那样生动且富有戏剧性。囿于技术条件，当时天气预报的画面相对简陋，简单的线条和画在一块板上的图像怎么可能传达出飓风的宏伟和威力？天气预报员已经尽可能在播报中增加了有关飓风的细节描绘，但在这种视觉媒体中，文字叙述相较于视频画面还是略显苍白。1961年，当飓风"卡拉"（Carla）袭击得克萨斯州时，电视台对飓风的报道又向前迈进了一步。[84]

9月5日，气象局确认热带风暴"卡拉"在洪都拉斯附近向北移动。第二天，当它绕过尤卡坦半岛时，风暴演变成一场飓风。就在那时，记者丹·拉瑟（Dan Rather）注意到了这一动向。30岁的拉瑟是哥伦比亚广播公司休斯敦分公司第11频道的新闻总监兼主播，他对潜在的新闻事件有敏锐的洞察力。他告诉节目总监卡尔·琼斯（Cal Jones），"卡拉"是一个值得发掘的热点。虽然拉瑟不是气象学家，但他是个天气爱好者，而且来自得克萨斯州，他对飓风非常熟悉。"我一生都在和飓风打交道，"拉瑟曾经说道，"我知道它们有多危险。"他说，飓风季节"可能是该州第二有趣的季节，仅次于橄榄球赛季"。如果"卡拉"进一步增强，他想对其进行追踪报道。

到 9 月 7 日晚上，当增强的"卡拉"进入墨西哥湾时，琼斯打电话给拉瑟，告诉他"做好报道的准备"。琼斯希望在休斯敦完成这一报道，但拉瑟认为应该前往加尔维斯顿。拉瑟知道飓风在沿海地区登陆时破坏力最强。此外，他还考虑到另一个更重要的因素——雷达。加尔维斯顿气象局最近安装了 WSR-57 雷达，这是跟踪天气的一种较新的技术。他计划前往当地气象局的办公室，那里的气象学家正在用雷达追踪"卡拉"，这样他就能获得关于飓风发展的第一手信息。这给了琼斯一个主意。"你的意思是，"琼斯问，"如果飓风登陆的话，我们能在雷达上看到它？"拉瑟说是的。于是，琼斯强烈建议他们把雷达画面拍下来，并在电视上播出。拉瑟不知道气象局是否允许拍摄，但总归值得一试。

9 月 8 日星期五，当拉瑟和他的摄影师抵达加尔维斯顿气象局时，气象局的首席观察员沃恩·洛克尼（Vaughn Rockney）迎接了他们。他对拉瑟的想法持审慎态度，因为以前从未有人这样做过。洛克尼主要担心的是展示雷达图像会引发公共安全问题。"如果你把这么一个伟岸的、恐怖的怪物呈现在屏幕上，"洛克尼告诉拉瑟，"可能会引起公众的恐慌。"为了说服洛克尼冒险一试，拉瑟指出，由于气象局经常抱怨，很难说服公众认真对待飓风警报，将雷达画面搬上荧屏可能会让民众更加重视警报。拉瑟相信，让公众及早且直观地了解飓风"卡拉"，或许可以挽救不少无辜的生命。洛克尼回到私人办公室，认真考虑这个建议。拉瑟不知道他是否在打电话给总部咨询，但当洛克尼再次出现时，他告诉拉瑟："我们就这么做吧。这或许真是个好主意。"

在接下来的几天里，拉瑟全天候报告飓风"卡拉"的一举一动。他常常用雷达画面展示飓风的演进，观众可以在画面上分辨出"卡拉"的旋转轨迹和越来越大的气旋。在琼斯的建议下，拉瑟把一幅得克萨斯海岸和墨西哥湾的透明地图放在雷达屏幕上，使得画面更加一目了然。拉瑟后来回忆说："当我指出，'地图上的一英寸等于现实中的50英里，而这里正是得克萨斯州'，你可以听到演播室里的人倒吸了一口气……这幅画面使你惊叹不已。风暴实际上覆盖了墨西哥湾的大部分地区。"

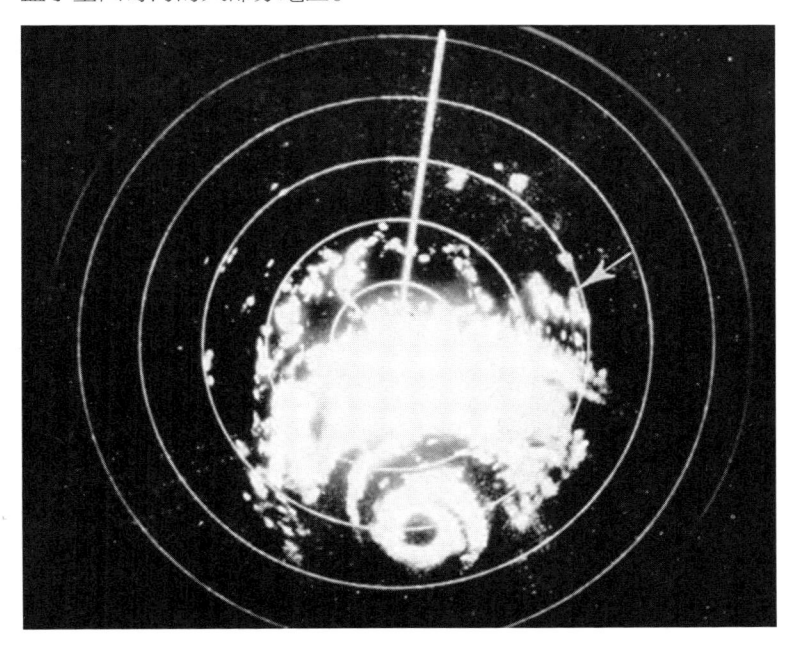

1961年9月8日，飓风"卡拉"出现在加尔维斯顿气象局的WSR-57雷达屏幕上

9月10日星期日,"卡拉"被标记为5级飓风,且非常接近海岸,所以地方政府当局下令大规模撤离加尔维斯顿和周围低地的共计50万人。第二天早上,"卡拉"以4级飓风的强度在加尔维斯顿西南约120英里的马塔戈达附近登陆。加尔维斯顿位于飓风可怕的右侧,受到了猛烈的冲击。尽管如此,拉瑟和他的团队仍在继续直播,主要靠糖果棒维持体力。摄影师多次来到气象局位于邮局大楼五楼的一扇窗户前,打开窗,探出身子,拍摄外面发生的事情。

直到今天,"卡拉"仍然是自1851年有可靠记录以来袭击得克萨斯州的第二大飓风。排在第一位的是"1886年印第安诺拉飓风"。"卡拉"引发的风暴潮在沿海地区造成了大规模的洪水和破坏,但只有46人死亡。尽管任何一个生命的逝去都是令人痛心的,但考虑到飓风的规模和强度,这一数字已经值得庆幸了。

气象局声称,媒体关于飓风到来的警告和疏散命令的发布挽救了许多生命。尽管哥伦比亚广播公司的电视台只是报道"卡拉"的众多媒体之一,但毫无疑问的是,拉瑟团队颇具突破性的报道,用令人信服的新闻画面向受灾地区的观众展现了飓风的发展,并说服他们做好充足的准备和前往安全的区域避难。他们确实做出了巨大的贡献。

拉瑟的报道也给他的个人事业带来了新的机遇。位于纽约的哥伦比亚广播公司新闻部已经注意到了拉瑟的报道,并将其传送到全国各地的哥伦比亚广播公司电视台分部。哥伦比亚广播公司的高层非常欣赏他的报道,并有意聘请拉瑟担任记者,他接受了这一邀约。拉瑟后来说:"除了我的妻子珍妮,对我的事业影响最大的女人叫卡拉。"

比起在电视上播放雷达图像,更具突破性的报道方式是播放卫星图像。在20世纪60年代,随着越来越多的卫星在轨运行,一些大胆的天气预报员用卫星静止图像作为报道的画面补充。虽然形式很新颖,但这些画面往往较为粗糙,表现力平平。直到20世纪70年代末和80年代初GOES卫星(地球同步环境卫星)的出现,天气预报员才开始使用动态卫星图像(又被称为卫星循环图像)。他们使用每半小时拍摄的照片,制作动态画面,显示天气系统随时间推移的运动。在随后的几年中,每一代卫星的图像都在不断改善。[85]

高质量卫星图像的使用让电视台对飓风的报道更加令人惊叹。现在的天气预报显示了飓风在海洋上行进的精彩画面,它们演变的每一步都被卫星不眨的眼睛捕捉到。通过用鲜亮的红色、黄色和绿色为这些图像上色,人们可以借助颜色对比想象出飓风云层的温度。就像第一批宇航员在太空中看到地球时,惊叹于我们的蓝色星球似乎漂浮在一片黑色的海洋中一样,我们也惊叹于卫星在天空中掠过时拍摄到的飓风的壮美。

网络和有线电视新闻台在报道天气(包括飓风)方面做得很好,但这只是它们使命的一部分。相比之下,天气频道则是全天候的,它把飓风报道提升为一种艺术形式。演播室和现场的大批记者和专家从各个可能的角度报道飓风。吉姆·坎托雷(Jim Cantore)

是天气频道最著名的人物之一，他是训练有素的气象学家，三十多年来一直以独特的戏剧化风格报道天气。就像一个作家说的，"坎托雷仿佛是科学家和演员的完美结合"。[86]坎托雷以其敢于亲临飓风现场而闻名。他会在强风和暴雨来袭之时，毫不犹豫地前往受灾的中心地区进行报道。坎托雷偶尔还会被风中的残骸击中而受伤。2003年，飓风"伊莎贝尔"在北卡罗来纳州的外滩登陆时，坎托雷的摄影师曾被海浪击倒，所幸摄影师没有大碍，但那台价值6万美元的摄像机则彻底报废。[87]

电视行业投入飓风报道这一实践不仅有利于公众及时获得风暴预警，而且对商业也很有利。人们收看网络和有线电视新闻的一个主要原因是看天气预报。飓风报道会使得天气预报节目更有说服力，从而提高收视率，增加广告和利润。正如坎托雷所观察到的，"人们想知道发生了什么。他们不想从地图上了解这些信息，他们想通过电视画面更为直观地感受天气的力量。科技把天气带入了我们的客厅。现在你看到的是高清的、难以想象的图像。如今的天气预报宛如一场经典的电视真人秀"。[88]飓风是地球上最刺激、最引人注目、最致命的表演之一。

虽然报纸、广播电台和电视节目将继续在飓风报道中发挥重要作用，但自新千年以来，互联网日益成为信息传播的中心舞台。许多网站只是传统新闻媒体的数字版本，它们报道的是类似的故事。但人们也可以访问其他网站来了解飓风的最新情况。国家气象局的网站，特别是国家飓风中心运营的网站（https://www.nhc.noaa.gov），无疑是获取最新和最准确的飓风预报、轨迹和预警的最佳来源。事实上，这些政府网站提供的数据是几乎所有信誉良好的私人媒体机构编撰的报告数据，这些数据通常以一种特别便于公众理解的方式展现在网站上。

通过对飓风的实时、准确信息的即时获取，网站和相关的气象应用程序提供了极其宝贵的公共服务，有助于保护人类的生命和财产。然而，互联网也可能是误传甚至谣言的主要来源。业余天气预报员（一些专业气象学家称之为"社交媒体专家"[89]）有时会在网上发布误导性信息。例如，这些人会夸大事实，将某些机构对飓风最糟糕、最严重的预测结果说成官方的最终预测结果。脸书、推特①和其他社交媒体平台使这些谣言更为快速而广泛地扩散，极大地增加了人们误判、做出错误决定，从而将自己置于危险境地的风险。

从更广泛的角度来看，碎片化和信息爆炸的媒体环境威胁着飓风报道的质量，降低了民众有效应对大规模风暴的能力。正如气象学家布莱恩·诺克罗斯（Bryan Norcross）所观察到的："人们被无数的观点和大量的数据轰炸，包括社交媒体上连续不断的碎片化信息。没有可信的消息来源可以传递连贯而完整的信息。经济和社会因素加剧了这个问题——与几十年前相比，传统媒体的员工规模要小得多，实践经验也相对较少。此外，人们对政府和媒体的不信任程度极高。这些因素综合起来，使危机沟通变得更加困难。"[90]

飓风报道的另一个问题是夸大事实与哗众取宠。著名散文家、《纽约客》特约撰稿人 E. B. 怀特（E. B. White）早在 1954 年就表达

---

① 脸书、推特已分别改名为 Meta 和 X。——译者注

了这一隐忧。飓风"埃德娜"来袭时,他正在缅因州布鲁克林的家中。他为《纽约客》写了一篇精彩的文章,提出一种观点:广播在提醒听众暴风雨即将来临的同时,也可能会起到一定的反作用,过于密集地报道飓风可能引起民众的极大恐慌。他写道:"飓风报道是广播电台的最新'发明',广播电台可能利用此类报道来博眼球。当然,通过警告人们致命风暴的到来,广播实际上提供了一种公共服务,广播确实可以做到这点。但相应的反作用也会出现,在飓风来袭的许多小时前,过于密集的飓风报道会让人们陷入一种近乎歇斯底里的戒备状态,而此时当地的天气很可能还是一片风平浪静。飓风'埃德娜'来临前,就有一位此类'恐慌报道'受害者,他是个民防工作人员,在飓风来临之前,他已经死于过度惊吓引起的心脏病。"

怀特注意到,在"埃德娜"到来前整整两天,广播电台播音员已经开始了一系列令人窒息的报道,他们很快就没有什么新信息可供播报,所以只能挑一些平淡的,有时甚至是荒谬的话题。为了说明这一点,怀特转述了他听到的一段对话,当时一名记者在和播音员开玩笑,谈论自己在现场的发现。

"你说那条路现在怎么样了?"[播音员的]紧张的声音问道。
"地面湿了。"记者有些生气地回答道。
"难道是水坑里的水花溅到了路面上?"绝望的播音员问道。
"对啊。"记者回答。

"从情感上讲,这种报道让听众感到荒谬。因为听众不太确定广播电台究竟站在哪一边——这种报道无外乎长飓风'志气'而灭人类'威风'。"[91]

怀特的观察是有先见之明的。现在,几十年过去了,我们仍然在努力平衡媒体在飓风预报方面的作用,并试图找到有效的新闻报道与麻木感官的新闻炒作之间的界限。飓风报道必须准确且及时,但也不能过于夸张。重复和危言耸听可能会使人们对此类报道感到麻木,反而忽视飓风带来的巨大危害。

尽管存在这些问题,但我们在飓风报道方面取得的进展确实令人吃惊。就在一个半世纪前,人们几乎没有可靠的飓风预警,只能通过观察天空或海洋的涨潮粗略地辨别。今天,美国人可以观察飓风在全球的一举一动,并报告它们的进展。虽然我们常常认为这种能力是理所当然的,但这的确是一项惊人的成就。

位于佛罗里达州迈阿密市佛罗里达国际大学校园内的国家飓风中心大楼。1995 年,国家飓风中心搬进了这个新的抗飓风设施

223　　无数的广播、文章、电视节目以及网站报道了自第二次世界大战结束以后袭击美国的 120 多场飓风。所有这些飓风都给受其影响的人和地貌留下了伤疤。但是，一些风暴造成的破坏和死亡让我们在集体记忆中留下了尤为深刻的印象。

第八章

现代飓风"灾难集"

2017年8月,在飓风"哈维"登陆后的救援行动中,肯塔基州空军警卫队的一名队员从直升机上俯瞰被洪水淹没的休斯敦

"54年"和"55年"系列飓风

1954年和1955年,四场飓风和一场热带风暴改变了它们所登陆地区的社会面貌,也改变了飓风研究和预报的发展轨迹。1954年,首先登场的是三场飓风——"卡罗尔"(Carol)、"埃德娜"和"黑兹尔"(Hazel),它们在东海岸留下了印记。

1954年8月下旬,气象局首次发现了飓风"卡罗尔",当时它在巴哈马群岛附近徘徊,风力不断增强。[1] 8月30日,"卡罗尔"开始移动,沿着东海岸向北疾驰,掠过哈特拉斯角,以近50英里每小时的速度冲向新英格兰。第二天,3级飓风"卡罗尔"席卷长岛,时速115英里的大风掠过布洛克艾兰(Block Island),普罗维登斯三分之一的地区淹没在10英尺高的风暴潮中。"卡罗尔"摧毁了成千上万的住房和船只。随后,飓风离开新英格兰,到达魁北克,造成60人死亡和近5亿美元的经济损失。

"卡罗尔"的登陆与"1938年大飓风"极其类似。直到最后一刻,气象局才确认并发布飓风预警。"卡罗尔"那出乎意料的速度让气象局措手不及,它到达的时间也给预警工作带来了困难。正如一位官员告诉记者的那样,气象局意识到"卡罗尔"即将在美国东北部登陆时已是当地午夜时分,我们"已经没有时间在晚间新闻或报纸上发布这一消息"。[2]

甚至在公众对飓风"卡罗尔"预报失败的强烈抗议平息之前,另一场飓风就已向海岸呼啸而来。默罗拍摄的著名飓风"埃德娜"沿着与"卡罗尔"相似的路径行进,但整体路线偏东,且速度稍慢。它于9月11日在科德角(Cape Cod)登陆,成为一场强烈的2级飓风,袭击了缅因州伊斯特波特(Eastport)的附近地区。飓风造成20人死亡,经济损失估计为4300万美元。[3]

两次飓风连续袭击新英格兰,给整个地区带来了极大的冲击。通常情况下,新英格兰在一个世纪里会发生5—10次飓风;一年内发生两次是闻所未闻的。[4]受到"卡罗尔"和"埃德娜"影响的大多数人还记得"1938年大飓风"和"1944年大西洋飓风",这两场飓风也蹂躏了新英格兰和长岛。飓风为何频繁登陆东北部地区?这一现象似乎不合常理。就以往来说,美国南部的佛罗里达州和墨西哥湾沿岸,甚至卡罗来纳地区,每隔几年就会遭受飓风的袭击。人们对此已经习以为常。但在东北部为什么会发生这样的状况?报纸文章提出了一种可能性,即全球气候可能发生了一些变化。难道"卡罗尔"和"埃德娜"是气候变化的一种先兆?[5]尽管气象局的官员试图减轻公众的担忧,指出这两次飓风相隔12天,只是"一个没有人能解释的自然巧合",[6]但人们还是对此感到担忧。

1954年最具破坏性的飓风"黑兹尔"在随后降临。[7]10月5日,"黑兹尔"在格林纳达以东出现,它很快进入加勒比海并向北行进,发展为4级飓风,给海地带来了强风和暴雨天气,估计造成400—1000人死亡,其中许多人被山体滑坡掩埋。海地8000英尺高的山峰削弱了"黑兹尔"的强度,但风暴在回到温暖的海洋水域后,又恢复了活力。10月15日上午,"黑兹尔"以135英里每小时的速度在北卡罗

飓风"卡罗尔"最具代表性的受害者是波士顿老北教堂（Old North Church）的尖塔，它倒塌在地。这已经不是第一次了。尖塔最初建于 1740 年，并于 1775 年 4 月 18 日晚上因两盏灯笼在塔顶只亮了一分钟而闻名。这个简短的信号告诉保罗·里维尔和他的起义军同伴，英国人将从海路而非陆路离开波士顿，并为第二天的列克星敦战役和康科德战役（Concord）奠定了基础，点燃了美国革命的大火。在 1804 年 10 月的"波士顿大风"中，尖塔被抛向空中。它在下落时摧毁了一所房子，幸运的是，房子里的居民出城了。一座新的尖塔于 1806 年竣工，但当"卡罗尔飓风"过境时，它又被吹倒了。这一次，至少它的倒塌干净利落，只有教堂对面的一座建筑受到轻微损坏。1955 年，教堂又修建了一座尖塔，但教堂这次不敢再冒险。第三座尖塔用钢材进行加固，这样它就能承受大自然母亲的任何袭击

来纳州和南卡罗来纳州的边界附近登陆。它以 50 英里每小时的速度掠过北卡罗来纳州、弗吉尼亚州、华盛顿特区、宾夕法尼亚州和纽约州,最终进入加拿大。"黑兹尔"共造成 2.81 亿美元的损失,并在美国造成 94 人死亡。在加拿大,死亡人数为 81 人,造成经济损失 1 亿美元。

另一起引人注目的死亡事件发生在"黑兹尔"袭击南、北卡罗来纳州之前。60 岁的格雷迪·诺顿是气象局的高级飓风预报员,他长期患有高血压和偏头痛,他的医生多次建议他退休,否则他可能死于压力过大。但诺顿不愿意选择退休。当"黑兹尔"在格林纳达附近出现时,诺顿投入工作。当风暴穿过加勒比海时,诺顿每天连续记录 12 小时来跟踪它的进展并发布警报。长时间的工作使他的身体不堪重负。10 月 9 日上午,诺顿在家中中风,于当天晚些时候去世。[8]

政客往往作壁上观,直到危机临近,他们才被迫采取行动。来自罗得岛州的参议员西奥多·F. 格林(Theodore F. Green)认为飓风危机近在眼前。"卡罗尔"和"埃德娜"已经让他及其新英格兰政客同僚感到不安,然后"黑兹尔"的登陆使这种忧虑扩展到了沿海地区。而今,代表着美国广大人口和一些受灾严重的、最富有的州的参议员和国会议员想知道,气象局可以采取哪些措施来进一步了解飓风,并改进其预报和预警机制。前文谈到的制定了萨菲尔-辛普森飓风风速量表的罗伯特·H. 辛普森给出了自己的答案。[9]

辛普森从 1940 年开始就在气象局工作,并在新奥尔良和迈阿密做过飓风预报员,积累了经验。20 世纪 50 年代初,他驻扎在华盛顿

格雷迪·诺顿经常被沿海居民称为"飓风先生",因为他的飓风预报常常能安抚人心。照片中的诺顿身处迈阿密飓风预警中心,中心工作人员站在他身后

特区,担任气象局局长弗朗西斯·雷切尔德弗的助理,弗朗西斯·雷切尔德弗让他制订一个计划,改进气象局的飓风预报项目。随着雷达、"飓风猎人"飞机和计算机的出现,辛普森深知,气象学家可以使用非凡的工具来进行有价值的飓风科学研究,以改进预报系统。他很快就有了一个初步计划。然而,资金紧缺是首要问题。雷切尔德弗曾多次在气象局的预算提案中增加对辛普森计划的拨款,但每一

次,德怀特·D. 艾森豪威尔（Dwight D. Eisenhower）总统的预算主管都驳回了这一请求。

"黑兹尔"过后不久,格林参议员就在国会山举行了听证会,讨论如何改进美国的飓风预警系统。雷切尔德弗出席了此次会议,一同参会的还有气象局研究部主任哈里·韦克斯勒（Harry Wexler）,以及作为技术专家在场的辛普森。由于辛普森的计划已经从预算中被砍掉,而雷切尔德弗又不想让联邦政府过于难堪,所以雷切尔德弗对此只字未提。但是,有一名委员会成员向辛普森发问,让他回答国会应该为飓风预警提供哪些支持。辛普森意识到这是一个机会,并抓住了它。在上司们的紧张注视下,辛普森提出了之前搁浅的计划。变革的契机就在眼前,只需临门一脚。这个最后的"推力"便是飓风"康妮"（Connie）的登陆。

1955年8月12日,在以暴雨淹没波多黎各和美属维尔京群岛并朝西北方向移动后,"康妮"在北卡罗来纳州的莫尔黑德（Morehead）附近登陆,此时它已减弱为2级飓风。[10]"康妮"的风力虽已减弱,但带来的大规模降水仍然造成了破坏性的影响。"康妮"沿海岸一路向北,然后向西进入内陆地区,直奔五大湖区。它带来的降雨于包括新英格兰在内的大片区域引发了洪水。损失增至8500万美元,74人死亡。

"康妮"来袭时,国会正在审议辛普森的计划,而这场风暴的到来使得国会为该计划提供了充分的资金支持。[11]如果国会需要任何保证以证明自己的投资是明智的,那么几天后,"黛安"（Diane）的到来便确认了这一投资物有所值。[12]8月17日,强热带风暴"黛安"以迅猛的

由于热带风暴"黛安"的登陆,康涅狄格州温斯特德(Winsted)的主街遭洪水破坏

态势在北卡罗来纳州的恐惧角登陆。"黛安"向北行进,席卷大西洋中部各州,又转弯向东,在长岛退回至大西洋沿岸,直到抵达科德角,此后,它向大西洋深处移动。"黛安"紧随"康妮"而来,[13]带来了大量降水,淹没了大片地区,尤其是新英格兰。那里许多河流的水位达到了历史最高水平。此次飓风造成近200人死亡,其中大部分死于溺水,经济损失接近10亿美元。

经此一役,辛普森的计划得以付诸实践,并扩展为国家飓风研究项目,其目标是更好地了解飓风的形成、结构和动力学原理,探索人工干预飓风的可行性,并改进飓风预报系统。[14]虽然原本只计划运行三年,但这个项目持续了多年,最终演变成今天的国家海洋和大气管理局飓风研究部。[15]

飓风"卡罗尔"、"埃德娜"、"黑兹尔"和"康妮"在消逝后也获得了某种"荣誉"。鉴于这一系列飓风的巨大破坏性,这四个名字被永久停用并移出飓风命名系统,这四场飓风成为首批获此"殊荣"的飓风。[16]

飓风"卡米尔",1969年

时间来到20世纪60年代末,1969年8月15日星期五,伍德斯托克音乐节在纽约北部的马克斯·雅斯格(Max Yasgur)的农场举行。伍德斯托克音乐节被宣传为"和平、爱和音乐的博览会",成为青年反主流文化的象征,可以说是摇滚史上最具标志性的盛会。在四天的时间里,大约有50万年轻人在吉米·亨德里克斯(Jimi Hendrix)、感恩而死乐队(The Grateful Dead)、贾尼斯·乔普林(Janice Joplin)、杰弗逊飞机乐队(Jefferson Airplane)、琼·贝兹(Jone Baez)和桑塔纳(Santana)等许多当时最伟大的音乐人的歌声中跳舞、喝酒、唱歌、抽烟、吸毒、做爱。然而,这里并不是只有欢愉和派对狂欢。观众还面临着食物和水的短缺、可怕的卫生条件、大规模的交通堵塞,以及将绿色牧场变成一大片泥地的暴雨。

当伍德斯托克音乐节在文化景观中烙下印记，成为一代人的标志之时，另一个戏剧性的事件正在西南方向 1000 多英里处的路易斯安那州海岸发生。这是一场悲剧，并将在美国历史上留下不可磨灭的印记。

在伍德斯托克音乐节开始的同一天，风速高达 100 英里每小时的飓风"卡米尔"[17]正向北穿过加勒比海，接近古巴的西端。辛普森告诉记者，飓风可能会转弯并袭击佛罗里达群岛，但现在下结论还为时过早。在接下来的 24 小时里，它的行进方向确实发生了变化，但距离古巴还是很近。随后它再次转弯，朝西北方向移动，从温暖的海湾水域吸收了能量和水汽，进一步发展为 3 级飓风。辛普森被"卡米尔"迅速增强的破坏力给吓坏了，而卫星图像进一步加重了他的担忧。他后来回忆说，"卡米尔"有着"我见过的最恐怖的风眼壁"。[18]

辛普森需要更近距离地观察"卡米尔"的动向，星期六下午，他得到了这个机会。当时一架"飓风猎人"飞机进入了"卡米尔"的风眼，监测到风眼内部气压为 26.81 英寸。辛普森简直不敢相信；这是"飓风猎人"在大西洋测量到的历史最低读数，它预示着"卡米尔"将成为有记录以来最猛烈的飓风之一。至于"卡米尔"的去向，辛普森和他的同事们仍然认为它会向东转弯，沿着佛罗里达狭长地带的海岸前进。

但是，"卡米尔"没有向东偏移。第二天，随后的天气预报显示它继续向西移动。从新奥尔良到佛罗里达州的阿巴拉契科拉等地区都发布了飓风警报。虽然规模相对较小，但"卡米尔"如今是非常强大的 5 级飓风，风速估计高达 190 英里每小时。预计它将掀起高达 20 英尺的惊人风暴潮。气象局敦促从密西西比河河口到亚拉巴马州莫比尔的沿海居民听取当地政界人士和民防协调员的意见，立即撤离到地势较高的地方。

一艘渔船被飓风"卡米尔"吹到了岸上

1969 年 8 月 17 日星期日晚上 11 点，"卡米尔"在密西西比州圣路易斯湾（Bay St. Louis）附近登陆，最大风速为 175 英里每小时，使其成为非常强大的 5 级飓风。圣路易斯湾东部的帕斯克里斯蒂安（Pass Christian）正好位于飓风的右前方区域，该地的风暴潮达到了 24.6 英尺，高于以往的任何风暴潮记录。疏散区域内共有约 15 万居民，其中 8.1 万人在疏散电话的催促下转移。而在帕斯克里斯蒂安的黎塞留庄园公寓（Richelieu Manor Apartments），一群人决定留守当地。

星期日，警察几次在公寓前驻足，恳求居民撤离，公寓经理默文·琼斯（Merwin Jones）和公寓的许多住户对此嗤之以鼻。[19]他知道飓风即将到来，但相信公寓建筑是安全的。毕竟，这个距离海滩只有几百码的 U 型公寓大楼经受住了多次飓风袭击。例如，1965 年的飓风"贝齐"（Betsy）袭击海岸时，公寓一楼发生了严重的洪水，但除此之外没有多大损失。琼斯认为，这是一座坚固的建筑，而且是官方指定的民防掩体。如果情况变糟，一楼被水淹没，居民可以到二楼或三楼的安全地带避难。因此，一些居民听从警察的命令撤离，但大多数人留在那里，花了一整天的时间购买物资，把汽车停到地势较高的地方，帮助琼斯在窗户上钉木板，把家具从一楼转移到楼上。

傍晚时分，剩余的大多数居民已经撤退到三楼，聚集在几套公寓里，他们在那里用餐，通过电视了解风暴的最新进展，并紧张地看着窗外日益愤怒的海湾。33 岁的玛丽·安·格拉赫（Mary Ann Gerlach）和她的第六任丈夫，30 岁的弗雷德里克（也叫弗里茨）在公寓二楼休息。格拉赫在当地一家夜总会做女招待，那天早上很早就回家了。弗里茨是一名海军工程兵，前一天晚上，弗里茨在附近的军官俱乐部工作到很晚。

晚上 10 点，大楼停电了。几分钟后，汹涌的海潮上升到二楼，大楼在海潮的冲击下剧烈摇晃。当周围的窗玻璃破碎时，格拉赫一家跑到卧室，关上了门。玛丽·安从衣橱里取出一个泳池床垫，给它充满气，然后交给了弗里茨。令人惊讶的是，弗里茨虽然在海军工作，却不会游泳。迅速上涨的水位已经到了他们的胸膛，而且还在往上升。玛丽·安抓起一个漂浮的枕头垫，从破窗游了出去，并催促弗里茨跟着。她刚游出大楼，就被一堆电线缠住了。她花了几分钟才挣脱，就在这段时间里，她听到身后的弗里茨在尖叫："救命！救我！"最后，他消失在水中。

玛丽·安挣扎了整整一夜，在巨大的残骸堆中漂浮。黎明时分，她靠着的那堆木头、家具和树木的碎片在铁轨附近停了下来。不久，当地的一名医生发现了她，她浑身发抖，几乎没穿衣服。医生把她送到了避难所。[20]

玛丽·安从被淹的公寓里逃出来不久后，水就淹到了公寓的三楼，整栋楼开始倒塌。突然间，除了狂风的呼啸和大雨的嗒嗒声外，居民们还听到了钉子从木头里被拔出来的尖锐声响，以及石膏板、水泥和 4 英尺长的木板断裂的开枪般的声音。当天花板被掀开时，23 岁的居民本·达克沃斯（Ben Duckworth）想，他们最好的生存机会可能是躲在屋顶上，希望这栋建筑能一直屹立，直到最严重的风暴过去。但首先，他需要看看自己的计划是否可行。

在其他居民的鼓动下，达克沃斯从屋顶探出头来，发现自己离空调冷凝机组非常近，它能够阻挡一部分狂风暴雨的力量。他想，它也许可以保护他们所有人。于是他爬上了屋顶，尽可能地振作起来，然后弯下腰帮助其他人跟着他走。不幸的是，冷凝机组没有提供足够的保护来抵御极端的风力，当居民们来到屋顶时，邪恶的狂风把他们卷进汹涌的海水里。到最后,这都不重要了。冷凝机组即使能够保护他们,也只能提供一个短暂的喘息机会,因为"卡米尔"带来的洪水很快就吞没了整座建筑。

和玛丽·安·格拉赫一样,达克沃斯整夜都在挣扎求生,时而游泳,时而抓住残骸漂浮。最后,就在他的力气越来越弱,甚至放弃求生的时候,他撞上一棵高大的橡树,它的树冠露出了水面。他抓住一根树枝,沿着它爬到树干上,紧紧抓住不放。第二天早上,一支搜索队在树上发现了他,此时他满身是血,浑身发抖,衣衫褴褛。他们扶他下来,把他带到一所高中,救援人员在那里照顾他。[21]

风暴过后的几天里,玛丽·安·格拉赫向任何愿意听她讲述飓风发生当晚黎塞留公寓内情况的记者倾诉。当她听说"卡米尔"要来的时候,她说:"我首先想到的是派对时间到!"[22]其他居民欣然同意,他们都聚集在三楼,举行了一个"飓风派对",派对供应了开胃小菜、三明治和各种饮品。玛丽·安和弗里茨因为太过劳累而没来参加。她还告诉记者,她是黎塞留公寓中唯一幸存的人。

玛丽·安的故事成了全国新闻。当"美国最值得信赖的人",[23]哥伦比亚广播公司新闻主播沃尔特·克朗凯特(Walter Cronkite)访问飓风过后的路易斯安那州海岸时,他从帕斯克里斯蒂安发回了报道。"这里是黎塞留公寓的旧址,"克朗凯特严肃地对听众说,"23个人曾在这里试图'嘲弄'死神,而这23个人就在这里死去。"[24]

然而,玛丽·安的故事有许多明显的破绽。她不是唯一的幸存者。黎塞留公寓至少有 8 人幸存。至于那个派对，达克沃斯和其他幸存者都没有谈论有关派对的事情，事实上，达克沃斯一再坚决否认举办过"飓风派对"。此外，还有其他理由足以让人怀疑玛丽·安的故事的真实性和她作为亲历者的可靠性。在飓风过后的十二年里，玛丽·安又结了七次婚。1981 年，她因谋杀她的第十三任丈夫而被捕——她在刚刚和他离婚后，用一把点 357 口径的马格南手枪杀了他。在审判中，她声称完全不记得这件事，她因在"卡米尔"期间所遭受的折磨而在法律上被判定为精神失常。此次枪击事件没有目击者，但陪审团仍然根据旁证认定她罪名成立，并判处她终身监禁。然而在 1992 年，她因表现良好而被释放。甚至在监狱里，她又结了两次婚。

尽管有令人信服的证据表明黎塞留公寓的居民没有举办派对，但这个故事仍然广为流传，成为一个经久不息的都市传说，偶尔也会在"卡米尔"的故事中被提及。这并不是说当"卡米尔"登陆时没有人举办派对。事实上，尽管这种行为听起来很愚蠢，但在现代的任何一场飓风中，总有一些人真的能"笑着面对危险"。[25]事实上，就在"卡米尔"登陆的前一天，一个从未经历过飓风的、刚搬到新奥尔良的人问当地一家五金店的老板，他应该做些什么来应对这场风暴。老板回答说："给自己买瓶好威士忌，坐下来放松一下。"[26]

沿海地区的许多人遭受了飓风"卡米尔"的摧残，其中 49 岁的保罗·威廉姆斯比其他受灾者承受了更多的磨难。[27]保罗和他的妻子默特尔（Myrtle）长期担任帕斯克里斯蒂安圣三一公会教堂的管理员，他们有 15 个孩子，住在教堂的一所小房子里。"卡米尔"登陆的那天晚上，有 12 个孩子，还有几个孩子的配偶和几个孙子孙女住在这里。保罗和默特尔没有选择撤离，而是留在教堂附属的礼堂里。这似乎是一个谨慎的选择。这座教堂建于 1849 年。多年来，这一地区经历了十几次飓风，而这座距离海滩只有一个街区的教堂经受住了所有的飓风。虽然礼堂不是原建筑的一部分，但它也建得很坚固。

237　　威廉姆斯一家吃完晚饭后不久，大多数人躺在临时床铺上睡觉。此时，洪水开始从礼堂的门下冲进来。保罗催促大家爬上梯子进入阁楼。随着水继续上涨，保罗祈祷着并准备把孩子们抱到更高的椽子上。他还没来得及这么做，礼堂就在剧烈摇晃中倒塌了，所
238　有人都被抛进洪水的旋涡。保罗不会游泳，所以他挣扎着，想抓住什么东西，最后他抓住了一块漂过的木板。当木板撞到一棵活的橡树上时，他跳到了树的弯曲处，在那儿待了一夜。

　　第二天早上，保罗从树上爬下来，意识到他在教堂的墓地里。教堂、教区长住所、礼堂全都毁于一旦。成堆的垃圾，有的高达 15 英尺，散落在大地上。

　　保罗听到有人在大声呼救。那是马尔科姆（Malcolm），他 16 岁的儿子，还有他的女婿尼克。重新团聚后，他们开始在废墟中搜寻幸存者，附近的民众也来帮助他们。一个又一个亲属的遗体被挖出，他心爱的默特尔和 11 个孩子、1 个孙子死于这场灾难。此时的保罗悲痛欲绝。多年后，保罗在一次采访中分享了这一沉痛的过往："我看着他们的照片，真希望他们就在我身边……哦，天哪，

第八章 现代飓风"灾难集" 285

密西西比州帕斯克里斯蒂安的圣三一公会教堂,飓风"卡米尔"前后的对比

没人能够想象我有多想念他们。失去如此多的亲人是这般痛苦。我只能在世间徘徊，努力地继续生活下去。但上帝知道我很想念他们，我真的希望他们还活着。"[28]

"卡米尔"在路易斯安那州和密西西比州造成的死亡人数仍有争议，但估计约为200人，多达四分之一的死者未被发现，他们的尸体很可能被冲入了墨西哥湾。[29]红十字会称，这两个州有5652所房屋被毁、13865所房屋遭受严重破坏。[30]在密西西比河下游拥有6000人口的路易斯安那州布拉斯镇（Buras），只有6座建筑在飓风中幸存。[31]近100艘船沉没或在河上搁浅，许多海上石油钻井平台和陆上输油管道被破坏，大量的浮油拍打着海岸。5000头牛被淹死，数万英亩的山核桃树和橘子树被夷为平地。[32]一名在飓风过后几天进行侦察的空军飞行员评论道："墨西哥湾沿岸看起来就像一个战区。当地建筑只剩下两种形式——被夷为平地或完全消失。"[33]辛普森说，在飓风"卡米尔"的海岸之旅结束后，它登陆造成的惨烈场景让他想起了"中西部龙卷风切肉机。密西西比州中部的帕斯克里斯蒂安和东长滩仿佛被数个龙卷风反复摧残了许多次"。[34]沿海地区的损失总计达14亿美元。但"卡米尔"并没有结束，它那"恶毒"的行程还在继续。[35]

当"卡米尔"向北穿过路易斯安那州和密西西比州，然后进入田纳西州和肯塔基州时，它迅速失去了力量，先是降为热带风暴状态，然后分散成了数个小型风暴，在这片土地上游荡。在这一地区,"卡米尔"受到了沿途居民的欢迎。因为它给这里带来了急需的雨水,最终结束了困扰当地大部分地区的严重干旱。随着风暴逐渐减弱,气象局希望该地区的降雨能持续下去——没有什么异常,也没有什么可担心的。

但是,在8月19日星期二,当已经减弱的"卡米尔"离开肯塔基州,进入弗吉尼亚州的蓝岭山脉时,完全意想不到的威胁出现了。[36]它们没有迅速越过山脉并继续向海岸移动,而是遭遇了冷锋,两个天气系统相互纠缠在一起,形成了强对流天气,在原地徘徊不前。所有这些能量和水分产生了翻滚的云,气流上升到可怕的高度,云层变得越来越黑。傍晚时分,一名来自弗吉尼亚州纳尔逊县(Nelson County)的气象观察者看到了这一事态发展,他说,这些云看起来像"马蜂窝"。[37]

坐落在蓝岭山脉东侧的纳尔逊县乡村地区有大约1.2万名居民,其中大多数人以务农为生或在当地工厂工作。这个县由许多紧密联系的小社区组成,那里的生活节奏较慢,每个人似乎都认识彼此。1969年的夏天十分潮湿,当可怕的乌云出现在地平线上时,地面降水已经饱和。流经该县的三条相对较小、较浅的河流——泰伊河(Tye)、派尼河(Piney)和罗克菲什河(Rockfish)——水位已高于正常水平。那天断断续续下着雨,空气中充满了湿气。天气预报说夜间有阵雨。然而,随着夜幕的降临,雨越来越大。在接下来的几小时里,滚滚的乌云带来了大暴雨。结果,纳尔逊县伸手不见五指。雷恩斯一家(the Raines)将遭受尤其残酷的重创。[38]

雷恩斯一家住在离泰伊河边缘仅几百英尺的马西斯米尔村

(Massies Mill）的一所房子里。卡尔和妻子雪莉有 6 个孩子，年龄从 7 岁到 19 岁不等，但当时只有 5 个孩子在家。老大阿娃（Ava）独自住在林奇堡（Lynchburg）。8 月 20 日星期三凌晨 2 点，电话响了。卡尔吓了一跳，接了电话。电话另一端，住在附近的女人告诉他，她的房子被洪水淹没了，她的汽车刚刚被冲走了。卡尔认为她一定是搞错了，试图让她平静下来，但无济于事。他挂了电话，走到窗口往外看。突然间，他明白了这个女人并没有危言耸听。雷恩斯家的房子已经被洪水包围，尽管卡尔不确定这只是积水过多还是泰伊河已经决堤。卡尔很担忧，但试图在家人面前保持冷静，他让妻儿穿上衣服准备离开。电话又响了。这次是他们街对面的邻居佩奇·伍德（Page Wood）。伍德问卡尔能否把他的 4 个孩子接走。伍德的妻子瘫痪在床，他不能离开她，因此伍德在得知雷恩斯夫妇决定撤离时，希望他们也能带走他的孩子。"好的，叫他们过来。"卡尔说。几分钟后，4 个孩子都来到雷恩斯家，浑身湿漉漉的，冷得发抖。

随着水位每分钟都在上涨，卡尔让 16 岁的小卡尔把家里的休旅车开到门前。与此同时，卡尔和雪莉拖着几件珍贵的家具，把它们搬到了二楼。车准备好了，雷恩斯家和伍德家的孩子们挤了进去，但当卡尔把车挂上挡时，它熄火了，无法重新启动。那时，水已有及膝深，水流湍急。卡尔命令所有人下车。他们必须走到几百码以外的高地上。

他们手挽手，互相搀扶着，艰难地向前走。刹那间，水上涨了几英尺，汹涌的水流将他们冲散，并把所有人冲到下游。14 岁的沃伦·雷恩斯（Warren Raines）抓住了路边的灌木丛。当一连串的闪电照亮了世界，他看到了母亲、他的两个姐姐，以及伍德家的一个孩子就在不远处，挣扎着抓住树枝。雪莉也看到了沃伦，她对沃伦喊道："放开树枝，我们会抓住你的。"[39]沃伦深吸一口气，松开了手。但当他到达母亲所在的地方时，她和其他孩子都被汹涌的洪水卷走了，沃伦也被洪水困住。

沃伦东倒西歪地撞在一棵老柳树上。他伸出双臂抱住树干，坚持了20分钟，身后到处都是残骸。随后，那棵强壮的柳树不堪重负，已经快要折断，好在它粗大的树根还牢牢地扎在地里。很快，汹涌的水流淹没了这棵树的一部分。沃伦不得不顺着树干向上爬，他抓住了一根长长的、随风摇摆的树枝。每一道闪电仿佛都预示着新一轮的灾难，可怕的暴风雨似乎要席卷一切。树木、汽车、船只、房屋，甚至是拼命挣扎的牛都从沃伦身边飞过，有时这些东西离他仅有几英寸距离。

这时，沃伦听到远处有个声音在呼喊他的名字。那是他的哥哥小卡尔。小卡尔在60英尺外的另一棵树的高处。他们没有办法靠近彼此，整晚他们都只能紧紧地抱着各自身旁的树木，沉默地颤抖着。第二天早上，救援船上的人发现了孩子们，把他们送到避难处。接下来的一两天里，这两个孩子都没能找到他们的家人。他们家里的其他人，还有伍德家4个孩子中的两个，已经死去。其中几个遇难者的遗体在随后的几天或几周内被发现。

事实证明，对雷恩斯一家来说，留在原地是更明智的选择，但当时他们无法未卜先知。在搜索过程中，沃伦和小卡尔回到家中，发现房子依然矗立,尽管一楼的窗户碎了,整个一楼都是泥和碎片。他们听到二楼传来一阵响声,发现家里的狗"波"(Bo)活了下来。与他们心爱的宠物团聚是这地狱般的几天里唯一的慰藉。随后,这两个男孩被带到林奇堡,交给了他们仅存的姐姐阿娃和他们的祖父母抚养,他们承受了常人难以忍受的悲痛。

诸如此类的惨剧在这个地区频频上演,一些人的遭遇甚至更为悲惨。西弗吉尼亚州戴维斯克里克县(Davis Creek)的霍夫曼一家(the Huffmans)受灾最严重,他们失去了22个家族成员。[40]最终,纳尔逊县大约有120人丧生,弗吉尼亚州其他地方也有几十人丧生。洪水给该州造成的损失总计近1.5亿美元。[41]由于没有官方的统计数据,确切的降雨总量永远无法得知,但据估计,实际累计降雨量可能为27—46英寸。一些气象学家说,这是一千年一遇,甚至是五千年一遇、一万年一遇的事件。[42]这场洪水使流经蓝岭山脉和纳尔逊县的小溪变成了湍急的河流,沿途的一切都被摧毁了。在许多地区,湍急的水流冲刷土壤,直到基岩暴露出来,在土地上留下一道深深的裂缝。

飓风"安德鲁",1992年

"安德鲁"来临时,布莱恩·诺克罗斯本不该停留在迈阿密。他在当地电视台WTVJ担任首席气象学家的合同将于1992年12月到期,在那一年的早些时候,他的老板就告诉他,他们不会再续约了。这份提前通知给了他足够的时间去找一份新的天气预报工作,

第八章　现代飓风"灾难集"　291

到 8 月中旬时，他在纽约找到了一份工作。8 月 19 日星期三，他本已经收拾好行李准备离开，但又改变了主意。[43]他一直在追踪一场名为"安德鲁"的热带风暴，它位于迈阿密东南约 1500 英里处。尽管包括诺克罗斯在内的大多数气象学家认为，风暴可能会向北转弯，绕过佛罗里达，但路径并不确定。由于他的继任者还没有到来，诺克罗斯取消了他的行程，以便能多待一天，看看"安德鲁"是否会按照预期转向。诺克罗斯对迈阿密有深厚的感情，他与当地观众已经建立了密切的联系。

然而，"安德鲁"似乎没有继续发展为飓风。[44]事实上，到第二天，此次风暴已经失去了它的热带环流，国家飓风中心正在考虑取消其飓风命名，但出于谨慎，中心决定稍等片刻，以免在风暴再次加强时造成混乱。此外，各个计算机模型对风暴的预判结果并不一致：一些模型显示"安德鲁"向北移动；另一些模型显示"安德鲁"朝更偏西的方向，向佛罗里达北部移动。诺克罗斯此时已经决定无限期推迟他去纽约的计划，他继续密切关注"安德鲁"，WTVJ 也很高兴诺克罗斯留下来陪他们度过这场风暴。

8 月 21 日星期五，随着"安德鲁"风力的加强，风眼壁开始出现，保留对"安德鲁"的飓风命名成了明智之举。尽管模型倾向于表明"安德鲁"会向东转弯，错过佛罗里达东南部，但诺克罗斯越来越担心，因为风暴的实际路径比模型预测的更偏西。更糟糕的是，模型显示，热带风暴"安德鲁"在星期日将会加强为飓风。星期五下午，诺克罗斯告诉他的观众，一场飓风可能会在未来几天内到来，他敦促他们继续关注进一步的事态。

大多数迈阿密人并不太担心，至少当时还不担心。当地已经二十多年没有飓风登陆了，因此他们大多忘记了飓风带来的伤痛。上一次登陆的是 1965 年 9 月的飓风"贝齐"。[45]"贝齐"在迈阿密南部基拉戈附近以 3 级强度登陆。这是一场巨大的飓风，风速超过 100 英里每小时，造成迈阿密大规模停电，沿海地区被破坏。自飓风"贝齐"以后，迈阿密-戴德县①的人口几乎翻了一番，从大约 100 万人增加到 200 万人，这意味着该县有很多人从未经历过飓风肆虐。[46]那么，现在又何必担心呢？然而，诺克罗斯有一个完全不同的观点。他了解佛罗里达州的飓风历史，知道毁灭性的飓风袭击过迈阿密，总有一天悲剧可能再次上演。

8 月 22 日星期六，随着"安德鲁"的气压进一步下降，迈阿密的紧张局势加剧。在这一天，"安德鲁"从 1 级飓风增强为 2 级飓风，它没有转向北方，而是继续向西，朝巴哈马群岛移动——这一轨迹表明，它将在佛罗里达州东南部登陆。诺克罗斯和他的同事从中午一直广播到下午 2 点，回答当地居民有关飓风的问题，以及如何为可能到来的飓风做准备。下午 5 点，国家飓风中心发布了从泰特斯维尔（Titusville）到佛罗里达群岛的飓风警报，这意味着在接下来的 36 小时内，这片地区可能有飓风登陆。[47]这一警报提高了人们对飓风的关注程度，WTVJ 电视台 6 点钟的新闻也播出了两小

---

① 1997 年以前，迈阿密-戴德县被称为戴德县。为了尽量减少混淆，本书将其统称为迈阿密-戴德县。

时，其中大部分时间被更多的飓风报道占据。佛罗里达州的其他电视台、广播电台和报纸同样在不断增加对"安德鲁"及飓风应对方法的报道时间。

《迈阿密先驱报》的记者们出色地捕捉到了这种灾难即将来临的不安情绪的蔓延感："在整个佛罗里达南部，一种念头在早上就出现了，就像地平线上的一个暗淡的光点给人带来不安，但也可能是杞人忧天。到了星期六晚上，这种不安开始加重，已经近乎是一种恐惧感。大家大概在想：飓风真的有可能要来，我们最好做好准备。"[48]当地民防协调员也发出了类似的提醒：不要惊慌，保持警惕，听取媒体报道，并做好必要时撤离的准备。

居住在迈阿密的幽默作家戴夫·巴里（Dave Barry）在飓风过后大约一周写了一篇专栏文章，他拿当地电视台和电台名人告诉听众的指令开玩笑。"无论我们走到哪里，"巴里写道，"我们都能听到广播员告诉我们需要立即做的事情。"其中包括以下几项："堵住你的浴缸！""取下你的泵马达！""根据锌含量来区分厨房用具！""我说了别慌，该死！""把车库里的氢气都拿走！""你开始恐慌了，是吗？"[49]

8月22日傍晚时分，南佛罗里达人正在认真为这场风暴做准备。露台上的桌椅被绑住或搬到室内，防风百叶窗被放低。由于在靠近水面的地方，风暴潮可能会漫入屋内，人们将家具和贵重物品转移到更高的楼层。加油站被团团围住，商店货架上的食物、水、手电筒、电池、收音机、发电机和胶合板被抢购一空，人们忙着为他们的家、公司和自己做准备，等待"安德鲁"的到来。一家好市多（Costco）的销售额激增了40%，其经理说："今天就像圣诞节大采购，商品被一抢而空。"[50] 船主把他们的船移到受保护的小海湾和河流上游，或者把它们更牢地固定在停泊处或码头。

晚上11点，气象局发布了新的预警，预测"安德鲁"将以3级飓风的形式在迈阿密附近登陆。这个警报促使诺克罗斯又进行了两小时的报道。他在23日凌晨1点结束了节目，并告诉观众："我现在要回家睡觉了，我建议你们也要补充睡眠。对我们的城市来说，明天将是非常重要的一天，我不确定我们明天晚上能不能睡个好觉。"[51]

8月23日星期日上午，《迈阿密先驱报》头版刊登了一个醒目的标题——"更大、更强、更近"。[52] 前一天晚上，在这份报纸定稿时，"安德鲁"的强度已经接近3级飓风。当人们读到这篇文章的时候，"安德鲁"已经达到3级飓风的强度，早上8点在从维罗海滩到佛罗里达群岛南端的海岸发布的飓风警报，意味着飓风可能在未来24小时内来袭。[53]

布劳沃德县（Broward）、迈阿密-戴德县和佛罗里达群岛已经发布了疏散命令。诺克罗斯坐在主持人桌前，上午9点开始播音，他和同事们在接下来的23小时里一直不间断地报道。他们会随时更新飓风的情况，但大部分时间花在回答问题、现场报道、告诉人们哪些避难所是开放的，并为观众提供建议和情感支持。事实证明，这些建议和支持至关重要，因为有关"安德鲁"的消息越来越糟。

上午 11 点，国家飓风中心警告说，"危险的 4 级飓风正在向佛罗里达南部移动。所有保护生命和财产的措施，包括疏散，都应该尽快完成"。[54] 飞向"安德鲁"的"飓风猎人"透露，"安德鲁"不仅非常强大，而且结构非常紧凑，飓风级的风力从中心向外只延伸了 30 英里。约 70 万南佛罗里达人在尽最大努力把事情安排妥当后，纷纷钻进自己的小轿车、卡车或房车，撤离至其他地区，还有数万人前往当地的避难所躲避。

下午 5 点，"安德鲁"以 5 级飓风的形式在巴哈马群岛的伊柳塞拉岛北部边缘登陆。[55] 据估计，其风速为 170 英里每小时。"安德鲁"给该岛造成了 2.5 亿美元的损失，并造成 4 人死亡。与陆地的接触削弱了"安德鲁"的边缘，当"眼壁置换"① 发生时，风暴又遭受了一次更大的打击，在这个过程中，最初的眼壁瓦解，被另一个眼壁替换——这一转变通常会削弱飓风。风暴在眼壁置换过程中减弱，风速降至 150 英里每小时。但是，8 月 24 日星期一凌晨，当"安德鲁"移动到墨西哥湾流的温暖水域时，它获得了充足的热量并迅速增强，现在位于迈阿密以东大约 60 英里处，而且迅速向陆地逼近。

在国家飓风中心，主任鲍勃·希茨在他得力的工作人员的支持

---

① 眼壁置换（eyewall replacement），又称为眼壁更替，是一种发生于热带气旋中心的现象。当飓风出现双重眼壁结构时，它们即处于眼壁更替周期。新的眼壁不断壮大，替代旧眼壁。周期开始时，一个环形的密集对流区首先在眼壁外出现，继而向内移动，以至于出现双重眼壁结构。——译者注

下跟踪飓风动态，每半小时更新媒体和官方的预警信息。该中心位于迈阿密郊区的科勒尔盖布尔斯，在一幢十二层建筑的第六层。屋顶上摆放着一系列气象仪器，包括一个重达 1 吨的雷达天线，它被封装在一个看起来像巨大的高尔夫球的东西里，但那实际上是一个保护性的玻璃纤维穹顶。24 日凌晨 4 点，大楼受到时速 107 英里的大风袭击，附近的一个变压器发生了爆炸，切断了外部电力供应，导致大楼的发电机启动。每隔几分钟，一位气象学家就会报出屋顶上的风速计记录的风速。记录到的风速越来越快。

8 月 24 日凌晨 4 点 28 分到 4 点 33 分，风速从 134 英里每小时上升到 147 英里每小时。大楼开始剧烈摇晃，一名中心工作人员说他感到晕船。接着，突然传来一声巨响，"听起来几乎像一堵砖墙"撞在了大楼上。[56]由于雷达在那一刻停止工作，中心工作人员猜测，雷达天线和它的保护性穹顶被吹翻了，而这确实发生了。飓风过后，人们发现天线倒在屋顶上，保护性穹顶的碎片散落在离建筑物很远的地上。虽然雷达受损，但风速计仍在工作，并在 5 点 52 分录得 164 英里每小时的风速。然而，这是那天的最后一次读数，因为随后风速计也受损"罢工"。片刻之后，"安德鲁"的风眼收窄，只有 9—12 英里宽，飓风在佛罗里达的芬德角（Fender Point）登陆，那里位于飓风中心以南约 15 英里。"安德鲁"就像每个人担心的那样糟糕——这是一个风速高达 165 英里每小时的 5 级飓风。

在飓风登陆前的几个小时里，WTVJ 的团队也面临着自己的困难。凌晨 2 点 45 分，诺克罗斯开始担心大楼楼顶和演播室天花板

第八章 现代飓风"灾难集" 297

的稳定性。他认为最好找一个更安全的地方进行播报，以防木头和灰泥飞起来。为此，演播室经理和制片人将坚固的混凝土台阶下的一个储藏区域作为备用地点。他们称之为"地堡"。[57]诺克罗斯认为，除了在情况恶化时保护广播团队之外，这个地堡还可以起到另一个作用："当我们离开演播室搬到一个安全的地方时，观众会感受到我们对待飓风的谨慎态度，从而严肃对待这场飓风。"[58]

凌晨 3 点 20 分，WTVJ 电视台因电力故障停播，但佛罗里达电力和照明公司（Florida Power & Light）很快恢复了电力供应。然而，只是电视台在播放，并不意味着观众可以观看。事实上，佛罗里达州南部的大部分地区已经停电了。飓风结束时，将近 150 万人将处于黑暗之中。

诺克罗斯知道，如果一场大飓风袭击迈阿密地区，电力中断问题迟早会出现。他也深知，此时能够接触到大众的唯一途径就是无线电广播。人们即使在电视上看不到他，通过用电池供电的收音机也能听到他的声音。因此，1992 年春，诺克罗斯敦促 WTVJ 与劳德代尔堡广播电台 WHYI-FM（Y100）频道建立电话联系。巧合的是，就在"安德鲁"形成的前一周，WTVJ 建立了联系，现在是时候使用它了。在 WTVJ 的电力恢复后，Y100 频道继续电视直播，诺克罗斯告诉观众，如果再次断电，可以收听该广播频道。

电力恢复几分钟后，整栋大楼开始摇晃。诺克罗斯和他的团队担心待在主演播室的主播台可能不再安全，于是他们搬到了地堡，并开始在那里进行播报。

诺克罗斯继续提供有关飓风的最新情况，并提供关于如何在飓风中生存下来的有益建议。在他看来,当"安德鲁"接近的时候,他告诉听众的最重要的一件事是阅读利奥·弗朗西斯·里尔登关于"1926年迈阿密大飓风"的书。为了在暴风雨中保护他的家人,里尔登在他们身上盖了床垫和枕头,以防有什么东西塌下来。诺克罗斯在"安德鲁"登陆前不久通过广播分享了这一经验。"朋友们,"诺克罗斯回忆说,"这是我想让你们做的。把床垫从床上拿下来,准备好。当你到达安全地点时,把你的家人带进去,用床垫盖住他们,然后等事情过去。"[59]在随后的几天里,这一建议发挥了巨大作用。灾后,许多人告诉诺克罗斯,他们正是通过这样做才在飓风中幸存下来。

"安德鲁"以18—20英里每小时的速度在佛罗里达州东南部飞驰,在登陆佛罗里达州东海岸仅4小时后,它又在墨西哥湾上空出现。[60]"安德鲁"仍然是一场大飓风,它从温暖的墨西哥湾海水中吸取了能量,星期三早上8点前后,它以3级飓风的形式在新奥尔良西南约100英里的路易斯安那州海岸人烟稀少的一片地区登陆。它掀起了8英尺高的风暴潮,并引发了不少于14场龙卷风。路易斯安那州的损失总额约为10亿美元。飓风直接造成8人死亡,另有9人间接死亡。[①] 虽然这个打击充满创伤性和悲剧性,但与"安德鲁"在佛罗里达州的暴行相比就相形见绌了。

"安德鲁"的肆虐在迈阿密-戴德县使30英里宽的地区受灾,

---

① 关于间接死亡的定义,及其与直接死亡的异同,请参阅本书开头的作者说明。

其面积相当于 12 个曼哈顿群岛。由于国家飓风中心的设备在飓风登陆的时候损坏了，所以"安德鲁"的风速有多快永远无法确定。但有证据表明，阵风风速达到了 200 英里每小时。风暴潮最高达到 16.9 英尺，创下了佛罗里达州东南部的最高纪录，夷平或淹没了沿海的许多建筑。

飓风"安德鲁"登陆后，在强风的作用下，一块胶合板击穿了一棵皇家棕榈树的树干

受灾最严重的地区位于迈阿密南部。飓风造成的破坏令人震惊，有 12.6 万幢房屋被破坏或摧毁，另有 9000 所移动房屋被毁得面目全非。超过 16 万人在一夜之间无家可归——相当于迈阿密－戴德县每 10 个人中就有 1 个人失去了家园。[61] 1.5 万艘船被抛到陆地上或沉没，又或者堆积在码头和沿海的死角处，其中许多船再也无法出海航行。当地商业受到严重打击，近 10 万人失业，几乎是飓风过后永久搬离迈阿密-戴德县的人数，这并非巧合。在迈阿密市中心西南约 13 英里的肯德尔-塔迈阿密机场（现为迈阿密行政机场），有 275 架公司飞机、私人飞机，以及一些退役的飞机被风吹得像羽毛一样四处乱飞，损坏严重，无法修复。霍姆斯特德这个总人口 2.6 万人的工薪阶层城市，几乎被从地球上抹去。[62]

"安德鲁"带来的强风吹倒了大量的树木和灌木丛，侥幸存活的树木，树叶也都被刮光了，变成了赤裸的"哨兵"，这些都是飓风威力的写照。对于飓风过后比斯坎湾国家公园岛屿上一片枯枝败叶的景象，《国家地理》高级助理编辑里克·戈尔（Rick Gore）评论说，这些岛屿"看起来就像被落叶剂浸透了一样"。[63]当地的皇家棕榈树具备较强的韧性，其枝干能够承受将大多数树木刮倒的强风，但也被"安德鲁"掀翻在地。

迈阿密都市动物园（现在的迈阿密动物园）受到的打击尤其严重。"破坏程度令人难以置信，"助理园长罗恩·马吉尔（Ron Magill）说，"我无话可说。光是清理废墟就需要几个月的时间。"[64]动物园的鸟舍被飓风掀翻后，大约有 300 只稀有鸟类丢失。数十只，也可能是数百只猴子和狒狒从研究和繁殖设施中逃了出来，使当地居民陷入恐慌，因为他们担心这些动物是用于艾滋病病毒或狂犬病研究的实验动物。许多在逃的猴子和狒狒遭到了当地人的枪杀，不过大多数最终被捕回，但仍有一些在逃。[65]鹦鹉、水豚和大量蜥蜴逃到了野外，其中一些成功在野外幸存，成为佛罗里达州最具威胁性的外来入侵物种。[66]

第八章 现代飓风"灾难集" 301

国家飓风中心停车场的车辆被"安德鲁"掀翻。其中一辆车属于一名 CNN 记者，另一辆是中心员工的座驾。这名员工是在看到 CNN 关于飓风的报道时才发现他的车受损的

在近海地区，"安德鲁"的巨大威力可见一斑。它破坏了对休闲垂钓者非常重要的许多人工珊瑚礁。最引人注目的例子是近 200 英尺长、330 吨重的贝尔佐纳驳船（Belzona Barge）。在暴风雨来临之前，它躺在 60 英尺深的海底，甲板上覆盖着 600 吨混凝土，那是一座桥的残骸。"安德鲁"产生的波浪不仅将甲板上 90% 的混凝土和所有附着在上面的生物掀飞，还将驳船从原来的位置移动了两个足球场那么远，甚至将船体上固定的钢板掀翻。[67]

"安德鲁"给佛罗里达州造成的总损失接近 270 亿美元，这使它成为到那时为止袭击美国，造成最严重经济损失的飓风。尽管造

成了巨大破坏,但在佛罗里达州,"安德鲁"只直接造成15人死亡,间接造成29人死亡——人数少得令人难以置信,部分原因是应急准备和疏散工作的成功。[68]

布莱恩·诺克罗斯一直持续播报到8月24日星期一早上8点,此时最糟糕的状况已经过去,尽管偶尔仍有速度高达80英里每小时的阵风。[69]他和同事们离开了地堡,诺克罗斯在播报了23小时后,声音嘶哑,蜷缩在电视台大楼的一间办公室的地板上,终于能得到片刻的休息。通过明确的回答和坚定的保证,他平息了听众的恐惧。诺克罗斯的付出广受赞誉,《迈阿密先驱报》称赞他是"通过讲演帮助南佛罗里达度过飓风的人"。[70]《迈阿密先驱报》还表示,他"在对'安德鲁'的报道中脱颖而出,成为当地电视台最有价值的员工"。[71]从个人角度和职业角度来看,诺克罗斯的出色表现让WTVJ的老板重新考虑了解雇他的决定。灾后,他们提出续签合同,给他加薪,说服他留在南佛罗里达,放弃去纽约工作的计划。[72]

8月25日星期二,在明亮的阳光下,飓风造成的巨大破坏显现于世。超过300万立方码的建筑残骸散落在迈阿密-戴德县。[73]房屋着火,汽车被掀翻并摔得粉碎,电线杆被刮倒,街灯散落在地,公寓楼从侧面被掀翻,各式电器散落在街道上,人们最珍爱的物品散落各处,或者永远随风而去。

人们被这一巨大灾难所冲击,试图从支离破碎的城市中找回从前的生活。朱迪·怀特曼(Judi Whiteman)在乡村步行街(Country

Walk）的家尽管有价值 8200 美元的飓风百叶窗，也被"安德鲁"给毁了，这反映了生命无常的本质和灾难的奇特演算。"理查德和我结婚二十九年了，"她说，"我们尽可能救更多的人，做了所有正确的事。有时候你做的一切都不够。一切都在一瞬间消失了。我有时还会哭。我再也不能回到过去了。但至少我丈夫和我还活着。我们相信上帝。我知道在那场暴风雨中，我们一直在祈祷，不仅为我们自己，也为我们的朋友和亲人祈祷，希望每个人都能渡过难关。他们确实在风暴中幸存。但我并没有祈祷这场风暴去别的地方。我不希望这种灾难发生在任何人身上。"[74]

就像飓风过后经常发生的那样，到处都是抢劫事件。许多人为了食物和补给而偷窃，虽然不值得赞扬，但在饥寒交迫之时也算情有可原。然而，还有一些人只不过是投机取巧的小偷，他们在执法人员不知所措的情况下，尽可能多地掠夺眼前的财物。在陷入混乱之时，有些人选择动手保卫自己的财产。在纳兰贾（Naranja）的凯格索思（Keg South）汉堡啤酒店，店主巴德·内梅特（Bud Nemeth）在飓风期间和之后的几天里都在守夜，手里拿着双筒猎枪，随时准备抵御可能出现的窃贼。[75]

8 月 24 日下午，风暴袭击迈阿密-戴德县的当天，美国总统乔治·H. W. 布什（老布什）宣布佛罗里达州进入紧急状态，启动了联邦紧急事务管理局（FEMA），该机构负责协调联邦财政和物资，以援助飓风受灾者。[76] 1979 年，联邦紧急事务管理局由吉米·卡特总统创建，其目的是合并不同的联邦紧急和救济项目，让各州在发生自然或人为灾害时获得联邦援助。[77]当州和地方当局不堪重负，无法独自应对灾难时，联邦紧急事务管理局就会介入。1992年"安德鲁飓风"到来之时，联邦紧急事务管理局内部波折不断。该机构严重缺乏资金，往往被视为政治斗争失败者的去处。机构内部的"美差"也都被总统的亲信或支持者占据，他们没有任何相关的救灾经验。1989年的"雨果飓风"之后，联邦紧急事务管理局因对随后发生在东南部的危机反应不力而遭到嘲笑。时任南卡罗来纳州参议员的民主党人欧内斯特·F. 霍林斯（Ernest F. Hollings）对联邦紧急事务管理局的糟糕表现感到十分愤怒，称该机构的人员是"我共事过的最可悲的一群混账官僚"。[78]

在宣布进入紧急状态的同一天，老布什飞往迈阿密-戴德县，于下午6点抵达奥帕洛卡机场（Opa-locka Airport）。在特勤局保镖和记者的陪同下，老布什乘车前往卡特勒岭购物中心，在一家被洗劫的商店前举行新闻发布会。在发布会期间，他承诺联邦政府将提供援助，帮助该地区恢复重建。发布会结束后，他的车队匆匆返回机场，在佛罗里达州逗留了两小时后，总统就返回了华盛顿。

尽管老布什没有看到"安德鲁"造成的破坏的真正程度——受灾最严重的地区在更南部，但佛罗里达州的官员还是寄希望于联邦援助能够迅速到位。然而让人有点困惑的是，承诺中的援助迟迟不来。星期一，佛罗里达州国民警卫队开始部署，但除此之外，几乎没有迹象表明联邦政府有进一步的救援行动。[79]

在没有外部援助的情况下，迈阿密-戴德县的境遇变得非常糟糕。200万居民的食物和饮用水储备越来越少，人们的不满开始爆发。终于在 8 月 27 日，也就是"安德鲁"过境三天后，迈阿密-戴德县的紧急事务主管凯特·黑尔（Kate Hale）在电视直播中发泄了一通。在新闻发布会的一群记者面前，她坚持自己的立场，和当地所有受灾民众一样，她感到沮丧和愤怒。"适可而止吧，"她说，"别像小孩过家家一样愚弄我们……救援队伍到底在哪里？看在上帝的分上，他们在哪儿？人们缺少食物和饮用水，婴儿们没有奶粉喝。脱水和饥饿会带来更大的伤亡。我们需要食物，我们需要水，我们需要人力。我们已经准备好接收和帮助分发空投物资，但救援来得太慢了……布什总统曾在这里做出承诺，我希望他能履行他的承诺。"[80]

黑尔情真意切的恳求引起了老布什政府的注意，联邦政府的行动速度总算有所提高。第二天早晨，救援部队终于姗姗来迟。飞机载着数千名陆军士兵和海军陆战队员，还有帐篷、床、毯子、野战厨房、食物、水和发电机等救援物资来到迈阿密。他们为有需要的人提供援助，分发物资，并重新建立社会秩序。[81]

在接下来的日子里，民众多次指责联邦政府的反应迟缓和准备不充分。尽管老布什政府很快就宣布进入紧急状态，而且在"安德鲁"来袭后，驻扎在北卡罗来纳州布拉格堡（Fort Bragg）的军队已经准备好了食物和其他物资，可以随时送往佛罗里达州，但在黑尔发出紧急请求之前，老布什和联邦紧急事务管理局都没有下令部署军队。联邦政府辩称，它在等待佛罗里达州州长劳顿·奇利斯（Lawton Chiles）提交一份正式的援助请求，之后才能采取进一步行动。奇利斯确实没有发出这样的书面请求，但他回击说，他早些时候曾口头请求援助,却遭到了联邦官员的拒绝。联邦官员辩称,救援行动应该由州政府主导,之后联邦政府会跟进。除了州和联邦的互相推诿,政府反应迟缓还有一个客观原因:早先,联邦政府并不了解形势有多么严峻。老布什星期一到访佛罗里达州时行程过于匆忙,他只看到灾难的一角,并不了解当地灾情的严重性。[82]

老布什为联邦政府辩护,称政府已经"及时做出了恰当的反应"。[83]他表示不会参与这场"互相推诿的政治游戏"。[84]当然,还有一些失职官员并没有觉得良心不安,这招致了舆论的广泛批评。一位气象学家观察到,"联邦紧急事务管理局这几天唯一做的事情就是无所作为"。[85]佛罗里达州州长奇利斯也因为没有尽早提出正式请求而受到指摘。值得肯定的是,9月1日,老布什重回迈阿密-戴德县,视察了更多的受灾地区,对那些遭受苦难的人表示慰问,承诺联邦政府将继续协助重建家园,并呼吁美国人民"竭尽所能地参与其中"。[86]尽管如此,还是有一些人认为,1992年11月的大选中,老布什输给比尔·克林顿的主要原因之一,就是在"安德鲁"过后的那几天里处置不当、反应迟滞。[87]

就在"安德鲁"过后两天,《迈阿密先驱报》对灾后的形势进行了客观的分析,并发起号召:"成千上万的南佛罗里达人还在麻木地悼念逝者,当地人似乎滑落到绝望的深渊,很少有人还记得灾难到来之前的生活。"一些人失去了有电力供应的舒适环境,一些人失去了家园,还有一些人失去了亲人。编辑们想知道南佛罗里达是否还能恢复原貌。"在某种程度上,重建家园的愿望还没有实现,"他们说道,

"有些人遭受的重创会在内心刻下深深的伤痕。有些人则由于经济困难而生活困顿,尚未恢复元气。我们几乎所有人都有自己的难处。"但是,他们坚信,南佛罗里达将会浴火重生。"废墟将被清理干净,绿叶将重新爬满枝头。各个机构将会重建,每个家庭也将重聚……在天灾人祸面前,迈阿密和整个南佛罗里达总是表现得越发坚强,这次也会一样。"[88]的确,所有这一切最终都实现了。

飓风"伊尼基",1992年

横冲直撞的恐龙跟一场大飓风比起来算不了什么——至少当你有一部电影要拍完时是这样的。1992年9月11日,导演史蒂文·斯皮尔伯格计划结束《侏罗纪公园》的拍摄。此时,他和剧组演员以及其他130名工作人员已经在夏威夷的考艾岛(Kauai)工作了数周。[89]这个系列电影的热卖使作家迈克尔·克莱顿(Michael Crichton)的同名著作重焕新生。电影剧情围绕一个岛屿主题公园展开,通过克隆和基因技术诞生的恐龙是该公园的亮点。拍部电影能出什么差错呢?结果,混乱接踵而至。斯皮尔伯格克服了许多障碍才把这个故事搬上大荧幕,但他并没有料到会遭遇飓风登陆。然而,这正是9月11日飓风"伊尼基"(Iniki)[90]袭击考艾岛时所发生的事情。斯皮尔伯格后来说,这真是一场"惊险刺激"的体验。[91]

斯皮尔伯格和他的随行人员并非唯一措手不及的人。飓风在夏威夷非常罕见,在"伊尼基"之前,自1871年以后,只有两次飓风在那里登陆。[92]夏威夷地区飓风较少的原因众多。第一，夏威夷群岛面积较小，位于浩瀚无比的太平洋。因此，即使有相当多的飓风穿越太平洋，某个飓风直接登陆夏威夷群岛的概率也很低。第二，这一地区盛行的信风通常会使飓风从墨西哥海岸向西移动，错过夏威夷，然后将飓风吹向亚洲地区。第三，在夏威夷附近容易产生规模较大的风切变，这往往会破坏飓风的结构。第四，与南部和西部海域相比，夏威夷以东水域的温度通常相对较低（低于 80 华氏度），所以它们不能提供足够的热能来驱动飓风。

因此，9 月 8 日，当热带风暴"伊尼基"（夏威夷语，意为"尖锐刺骨的风"）抵达夏威夷东南部时，几乎没有人感到惊慌。大家认为"伊尼基"会像几乎所有的热带气旋一样错过夏威夷群岛。不过，在接下来的几天里，形势开始变得紧张起来。当年太平洋盛行厄尔尼诺现象，太平洋水域的温度比平常高 1—3 度，"伊尼基"获得了高水温带来的热量，风力越发强劲。[93]更让人担心的是，"伊尼基"并不是朝正西前进。相反，由于在夏威夷西部有一个低压槽，"伊尼基"开始向北移动，朝着夏威夷方向而来。到 9 月 10 日星期四，"伊尼基"已经成为 2 级飓风，风速为 100 英里每小时。它正朝着考艾岛方向前进，风力越来越大。考艾县县长幸村乔安（JoAnn Yukimura）在一场活动上告诉观众，在她得知"伊尼基"的动向后，"我们都应该祈祷飓风掉头离开"。[94]然而，"伊尼基"并没有。

9 月 11 日星期五上午，《火奴鲁鲁广告人报》（*Honolulu Advertiser*）用头版大标题告诫读者："准备迎接'伊尼基'的到来。"此时，

"伊尼基"已经是一场 4 级飓风,风速为 145 英里每小时,阵风风速高达 175 英里每小时,考艾岛已经被汹涌的海浪和强风袭击。该报敦促民众囤积应急物资,并撤离到地势更高和更安全的地区。

那天《侏罗纪公园》停止了拍摄工作,工作人员也没有时间去拖拽或保护岛上精心准备的电影布景。生存是首要目标,剧组的所有人都挤进考艾岛威斯汀酒店的宴会厅躲避暴风雨。多年后,扮演古生物学家艾伦·格兰特博士的演员山姆·尼尔回想起当时的情形,他说:"这可比电影合同上谈到的风险大多了……我们很可能会死在这里。"[95]

11 日下午 3 点 30 分,"伊尼基"在考艾岛西南海岸以 4 级飓风的形式登陆。海风使考艾岛威斯汀酒店宴会厅的墙壁开始晃动,洪水从门缝和天花板的裂缝处涌入。斯皮尔伯格试图通过组织团体游戏和讲鬼故事来让年轻演员们不要担心飓风。导演在寻找绝妙的镜头时,也利用暴风雨的机会,一开始就带领摄影师到海滩拍摄巨浪拍打海岸的画面,他认为这样的镜头可以为电影增加戏剧性的场景(最终,他确实做到了,并将这些镜头用在电影中)。但当天气状况进一步恶化时,酒店的安保人员告诉斯皮尔伯格,户外过于危险,于是他和他的摄影师回到了宴会厅。

到下午 6 点,飓风已经掠过了这个岛,《侏罗纪公园》的演员和工作人员毫发无损,但考艾岛没有这么幸运。"伊尼基"是有记录以来袭击夏威夷的最强飓风。火奴鲁鲁的民防官员称该岛蒙受的损失"令人难以置信"。[96]幸村县长乘坐直升机从空中巡视灾情,她说她看到了如此"彻底的破坏,让我心碎"。[97]近 1.5 万座房屋和企业建筑被破坏，其中约5000座建筑受到重创、1400座被毁。瓦胡岛（Oahu）受到飓风外围和巨浪的袭击，这造成了大面积停电，但损失相对较小。"伊尼基"造成的经济损失是31亿美元，它导致超过1500人受伤、6人死亡。[98]

尽管考艾岛当时暂不允许商业飞机起降，《侏罗纪公园》的制片人凯瑟琳·肯尼迪还是设法乘坐国民警卫队的直升机飞往火奴鲁鲁。在那里，她租了一架私人飞机，将应急物资和医疗人员送到考艾岛，然后用这架空飞机将演员和剧组工作人员运回火奴鲁鲁。几周后，斯皮尔伯格、摄制组和一些演员飞往瓦胡岛拍摄了最后一幕。1993年6月，《侏罗纪公园》上映，至今其全球票房已超过10亿美元。

"伊尼基"使考艾岛的经济陷入瘫痪，生机勃勃的旅游业尤其遭到重创。成千上万的人失去了工作，而且直到八年之后，每年的游客数量才达到飓风之前的水平。[99] "伊尼基"也深深地影响了那些经历过这场飓风的人。3岁的戴维·库克（Davey Cook）在考艾岛上的家被毁了。在飓风刮过之后的几天里，他常常梦到飓风来临前的岛屿和自己的家。在接下来的三年里，戴维的老师反复告诉戴维的父母，每当戴维被要求创作一幅画时，"他只会在白纸上涂抹黑圈——这代表着暴风雨来临时的乌云"。[100]

飓风"卡特里娜"，2005年

"卡特里娜"席卷了佛罗里达州、密西西比州、亚拉巴马州和路易斯安那州的部分地区，造成 1250 亿美元的损失，是迄今为止对美国造成最大经济损失的一次飓风。[①][101] 各方对（直接和间接）死亡人数的估计有所不同，但大多数资料认为死亡人数约为 1800 人，其中路易斯安那州的死亡人数最多。[102]"卡特里娜"的"归零地"是新奥尔良市，该市遭受了最具毁灭性的打击。试图用几页，甚至一整章来描述"卡特里娜"的直接后果和间接影响是一个不可能完成的任务。"卡特里娜"可以说是美国历史上最复杂、最具争议的灾难，它既是一次天灾，也是一场人祸。

关于"卡特里娜"最全面的一本书是道格拉斯·布林克利（Douglas Brinkley）的《大洪水》（*The Great Deluge*），这本书有 700 多页。只要读了这本书，就可以对"卡特里娜"的来龙去脉及其影响有所了解。总的来说，"卡特里娜"的故事错综复杂，包括环境恶化、令人痛苦的悲剧、贪婪的过度开发、糟糕的城市规划、有缺陷的工程、猖獗的暴力与犯罪，以及飓风登陆前后大规模的官僚主义和政治失范。与之形成鲜明对比的是，飓风"卡特里娜"来袭期间也发生了许多英雄主义和人道主义的故事。接下来的内容不是"卡特里娜"的完整历史，只是故事的梗概。

2005 年 8 月 24 日，一场热带扰动在经过巴哈马群岛时演变为热带风暴，此次飓风被命名为"卡特里娜"。[103]次日，它在迈阿密以北 15 英里的佛罗里达东南海岸登陆，此时它已经是 1 级飓风。"卡

---

① 根据 2019 年消费者物价指数调整后，此次飓风也是有史以来造成经济损失最大的飓风。参见本书末尾的"造成巨大损失的飓风排名量表"。

特里娜"在迈阿密造成了 6.3 亿美元的损失,并导致 14 人死亡,
随后它以热带风暴的形式离开佛罗里达,进入墨西哥湾。墨西哥湾
异常温暖的海水给"卡特里娜"带来了持续的能量供给。到 8 月
27 日星期六凌晨,它已经发展为 3 级飓风,并直接向新奥尔良进
发。多年来,人们一直在谈论,是否某天会有一个"超级飓风"袭
击新奥尔良,而现在,这样一场飓风似乎正在逼近。

在此之前,已经有多次飓风的到来对当地的防洪能力予以警
示。1965 年的飓风"贝齐"和 1969 年的飓风"卡米尔"都曾接近
新奥尔良,但没有迎头撞上。尽管如此,"贝齐"还是在路易斯安
那州导致 75 人死亡。此外,"贝齐"过后,新奥尔良暴露出了在应
对洪水方面的脆弱和不足。新奥尔良大约有 50% 的地区低于海平
面,整个城市的平均海拔低于海平面 6 英尺。因此,新奥尔良的大
部分地区就像一个碗,三面被水体包围——庞恰特雷恩湖(Lake
Pontchartrain)、密西西比河和博恩湖(Lake Borgne,墨西哥湾的潟
湖)——所有这些水体都自然地流入城市的低洼地区。唯一的防范
措施就是城市四周的堤防①——它们像盔甲一样抵御洪水,还有城
市中的排水渠和抽水机。

"贝齐"的风暴潮导致一些堤坝被淹没,引发了严重的洪水。
为了解决这个问题,美国陆军工兵部队曾在灾后重建、加固并扩展
了该市的堤坝系统。但由于长期资金不足且年久失修,在"卡特里

---

① 近代以来,新奥尔良的防洪系统都是由堤防和防洪墙组成的。然而,为了使行文
不那么混乱,本书将当地的防洪系统简称为堤坝系统,而不是堤防和防洪墙系统。

娜"前夕，人们十分怀疑该系统的可靠性。[104]自20世纪60年代的飓风"贝齐"以后，由于路易斯安那州沿海湿地系统持续遭到破坏，新奥尔良市对洪水的抵御能力进一步被削弱。历史上，湿地通过减缓风暴潮并吸收水分，起到了缓冲风暴潮的作用。随着湿地的消失，风暴潮带来的威胁进一步恶化。[105]

从很多方面来说，诸如"卡特里娜"这般的灾难早已在意料之中。许多报告和研究预测，当"超级飓风"到来时，新奥尔良有可能会遭受巨大损失。[106] 2002年，新奥尔良的《皮卡尤恩时报》（*Times-Picayune*）发表了一系列探讨这种可能性的文章，标题为"被冲垮"。作者分析，如果一场3级或更高级别的大型飓风袭来，新奥尔良最糟糕的下场会是什么：数千亿加仑的水会溢出堤坝。"这将把这座城市和杰斐逊教区的东岸变成一个深达30英尺的湖，洪水混杂着化粪池、工业和民众生活所产生的化学物质和废物，成为污水。[107]这样的洪水可能会把成千上万的人困在建筑物和车里。与此同时，强风和龙卷风将摧毁一切。"该系列文章暗示，如果堤坝坍塌，情况可能会更加糟糕，这绝不是危言耸听。[108]

就在飓风"卡特里娜"来袭的前一年，联邦紧急事务管理局发起了一项为期一周的模拟演习，此次演习假设，如果移动缓慢的3级飓风"帕姆"（Pam）给路易斯安那州东南部的部分地区带来时速120英里的强风和20英寸的降雨，并且风暴潮淹没堤坝，当地的受灾情况会如何。此次演习的结果发人深省。根据预测，"帕姆"不仅会造成约6万人死亡、17.5万人受伤、20万人患病、100多万居民被迫撤离、50万—60万栋建筑被摧毁，而且新奥尔良的广大地区将被 10—20 英尺深的水淹没。这些积水大多被污染，可以被称为"危险品大杂烩"，含有各种化学物质、细菌和污染物。[109]

"卡特里娜"来临前，各方都收到了大量的预警信息。国家飓风中心监测了飓风的每一次移动，中心主任马克斯·梅菲尔德的工作非常出色，他向地方和国家机构、政客以及媒体通报了飓风的轨迹和强度。每一份报告都加剧了人们的担忧。

马克斯·梅菲尔德，2000—2007 年担任国家飓风中心主任

2005 年 8 月 27 日星期六，国家飓风中心的报告更加令人忧心忡忡。当天上午飓风中心发布的飓风预警于当晚升级为警报，"卡

"特里娜"的强度升至 3 级。该中心还表示，飓风可能会继续增强，并可能以 5 级的强度登陆。这些报告促使地方、州和联邦当局采取了一系列行动。路易斯安那州州长凯瑟琳·巴比诺·布兰科（Kathleen Babineaux Blanco）已经在星期五晚间宣布该州进入紧急状态，并在星期六敦促沿海地区和新奥尔良的居民撤离。为了简化撤离程序，她在路易斯安那州东南部启动了"逆流"撤离计划，该计划只开放州际高速公路向北行驶的所有车道。在布兰科的请求下，正在得克萨斯州农场度假的美国总统乔治·W. 布什（小布什）监控局势，并宣布路易斯安那州进入联邦紧急状态，这启动了联邦紧急事务管理局的援助。新奥尔良西部的圣查尔斯教区和南部的普拉克明教区（Plaquemines Parish）下令强制撤离，而新奥尔良市长雷·C. 纳金（Ray C. Nagin）宣布该市进入紧急状态，并敦促居民撤离。

尽管市、州和联邦各级推出了一系列的防灾举措，但梅菲尔德担心人们仍然没有给予"卡特里娜"足够的重视。星期六下午，他告诉《皮卡尤恩时报》："我们得到的指导、常识和经验表明，这场风暴的强度还在继续提高……这真的非常可怕。"[110] 他敦促那些不打算撤离的居民重新思考他们的决定，要考虑到他们所面临的情况。星期六晚上，梅菲尔德打电话给布兰科和纳金，亲自警告他们，"卡特里娜"对当地居民构成了前所未有的威胁。梅菲尔德后来回忆说："我记得我告诉他们的是，那天晚上我走出飓风中心的时候，我想晚上能睡个好觉，因为我已经竭尽所能了。"[111]

梅菲尔德的言论迫使布兰科和纳金考虑是否下令强制撤离。对于任何政客来说，这都是一个极其棘手的决定，因为敦促民众撤离比命令民众撤离要容易得多。无论是自愿还是强制撤离，撤离必定耗资颇巨，包括差旅费、工资损失和错过的假期补贴等。虽然强制撤离必然比自愿撤离更昂贵，但考虑到涉及的人数更多，具体费用取决于风暴的严重程度和撤离人口的特点。2003年的一项研究估计，面对一场3级飓风，北卡罗来纳州沿海地区的强制撤离费用大约为3200万美元；相比之下，自愿撤离的花费仅约600万美元。在新奥尔良和路易斯安那州沿海地区进行强制撤离无疑要昂贵得多，因为当地人口数量更多。[112]

然而，强制撤离的成本并不是政客们权衡的唯一因素。如果他们下令撤离，但风暴没有来袭，或者风暴远没有预期的那么严重，政治反弹可能会很严重。"假警报"不仅会带来政治风险，还会削弱未来类似撤离令的威信度，因为许多人会简单地假设："嘿，上次他们的预测就错了，这次我们凭什么要相信他们？"不过，梅菲尔德和国家飓风中心的所有报告可以肯定地告诉布兰科和纳金，"卡特里娜"绝不会是虚报。

截至8月28日星期日早上7点，根据国家飓风中心的警报，"卡特里娜"是"一个潜在的、灾难性的5级飓风"，[113]风速为175英里每小时，目前仍在向新奥尔良进发。这个新信息，加上梅菲尔德的个人联系，最终说服了布兰科和纳金采取进一步行动。几小时后，布兰科下令强制撤离路易斯安那州沿海地区的居民，纳金也在新奥尔良下令撤离，这是新奥尔良历史上第一次发布这样的命令。① 在一次新闻发布会上，纳金说："我们正面临着大多数人所惧怕的风暴。形势十分严峻……每个公民的第一选择都应该是离开城市。"[114]纳金对那些无法离开的人说，他们可以到"超级巨蛋"（Superdome）避难，这是新奥尔良最大的体育场馆，可以容纳超过 7.5 万名观众。小布什总统向密西西比州发布了紧急状态声明，联邦紧急事务管理局局长迈克尔·布朗前往巴吞鲁日（Baton Rouge）监督联邦政府的反应。

由于人们一整天都在试图撤离，高速公路被堵塞，汽车排起长龙。尽管如此，仍有大约 150 万人得以撤离，其中包括新奥尔良 50 万居民中的大约 80%。留在这座城市的约 10 万人大多相对贫穷，主要是黑人，他们没有私家车。还有一部分留守的民众身体虚弱，无法离开。下午 6 点，当"卡特里娜"的外围沿着海岸登陆时，纳金下令在新奥尔良实行宵禁，到当晚 9 点，已有 1 万人聚集在"超级巨蛋"避难。

经过一晚后，"卡特里娜"的强度有所减弱。当它于星期一早上 6 点在路易斯安那州布拉斯镇附近登陆时，它的强度为 3 级。类似飓风"卡米尔"的悲剧再次上演，布拉斯几乎被从地图上抹去了，它的姊妹社区特赖姆夫（Triumph）也是如此。好在该地区的 3000 多名居民听从了疏散命令，从而保住了性命。[115]

除了风力十分强劲，"卡特里娜"带来的每小时降雨量更是达到或超过一英寸。幸运的是，飓风并没有直接穿过新奥尔良。相

---

① 与此同时，密西西比州沿海的几个县也下令进行强制撤离。

飓风"卡特里娜"过后，新奥尔良市周围的堤坝被冲毁，部分地区被淹没

反，风暴的风眼于上午10点从靠近密西西比河入海口，该市以东约30英里处经过。随后，"卡特里娜"继续在密西西比州内陆地区移动，迅速失去力量。下午6点，"卡特里娜"减弱为热带风暴。

"卡特里娜"在密西西比州造成了大面积破坏，导致238人死亡，6万套房屋被夷为平地。[116]但路易斯安那州，尤其是新奥尔良受灾程度最为严重。星期一的一些早期报道过早声称这座城市"躲过了一劫"。[117]如《芝加哥论坛报》（Chicago Tribune）的一篇文章说：

第八章 现代飓风"灾难集" 319

2005年8月29日，海岸警卫队进行飞行任务，对"卡特里娜"造成的破坏进行初步评估，可以看到被淹的道路

"直到星期一,'卡特里娜'看似会给新奥尔良带来灾难性的打击。科学家们一直担心这个地势较低的城市,这样的地形在强大的风暴面前非常脆弱。所幸'卡特里娜'在最后一刻掉头向东,朝海洋方向而去,这使新奥尔良免于遭受更严重的破坏。"[118]之后的事实表明这些报道大错特错。尽管"卡特里娜"的中心没有击中新奥尔良,但风暴同样重创了这座城市,在接下来的几天里发生的一切是一场彻头彻尾的灾难。

飓风"卡特里娜"席卷路易斯安那州后,"海狼号"和"海隼号"两艘渔船在公路上搁浅

"卡特里娜"是一场巨大的风暴,它产生了同样巨大的风暴潮,风暴潮在密西西比州帕斯克里斯蒂安高达 27.8 英尺,打破了之前 24.6 英尺的纪录,这是飓风"卡米尔"在同一地点创造的。新奥

尔良附近的海浪有近 20 英尺高，它导致密西西比河、密西西比河-海湾出口运河和庞恰特雷恩湖的水位急剧上升。结果，城市许多地方的堤坝被淹没，这导致低洼地区有大量洪水泛滥。然而，当各处堤坝决堤时，真正的问题开始了。星期一早上 5 点前后，第一个确认的决口点出现在 17 街运河沿线。随后又出现了 50 多处决口。到星期三，当洪水最终停止涌入该市时，新奥尔良 80% 的地区已经被淹没了，一些地区的水深达到 10 英尺或更多。成千上万的个人房屋和企业建筑被淹没。

如果堤坝没有被冲毁，新奥尔良仍然会遭受严重的洪水，但损失可能不会那么严重。当堤坝决口时，庞恰特雷恩湖和整座城市被一片广阔的水域淹没，"卡特里娜"成为一场真正的历史性灾难。

在"卡特里娜"登陆后的几天里，新奥尔良及其周边地区的灾情几乎是无法想象的。正如之前的模拟演习所预测的那样，数以万计的人被困在家中，"危险品大杂烩"倾泻而出，遍布城市。当时的气温高达 90 华氏度，有时甚至超过 100 华氏度，这些死水变成了危险化学物质和污水的恶臭混合物，接触甚至闻到这些物质都很危险。皮疹、感染、刺耳的咳嗽和其他呼吸问题普遍存在。死者和肿胀的尸体漂浮在水面上，或横陈于汽车和围栏上，又或者被洪水冲上岸。

随着水位上升，许多人被迫进入阁楼，或不得不冲破屋顶逃生。一些没能到达高处的民众最终在自己家中淹死。断水断电、食物匮乏，许多被困者在等待援助到来时经历了严重的脱水和饥饿。

飓风"卡特里娜"过后,密西西比州比洛克西的一家华夫饼屋被飓风席卷,只余下地基、招牌和一些椅子

有些人没能挺过来。老年人和体弱多病的人面临的风险最大。救援人员通常仅凭气味就能判断房子里是否有死人。

无论是为了生存还是出于私利，抢劫事件大规模发生。[119]虽然有些抢劫者当场被抓，他们要么逃跑，要么被捕，但这只是例外，而不是普遍现象。新奥尔良的警察队伍，有过丑闻和腐败调查的麻烦历史，如今很难保持团结，更不用说维持治安了。数百名警官在风暴中失去了家园，还有几百人未经允许擅自离开了岗位。车站被淹，巡逻警车被毁，通信被破坏，许多警察没有报到，但警方还是努力协调以应对危机。尽管他们偶尔会试图阻止抢掠者和纵火犯，但他们把大部分时间花在帮助飓风和洪水的受灾者上。路易斯安那州国民警卫队和正规军的精力也集中在援助和救援受灾者上，无暇执法。

星期一清晨，"超级巨蛋"停电了，当时有1万人在那里避难。应急发电机只为昏暗的应急照明提供了电力，而没有为空调提供电力，因此温度迅速上升。飓风"卡特里娜"在屋顶上撕开了两个大洞，雨水灌入场馆。到星期一晚上，"超级巨蛋"内的人数已经膨胀到2.5万人，但那里储存的食物和水只够1.5万人使用3天。幸运的是，星期二晚上又有6.5万份食物被送来。没有自来水，浴室也不能用了。联邦紧急事务管理局雇员马蒂·巴哈蒙德（Marty Bahamonde）回忆起他在"超级巨蛋"的经历时说："这是城市最后的避难所，它像个化粪池一般。走廊被用作厕所，到处都是垃圾，其中有成千上万的孩子。这是可悲的，是不人道的，是错误的！"[120]新奥尔良的莫里亚尔会议中心（Morial Convention Center）也变成了一个临时避难所，容纳了大约2.5万人，这里的卫生条件同

飓风"卡特里娜"过后，密西西比州格尔夫波特市（Gulfport）的民众在房屋外放置了警告抢劫犯的标语

样可怕，甚至更糟。

当地医院的数千名医生和工作人员在照看院里近 2000 名病人时面临着艰难的抉择。[121]大多数医院没有电力，水和药品供应有限。许多病人在撤离发生前已经死亡。在纪念医疗中心（Memorial Medical Center）有 260 名患者，绝大多数在灾难期间死亡，此事件引发了大量的批评。事后，记者谢里·芬克（Sheri Fink）对其中 45 名患者的死因进行了系列调查，发现一些死者被注射了大量的药物，这加速了他们的死亡。这些调查和随后的审判是芬克获得普利策奖的著作《医院五日》（*Five Days at Memorial*）的基础。[122]

救援行动缓慢得令人沮丧。这些延误尤其令人不安，因为那些在飓风来袭前无法离开城市的穷人和虚弱的人是最脆弱的，也是最需要帮助的人。"超级巨蛋"和会议中心里的人直到 9 月 4 日星期日才被完全撤离。撤离人员被送到了得克萨斯州休斯敦的天体观测窗（Astrodome）和瑞莱中心（Reliant Center，现在的 NRG 中心）以及全国各地的其他地方，在那里，他们有食物、住所、医疗，有机会吸一口气，开始决定人生接下来的步骤。

一些组织和个人花了一周的时间来营救或援助成千上万被困在家庭、医院和企业里的人。参与这些行动的有路易斯安那州国民警卫队、海岸警卫队、陆军第 82 空降师、海军陆战队、新奥尔良警察局和联邦紧急事务管理局。此外，许多来自全国各地的个人和组织带着人员和物资涌入。沃尔玛向新奥尔良派遣了大批员工，并运送必需品，包括食物、衣服和水，美国航空公司（American Airlines）也空运了应急物资和撤离的人员。也许提供这种慷慨支持的最著名的例子是民间志愿团体"卡津海军"（Cajun Navy），在新奥尔良遭受"卡特里娜"袭击后的两天内，他们的搜救船队拯救了 1 万余人，并将这些人运送到安全的地方。[123]

直到 9 月 5 日星期一，陆军部队才最终修复了堤坝的所有决口。就在那时，这座城市复杂的抽水系统由于碎片堵塞和缺乏备件而步履蹒跚，但又开始工作了。洪水流回了庞恰特雷恩湖，10 月初，这座城市终于排干了积水。

除了飓风"卡特里娜"带来的痛苦和苦难之外，还有一个问题：为什么飓风"卡特里娜"对新奥尔良来说是如此可怕的灾难，为什么政府花了这么长时间才向该市提供救援物资。部分责任要归于大量的个人、政客、企业和其他组织，数百年来，他们以"进步"的名义，破坏了路易斯安那州大部分的沿海湿地。仅从20世纪中叶开始，该州就失去了超过2000平方英里的湿地，面积甚至超过了特拉华州。[124]虽然一些损失是飓风等自然原因造成的，但大部分是人类行为的直接后果。失去了湿地提供的缓冲和保护，新奥尔良及其他沿海城市和城镇更容易受到飓风的袭击。[125]

新奥尔良的堤坝系统是为了抵御3级飓风而建的，显然抵挡不住"卡特里娜"。[126]那次决口把非常糟糕的情况变成了一场灾难。决堤的原因是资金长期不足，以及设计和施工上的严重缺陷。这些问题应该直接归咎于那些低估堤坝系统的政客、建造它的陆军部队，以及监督系统的运行和维护的新奥尔良防洪局。

地方、州和联邦政府对飓风及其直接后果的反应也严重迟缓。尽管一场大型飓风即将到来的预警意义重大且非常明确，但布兰科和纳金直到飓风登陆前不到24小时才发布强制撤离命令。面对如此庞大的地区和如此密集的人口，至少应该留出48—72小时的撤离时间。[127]纳金后来承认，等待这么久是个错误决定。他在2006年初告诉CNN的安德森·库珀（Anderson Cooper）："我现在的做法会完全不同……我希望我能早点与马克斯·梅菲尔德商谈，这样一来，强制撤离可能提前24小时就完成了。"[128]

但是，无论命令发布得有多早，对新奥尔良的居民进行更全面的撤离都将在某种程度上受到影响，因为该市的撤离计划在如何最好地撤离居民的具体细节上含糊其词。此外，市政府没有充分利用现有的一些资源来撤离居民。例如，360辆区域交通管理局的公交车就停在停车场，而没有被征调来运送人们出城。美国铁路公司（Amtrak）在飓风来袭前，将列车驶离新奥尔良。它计划提供700个座位来运送人们撤离，但市长办公室无视了这一提议，于是这辆"幽灵列车"空着离开了新奥尔良。

联邦政府应该为此次灾难负主要责任。小布什总统、联邦紧急事务管理局局长布朗，以及布朗的上司［国土安全部部长迈克尔·切尔托夫（Michael Chertoff）］都未能迅速意识到危机的严重性，甚至当他们意识到危机已经发生时，他们的反应依旧迟缓，效率低下且无能。

小布什总统直到9月2日星期五才访问墨西哥湾沿岸，在莫比尔、比洛克西、巴吞鲁日和新奥尔良停留。在莫比尔，他对媒体发表了讲话，在讲话中，他转向布朗说："布朗尼，你做得非常出色。"[129] 正如道格拉斯·布林克利在其书中指出的那样，事实远非如此。"无论是由于他自身的无能，还是由于缺乏同他人的合作，迈克尔·布朗显然没有做好救灾工作。总统对实际情况的无知，以及他漫不经心的态度，使联邦紧急事务管理局的表现成为一场彻头彻尾的灾难。"[130] 布林克利提到的缺乏合作是路易斯安那州的一个严重问题，因为纳金、布兰科和联邦政府经常不能很好地沟通和合作。遑论联邦紧急事务管理局本身就是最大的问题。

在比尔·克林顿总统执政期间，联邦紧急事务管理局得到了比乔治·W.布什总统时期更高的知名度和更多的资金。克林顿将联邦紧急事务管理局提升为内阁级机构,并任命詹姆斯·李·威特(James Lee Witt)领导该机构,使他成为第一位在应急管理方面有实际经验的联邦紧急事务管理局局长,他曾领导阿肯色州应急服务办公室。威特被戏称为"灾难大师",[131]他在任期内,精简了官僚机构。因此,联邦紧急事务管理局在其专业性和有效性方面一直得到很高的评价。

在乔治·W. 布什当选总统两年后,他取消了联邦紧急事务管理局的内阁级地位,将其并入规模庞大的国土安全部。国土安全部是在2001年9月11日恐怖袭击发生后成立的。小布什还削减了联邦紧急事务管理局的预算,并出于裙带关系挑选了一些没有应急管理背景的局长和下属。小布什政府的第一任局长是乔·阿尔博(Joe Allbaugh),他曾担任布什在得克萨斯州的州长办公室主任,并在2000年担任小布什的竞选主管。迈克尔·布朗在被任命为局长之前是联邦紧急事务管理局的总法律顾问和副局长。虽然是一名受过训练的律师,但布朗没有应急管理经验。在加入联邦紧急事务管理局之前,他曾担任国际阿拉伯马协会的裁判和管理专员,在他于该协会任职期间,曾发生多起针对该组织的纪律处分诉讼。[132]

在布朗处置2004年佛罗里达地区的系列飓风时,各方对其表现褒贬不一。而在飓风"卡特里娜"来临时,布朗领导的联邦紧急事务管理局的应对尤其糟糕,而其上级的决策和指挥不当则使联邦政府在此次危机中更为捉襟见肘。该机构的众多缺点之一是信息滞后,尤其对灾情进展的了解程度较低。[133]在飓风来临前,该机构未对联邦救援人员进行明确的分工,没有及时安排公共汽车进入城市撤离幸存者,未能及时储备、运输应急物资,没能更好地组织协调参与援助的外部组织,更没能促进应急人员之间、救援人员与公众之间的有效沟通,在灾后也没有对死难者遗体进行妥善的处理。①

9月1日星期四,新奥尔良国土安全局局长特里·埃伯特(Terry Ebbert)发表了讲话,他简明地表达了对联邦紧急事务管理局失职的失望和愤怒,他说:"这是我们国家的耻辱。联邦紧急事务管理局的人已经在这里三天了,但没有下达任何指令。我们可以给(印度尼西亚)海啸灾民提供大量援助,却不能救助新奥尔良市?"[134]9月4日,《皮卡尤恩时报》发表了一封《致布什总统的公开信》,呼应了埃伯特对联邦政府的指责。"尽管有多种途径能够到达灾区,"编辑们写道,"但在上周的飓风过后,我们国家的官僚们花了好几天的时间表达自己的焦虑,哀叹他们既不能救援被困在这座城市的受害者,也不能为他们提供食物、水和医疗用品。"在这种紧急情况下,联邦却没有派来任何训练有素的、承担迅速救援任务的人员。令人惊讶的是,负责救援工作的联邦官员没有派遣军队和运送物资,而是声称无法进入城市。普通记者、沃尔玛员工和民众的卡车却都能够进入城市。"我们很生气,总统先生,"编辑们接着说,"我们的人民值得拯救……这是政府的耻辱。"[135]

在2005年12月的一次国会听证会上,新奥尔良居民帕特里

---

① 2015年,布朗在一篇文章中表示,他对自己常年被指责应对不力而感到疲惫不堪。布朗认为,大部分责任应归咎于路易斯安那州州长和新奥尔良市长,因为他们没有更早下令撤离。他认为,自己的上司也应该承担责任,他声称,这些人在危机最严重的时候剥夺了他的决策能力。可参见 Michael Brown, "Stop Blaming Me for Hurricane Katrina," *Politico*, August 27, 2015, https://www.politico.com/magazine/story/2015/08/katrina-ten-years-later-michael-brown-121782?o=0。

夏·汤普森（Patricia Thompson）发自内心地讲述道，该市许多民众感觉被政府"遗弃"。"市政官员没有采取任何措施来保护我们。我们被告知去'超级巨蛋'、会议中心，或通过州际高架桥撤离，来确保安全。事实上，在一周多的时间里，我们每天都尝试通过不同的途径生存下去。我们看到了公共汽车、直升机和联邦紧急事务管理局的卡车，但没有人停下来帮助我们。我们一生中从未感到如此与世隔绝。在这种情况下，你只能做到二选一，要么放弃生的希望，要么尝试所有求生手段。我们选择了后者。我们也确实是这样做的。我们睡在街道上，睡在死难者遗体、粪便和尿液旁边。城市里到处都是垃圾。恐慌和恐惧吞没了一切。"[136]

由于表现不佳，布朗于9月12日辞职。值得赞扬的是，小布什最终意识到联邦政府对飓风"卡特里娜"的反应是糟糕透顶的。9月13日，他在回答一名记者的问题时说："'卡特里娜'暴露了我们各级政府的反应能力存在严重问题，如果联邦政府没有充分做好自己的工作，我愿意承担责任。"[137]

尽管如此，"卡特里娜"期间的糟糕表现还是给小布什的政治声誉和历史评价留下了永久的阴影。[138]正如小布什的一位顾问所言："他的声誉从未从'卡特里娜'中恢复过来。伊拉克战争（小布什下令发动的战争）带来的灾难毫无帮助。但很明显，'卡特里娜'之后，他再也没有像以前那样受欢迎了。"[139]一些观察人士认为，应对"卡特里娜"的失败促成了民主党2006年中期选举的巨大胜利。即使在今天，每当某位总统未能以令人满意的方式应对危机，反而因其行动不力而受到嘲笑时，专家们会迅速把那次事件称为总统的

"卡特里娜"。[140]

许多人认为，种族主义是联邦政府应对灾难不力的一个因素。演员科林·法瑞尔在接受电视节目《走进好莱坞》采访时被问及"卡特里娜"的后果，他提出了这个问题。"如果是一群白人在汉普顿斯（Hamptons）的屋顶上，我毫不怀疑政府会调派每一架直升机、每一架运输机，采取所有可能的手段去帮助这些人。"[141]作家兼社会学教授迈克尔·埃里克·戴森（Michael Eric Dyson）对这种情况给出了更为激进的评价。"可以肯定地说，种族主义是布什政府和联邦紧急事务管理局负责人迈克尔·布朗应对危机失败的主要因素，他们没有及时回应路易斯安那州的贫困黑人的需求。因为在整个美国的历史上，黑人的磨难和痛苦都是被忽视的。"[142]

然而，其他人有不同的看法。就在"卡特里娜"过后，时任联邦参议员的贝拉克·奥巴马评论说："媒体对留在新奥尔良的人大多是穷人和非裔美国人这一事实给予了很多关注。我曾公开表态，我不认为联邦紧急事务管理局和国土安全部迟滞的反应是基于某种种族主义立场。我不同意这一观点，我认为这种观点略显偏激。"[143]究竟是纯粹的失职，还是兼有失职和种族主义因素，这是一个难以回答的问题，尽管从更广泛的角度来看，奥巴马总统对"卡特里娜"的反思或许是最好、最简洁的。2015年，奥巴马在新奥尔良受灾最严重的下九区的一个新社区中心发表演讲时表示："最初，'卡特里娜'确实是一场自然灾害，然而它随后恶化成了人为灾难——政府背弃其对公民责任的渎职。"[144]

"卡特里娜"过后，艰难的恢复重建工作随即开始，这是一项持续多年的任务。大量的桥梁、道路和栈桥被损毁。仅在新奥尔良，就有13.4万套房屋受损，约占房屋总数的70%，而墨西哥湾沿岸地区受损的房屋数量为100万套。许多受灾房屋已经无法居住。成千上万的人突然失业，他们的生计被彻底摧毁或淹没。失去这么多住房和工作岗位，无家可归的人口激增。与此同时，当地的人口发展受到了重大打击，人口流失成为新奥尔良灾后最严重的问题之一，当地居民减少了50%以上，目前还没有完全恢复。

保险索赔涵盖了"卡特里娜"造成的数百亿美元损失，慷慨的慈善机构和个人捐款又增加了70亿美元的重建资金。当然，联邦政府的资助力度最大，为飓风救援和重建投入了超过1000亿美元。[145]

"卡特里娜"过后，联邦、州和地方政府花费了大约200亿美元来彻底修复新奥尔良周围350英里的保护性堤坝。改进措施包括加固和延长堤坝，建造风暴潮闸门，增加一道混凝土防洪堤（从太空可以看到），以及建造更强大的抽水站，其中一个是世界上最大的抽水站之一。这些改进是否能在另一场大飓风来袭时保护新奥尔良还有待讨论。由于缺乏资金和工程上的可行性，新系统被设计用来抵御所谓的百年一遇的洪水——换句话说，任何一场超过此强度的洪水都有可能再次引发决堤。[146]不幸的是，"卡特里娜"造成的洪水可能已经达到了二百年到二百五十年一遇的强度，所以如果再来一次如此规模的飓风，这座城市很可能会再次经历一场大洪水。

但实际情况比这更为可怕。2019年中，在改进的新堤坝系统最终完成后不到一年，美国陆军工兵部队承认，由于工程系统的巨大重量，再加上它下面的土壤较为脆弱，堤坝正在下沉。堤坝下沉的问题，以及最近海平面的上升，使该部队预测，到2023年，他们建造的降低风暴损害风险系统——有史以来最大的公共工程项目之一——将不再能够保护新奥尔良免遭百年一遇洪水的侵袭。[147]对此，该部队总结道："如果未来没有抬升堤坝来抵消固结、沉降和海平面上升的影响，大新奥尔良地区的生命和财产面临的风险将逐步增加。"政府官员和公众正在讨论采取什么措施来补救这种严重的情况。[148]

飓风"桑迪"，2012年

2012年10月22日星期一，一个新的热带风暴正在形成，名为"桑迪"。此时它正位于加勒比海的中心，缓慢地向北移动，貌似并不会造成太大的威胁。来自欧洲、加拿大和美国的气象学家运行他们的计算机模型来预测风暴在未来几天可能会如何发展，一些结果令人惊讶甚至震惊。美国的主要模型——全球预报系统模型——预测风暴会演变为一个大飓风，并沿着一条相当典型的路径朝东海岸方向移动，与海岸平行，然后远离海岸，再朝右转向，远离陆地进入北大西洋。然而，欧洲和加拿大的模型预测的走向截然不同。"桑迪"将演变为一场大飓风，但最终并没有偏离海岸，而是向左急转弯，在大西洋中部沿岸的新泽西州南部附近登陆。[149]

许多美国气象学家认为，欧洲和加拿大的模型是不正确的。毕竟，自1851年以后，从加勒比海来的飓风从来没有发生过如此戏剧性的左转弯，直接袭击新泽西州。在那段时间里，唯一登陆新泽西州的飓风是"1903年流浪者飓风",它袭击了大西洋城附近,但它不是来自加勒比海;[150]相反,它在更高的纬度快速地穿越大西洋。在许多美国人看来,"桑迪"袭击花园之州的可能性微乎其微,令人难以置信。然而,事实证明,欧洲和加拿大的模型是正确的。用哥伦比亚大学教授、气象学家亚当·索贝尔(Adam Sobel)的话来说,10月25日星期四,全球预报系统模型"灵光一现","同样预测飓风会向左转弯"。[151]

当各方的预测互相印证时,"桑迪"已经被证明是一场致命的风暴。10月24日,它以1级飓风的形式横扫牙买加东部,造成1人死亡和1500多万美元的损失。第二天,"桑迪"以3级飓风的形式袭击了古巴东部,造成11人死亡和8000万美元的损失。虽然"桑迪"直接在古巴登陆,但它对海地造成的破坏更严重。[152]

海地是西半球最贫穷的国家,2010年1月12日,灾难性的7级地震重创海地。2012年,"桑迪"的外围到达,带来了强风和超过20英寸的降雨。成千上万流离失所的海地人住在帐篷和损坏的房屋里,许多房屋被随后的洪水和泥石流冲毁或冲走。54人死亡,大约1.8万人无家可归,由于该国近70%的农作物被毁,那些幸存下来的人面临的情况比他们在地震后的境遇还要可怕。2级飓风"桑迪"离开古巴和海地后不久,袭击了巴哈马群岛的边缘,导致2人死亡,然后继续向北移动,减弱为1级飓风。

到那时为止,"桑迪"造成的破坏已经足够恶劣了,但模型的预测更糟糕——在未来,风暴很可能成为一个"庞然大物"。[153]模型预测,随着"桑迪"向北移动,它将被东部和北部的高压包围,最终转向大西洋中部海岸。此外，常规情况下，原本可能将"桑迪"向东推入海洋的喷射气流，现在反而推动"桑迪"向西移动。但最令人担忧的是美国东部的低温低压系统。根据模型的预测，该系统将与"桑迪"相结合，形成一场巨大的混合风暴，气象学家和媒体称之为"怪兽风暴"（Frankenstorm）。[154]

这个朗朗上口的名字成为一个网络热词，同名的推特账号很快被人抢注，"怪兽风暴"和"桑迪"随即登上了社交媒体平台的热搜。[155]更富戏剧性的是，媒体将"桑迪"比作1991年的"完美风暴"（Perfect Storm）。这两场风暴有一些类似的特征，并因塞巴斯蒂安·容格（Sebastian Junger）的同名小说及其衍生的电影而闻名。尽管"完美风暴"没有在美国登陆，但它造成了数亿美元的损失，并导致13人死亡，其中包括马萨诸塞州格洛斯特（Gloucester）的"安德烈亚·盖尔号"（Andrea Gail）渔船上的6人，容格这本书的核心内容就是这艘渔船与风暴的悲惨斗争。

根据多个模型的预测，"桑迪"会在未来一周内，也就是万圣节前夕登陆。这种巧合成为一些记者追求的新闻"噱头"。[156]例如，国家公共广播电台把"桑迪"称为"万圣节惊魂"。[157]至于"桑迪"的确切袭击地点，目前还无法确定，但从某种意义上说，这并不重要。由于其移动范围涵盖了人口稠密的中大西洋沿岸地区，"桑迪"在任何地方登陆都可能造成重大灾难。

恐惧笼罩着沿海的城镇，人们开始为"桑迪"的到来做准备。就在各类船只前往港口寻找安全的港湾时，罗宾·沃尔布里奇

（Robin Walbridge）决定出海。他是"邦蒂号"（*Bounty*）的船长，这艘船是18世纪英国皇家海军舰船"邦蒂号"的复制品。1787年，"邦蒂号"船长威廉·布莱（William Bligh）前往塔希提岛接收一批面包果树，并将它们运到西印度群岛的英国殖民地，作为奴隶的食物来源。1789年4月28日，大副弗莱彻·克里斯蒂安（Fletcher Christian）领导了一场叛变，布莱和其余18名忠于他的人乘坐一艘23英尺长的小艇在海上漂流，设法回到英国。这次著名的叛变成为许多书籍和电影的灵感来源。

沃尔布里奇的这艘108英尺长的"邦蒂号"是一艘功能完备的船，比原版稍大，是为1962年的电影《"邦蒂号"叛乱》（*Mutiny on the Bounty*）所建造的，马龙·白兰度饰演克里斯蒂安。影片拍摄结束后，"邦蒂号"几经转手，到了21世纪初，它被用作旅游景点和海盗主题电影的道具。多年来，"邦蒂号"遇到了很多严重的问题，如木头腐烂、漏水和设备故障，这让人们对它的适航性产生了相当大的怀疑。2012年9月下旬，这艘船被送往缅因州布斯湾（Boothbay）的一家船厂进行维修，但经过一个月的修缮，这艘船的状态仍然不佳。尽管如此，它还是驶往康涅狄格州的新伦敦，于10月24日抵达。[158]

第二天下午，刚过63岁生日的沃尔布里奇把15名船员召集起来开了个会。虽然核心船员拥有丰富的海上经验，但船上的许多人没有。大多数人在"邦蒂号"上待了不到6个月，而且从来没有在其他船上工作过。沃尔布里奇跟船员讨论接下来的行程。他们即将启程前往佛罗里达州圣彼得斯堡，在那里参加11月10日的一项慈

第八章 现代飓风"灾难集" 337

罗伯特·多德（Robert Dodd）于1790年前后创作的一幅彩色版画，描绘了1789年4月28日，威廉·布莱船长和他18名忠诚的船员被逐出"邦蒂号"，在海上漂流

善活动。他说，他很清楚"桑迪"预计会沿海岸前进，他计划先航行到"桑迪"前行轨迹以东的远海去。一旦飓风朝西转向海岸，"邦蒂号"就向南航行到佛罗里达，这样实际上可以避开飓风。

　　沃尔布里奇知道，当"桑迪"向北前进时，有些船员对沿着海岸航行感到紧张，他向他们保证，"邦蒂号"会很安全。在沃尔布里奇掌舵的十七年里，他经历了许多恶劣的天气，他向他们保证无须担心"桑迪"。事实上，就在船驶往布斯湾之前，沃尔布里奇曾告诉一名电视记者，"邦蒂号"正在"追逐飓风"，他利用飓风的可怕风力为自己服务。不过，沃尔布里奇说，如果有人想离开这艘船，他能理解，这样，飓风就不会对他们不利。他们可以自行前往佛罗里达，再与"邦蒂号"会合，但要自己付钱才能到达那里。尽管对于在即将到来的飓风中航行，以及在一艘没有彻底修好且过往表现不佳的船上航行有些担忧，但没有一个船员离开。日落后不久，"邦蒂号"在新伦敦起锚。

皇家海军舰船"邦蒂 2 号"，1960 年制造的高桅帆船

10月26日星期五，国家飓风中心预测，在接下来的几天里，"桑迪"将与西边寒冷的低压系统交汇并转变为温带气旋。从理论上讲，它有冷气压中心和不对称的气旋形状，而飓风则有典型的热气压中心，且在风眼附近形状对称。因此，"桑迪"已经不能再被称为飓风。从飓风到温带气旋的变化丝毫没有减少"桑迪"的潜在威力。[159]

各种迹象表明，"桑迪"将保持1级飓风的风力，并在新泽西和纽约海岸引发4—8英尺的巨大风暴潮，预计它将在那里登陆。更糟糕的是，"桑迪"规模巨大，其热带风暴级风力从中心向外延伸了近500英里，这意味着它的宽度接近1000英里，相当于从波士顿开车到南卡罗来纳州查尔斯敦的距离。巨大的规模使"桑迪"成为有记录以来最大的大西洋飓风，尽管有关飓风规模的记录只能追溯到1988年。从太空看，"桑迪"似乎要吞噬东海岸的大部分地区。[160]

"桑迪"的防范工作进入了最紧急的时刻。纽约州州长安德鲁·M. 科莫（Andrew M. Cuomo）于星期五宣布纽约州进入紧急状态。[161]第二天一早，新泽西州州长克里斯·克里斯蒂（Chris Christie）也宣布新泽西州进入紧急状态。"我们不应低估这场风暴的影响，"克里斯蒂在声明中说，"我们不应假设这些预测是错误的。我知道，我也在这里住了一辈子，每个人可能都会说，见鬼，纽约不会出现飓风，天气预报员总是搞错，我们就待在这儿，别管那些预警。请大家千万不要这么想，我们必须做好最坏的打算。"为此，克里斯蒂下令从桑迪胡克（Sandy Hook）向南到开普梅的多个地区，以及大西洋城赌场进行强制撤离，撤离开始时间为星期日下午 4 点。[162] 美国总统贝拉克·奥巴马想要避免小布什总统在飓风"卡特里娜"期间的错误，同时，他也渴望做正确的事，在危机期间展现自己强大的领导能力。因此，奥巴马向联邦紧急事务管理局下令，随时准备向受影响的州和地方提供一切必要的帮助。联邦紧急事务管理局的工作人员已经开始紧锣密鼓地为可能面临的灾后救援工作做准备。[163]

在星期六下午 6 点的新闻发布会上，纽约市市长迈克尔·布隆伯格（Michael Bloomberg）决定不进行撤离。布隆伯格表示："我们是根据风暴的性质做出决定的。虽然我们预计会有洪水，但不会是热带风暴或飓风类型的浪涌。在这场风暴中，水位可能缓慢上涨，而不会出现 14 个月前飓风'艾琳'到来时那突如其来的巨浪。所以'桑迪'不会那么危险。"[164]

他所说的"艾琳"是于 2011 年 8 月底袭击该地区的飓风。在"艾琳"来临前，州政府担心地铁系统会被洪水淹没，所以有史以来第一次关闭了纽约市的地铁。虽然"艾琳"确实引发了 4 英尺多一点的风暴潮，但并未淹没地铁，该市也没有遭受预想中的大范围破坏。[165] 显然，布隆伯格和他的团队认为"桑迪"比"艾琳""危险小"。因为据预测，"桑迪"在登陆时只是一场温带风暴，而不是飓风。这是一个错误的假设，从星期六到星期日上午，国家飓风中心和其他组织的气象学家试图说服布隆伯格的团队，洪水将会很严重，撤离是十分必要的。更重要的是，气象预报显示，"桑迪"的风暴潮将有 6—11 英尺高，比"艾琳"带来的威胁要大

第八章　现代飓风"灾难集"　341

得多。

气象学家的说服工作起到了一定效果。10月28日星期日中午前，布隆伯格又召开了一次新闻发布会，宣布强制撤离居住在低洼地区的37.5万人，并在星期一关闭全市所有学校，将110万学生的周末延长一天。[166]与此同时，科莫州长下令从晚上7点开始暂停该市所有公共交通服务，使大约850万人无法乘坐地铁、公交车和火车等交通方式通勤。百老汇剧院取消了星期日和星期一的演出，卡内基音乐厅也是如此。联合国的外交官和工作人员被告知星期一放假。纽约证券交易所和纳斯达克也宣布将于星期一休市。上一次天气造成这样的破坏是在1985年，当时飓风"格洛里亚"（Gloria）来袭。[167]

对飓风感到担忧的不只是纽约和新泽西。考虑到"桑迪"的巨大规模，东海岸的大部分地区已做好了准备。奥巴马总统宣布康涅狄格州、华盛顿特区、特拉华州、马里兰州、马萨诸塞州、纽约州、新泽西州和罗得岛州进入紧急状态。沿海地区的航空公司取消了航班。星期一，巴尔的摩、波士顿和华盛顿的学校纷纷停课，国会大厦中的联邦机构以及附近的地铁也将关闭。[168]

当整个美国东海岸都在为"桑迪"的到来做准备时，"邦蒂号"的船长和船员正在为生存而挣扎。星期六，沃尔布里奇决定放弃从东边绕过飓风的计划，转而朝西南方向航行。显然，他想绕到飓风的西侧，"桑迪"西侧风力相对较小且风朝西南吹，风向对于"邦蒂号"是顺风，有助于它更快到达下一个目的地——佛罗里达。

282

然而，这个决定使"邦蒂号"与风暴相遇。到星期日早上，20—30英尺高的海浪和时速高达 100 英里的狂风猛烈冲击着"邦蒂号"。由于水压过大，船进水的速度比水泵抽水的速度还要快。船剧烈摇晃，许多船员晕船，无法入睡，疲惫不堪。船上的工程师在出航前一天摔了一跤，右手骨折，现在又摔了一跤，伤了一条腿，手臂上有一道严重的伤口。[169]

在这种绝望的情况下，42 岁的克劳丁·克里斯蒂安（Claudene Christian）给她的母亲发了一条短信。虽然之前没有驾驶高桅帆船的经验，2011 年 5 月，克里斯蒂安还是加入了"邦蒂号"的队伍，成为一名船员，踏上了冒险的旅程。"我过得很好，非常开心，能在'邦蒂号'上做我喜欢做的事情，"她写道，"如果最糟糕的事情发生了，我真的因为船沉没而遭遇不测……你只需要知道，在这段旅程中，我是真的，真的很快乐!!……我爱你!"[170]

从白天到晚上，船长和船员们一直在努力让"邦蒂号"保持漂浮状态并继续前进，但在狂风巨浪的猛烈冲击下，这是一场失败的斗争。晚上 8 点 45 分，当"邦蒂号"在哈特拉斯角东南约 100 英里处时，沃尔布里奇试图联系北卡罗来纳州的海岸警卫队。他没有请求救援，相反，他只是提醒他们，"邦蒂号"处境十分危险，并告诉海岸警卫队明天早上"邦蒂号"可能需要帮助。此时，这艘船的一面主帆已经被撕成碎片，引擎室内的积水达到了 4 英尺的高度，两个引擎中只有一个还在运转，而这个引擎也快要坏掉了。沃尔布里奇承受着严重的伤痛，早些时候，当船被海浪击中时，他被抛到了用螺栓固定的桌子的边缘。另一名船员则被甩到甲板上，肩膀脱臼，几根肋骨骨折。

午夜过后不久，一架海岸警卫队 C-130 飞机穿过了飓风和暴雨，在十分有限的能见度下抵达了"邦蒂号"所在的位置。当副驾驶迈克·迈尔斯（Mike Myers）终于在下方 500 英尺处的黑暗中看到"邦蒂号"时，他说："它看起来就像一艘处于飓风中心的大型海盗船。"[171]

C-130 的任务是监测情况，保持与舰船的通信，如果可能的话，向舰船甲板空投应急物资和抽水泵。但当飞机到达的时候，"邦蒂号"的情况已经越来越糟了。唯一还能工作的引擎也报废了，船完全在海上漂流。引擎室里的水有 6 英尺深，而且上升得很快。C-130 自身的境遇也非常恶劣，一些机组人员因晕机而呕吐，他们无力把 C-130 上的任何东西准确地空投到"邦蒂号"的甲板上。于是飞机只能在上空盘旋，与"邦蒂号"保持联系，并向基地报告它的所见所闻。

此时，"邦蒂号"已几近损毁，船员们开始收集装备，准备弃船。海岸警卫队"掠夺者"救援直升机预计在黎明时分到达。但沃尔布里奇和他的手下等不了那么久。凌晨 3 点 30 分，超过 10 英尺深的海水在船里晃来晃去，他们纷纷穿上了防水服。大约一小时后，船体开始严重地向右倾斜，船头被巨浪淹没了。在最后关头，大副向 C-130 发出求救信号，告诉飞行员"邦蒂号"正在沉没，他们要弃船逃生。接下来，他们跳进海里，拼命向外游，想要远离这艘船，以防被船的帆索缠住。

星期一上午 7 点前后，两架直升机抵达现场。在 60 英里每小时的风速下，机组中的飞行员、机械师和潜水员都表现得非常英勇，他们从两个木筏上救起了 13 名幸存者，从水中救出了 1 名幸存者，然后将他们送回了大陆的基地。并不是每个人都这么幸运。克里斯蒂安在前一天给她的母亲发了一条快乐但又令人担忧的短信，下午 4 点 38 分，她在离船员弃船地点约 8 英里的地方被发现。潜水员把她从水中捞了出来，并在直升机上对她进行了心肺复苏术，但没有把她救回来。海岸警卫队花了两天半的时间寻找沃尔布里奇。直到确定，考虑到水温和防水服的性能，他不可能再活下来时，他们才停止了搜寻工作。沃尔布里奇的尸体一直没有找到，而"邦蒂号"则沉到 1.4 万英尺深的海底。

美国国家运输安全委员会（National Transportation Safety Board）和海岸警卫队对这起沉船事件进行了彻底调查，得出了基本相同的结论，将责任归咎于船长沃尔布里奇和船的所有者——皇家海军"邦蒂号"组织。安全委员会得出结论："'邦蒂号'的沉没是由于船长鲁莽地决定航行至飓风'桑迪'的行进路径上，没有经验的船员与船的老旧带来了更大的风险。沉船的主要原因是船的所属机构对船缺乏有效的安全检查。"[172]

与此同时，纽约市市长布隆伯格和新泽西州州长克里斯蒂强制撤离令的结果也是好坏参半。许多人听从了政府的安排，从海岸撤离。但也有一些人留在原地。他们要么是出于自愿，要么是因为没有办法离开。飓风"艾琳"带来的虚惊一场使一些人抱有侥幸心理。纽约炮台公园城（Battery Park City）的一个居民就拒绝撤离,他抱怨说:"他们(政府)对'艾琳'的破坏力大肆宣传,但最终什么都没发生。"他的朋友补充说:"撤离比留下更让人痛苦。"[173]

国家飓风中心星期日下午 5 点发布的警报称,"桑迪"可能会在星期一晚间以飓风的形式登陆,此次飓风"预计会造成生命危险"。[174]该警报还称,在西弗吉尼亚州的山区、弗吉尼亚州西南部以及北卡罗来纳州和田纳西州边界沿线,预计有累积 1—3 英尺的降雪。这是国家飓风中心第一次也是仅有的一次在飓风警报中谈及降雪天气,这是"桑迪"的又一个特性。[175]

星期一,"桑迪"的风力开始加大,并按照预测向左转弯,以 30 英里每小时的速度冲向海岸。随着"桑迪"带来的洪水和大风袭击了大西洋中部地区,情况进一步恶化。到下午,巨大的风暴潮淹没了低洼地区,巨浪吞噬了海岸上的海滩、沙丘和房屋。

下午 2 点 30 分,时速超过 60 英里的阵风导致纽约中央公园附近的一座在建建筑顶部的起重机突然折断,悬挂在街道上方 1000 英尺的高空。这栋名为 One57 的豪华大厦预计在建成后有 90 层楼高,顶层公寓的售价预计高达每套 9000 万美元。[176]随着水位上升,洪水漫过了哈德逊河和东河的河岸。由于风力过大,科莫州长关闭了霍兰隧道和休・L. 凯里隧道(Hugh L. Carey Tunnel)①,封闭了出入城的桥梁。[177]停电的地方每小时都在增加。在长岛东部,已经有 4 万人处于黑暗之中。[178]

---

① 前身是布鲁克林-炮台公园隧道。

下午 5 点，飓风"桑迪"演变为温带气旋，国家飓风中心不再称之为飓风。许多新闻媒体开始称它为"超级风暴桑迪"。[179]晚上 7 点 30 分，"桑迪"以 80 英里每小时的风速在大西洋城东北部登陆。[180]海浪拍打着海岸，相互撞击，其力度之大，使 2500 英里外的西雅图的地震仪都能记录到震感。"怪兽风暴"降临，而这确实将是一场噩梦。[181]

纽约市处于风眼最危险的一侧，其糟糕的处境可想而知。"桑迪"掀起了巨大的风暴潮，水潮顶部是高耸的海浪，朝着"哥谭市"（纽约市的别称）前进。距纽约港约 20 英里的一个浮标测量到的海浪高达 32.5 英尺，打破了飓风"艾琳"创下的地区最高纪录，超出了 6 英尺。[182]海岸地区的地理特征使情况变得更为糟糕。长岛和新泽西北部的海岸线轮廓呈楔形，而这座城市就位于楔形的尖端。所以，当汹涌的风暴潮逼近时，水流就像通过漏斗一样被压缩，被地形推得更高。[183]再加上"桑迪"来袭时正值满月引发的涨潮，涨潮后的海浪比平时高出约 1 英尺，多种因素导致了这场历史性的洪水。[184]

从星期一晚上到星期二早上，这座城市被海潮围困。水位比平时高出 14 英尺，比飓风"艾琳"登陆时还高出近 5 英尺。斯塔顿岛（Staten Island）和曼哈顿的部分地区被 4—9 英尺高的巨浪淹没。连接曼哈顿下城和布鲁克林的 7 条地铁隧道都被洪水淹没。大都会运输署（Metropolitan Transportation Authority）主席约瑟夫·J. 洛塔（Joseph J. Lhota）说，这个有着一百零八年历史的地铁系统"从未遇到过我们星期一晚上经历的那种毁灭性的灾难"。[185]霍兰隧道、皇后区中城隧道和休·L. 凯里隧道都被淹没了，其中，休·L. 凯里隧道承载了令人难以置信的、多达4300万加仑的积水。[186]

负责地区公用事业的联合爱迪生公司预计"桑迪"会淹没一些公共设备，这种情况一旦发生，电路设备可能会短路并被摧毁。为了避免这样的破坏，联合爱迪生公司在星期一下午切断了城市大部分地区的电力供应。随后的洪水导致更多的电网瘫痪，淹没在水中的变电站也发生了故障。最夸张的电力故障发生在晚上8点30分前后，位于曼哈顿下城第十四街的一个变电站发生了戏剧性的闪络故障，产生了跳动的、明亮的蓝白色闪光，照亮了天空。业余摄影爱好者拍下了这段视频，并立即上传到"油管"供全世界观看。晚上9点时，先前的大停电已经使整个曼哈顿第三十九街以南的地区陷入一片黑暗。城市内外一度有近100万用户停电。[187]

"桑迪"摧毁了皇后区的布里齐波恩特（Breezy Point），这是洛克威半岛西端的一个约有4000人的紧密联系型社区。洪水淹没了几乎所有的家庭，完全摧毁了250个家庭。洪水过后又出现火情。短路的电气设备引发了一场火灾，大风使火势迅速蔓延到附近的其他房屋。布里齐波恩特的志愿消防队英勇地试图扑灭火焰，但被洪水围困。火被扑灭时，又有111座房屋被摧毁、20多座房屋受损，这是纽约历史上最严重的住宅火灾之一。[188]

斯塔顿岛上的居民佩德罗·科雷亚（Pedro Correa）和罗伯特·加瓦尔斯（Robert Gavars）在飓风期间有段痛苦的过往。星期

飓风"桑迪"过后，休·L. 凯里隧道被洪水淹没

一早些时候，科雷亚将他的家人撤离到布鲁克林，然后在晚上和加瓦尔斯一起回到家中检查情况。晚上7点前后，他们开车返回布鲁克林，但车在上涨的河水中抛锚。他们艰难地返回科雷亚的两层小楼中，计划在那里躲避暴风雨。但汹涌的洪水很快把他们逼到了二楼，水位高度直逼天花板。当科雷亚看到一个邻居的房子被洪水冲走时，他和加瓦尔斯跳上了屋顶。在将近45分钟的时间里，他们乘着不寻常的"木筏"在暴风雨中航行。最后，当房子停下来的时候，他们跳了下来。他们用木板作为漂浮设备，来到了相对干燥的高地。在那里，他们得到了附近一处避难所的救援。回忆起他的苦难经历，科雷亚说："我经历过伊拉克战争和世贸中心的恐怖袭击，但我没想

到这次差点没挺过去。"在洪水退去后,他终于回到他的社区,发现自己的房子也被从地基上连根拔起,漂到了 0.25 英里以外。[189]

大约就在科雷亚和加瓦尔斯经历磨难的同时,另一名斯塔顿岛居民格伦达·摩尔(Glenda Moore)带着她的两个儿子——4岁的康纳和2岁的布兰登——前往布鲁克林的姐姐家里避难。当她开车行驶在岛的外缘附近的一条林荫大道上时,海水向内陆涌来,淹没了她的汽车,并使车辆失速。她赶忙解开孩子们的安全带,抓住他们,希望把他们带到更高的地方。但是,另一股巨浪把汽车和孩子们卷走了。随后发生的事更具悲剧性,格伦达告诉当局,在孩子们被冲走时,她接连敲了几所房子的门寻求帮助,她甚至试图闯入一户人家,把一个花盆从窗户扔到屋内,但没人提供援助或让她进门。于是,她蜷缩在一所空房子的门阶上度过了一夜。经过两天的搜索,警方在附近的沼泽地里发现了两个男孩的尸体。①[190]

在布鲁克林,24岁的杰西·施特赖希-凯斯特(Jessie Streich-Kest)和雅各布·沃格尔曼(Jacob Vogelman)晚上8点前后去遛杰西的狗狗"麦克斯"(Max),两人是男女朋友。街上有几棵古老而雄伟的大树。飓风期间,它们经受了强风的摧残,树根在被雨水浸透的土壤中逐渐松动。最终,高耸的大树轰隆隆地倒在了地上。

---

① 因为摩尔一家是黑人,而拒绝帮助她的居民都是白人,所以有些人暗示这一事件有种族主义的嫌疑,如果摩尔是白人,事情的结局可能有所不同。例如,相关的报道和文章可参见 Makkada B. Selah, "White Staten Islanders Refuse to Help Black Mom Whose Sons Were Swept Away by Sandy," *Black Enterprise*, November 3, 2012; Jorge Rivas, "Staten Island Residents Refused to Help Black Mom as Sandy Swept Sons Away," *ColorLines*, November 2, 2012; Jerome Reilly, "Storm Rages over Brothers' Death," *Independent.ie*, November 11, 2012。

其中一棵树将这对情侣压倒在地，第二天早上，他们的尸体被人发现。狗狗麦克斯受了伤，但活了下来。[191]

随着风力逐渐减弱，劳伦·亚伯拉罕（Lauren Abraham）冒险走出她位于皇后区的房子，拍摄一根断落在附近地面上的电线，电线在周围跳来跳去，发出阵阵火花。她靠得太近了，磨损的金属丝的尖端碰到了她的身体，将她的身体引燃。正如《纽约时报》报道的那样，"大约有6名目击者惊恐万分地目睹了这一切。他们说，在警察和消防员赶到之前，她的尸体燃烧了大约半个小时"。[192]

"桑迪"也在新泽西州肆虐。在新泽西州海岸的大部分地区，障壁沙滩被冲破，城镇被洪水淹没，埋在巨大的沙堆中。房屋被毁，社区满目疮痍。一个感人至深的求生故事发生在28岁的迈克·伊恩（Mike Iann）身上。当他在新泽西州汤姆斯河畔的家中时，"桑迪"的巨浪和大风把这个地方撕裂。在他打开前门查看是否能逃脱时，一个浪头把他从房子里卷了出来，将他冲进了巴内加特湾（Barnegat Bay）大约半英里。他用尽力气游回岸边，那里离他的悲惨旅程开始的地方只有很短的距离。由于长时间浸泡在水里，迈克几乎没穿衣服，无法控制地颤抖着，他闯入一户人家寻求庇护（房主们在暴风雨前就离开了）。他担心自己活不过当晚，就写了最后一张纸条，并将它放在一张桌子上。[193]

如果有谁读到了这张纸条的话——我就要死了——我今年28岁，名叫迈克。我不得不闯入你家。我此时体温过低，从你的沙发上拿了条毯子，除此以外我什么都没拿。一股海浪把我从家中卷到了这里。我想我撑不下去了。外面的水至少有10英尺深。没有救援到来。告诉我的爸爸我爱他，我很后悔离开他。他的号码是###-###-####，他的名字是托尼。我希望你能在黑暗中读到这封信。我还拿了你一件黑色的夹克。再见。愿上帝保佑我。[194]

好在迈克最终幸免于难。第二天早上，一名乘坐水上摩托的男子救了他，很快他就与父亲团聚了。第二天，房主们回来了，看到了那张字条，但他们不知道迈克是谁，也不知道他现状如何。为了解更多情况，他们拨打了纸条上的号码，得知迈克平安无事后，他们松了一口气。

飓风"桑迪"摧毁了新泽西州海滨高地的码头游乐场，致使过山车和其他娱乐设施陷入海浪

登陆后，飓风"桑迪"的中心向内陆移动，并逐渐减弱，在接下来的几天里，"桑迪"一路穿过新泽西州南部、特拉华州北部、宾夕法尼亚州南部和俄亥俄州。到周末，风暴的残余已经到达加拿大东部。[195]和天气预报所说的一样，"桑迪"给西弗吉尼亚州、宾夕法尼亚州，甚至北卡罗来纳州带来了大量降雪，沃尔夫劳雷尔（Wolf Laurel）山脉被36英寸厚的积雪覆盖。因此，一些人开始把"桑迪"称为"暴风雪灾"或"东部大雪灾"。[196]

10月30日星期二，人们直面"桑迪"造成的破坏——房屋被毁，树木被吹倒，窗户被震碎，路面破碎，街道被泥沙覆盖，汽车被淹。曼哈顿第三十九街以南的大停电把城市一分为二，因为许多住在停电地区的人不得不外出寻找充电设备和电源。他们纷纷前往第三十九街以北，聚集在能提供充电服务、能让他们吃上热饭和有热力供应的地方。[197]

星期二当天，美国所有金融市场仍然休市，这是纽约证券交易所历史上第二次出于天气原因，交易连续两天中断——第一次是因为1888年的暴风雪。[198]纽约市的学校在本周剩余的时间里停课。[199]原定于下个周末举行的纽约市马拉松赛被取消了，因为这座城市的很多地方仍受到飓风灾害的影响。[200]

很多狗狗被飓风期间的暴风雨吓坏了，当主人带它们去中央公园散步时，它们收到了另一个"噩耗"。由于受到严重破坏，中央公园于星期二关闭，大门紧锁。据《纽约时报》报道，一只名叫罗洛（Rollo）的白色拉布拉多犬对自己的日常生活受到干扰非常不满，"决定在第五大道第七十九街入口处进行静坐罢工"，并拒绝让步。它的主人不得不把它拖回家里。[201]

虽然城市隧道的洪水对通勤者和企业来说是一场灾难，但换个角度来看，洪水也带来一些"益处"。纽约因其老鼠数量而臭名昭著，据估计，纽约的老鼠多达数千万只，尽管这个数字可能比实际数字要小得多（没有人真正知道具体数字，因为众所周知，老鼠的总数量极难统计）。[202]不管鼠群的规模有多大，"桑迪"带来的突如其来的洪水让许多老鼠措手不及，即便它们是游泳健将，甚至可以长时间潜水，但还是有一些被淹死了——尽管数量仍然未知。对于那些厌恶老鼠的人来说，这一结果是受欢迎的。对那些为老鼠"打抱不平"的人来说，这也只是"桑迪"可怕威力的又一个例证。然而，可能辩论双方都同意，在纽约没有发生媒体预想中的、老鼠从隧道里跑出来躲避洪水的情况，这是一件好事。风暴过后几天，《纽约杂志》告诉读者可以松口气了："潜在的鼠患没有发生。"[203]

"桑迪"在美国造成的直接死亡人数为72人，间接死亡人数为87人。在一些地方，总共有850万人经历了数日、数周甚至数月的停电。暴风雨造成的损失总计达650亿美元。纽约州和新泽西州受灾最严重。在纽约州，大约有30.5万所房屋损毁、48人直接死亡。而在新泽西州有35万所房屋损毁、12人直接死亡。[204]

考虑到破坏的严重程度，恢复正常的生活秩序需要花费一段时间。联合爱迪生公司的大部分电力设备因接触腐蚀性的海水而损坏或损毁,该公司在 13 天内为 95% 的客户恢复了供电,而在新泽西州,恢复至同样水平的供电用了 11 天。[205] 80% 的地铁服务在 5 天内恢复,两周内大部分系统恢复了正常运行,只有少数几条地铁线路需要进行更大规模的维修才能正常运行。经过大规模的排水作业,所有被淹的隧道在 17 天内重新通车。[206] 但无可否认的是,修复和更新老化的基础设施是一项长期工作,某些破旧基础设施的修缮工作仍在进行中。同样,飓风"桑迪"幸存者的生活几乎在一夜之间发生了翻天覆地的变化,他们人生的"重建"之路如此漫长,许多人至今还没有恢复过来。

飓风"哈维"、"厄玛"和"玛丽亚",2017年

2017 年的飓风季创下了历史纪录。正如一名政府官员所说,这是一个"永不停息的飓风季"。[207]《华盛顿邮报》则将其称为"来自地狱的大西洋飓风季"。[208] 联邦预报员预测,2017 年可能会有多达 9 场飓风,其中 4 场可能是风速有 111 英里每小时或更高的大型飓风。虽然这个预测被证明是相当准确的,但它还不够大胆。实际上,2017 年共发生了 10 场飓风,其中 6 场是大型飓风。4 场飓风呼啸着登陆了美国大陆,[209] 而通常情况下,美国每年只会遭遇两次飓风登陆。[210]

但真正让 2017 年飓风季变得如此与众不同乃至深深嵌入美国

人集体记忆的是,当年登陆的 4 场飓风中有 3 场是所谓的"超级飓风"。① 历史上,平均每五年才会有 3 场"超级飓风"袭击美国。而 2017 年的 3 场飓风都是"猛兽级别",登陆时的强度均为 4 级,风速至少为 130 英里每小时。从 1851 年有历史记录以来,只在 1992 年出现过 2 场 4 级以上的飓风袭击美国领土。当时 4 级飓风"伊尼基"和 5 级飓风"安德鲁"分别袭击了夏威夷和佛罗里达。以前从未有过一年内出现 3 场 4 级飓风。[211]"哈维"、"厄玛"和"玛丽亚"造成的损失分别为 1250 亿美元、500 亿美元和 900 亿美元,总计 2650 亿美元,使 2017 年飓风季成为有记录以来经济损失最为严重的飓风季。[212]

2017 年 8 月下旬到 9 月下旬的一个月时间内,美国遭遇了"飓风热"。美国人被媒体接连报道的,关于"哈维"、"厄玛"和"玛丽亚"给数千万人带来痛苦的内容所震惊。每一场风暴都带来了狂风、汹涌的风暴潮、暴雨和死亡。被洪水淹没的房屋、飓风肆虐后的萧条街道、伤亡者难以想象的痛苦和令人不寒而栗的绝望,这些揪心的场景本能地吸引了观众的注意力,在全国范围内引发了民众对受灾同胞的哀悼和同情。这个飓风季中唯一的好消息是,国家飓风中心的飓风路径预测是有史以来最准确的一次。所以,人们至少能够较为清楚地知道飓风会在何时何地登陆。[213]

这 3 场巨大风暴的受灾总体统计数字令人警醒。飓风"哈维"

---

① 第四场飓风"纳特"(Nate)对哥斯达黎加造成了严重的破坏,成为对该国造成最严重损失的自然灾害,但当它到达美国海岸的路易斯安那州和密西西比州边境附近时,强度已经大大减弱,很快就降级为热带低气压,它在美国境内造成的损失相对较小。

于 8 月 26 日在休斯敦西南约 160 英里的得克萨斯州罗克波特附近登陆，从而终结了当地长达十二年无飓风登陆的记录。[214] "哈维"没有继续前进，而是在当地逡巡数日。"哈维"在沿海地区徘徊，被两个高压系统所包围——一个在美国东南部，另一个在西南部。最后，8 月 30 日，"哈维"再次在路易斯安那州的卡梅伦附近登陆，然后向内陆进军，风力一路减弱。[215]

"哈维"在登陆 48 小时内，给休斯敦带来了超过 50 英寸的降雨，得克萨斯州的尼德兰也被淹没了，暴雨带来的降水量多达 60.58 英寸，创造了美国单次暴雨降水量的新纪录，比先前的纪录高出了 8 英寸。[216]倾泻在得克萨斯州、路易斯安那州、田纳西州和肯塔基州的降水多达 33 万亿加仑，足以填满长宽高为 3 英里的立方体空间。[217]仅在休斯敦地区，降水的重量就使地壳下沉了近 1 英寸。"哈维"在美国直接造成了 68 人死亡，遇难者都在得克萨斯州，其中 3 人溺毙于风暴潮中，其余遇难者均死于决堤或决口引发的洪水。另有 35 人死于其他间接原因。[218]

9 月 6 日，又一场 5 级飓风"厄玛"登陆了美属维尔京群岛，撕裂了圣托马斯和圣约翰的大部分地区。[219]"我们的生活已经彻底崩溃，"圣约翰的一个居民说，"我们失去了家园，失去了房子，还失去了自己的私家车。"[220]四天后，"厄玛"绕过波多黎各，以 4 级飓风的形式在佛罗里达群岛的库乔礁岛（Cudjoe Key）登陆，然后以 3 级飓风的形式在佛罗里达州的马可岛（Marco Island）附近再次登陆。从那里，它朝西南方向移动，逐渐减弱为热带风暴，然后在佐治亚州、亚拉巴马州、密西西比州和田纳西州消散。

飓风"哈维"过后，一名得克萨斯州国民警卫队队员将一个居民从家中转移到安全地带

"厄玛"在大西洋上空保持 185 英里每小时的风速长达 35 小时，创下了卫星时代持续风力强度的世界纪录。[221] 早期的预测认为"厄玛"将登陆佛罗里达南部，许多地方官员下令民众撤离，导致超过 600 万居民离开该地区，这成为美国历史上规模最大的民众撤离行动。[222] 在美国，"厄玛"造成了 10 例直接死亡和 82 例间接死亡，绝大多数发生在佛罗里达州。"厄玛"在某些地区引发了创历史纪录的大规模洪水。强风摧毁了佛罗里达州的农业，超过 50% 的柑橘作物损毁。"厄玛"造成的经济损失总计达 500 亿美元，但情况本来可能会更糟。在天气预报员原本的预测中，迈阿密可能会受

到飓风的直接袭击。如果这种情况成真，保险公司预测，经济损失可能达到2000亿美元。[223]

佛罗里达州的一处民居，因飓风"厄玛"登陆而倒塌

9月20日，5级飓风"玛丽亚"险些直接登陆美属维尔京群岛的圣克罗伊岛。[224]尽管逃过一劫，但该岛还是被飓风所波及，遭受了相当于4级飓风强度的大风，承受了相当大的损失。当天晚些时候，飓风"玛丽亚"在波多黎各东南边缘登陆，风速为155英里每小时，强度为4级。它斜着穿过岛屿，给一些地区带来了高达3英尺的降水，这成为当地1956年以来最强烈的降雨天气。随后，"玛丽亚"以强2级飓风的形式从该岛的西北角附近离开，向大西洋移动。在飓风肆虐的8小时内，波多黎各首府圣胡安以外的几乎所有建筑都被"玛丽亚"破坏或彻底摧毁，城市被夷为平地，80%的农作物被毁。[225]

"玛丽亚"几乎摧毁了整座岛。岛上的 340 万名居民经历了大范围的停电和停水。正如一个波多黎各居民所说："'玛丽亚'毁了我们。"[226]

不幸的是，波多黎各十分脆弱，特别容易受到飓风的摧残。尽管波多黎各自治邦是美国的领土，而且自 1898 年美西战争后被割让给美国，但它一直面临沉重的债务、低效率的政府和腐败等诸多问题，经常遭受联邦政府的不公平对待。波多黎各本就经济混乱不堪，基础设施极其脆弱，几乎一半的人口生活在贫困线以下。即使是一个政治运转良好、经济富裕的国家也会被"玛丽亚"拖垮，更何况是波多黎各这样一个社会状况如此之差的地区。

飓风"玛丽亚"造成的死亡人数引发了相当大的争议。在飓风过后不久，波多黎各报告说，死亡人数为 64 人，这一数字统计的是飓风造成的直接死亡人数。许多新闻机构和专家怀疑，考虑到大范围的破坏，这个数字大大低于实际死亡人数。面对媒体对于死亡人数不准确的批评与指控，波多黎各政府委托乔治·华盛顿大学与波多黎各大学进一步调查死亡人数。2018 年 8 月，研究得出结论，在飓风过后的六个月里，基于超额死亡率进行统计，有 2975 人死于飓风"玛丽亚"。[227]

然而，还有其他机构提出了自己预估的死亡人数。在乔治·华盛顿大学进行研究的几个月前，哈佛大学领导的一项发表在《新英格兰医学杂志》(*New England Journal of Medicine*) 上的研究得出结论称，飓风过后三个月，"玛丽亚"造成的超额死亡人数为 4645 人，这只是一个保守的估计。还有更多的调查。[228]例如，《纽约时报》通过对死亡率数据进行回顾，发现飓风过后 42 天的超额死亡人数为 1052 人。[229]波多黎各卫生部发布的 2017 年 9 月至 12 月的超额死亡人数则为 1397 人。[230]

要计算飓风造成的死亡人数总是很困难。得出预估数字的基础是数据的可用性和死亡人数的计算方式——具体地说，预估的数字取决于所做的假设和使用的统计方法。尽管如此，"玛丽亚"造成的死亡人数引起的争议比以往任何飓风所引起的争议都要激烈得多。各种研究的方法和结论纷纷受到质疑，死亡人数的统计也变得高度政治化。[231]例如，在乔治·华盛顿大学的研究结论公布后不久，唐纳德·J. 特朗普总统在一系列推文中表示：

> 波多黎各的死亡人数并未达到 3000 人。风暴袭击之后，我曾到访波多黎各。当我离开这个岛的时候，他们有 6—18 人死亡。随着时间的推移，死亡人数并没有增长多少。然后，很久以后，他们开始报告非常大的死亡数字，如 3000 人……这是民主党人在给我泼脏水，因为我成功地筹集了数十亿美元来帮助重建波多黎各。一个人出于任何原因去世，比如，一位老人正常死亡，都会被他们加到飓风死亡名单上。[232]

虽然有很多正当的理由质疑已经公布的死亡人数，但没有一个数字是民主党人试图污蔑总统的结果。没有人能肯定地说出"玛丽亚"造成的直接和间接死亡的实际数字，但毫无疑问，这个数字比最初统计的 64 人要高得多，而且几乎可以肯定的是，在统计的时间范围内，这个数字将高于 1000 人。

关于死亡人数的争议是围绕联邦政府应对"玛丽亚"的更大争议的一部分。"玛丽亚"刚刚离开美国,两种不同的声音就开始出现在舆论场上。简单地说,特朗普政府声称自己在处理波多黎各的危机方面做得非常好,而波多黎各官员则持相反意见。当然,两方都有自己的支持者群体。[233]

特朗普政府与波多黎各政客之间不断升级的口水战只会让事情变得更糟。例如,2019年初,参议院未能通过救灾方案,因为民主党人认为对波多黎各的拨款太少。[234]对此,特朗普在推特上发文指责道:"波多黎各得到的拨款比得克萨斯州和佛罗里达州获得的拨款总和还要多,但波多黎各的政府如此无能,这个地方简直是一团糟。"[235]在其他推文中,他称圣胡安市长卡门·克鲁兹(Carmen Cruz)"疯狂而无能",[236]并表示,"波多黎各的人民是伟大的,但当地政客是无能且腐败的"。[237]克鲁兹在推特上回应道:"特朗普总统继续让自己和他的团队难堪。他简直是精神错乱,因此在拨款问题上撒谎。他知道自己在处置灾情方面效率低下。他可以尽情撒谎,但他无法否认3000人在他执政期间死亡的事实。你真可耻!"[238]波多黎各总督里卡多·罗塞略(Ricardo Rossello)也加入了论战,他在推特上写道:"总统先生,你所谈到的一团糟的地方——波多黎各,是300多万自豪的美国人的家园,他们仍在进行灾后重建,需要联邦的援助。我们不是你的敌人,我们是美国的公民。"[239]

除了指责和政治辞令之外,还有证据表明,与同一时期的得克萨斯州和佛罗里达州相比,波多黎各在灾后的六个月内获得的联邦援助较为有限。在派出的联邦人员和军事人员的人数、运送的用品的数量、批准的救济物资数量以及向受灾者提供的资金等方面，波多黎各得到的支持要少于以上两州。当然，关于联邦政府对这3场飓风的长期性救灾投入的对比还有待更全面的分析。[240]

每场飓风造成的破坏有所不同，因此，提供援助时，在灾后重建工作中需要克服的困难不尽相同。飓风"玛丽亚"也是如此。虽然当特朗普指出波多黎各是"一个被水包围的岛"[241]时，很多人取笑他的措辞，但事实确实如此，而且地理因素的确使救援工作变得更加复杂。此外，尽管每次飓风都造成了广泛的破坏，但波多黎各的情况最为严重，岛上几乎全部基础设施都遭到了损毁。

还有其他一些因素影响了联邦政府在3场飓风期间的救灾表现。随着"哈维"、"厄玛"和"玛丽亚"相继登陆，联邦紧急事务管理局和其他联邦机构已经超负荷运转，人手严重不足。更糟糕的是，应急人员的技能与灾区的需求之间有所脱节。例如，美国政府责任署对2017年政府的业绩进行了研究，发现在2017年10月联邦紧急事务管理局劳动力部署的高峰期，54%的员工的工作表现"不符合"联邦紧急事务管理局制定的标准。[242]

已经有不少著作描绘了2017年的历史性飓风季的场景，毫无疑问，还会有更多的相关专著出版。标志性的天气事件，尤其是毁灭性的飓风，让人们产生了一种可以理解和值得称赞的冲动，用语言来捕捉发生的事情及其原因。当这些鸿篇巨制诞生之时，它们将成为记录美洲飓风历史进程的优秀作品。

后记：风雨飘摇的未来

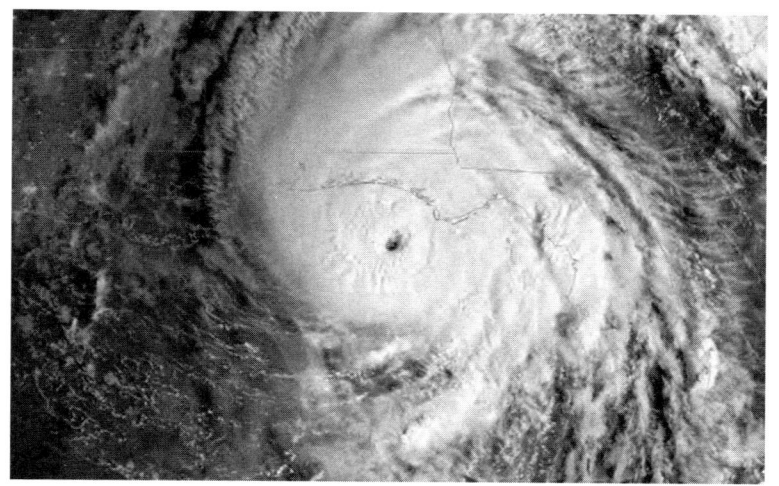

在写这本书的时候，5 级飓风"迈克尔"于 2018 年 10 月 10 日袭击了佛罗里达狭长地带，对墨西哥比奇（Mexico Beach）造成了极大的破坏，导致 72 人死亡，经济损失高达 250 亿美元

飓风的循环还在继续。每年都会有一个新的飓风季到来，它可能打破历史纪录，也可能保持历史平均水平，又或是相对风平浪静。但无论飓风季有怎样的波动，随着时间的推移，有一件事是肯定的：美国将继续受到这些巨大风暴的袭击。由于全球变暖，未来的飓风很可能比过去的飓风更严重。

简单地说，全球变暖是温室气体（如二氧化碳、甲烷和一氧化二氮）积累所导致的地球表面平均温度升高，这些温室气体主要由人类排放，尤其是通过化石燃料的燃烧（自然环境下，温室气体的排放同样会导致变暖）。在大气中，这些气体就像毯子一样，吸收来自太阳的热量，否则这些热量就会逃逸到太空，在这个过程中，它们使地球变暖。随着时间的推移，人为排放的温室气体，特别是二氧化碳的排放量上升，科学家们达成了压倒性的共识，即自前工业化时代（1850—1900 年）以来，温室气体排放量的上升已经导致全球平均气温上升了约 1 摄氏度，或大约 2 华氏度。[1]

政府间气候变化专门委员会（IPCC）在 2014 年发布的上一份重大评估报告中得出结论："人类对气候系统的影响是明确的，近年来，人为的温室气体排放达到历史最高水平……气候变暖是毋庸置疑的，自 20 世纪 50 年代以来，观测到的许多变化是几十年甚至几千年来从未有过的。大气和海洋变暖，冰雪减少，海平面上升。"[2] 气候模型还预测，如果我们在未来继续排放等量或更多的温室气体，全球平均气温将继续上升。政府间气候变化专门委员会在 2018 年的一份报告中得出结论："如果全球变暖继续以目前的态势发展，那么在 2030—2052 年，相比于前工业化时代，全球平均气温将升高 1.5 摄氏度。"但随着时间的推移，通过减少温室气体排放，我们也可以减缓即将发生的气候变暖。①[3]

---

① "全球变暖"和"气候变化"这两个术语经常互换使用，但它们指的是不同的事物。"全球变暖"是温室气体积累导致的地球表面平均温度升高。"气候变化"是一个更广泛的术语，指的是由于地球变暖而发生或可能发生的多种气候变化，如干旱和热浪的增加、更强烈的暴雨，以及飓风行为的变化。

全球变暖已经使飓风的影响变得更加严重。海洋热膨胀和冰川融化导致海平面上升，风暴潮更高且更具破坏性。正如麻省理工学院教授克里·伊曼纽尔指出的那样，"如果飓风'桑迪'在一个世纪前袭击纽约，那么洪水的规模会小得多，因为那时海平面大约低了 1 英尺"。[4]持续的气候变暖只会加剧这一问题。

越来越多的研究提供了强有力的证据，表明风暴（包括飓风）期间降水持续增加与全球变暖有关。原因是全球变暖导致更多的海水蒸发，温暖的空气能够包含更高浓度的水分，这些水分可以形成更大规模的降雨。[5]一项研究得出结论，"像飓风'玛丽亚'那样的极端降水，近年有可能发生得更为频繁"，大气温度和海洋温度的升高可能导致了这一结果。[6]其他三项研究共同发现，全球变暖可能使飓风"哈维"期间的降水量增加了 8%—38%。[7]

大量研究还预测，变暖的海洋为飓风提供更多的热能，将使这些风暴产生更加强大的风力。[8]（事实上，一些观察人士认为，过去几十年飓风强度的上升，特别是严重的 4 级和 5 级飓风的数量超过平均水平，可能表明这种预测已经成为现实。[9]）其他研究表明，自 20 世纪中叶以来，包括飓风在内的热带气旋在地球上移动的速度有所放缓，尽管研究人员无法将这种速度放缓的现象完全归因于全球变暖，但两者之间很可能存在一定的联系。[10]

如果大气持续变暖导致未来飓风的持续时间更长，受影响地区不仅会遭受更长时间的破坏性大风，还会遭受大量降雨。事实上，气象学家模拟分析了 22 场最近的飓风是如何被改变的。该分析称，如果气候继续变暖，到 21 世纪末，大部分飓风将在更温暖的条件下形成。由此一来，飓风的平均移动速度会更慢，最大风速会提高，降水量也会多得多。[11]另一项研究表明，大气变暖可能会导致飓风减少，但那些确实发生的飓风会更加猛烈。一项分析提出了一种可能性，即全球变暖将减少美国东海岸的垂直风切变，而垂直风切变通常起到抑制飓风加剧的作用。[12]如果这种减少发生，未来该地区的飓风"可能比我们过去经历的要猛烈得多"。[13]

尽管人们希望得到明确的、无可争辩的因果关系，但目前没有人能绝对肯定地说，由于全球变暖，飓风将如何随着时间的推移而变化。科学家们将首先承认，还有许多未知因素，以及数据和模型具有局限性，这使预测全球变暖对这些大规模风暴的影响变得极其困难。正如荷兰皇家气象研究所的海尔特·扬·范奥尔登博格博士（Dr. Geert Jan van Oldenborgh）所指出的，"气候变化对飓风的影响非常复杂。我们正在努力，但这非常困难"。[14]然而，越来越多的科学共识认为，全球变暖的加剧可能会使未来的飓风变得更严重，这确实令人担忧。① 但是，即使全球变暖对飓风行为没有任何影响，人类社会仍然必须努力应对一个充满飓风的未来。这带来了许多挑战，其中最重要的是人口结构的变化。

近几年，沿海地区的人口数量不断上升。这意味着更多的人、更多的建筑和更多的基础设施位于飓风的路径上，增加了自然灾害

---

① 本书关注的是飓风，所以没有涉及全球变暖和气候变化对我们的未来构成的其他许多严重威胁，包括干旱和热浪发生频率的增加、农业区的变化、珊瑚白化和"气候难民"数量的上升等。诸如此类的环境威胁使社会必须采取严肃的行动来扭转全球变暖的态势。此外，本书已经没有余力讨论更广泛的关于全球变暖的争论，以及社会解决这一关键问题的各种方法。很多讨论此类政策的著作已经对这些话题进行了精彩的论述。

带来破坏、伤害和死亡的风险。有多大的风险显然取决于飓风的行进路线、风力的强弱以及降雨的多少。但有一个事实毋庸置疑：随着时间的推移，沿海地区人口增多、城市扩张，飓风带来的风险也会增加。[15]

当然，社会和个人可以采取行动，为飓风的到来做好准备，并开创一个额外的保护级别。可以加强和执行建筑规范，提高建筑物的抗飓风水平。城市规划分区时，应尽量减少在易受飓风破坏的地区，尤其是易受洪水影响地区修建新建筑。联邦政府可以停止补贴洪水保险，从而减少人们在这些非常危险的地区进行建造和重建的动力。可以制订或改进撤离计划，使人们有更好的机会逃离风暴。人们可以更多地了解遵守撤离命令的重要性，而不是将自己置于危险之中。个人也可以采取行动，提高家庭和企业建筑抵御飓风的能力，如安装飓风百叶窗，改造或重新设计建筑物，使它们更坚固，更不容易受到洪水的侵袭。

此外，地方政府也应有所作为，他们可以更好地保护关键基础设施免受潜在风暴的破坏，或者将这些基础设施转移到更安全的地方。易受灾地区的城市可以建造飓风防护屏障，以减少风暴潮和洪水的影响。联邦、州和地方政府可以丰富灾难应急计划，并采取措施减少湿地损失，恢复已经消失的湿地。联邦政府可以增加对飓风相关研究的投资，这样我们就可以更多地了解飓风的过去、现在和未来，并可能提高飓风预报的准确性，让人们更好地了解风暴将在何时何地来袭，以及它们将有多强大。

社会和个人也可以采取行动，更好地应对飓风袭击，并处理其直接后果。联邦紧急事务管理局的宗旨是提供救济并进行协调一致的应对，它可以获得更多的资源和更多有资质的人员，以提高其在灾难发生后的反应效率和速度。此外，该机构可以更好地协调其与州和地方政府，以及站出来帮助飓风受灾者的许多慈善组织的工作。飓风避难所可以在飓风袭击之前就被指定并获得充分的补给。人们可以储备物资，包括食物和水，他们也可以提前做好避难计划，知晓在飓风发生时应该如何避险。

决定采取哪些行动，以及其他许多没有提到的有价值的行动，已远远超出了本书的范围，本书旨在呈现北美飓风的历史，而不是提供政策支持或个人行为指南。不过，很明显，实施这些行动需要政府、官员和个人有相当坚定的决心，以及大量的资金支持。然而，资金往往是短缺的。如果我们的社会被越来越多的科学证据所说服，即全球变暖确实会使未来的飓风比过去的飓风更严重，那么我们就有责任采取更迅速、更大胆的行动，尽我们所能应对这一威胁。

当这本书几近完成时，飓风"多里安"（Dorian）[16]的行踪牵动着全美民众的心。从2019年8月下旬开始，美国民众观看了这场迅速加剧的风暴的24小时报道，因为它缓慢地穿过大西洋。随着"多里安"不仅发展成为可怕的5级飓风，而且似乎正直接向美国东海岸移动，每一天的报道都越来越令人担忧。尤其令人担忧的是，预报显示"多里安"将进入佛罗里达州人口稠密的地区。因此，阳光州的人们开始担心并准备应对潜在的灾难。

但首当其冲的是巴哈马群岛。9月1日,"多里安"在巴哈马群岛的阿巴科岛(Abaco)登陆,持续风速为185英里每小时,阵风风速超过200英里每小时。仅仅几小时后,风暴就席卷了大巴哈马岛。在那里,"多里安"基本上在原地停滞了40小时,有时静止不动,或者以不到1.3英里每小时的速度前行,这大约是人类行走速度的一半。在前15小时里,"多里安"保持着5级强度,然后在继续前进之前逐渐降至2级。

"多里安"造成的破坏是真正的世界末日。几乎所有的文明遗迹都遭到严重破坏或被摧毁,留下满目疮痍的景象。成千上万的巴哈马人身心俱疲,没有住所、食物和水,也看不到灾后重建的希望。估计有7万人无家可归。一个巴哈马人说,飓风"让每个人的生活都回到原点"。[17]

飓风袭击几天后,巴哈马卫生部部长杜安·桑兹博士(Dr. Duane Sands)警告公众,"要为难以想象的死亡人数和人类苦难做好准备"。[18]截至2019年10月下旬,死亡人数为67人,毫无疑问,随着清理工作的继续,死亡人数还会上升(与此同时,仍有282人失踪)。经济损失预计接近100亿美元。[19]这些岛屿需要几代人的时间才能恢复,受灾民众的生活被飓风永远改变。

"多里安"于2019年9月3日上午离开巴哈马群岛,以2级飓风的形式朝西北偏北方向移动。一些模型预测,美国东南海岸的大片地区面临着飓风登陆的威胁,而其他模型则认为风暴只会停留在近海。在预料到"多里安"即将来袭的情况下,一些地区已经准备迎接灾难的到来,从佛罗里达州到弗吉尼亚州的州政府下令强制撤离。数百万人突袭当地超市，囤积食品和生活用品，给汽车油箱加满油，用木板封住窗户。一些人留守在家中，另一些人则听从了警告并撤离到安全地区。

在接下来的几天里，"多里安"沿着海岸线移动，在经过温暖的水域时短暂地恢复到3级，然后在登陆北卡罗来纳州哈特拉斯角之前降至1级。之后，"多里安"朝东北方向急速移动，在加拿大新斯科舍省第二次登陆，使大约40万人遭遇停电。

"多里安"在东南部造成了相当大的破坏，被直接袭击的北卡罗来纳州的情况最为严重。这场风暴造成了严重的海滩侵蚀和洪水，带来了狂风和龙卷风，树木被吹倒，建筑物被破坏或摧毁，数十万人遭遇停电。至少有4人死亡，他们都是北卡罗来纳州或佛罗里达州的男性，在为风暴做准备或风暴过后清理家园时死亡。

虽然"多里安"对美国的影响是巨大的，但与巴哈马群岛的情况相比，这实际上不值一提。如果飓风正面刮向海岸，而不是绕过大陆、掠过北卡罗来纳州，然后进入大西洋，可能会发生什么？这一次，美国很幸运。然而，美国飓风的历史告诫我们，这样的好运不会持续太久。

造成巨大损失的飓风排名量表

至少造成 10 亿美元损失的飓风

飓风名称	年份	风力等级	造成的经济损失（单位：10 亿美元）
卡特里娜	2005	3	125.0
哈维	2017	4	125.0
玛丽亚	2017	4	90.0
桑迪	2012	1	65.0
厄玛	2017	4	50.0
艾克	2008	2	30.0
安德鲁	1992	5	27.0
迈克尔	2018	5	25.0
弗洛伦斯	2018	1	24.0
伊万	2004	3	20.5
威尔玛	2005	3	19.0
丽塔	2005	3	18.5
查理	2004	4	16.0
艾琳	2011	1	13.5
马修	2016	1	10.0
弗朗西斯	2004	2	9.8
雨果	1989	4	9.0
艾莉森	2001	热带风暴	8.5

续表

飓风名称	年份	风力等级	造成的经济损失（单位：10亿美元）
珍妮	2004	3	7.5
弗洛伊德	1999	2	6.5
乔治	1998	2	6.0
古斯塔夫	2008	2	6.0
伊莎贝尔	2003	2	5.5
弗兰	1996	3	5.0
奥珀尔	1995	3	4.7
伊尼基	1992	4	3.1
艾丽西娅	1983	3	3.0
伊萨克	2012	1	2.8
丹尼斯	2005	3	2.5
李	2011	热带风暴	2.5
艾格尼斯	1972	1	2.1
玛丽莲	1995	2	2.1
多里安	2019	1	有待确认
胡安	1985	1	1.5
鲍勃	1991	2	1.5
贝齐	1965	3	1.4
卡米拉	1969	5	1.4
埃琳娜	1985	3	1.3
多莉	2008	2	1.3
莉莉	2002	1	1.1
阿尔贝托	1994	热带风暴	1.0
邦妮	1998	3	1.0
伊梅尔达	2019	热带风暴	有待确认
弗雷德里克	1979	3	1.7

数据来源：NOAA, National Centers for Environmental Information, "Costliest U.S. Tropical Cyclones," October8, 2019, https://www.ncdc.noaa.gov/billions/dcmi.pdf。

造成巨大损失的飓风
（经济损失根据 2019 年消费者物价指数调整）

飓风名称	年份	风力等级	调整后的经济损失（单位：10 亿美元）
卡特里娜	2005	3	168.8
哈维	2017	4	130.0
玛丽亚	2017	4	93.6
桑迪	2012	1	73.5
厄玛	2017	4	52.0
安德鲁	1992	5	50.2
艾克	2008	2	36.6
伊万	2004	3	28.5
威尔玛	2005	3	25.7
迈克尔	2018	5	25.2
丽塔	2005	3	25.0
弗洛伦斯	2018	1	24.5
查理	2004	4	22.2
雨果	1989	4	19.1
艾琳	2011	1	15.7
弗朗西斯	2004	2	13.6
艾格尼斯	1972	1	12.9
艾莉森	2001	热带风暴	12.5
贝齐	1965	3	11.5
马修	2016	1	10.8
珍妮	2004	3	10.4
弗洛伊德	1999	2	10.1
卡米拉	1969	5	10.0
乔治	1998	2	9.5

续表

飓风名称	年份	风力等级	调整后的经济损失（单位：10亿美元）
弗兰	1996	3	8.3
奥珀尔	1995	3	8.0
黛安娜	1995	1	8.0
艾丽西娅	1983	3	7.9
伊莎贝尔	2003	2	7.7
古斯塔夫	2008	2	7.3
西莉亚	1970	3	6.1
弗雷德里克	1979	3	6.0
伊尼基	1992	4	5.8
长岛快车	1938	3	5.6
大西洋飓风	1944	3	5.1
卡罗尔	1954	3	4.4
玛丽莲	1995	2	3.6
胡安	1985	1	3.6
丹尼斯	2005	3	3.4
唐娜	1960	4	3.4
埃琳娜	1985	3	3.2
伊萨克	2012	1	3.1

数据来源：NOAA, National Centers for Environmental Information, "Costliest U. S. Tropical Cyclones," October 8, 2019, https://www.ncdc.noaa.gov/billions/dcmi.pdf。

致　谢

再次深入研究美国丰富的历史是一件既迷人又发人深省的事情，这次的重头戏是飓风。通过本书的研究，我对这些可怕的风暴，以及几个世纪以来试图揭示其奥秘并预测其到来的人们有了更深刻的认识。我也为那些在风暴中遭受苦难和死去的人的故事深感痛心。如果本书能给飓风幸存者带来一些慰藉，并为读者提供一个更好地了解飓风历史、增加对未来飓风认识的平台，那么本书就是成功的。

最重要的是，我要感谢鲍勃·韦尔（利弗莱特出版社的总编）和比尔·拉辛，是他们建议我写一本北美飓风史。他们不知道的是，在撰写本书之前，我其实一直在考虑写一本关于一场飓风的书，但没有找到合适的飓风。所以，当他们找到我的经纪人，提出让我撰写一本关于北美所有飓风的叙事史的想法时，我已经做好了准备，我也很高兴最终答应了这一提议。

我特别感谢本书的审稿人，他们反馈的优秀意见极大地改进了本书的写作。他们包括 WPLG-TV 迈阿密分台的气象学家和飓风专家布莱恩·诺克罗斯、普利茅斯州立大学气象学教授卢尔德·B. 阿维莱斯、历史组织"新英格兰历史"北岸分区经理贝瑟妮·格罗夫·多劳、美国历史出版社出版人兼编辑大卫·E. 凯恩，以及露丝·鲁克斯。当然，本书中的任何纰漏都由我本人负责。

还有其他为本书写作提供了帮助的人，包括伯纳德·巴里斯、埃里克·布莱克、珍妮弗·约翰·布洛克、乔治·布奇、琼·克里斯索斯、劳里·克龙利、理查德·克罗斯利、鲍勃·卡利姆、丹尼斯·费尔杰恩、凯文·金尼、莫妮卡·莱亚尔、罗恩·马吉尔、杰米·马兰、伊丽莎白·皮萨诺、斯科特·普赖斯、简·香巴拉、莎拉·简·尚格劳、谢普·史密斯莱恩、乔治娅·斯蒂利亚尼德斯、克里斯·图尔热、彼得·乌尔科维奇、托马斯·沃伦，以及哈佛大学怀德纳图书馆和马萨诸塞州马布尔黑德的阿博特公共图书馆的优秀员工们。我非常感谢上述机构和个人，特此致谢。

此外，我还要感谢利弗莱特出版社的前助理编辑玛丽·潘托扬，她在本书的编辑工作中做得非常出色，一直安慰和支持我，直到我交出手稿，她才跳槽离开。利弗莱特出版社的高级编辑丹·格斯尔接替了玛丽的工作，娴熟地指导了本书的整个制作过程。斯蒂芬妮·希伯特的工作证明了她是一名优秀而高效的文字编辑，她注重细节，极大地完善了本书的文字。利弗莱特出版社和诺顿出版集团的其他工作人员——史蒂夫·阿塔尔多、黑利·布拉肯、科迪利亚·卡尔弗特、尼克·柯利、丽贝卡·霍米斯基、吉娜·亚昆塔、加布里埃尔·卡查克、彼得·米勒、安娜·奥勒、唐·里夫金——他们出色且专业地完成了自己的工作，帮助我共同创造了这本精彩的著作，并通过发布会将它推向世界。

罗素·盖伦，我的长期经纪人，他是不可或缺的。他帮助我建立写作事业，并在经常令人困惑的出版世界中为我指引道路。他明智的建议是无价的。这是我们合作出版的第六本书，我期待未来继续与他合作。

在所有要感谢的人中,最重要的就是我的妻子、孩子和大家庭,他们对我坚定不移的支持是我拥有成为全职作家的绝佳机会的主要原因,全职作家无疑是我做过的最好也最困难的一份工作。最应该感谢的是我的妻子珍妮弗,二十五年前与她成婚是我一生中最美好的事情。

注　释

※ 注释中用到的缩写

  BAMS Bulletin of the American Meteorological Society　《美国气象学会公报》

  HRD Hurricane Research Division (NOAA)　美国国家海洋和大气管理局飓风研究部

  MH The Miami Herald　《迈阿密先驱报》

  MWR Monthly Weather Report　《每月天气报告》

  NHC National Hurricane Center　国家飓风中心

  NOAA National Oceanic and Atmospheric Administration　美国国家海洋和大气管理局

  NWS National Weather Service　国家气象局

  NYT The New York Times　《纽约时报》

※ 摘录（来自一名图书馆初级管理员）

1. *The Holy Bible* (London: Printers to the Queen, 1851), 487.

2. "From Alexander Hamilton to The Royal Danish American Gazette (September 6, 1772)," in *The Papers of Alexander Hamilton*, vol. 1, ed. Harold C. Syrett (New York: Columbia University Press, 1961), 34–38.

3. John James Audubon, *The Life of John James Audubon* (New York: G.

P. Putnam's Sons, 1873), 246.

4. F. H. Bigelow, "Cyclones, Hurricanes, and Tornadoes," in *Yearbook of the United States, Department of Agriculture, 1898* (Washington, DC: Government Printing Office, 1899), 531.

5. Ernest Hemingway to John Dos Passos (March 26, 1932), in *Ernest Hemingway, Selected Letters, 1917–1961*, ed. Carlos Baker (New York: Scribner Classics, 2003), 355.

6. Marjory Stoneman Douglas, *Hurricane* (New York: Rinehart, 1958), 328.

※ 前 言

1. 关于飓风"奥黛丽"的背景资料来自 Cathy C. Post, *Hurricane Audrey: The Deadly Storm of 1957* (Gretna, LA: Pelican, 2007); *All Over but to Cry: The Louisiana Tidal Wave*, directed by Jennifer John Block (New Orleans: Fresh Media, 2009), DVD; Nola Mae Wittler Ross and Susan McFillen Goodson, *Hurricane Audrey* (Sulphur, LA: Wise, 1996); Ernest Zebrowski and Judith A. Howard, *Category 5: The Story of Camille, Lessons Unlearned from America's Most Violent Hurricane* (Ann Arbor: University of Michigan Press, 2005), 13–22; Robert B. Ross and Maurice D. Blum, "Hurricane Audrey, 1957," *MWR*, June 1957, 221–27; and HRD, "60th Anniversary of Hurricane Audrey," June 26, 2017, https://noaahrd.wordpress.com/2017/06/26/60th-anniversary-of-hurricane-audrey。

2. 克拉克夫妇的经历来自 Post, *Hurricane Audrey*, 36–38, 53–54, 73–75, 88–91, 98–99, 145–49, 168–70, 173–78, 188–91, 221–22, 237–40, and 275–

77; and Ross and Goodson, *Hurricane Audrey*, 87–91。

3. Ross and Goodson, *Hurricane Audrey*, 88.

4. Ibid., 89.

5. Post, *Hurricane Audrey*, 238.

6. Ross and Goodson, *Hurricane Audrey*, 89

7. 飓风发生数年后，卡梅伦教区的100多个家庭对负责发布天气预报的联邦气象局（今天的国家气象局的前身）提起过失死亡诉讼。总的来说，诉讼声称该局"疏忽大意，未能就飓风'奥黛丽'的性质、强度、位置、路径、速度和潮汐波的存在以及它袭击路易斯安那州海岸的正确时间给出充分、清晰、正确和适当的警告"。当第一起案件被提交审判时，法官做出了不利于原告的裁决，认为政府对死亡没有责任。法官同意专家证人的说法，即考虑到当时该局可用的预测工具，预测是尽可能准确的。当案件被上诉时，法院维持原判，其余未决诉讼被撤销。参见 *Whitney Bartie v. United States of America*, US District Court W.D. Louisiana, Lake Charles Division, March 28, 1963, https://www.leagle.com/decision/1963226216fsupp101225。

8. Post, *Hurricane Audrey*, 204.

9. Darryl T. Cohen, "60 Million Live in Path of Hurricanes," US Census Bureau, August 6, 2018, https://www.census.gov/library/stories/2018/08/coastal-county-population-rises.html.

10. Christopher W. Landsea, "Subject: E11) How Many Tropical Cyclones Have There Been Each Year in the Atlantic Basin? What Years Were the Greatest and Fewest Seen?" HRD, Frequently Asked Questions, last revised June 1, 2018, https://www.aoml.noaa.gov/hrd/tcfaq/E11.html.

11. Christopher W. Landsea, "Subject: E19) How Many Direct Hits by Hurricanes of Various Categories Have Affected Each State?" HRD,

Frequently Asked Questions, last revised June 19, 2019, https://www.aoml.noaa.gov/hrd/tcfaq/E19.html.

12. Eric S. Blake, Christopher W. Landsea, and Ethan J. Gibney, "The Deadliest, Costliest, and Most Intense United States Tropical Cyclones from 1851 to 2010 (and Other Frequently Requested Hurricane Facts)," NOAA Technical Memorandum NWS NHC-6, August 2011, 17; Bob Sheets and Jack Williams, *Hurricane Watch: Forecasting the Deadliest Storms on Earth* (New York: Vintage Books, 2001), 194; and Christopher W. Landsea, "Subject: E23) What Is the Complete List of Continental U.S. Landfalling Hurricanes?" HRD, Frequently Asked Questions, last revised June 20, 2019, https://www.aoml.noaa.gov/hrd/tcfaq/E23.html.

13. CNN, "6 to 8 U.S. Hurricanes Expected in 2002," May 21, 2002, http://www.cnn.com/2002/WEATHER/05/20/hurricane.outlook/index.html.

14. Blake et al., "Deadliest, Costliest," 21; and Landsea, "Subject: E19) How Many Direct Hits."

15. Adam B. Smith and Richard W. Katz, "U.S. Billion-Dollar Weather and Climate Disasters: Data Sources, Trends, Accuracy and Biases," *Natural Hazards*, June 2013, 387–410; and NOAA, National Centers for Environmental Information (NCEI), "Billion-Dollar Disasters: Calculating the Costs," accessed May 2018, https://www.ncdc.noaa.gov/monitoring-references/dyk/billions-calculations.

16. Blake et al., "Deadliest, Costliest," 27；详细数据附于本书最后部分。

17. Ivan Ray Tannehill, *Hurricanes: Their Nature and History* (New York: Greenwood Press, 1938), 220–44; and Blake et al., "Deadliest, Costliest," 42–46.

18. Chris Landsea, "Subject: D7) How Much Energy Does a Hurricane Release?" HRD, Frequently Asked Questions, accessed April 2018, http://www.aoml.noaa.gov/hrd/tcfaq/D7.html.

19. Steve Graham and Holli Riebeck, "Hurricanes: The Greatest Storms on Earth," NASA Earth Observatory, November 1, 2006, https://earthobservatory.nasa.gov/Features/Hurricanes.

20. Raphael Semmes, *My Adventures Afloat: A Personal Memoir of My Cruises and Services* (London: Richard Bentley, 1869), 476.

21. Christopher W. Landsea, "A Climatology of Intense (or Major) Atlantic Hurricanes," *MWR*, June 1993, 1703, 1712.

22. Nick Stockton, "To See the Birth of an Atlantic Hurricane, Look to Africa," *Wired*, March 25, 2015, https://www.wired.com/2015/03/see-birth-atlantic-hurricane-look-africa; Simon Winchester, *When the Sky Breaks: Hurricanes, Tornadoes, and the Worst Weather in the World* (New York: Viking, 2017), 35–38; Roger A. Pielke Jr. and Roger A. Pielke Sr., *Hurricanes: Their Nature and Impact on Society* (New York: John Wiley, 1997), 68–73; Neil L. Frank, "The Great Galveston Hurricane of 1900," in *Hurricanes: Coping with Disaster*, ed. Robert Simpson (Washington, DC: American Geophysical Union, 2003), 130; and "Hurricane Life Cycle," Hurricanes: Science and Society, accessed March 2018, http://hurricanescience.org/science/science/hurricanelifecycle.

23. Neal Dorst, "Subject: G16) What Is the Average Forward Speed of a Hurricane?" HRD, Frequently Asked Questions, last updated May 29, 2014, http://www.aoml.noaa.gov/hrd/tcfaq/G16.html.

24. Gordon E. Dunn and Banner I. Miller, *Atlantic Hurricanes* (Baton

Rouge: Louisiana State University Press, 1964), 58.

25. Frederick Hirth, "The Word 'Typhoon.' Its History and Origin," *Journal of the Royal Geographical Society* 50 (1880): 263; Patrick J. Fitzpatrick, *Hurricanes* (Santa Barbara, CA: ABC-CLIO, 2006), 85; and Robert H. Simpson, "Hurricanes," *Scientific American*, June 1954, 32.

26. W. Ernest Cooke, *The Climate of Western Australia from Meteorological Observations Made during the Years 1876–1899* (Perth, Australia: William Alfred Watson, 1901), 11; and Gary Barnes, "Severe Local Storms in the Tropics," in *Severe Convective Storms*, ed. Charles A. Doswell III, Meteorological Monograph no. 50 (Boston: American Meteorological Society, 2001), 405.

27. Julia Cresswell, "Hurricane," *Oxford Dictionary of Word Origins* (Oxford: Oxford University Press, 2002), 217; Stuart B. Schwartz, *Sea of Storms: A History of Hurricanes in the Greater Caribbean from Columbus to Katrina* (Princeton, NJ: Princeton University Press, 2015), 6–7; Pielke and Pielke, *Hurricanes*, 16; and Dunn and Miller, *Atlantic Hurricanes*, 7.

28. Les Standiford, *Last Train to Paradise: Henry Flagler and the Spectacular Rise and Fall of the Railroad That Crossed an Ocean* (New York: Broadway Paperbacks, 2002), 229; and Carl H. Hobbs, *The Beach Book: Science of the Shore* (New York: Columbia University Press, 2012), 21.

29. Richard Hamblyn, *The Invention of Clouds: How an Amateur Meteorologist Forged the Language of the Skies* (New York: Farrar, Straus and Giroux, 2001), 271.

30. Edward N. Rappaport, "Fatalities in the United States from Atlantic

Tropical Cyclones," *BAMS*, March 2014, 341–43.

31. Kenneth Chang, "The Destructive Power of Water," *NYT*, March 12, 2011.

32. Steve Roberts Jr., "NWS: 'Hide from the Wind, Run from the Water' for Cat 4 Hurricane Florence," *Virginia Gazette*, September 11, 2018.

※ 第一章 "狂暴"的新大陆

1. Christopher Columbus, *The Diario of Christopher Columbus's First Voyage to America, 1492–1493*, abstracted by Fray Bartolomé de las Casas, trans. Oliver Dunn and James E. Kelley Jr. (Norman: University of Oklahoma, 1989), 19.

2. 关于哥伦布第四次航行的背景和他在伊斯帕尼奥拉岛受到的接待，可参见 Ferdinand Columbus, *The Life of the Admiral Christopher Columbus by His Son Ferdinand*, trans. Benjamin Keen (London: Folio Society, 1960), 223–24; "Hernando Colón's Account of the Fourth Voyage," in *New Iberian World: A Documentary History of the Discovery and Settlement of Latin America to the Early 17th Century*, vol. 2, *The Caribbean* (New York: Times Books, 1984), 120–21; Samuel Eliot Morison, *Admiral of the Ocean Sea: A Life of Christopher Columbus* (Boston: Little, Brown, 1946), 570–71, 580–92; David Ludlum, *Early American Hurricanes: 1492–1870* (Boston: American Meteorological Society, 1963), 1–7; and Laurence Bergreen, *Columbus: The Four Voyages* (New York: Viking, 2011), 288–89, 298–303。

3. Ibid.

4. Morison, *Admiral of the Ocean Sea*, 590.

5. Mathew Mulcahy, *Hurricanes and Society in the British Greater Caribbean, 1624–1783* (Baltimore: Johns Hopkins University Press, 2006), 20–21.

6. "Columbus Letter to Santangel," addendum, March 4, 1493, in *New Iberian World*, vol. 2, *The Caribbean*, 62.

7. Morison, *Admiral of the Ocean Sea*, 490–91; and Ludlum, *Early American Hurricanes*, 3–6.

8. Bergreen, *Columbus: The Four Voyages*, 274–86; and Ferdinand Columbus, *Life of the Admiral*, 225.

9. Ferdinand Columbus, *Life of the Admiral*, 111–12; see also page 224.

10. Ibid., 225.

11. H. Michael Tarver and Emily Slape, "Overview Essay," in *The Spanish Empire: A Historical Encyclopedia*, vol. 1, ed. H. Michael Tarver and Emily Slape (Santa Barbara, CA: ABC-CLIO, 2016), 61–62.

12. 关于卢纳的航海活动以及彭萨科拉湾的殖民历程，可参见 *The Luna Papers, 1559–1561*, vol. 1, ed. Herbert Ingram Priestley (Tuscaloosa: University of Alabama Press, 2010), ix–lxvii; Charles Hudson, Marvin T. Smith, Chester B. DePratter, and Emilia Kelley, *Southeastern Archaeology*, Summer 1989, 31, 33–42; and Eugene Lyon, "Spain's Sixteenth-Century North American Settlement Attempts: A Neglected Aspect," *Florida Historical Quarterly*, January 1981, 279。

13. 关于1565年飓风的背景，以及勒内·古莱纳·德·洛多尼埃与让·里博的殖民尝试，以及里博与佩德罗·梅内德斯·德·阿维莱斯之间的军事冲突，可参见阿维莱斯与西班牙国王的通信，*Proceedings of the Massachusetts Historical Society*, 2nd ser., 8 (1894): September 11, 1565 (pp.

419–25), October 15, 1565 (pp. 425–39); and December 5, 1565 (pp. 440–53); as well as John T. McGrath, *The French in Early Florida: In the Eye of the Hurricane* (Gainesville: University Press of Florida, 2000), 8–11, 67–72, 96–110, 132–55; Margaret Bransford, "A Hurricane That Made History," *French Review*, January 1950, 223–26; and René Goulaine de Laudonnière, "History of Jean Ribault's First and Second Voyage to Florida," *Historical Collections of Louisiana and Florida*, ed. B. F. French (New York: J. Sabin, 1869), 324–44。

14. John Noble Wilford, "A French Fort, Long Lost, Is Found in South Carolina," *NYT*, June 6, 1996.

15. Laudonnière, "History of Jean Ribault's First," 336.

16. 关于1609年夏天，飓风袭击第三批补给使团的背景，以及詹姆斯敦殖民地早期历史，可参见 William Strachey, "A True Reportory of the Wreck and Redemption of Sir Thomas Gates, Knight, upon and from the Islands of the Bermudas: His Coming to Virginia and the Estate of That Colony Then and After, under the Government of the Lord La Warr, July 15, 1610," in *A Voyage to Virginia in 1609: Two Narratives, Strachey's "True Reportory" & Jourdain's Discovery of the Bermudas*, ed. Louis B. Wright (Charlottesville: University of Virginia Press, 2013), 1–77; Silvester Jourdain, "A Discovery of the Bermudas, Otherwise Called the Isle of Devils," in *Voyage to Virginia in 1609*, 105–15; George Somers, "Letter to Salisbury, 15 June 1610," in *Jamestown Narratives: Eyewitness Accounts of the Virginia Colony*, ed. Edward Wright Haile (Champlain, VA: RoundHouse, 1998), 445–46; Benjamin Wooley, *Savage Kingdom: The True Story of Jamestown, 1607, and the Settlement of America* (New York: Harper Collins, 2007), 100–14,

138–43, 168–70, 215–63; David A. Price, *Love and Hate in Jamestown: John Smith, Pocahontas, and the Heart of a New Nation* (New York: Alfred A. Knopf, 2003), 3–4, 11–12, 97–98, 130–44; Karen Ordahl Kupperman, *The Jamestown Project* (Cambridge, MA: Harvard University Press, 2007), 9–10, 174–82, 210–30, 234–42, 247–54; and Hobson Woodward, *A Brave Vessel: The True Tale of the Castaways Who Rescued Jamestown and Inspired Shakespeare's The Tempest* (New York: Viking, 2009), 24–51, 104–6, 154–56。

17. Strachey, "True Reportory," 4.

18. John Smith, *The Generall Historie of Virginia, New England & The Summer Isles, Together with The True Travels, Adventures and Observations, and A Sea Grammar*, vol. 1 (Glasgow: James MacLehose, 1907), 189.

19. Strachey, "True Reportory," 6.

20. Ibid., 7.

21. Ibid., 10.

22. Ibid., 7–8.

23. Ibid., 16.

24. Jourdain, "Discovery of the Bermudas," 110, 112.

25. George Percy, "A True Relation of the Proceedings and Occurrents of Moment Which Have Hap'ned in Virginia . . .," in *Jamestown Narratives: Eyewitness Accounts of the Virginia Colony, the First Decade, 1607–1617*, ed. Edward Wright Haile (Champlain, VA: RoundHouse, 1998), 505.

26. Dennis Montgomery, " 'Such a Dish as Powdered Wife I Never Heard Of,' " *Colonial Williamsburg Journal*, Winter 2007; and Joseph Stromberg, "Starving Settlers in Jamestown Colony Resorted to

Cannibalism," *Smithsonian*, April 30, 2013, https://www.smithsonianmag.com/history/starving-settlers-in-jamestown-colony-resorted-to-cannibalism-46000815.

27. Smith, *Generall Historie of Virginia*, 206–7. See also Price, *Love and Hate in Jamestown*, 139, 144.

28. Alden T. Vaughan, foreword to *Voyage to Virginia in 1609*, xiii–xiv; and Woodward, *Brave Vessel*, 154–56.

29. Mulcahy, *Hurricanes and Society*, 55–57; and Jonathan Mercantini, "The Great Carolina Hurricane of 1752," *South Carolina Historical Magazine*, October 2002, 353.

30. Alexander Hewatt, *An Historical Account of the Rise and Progress of the Colonies of South Carolina and Georgia*, vol. 2 (London: Alexander Donaldson, 1779), 179.

31. 关于殖民地时期其他飓风的故事，可参见 Ludlum, *Early American Hurricanes*, 16–17, 24–25, 42–43。

32. 关于此次飓风的历史，可参见 Increase Mather, *An Essay for the Recording of Illustrious Providences: Wherein, an Account Is Given of Many Remarkable and Very Memorable Events, Which Have Happened in This Last Age, Especially in New-England* (Boston: Samuel Green, 1684), 311–12; Richard Mather, *Journal of Richard Mather, 1635; His Life and Death, 1670* (Boston: David Clapp, 1850), 24–30; John Winthrop, *Winthrop's Journal, "History of New England," 1630–1649*, vol. 1, ed. James Kendall Hosmer (New York: Charles Scribner's Sons, 1908), 155–57; and Ludlum, *Early American Hurricanes*, 10–13。

33. Winthrop, *Winthrop's Journal*, 157.

34. William Bradford, *History of Plymouth Plantation*, ed. Charles Deane (Boston: Little, Brown, 1856), 33–38.

35. "观望号"的相关资料，可参见 Anthony Thacher, "Anthony Thacher's Narrative of His Shipwreck," in *Chronicles of the First Planters of the Colony of Massachusetts Bay, from 1623 to 1636,* ed. Alexander Young (Boston: Charles C. Little and James Brown, 1846), 485–95。

36. John R. Totten, *Thacher Genealogy*, part 1 (New York: New York Genealogical and Biographical Society, 1910), 74.

37. 下文中"詹姆斯号"的经历，来自理查德·马瑟的记录，可参见 Mather, *Journal of Richard Mather*, 27–28 (the quotes are all from this source); and Mather, *An Essay for the Recording*, 311。

38. David McCullough, *John Adams* (New York: Simon & Schuster, 2001), 29.

39. 关于1715年飓风的资料，可参见 E. Lynne Wright, *Florida Disasters: True Stories of Tragedy and Survival* (Guilford: Globe Pequot, 2017), 7–11; David Cordingly, *Spanish Gold: Captain Woodes Rogers and the Pirates of the Caribbean* (London: Bloomsbury, 2011), 123–25; and Colin Woodard, *The Republic of Pirates: Being the True and Surprising Story of the Caribbean Pirates and the Man Who Brought Them Down* (New York: Harcourt, 2007), 103–6。

40. David Cordingly, *Under the Black Flag: The Romance and the Reality of Life among the Pirates* (Orlando, FL: Harvest Books, 1995), 125.

※ 第二章　风暴法则

1. 关于本杰明·富兰克林对飓风研究做出的贡献，可参见 "From

Benjamin Franklin to Jared Eliot, 13 February 1750," in *The Papers of Benjamin Franklin*, vol. 3, ed. Leonard W. Labaree (New Haven, CT: Yale University Press, 1961), 463–66; David Ludlum, *Early American Hurricanes: 1492–1870* (Boston: American Meteorological Society, 1963), 22–23; A. D. Bache, "Attempt to Fix the Date of Dr. Franklin's Observation, in Relation to the North-east Storms of the Atlantic States," *Journal of the Franklin Institute*, November 1833, 300–303; and Bob Sheets and Jack Williams, *Hurricane Watch: Forecasting the Deadliest Storms on Earth* (New York: Vintage Books, 2001), 12–14。

2. 约翰·温斯罗普的相关资料,可参见 Ludlum, *Early American Hurricanes*, 22; David M. Ludlum, "Part I, Four Centuries of Surprises," *American Heritage*, June/July 1986, https://www.americanheritage.com/content/part-i-four-centuries-surprises; and Frederick E. Brasch, "John Winthrop (1714–1779), America's First Astronomer, and the Science of His Period," *Publications of the Astronomical Society of the Pacific*, August–October 1916, 153–56。

3. Ludlum, "Part I, Four Centuries of Surprises."

4. C. Donald Ahrens, *Meteorology Today: An Introduction to Weather, Climate, and the Environment* (Boston: Brooks/Cole/Cengage Learning, 2013), 11.

5. H. Howard Frisinger, "Aristotle and His 'Meteorologica,' " *BAMS*, July 1972, 634–38.

6. Edwin T. Martin, *Thomas Jefferson: Scientist* (New York: Henry Schuman, 1952), 131; Susan Solomon, John S. Daniel, and Daniel L. Druckenbrod, "Revolutionary Minds: Thomas Jefferson and James Madison

Participated in a Small 'Revolution' against British Weather-Monitoring Practices," *American Scientist*, September/October 2007, 430; and Lucia Stanton, "Monticello Weather Report," *Monticello Keepsakes*, Fall 1982.

7. "From Thomas Jefferson to Lewis E. Beck, 16 July 1824," Founders Online, National Archives, http://founders.archives.gov/documents/Jefferson/98-01-02-4410; and Stanton, "Monticello Weather Report."

8. Theodore S. Feldman, "Late Enlightenment Meteorology," in *The Quantifying Spirit in the Eighteenth Century*, ed. Tore Frangsmyr, J. L. Heilbron, and Robin E. Rider (Berkeley: University of California Press, 1990), 143–58.

9. Richard Hamblyn, *The Invention of Clouds: How an Amateur Meteorologist Forged the Language of the Skies* (New York: Farrar, Straus and Giroux, 2001).

10. Luke Howard, *Essay on the Modifications of Clouds* (1803; repr., London: John Churchill, 1865). See also Hamblyn, *Invention of Clouds*, 3–6.

11. Hamblyn, *Invention of Clouds*.

12. Thomas Jefferson to George F. Hopkins (September 5, 1822), in *The Writings of Thomas Jefferson: Being His Autobiography, Correspondence, Reports, Messages, Addresses, and Other Writings, Official and Private*, vol. 7, ed. H. A. Washington (New York: Derby & Jackson, 1859), 259.

13. 关于此次飓风的情况，可参见 William Reid, *An Attempt to Develop the Law of Storms by Means of Facts, Arranged According to Place and Time; and Hence to Point Out a Cause for the Variable Winds, with the View to Practical Use in Navigation* (London: John Weale, 1838), 276–310; "Short Account of the Desolation Made in Several of the West India Islands by the

Late Hurricanes," in *The Annual Register, or a View of the History, Politics, and Literature, for the Year 1780* (London: J. Dodsley, 1781), 292–94; and Wayne Neely, *The Great Hurricane of 1780* (Bloomington, IN: IUniverse, 2012)。

14. John Dalling to Lord George Germain (October 20, 1780), in *The New Annual Register, or General Repository of History, Politics, and Literature, for the Year 1781* (London: G. Robinson, 1782), appdx. 3.

15. William Beckford, *A Descriptive Account of the Island of Jamaica*, vol. 1 (London: T. and J. Egerton, 1790), 90.

16. Reid, *Attempt to Develop the Law of Storms*, 277.

17. Lieutenant Archer, "Account of the Loss of His Majesty's Ship Phoenix, Off Cuba, in the Year 1780," in *The Mariner's Chronicle*, vol. 2, ed. Archibald Duncan (London: James Cundee, 1804), 281–99. 上下文中关于本杰明·阿彻信件的内容均转引自此处。

18. Reid, *Attempt to Develop the Law of Storms*, 307; and Ludlum, *Early American Hurricanes*, 68–69.

19. Bryan Edwards, *The History Civil and Commercial, of the British Colonies in the West Indies* (London: B. Crosby, 1798), 90; Reid, *Attempt to Develop the Law of Storms*, 313; and Élisée Reclus, *The Ocean, Atmosphere, and Life* (New York: Harper & Brothers, 1874), 256.

20. Godfrey Basil Mundy, "Lord Rodney to Philip Stephens (December 10, 1780)," in *The Life and Correspondence of the Late Admiral Lord Rodney*, vol. 1 (London: John Murray, 1830), 449–50.

21. William Laird Clowes, *The Royal Navy: A History from Earliest Times to the Present*, vol. 3 (London: Sampson Low, Marston, 1898), 479;

Reclus, Ocean, *Atmosphere, and Life*, 256; and Reid, *Attempt to Develop the Law of Storms*, 311–13.

22. Neely, *Great Hurricane of 1780*, 122.

23. Nathaniel Philbrick, *In the Hurricane's Eye: The Genius of George Washington and the Victory at Yorktown* (New York: Viking, 2018), 18; see also pp. xii–xv.

24. Ibid., 179–238.

25. Benjamin Terry, *A History of England from the Earliest Times to the Death of Queen Victoria*, 4th ed. (Chicago: Scott, Foresman, 1908), 939.

26. Ludlum, *Early American Hurricanes*, 34–35.

27. Ibid., 75–76; and George Pabis, "Subduing Nature through Engineering: Caleb G. Forshey and the Levees-Only Policy, 1851–1881," in *Transforming New Orleans and Its Environs: Centuries of Change*, ed. Craig E. Colten (Pittsburgh, PA: University of Pittsburgh Press, 2000), 64.

28. 关于此次飓风的详情，可参见 Moses Brown, "Official Record of the Great Gale of 1815," in *Proceedings of the Rhode Island Historical Society, 1893–1894* (Providence, RI: Printed for the Society, 1894), 232–35; Ludlum, *Early American Hurricanes*, 77–81; John Farrar, "An Account of the Violent and Destructive Storm of the 23rd of September, 1815," *Quarterly Journal of Literature, Science, and the Arts*, April 1819, 102–6; Richard Miller Devens, *American Progress: Or the Great Events of the Greatest Century* (Chicago: C. A. Nichols, 1883), 178–85; and Esther Hoppin E. Lardner, "The Great Gale of Sept. 23, 1815," in *Proceedings of the Rhode Island Historical Society, 1893–1894*, 202–5。

29. Noah Webster, *The Autobiographies of Noah Webster: From the*

Letters and Essays, Memoir, and Diary, ed. Richard M. Rollins (Columbia: University of South Carolina Press, 1989), 343.

30. Lardner, "Great Gale of Sept. 23, 1815," 204.

31. Oliver Wendell Holmes, *Pages from an Old Volume of Life: A Collection of Essays, 1857–1881* (Boston: Houghton, Mifflin, 1891), 163.

32. Oliver Wendell Holmes, "The September Gale," in *The Poetical Works of Oliver Wendell Holmes*, vol. 1 (Boston: Houghton, Mifflin, 1892), 29–31.

33. 关于威廉·C.雷德菲尔德生平及其飓风研究经历，可参见John Howard Redfield, *Recollections of John Howard Redfield* (Philadelphia: Morris Press, 1900), 9–47; Denison Olmstead, *Address on the Scientific Life and Labors of William C. Redfield*, A. M . (New Haven, CT: E. Hayes, 1857), 3–12; and Diana Ross McCain, "Middletown Native Was in Forefront of Hurricane Research," *Hartford Courant*, September 9, 1998。

34. John Howard Redfield, *Recollections*, 46.

35. Olmstead, *Address on the Scientific Life*, 8–10.

36. William C. Redfield, "Remarks on the Prevailing Storms of the Atlantic Coast, of the North American States," *American Journal of Science and Arts*, July 1831, 17–51.

37. Reid, *Attempt to Develop the Law of Storms*, 2; "Theory of Storms," *North American Review*, April 1844, 336–37; Ludlum, *Early American Hurricanes*, ix; Henry Piddington, *The Sailor's Horn-Book for the Law of Storms* (London: Smith, Elder, 1848), 1–3; Ivan Ray Tannehill, *The Hurricane Hunters* (New York: Dodd, Mead, 1956), 27–28; and John D. Cox, *Storm Watchers: The Turbulent History of Weather Prediction from*

Franklin's Kite to El Niño (New York: John Wiley, 2002), 31.

38. Piddington, *Sailor's Horn-Book*, 233.

39. William C. Redfield, "Observations on the Hurricanes and Storms of the West Indies and the Coast of the United States," in *The American Coast Pilot* (New York: Edmund and George W. Blunt, 1833), 626–29; William C. Redfield, "Summary Statements of Some of the Leading Facts in Meteorology," *American Journal of Science and Arts*, January 1834, 122–35; and William C. Redfield, "Observations on the Storm of December 15, 1839," *Transactions of the American Philosophical Society*, 1843, 77–82.

40. Olmstead, *Address on the Scientific Life*, 14.

41. 关于詹姆斯·P. 埃斯皮的生平及其理论，可参见 Peter Moore, *Weather Experiment: The Pioneers Who Sought to See the Future* (New York: Farrar, Straus and Giroux, 2015), 119–26; L. M. Morehead, *A Few Incidents in the Life of Professor James P. Espy, by His Niece* (Cincinnati, OH: Robert Clarke, 1888); and Sheets and Williams, *Hurricane Watch*, 35–36。

42. 关于此次争论的详情，可参见 Moore, *Weather Experiment*, 112–40; "Theory of Storms," *North American Review*, 335–71; Cox, *Storm Watchers*, 33–39; James Rodger Fleming, *Meteorology in America, 1800–1870* (Baltimore: Johns Hopkins University Press, 1990), 23–54; "Mr. Espy's Theory of Centripetal Storms," *Knickerbocker*, September 1839, 379; and Sheets and Williams, *Hurricane Watch*, 36–40。

43. Morehead, *Few Incidents in the Life*, 12, 15, 22; and Lee Sandlin, *Storm Kings: The Untold History of America's First Tornado Chasers* (New York: Pantheon Books, 2003), 55.

44. Joseph Henry, "Meteorology," in *Report of the Commissioner*

of Patents for the Year 1858, Agriculture, US Senate, ex. doc. no. 47 (Washington, DC: William A. Harris, 1859), 429.

45. 关于里德上校的生平，及其在此次辩论中扮演的角色，可参见 Reid, *Attempt to Develop the Law of Storms*; *Account of the Fatal Hurricane by Which Barbados Suffered in August 1831* (Bridgetown, Barbados: Samuel Hyde, 1831); Moore, *Weather Experiment*, 99–100, 109–12, 130–33; and "Colonel Reid's Law of Storms," *Spectator*, October 13, 1838, 973–74。

46. 关于1831年飓风的历史，可参见 *Account of the Fatal Hurricane*; and Frederic William Naylor Bayley, *Four Years' Residence in the West Indies, during the Years 1826, 7, 8, and 9, by the Son of a Military Officer* (London: William Kidd, 1833), 710–11。

47. Andrew Halliday, *The West Indies: The Natural and Physical History of the Windward and Leeward Colonies* (London: John William Parker, 1837), 35.

48. Reid, *Attempt to Develop the Law of Storms*, 2.

49. "Statistics and Philosophy of Storms," *Edinburgh Review*, January 1839, 228.

50. 关于亨利·皮丁顿的生平，可参见 A. K. Sen Sarma, "Henry Piddington (1797–1858): A Bicentennial Tribute," *Weather* 52, no. 6 (1997), 187–93。

51. Henry Piddington, "Researches on the Gale and Hurricane in the Bay of Bengal on the 3rd, 4th, and 5th of June, 1839; Being a First Memoir with Reference to the Theory of the Law of Storms in India," *Journal of the Asiatic Society*, July 1839, 559.

52. Piddington, *Sailor's Horn-Book*, 8.

53. Ibid., i.

54. Mathew C. Perry, "Introductory Note," in William C. Redfield, "Observations in Relation to the Cyclones of the Western Pacific: Embraced in a Communication to Commodore Perry," in *Narrative of the Expedition of an American Squadron to the China Seas and Japan, Performed in the Years 1852, 1853, and 1854*, vol. 2, House of Representatives, doc. 97, 33d Congress, 2d Session (Washington, DC: A. O. P. Nicholson, 1856), 335.

55. A. B. Becher, *The Storm Compass or, Seaman's Hurricane Companion* (London: J. D. Potter, 1853), 3.

56. 关于埃斯皮出访欧洲，可参见 Fleming, *Meteorology in America*, 49–50; and Moore, *Weather Experiment*, 138–39。

57. Fleming, *Meteorology in America*, 50.

58. Morehead, *Few Incidents in the Life*, 17; and James P. Espy, *Philosophy of Storms* (Boston: Charles C. Little and James Brown, 1841), xxxi–xxxix.

59. "Memoir of Professor Espy," *Dial*, April 1860, 259.

60. Espy, *Philosophy of Storms*.

61. Alexander D. Bache, "Remarks," in *Annual Report of the Board of Regents of the Smithsonian Institution, Showing the Operations, Expenditures, and Condition of the Institution for the Year 1859*, US Senate, misc. doc. (Washington, DC: Thomas H. Ford, 1860), 110.

62. John Quincy Adams, Entry for January 6, 1842, in *Memoirs of John Quincy Adams, Comprising Portions of His Diary from 1795 to 1848*, vol. 11, ed. Charles Francis Adams (Philadelphia: J. B. Lippincott, 1876), 52–53.

63. Moore, *Weather Experiment*, 224–25; and Sheets and Williams, *Hurricane Watch*, 37.

64. 关于威廉·法瑞尔的生平及其对飓风的研究，可参见 Cleveland Abbe, "Memoir of William Ferrel, 1817–1891," in *Biographical Memoirs*, vol. 3 (Washington, DC: National Academy of Sciences, 1895), 265–96; Fleming, *Meteorology in America*, 136–39; and Cox, *Storm Watchers*, 65–69。

65. William Ferrel, "The Influence of the Earth's Rotation upon the Relative Motion of Bodies near Its Surface," *Astronomical Journal*, January 20, 1858, 99. See also "An Essay on the Winds and the Currents of the Ocean," *Nashville Journal of Medicine and Surgery* 11 (1856), reprinted in "Popular Essay on the Movements of the Atmosphere," in *Professional Papers of the Signal Service* (Washington, DC: Office of the Chief Signal Officer, 1882), 7–19.

※ 第三章 窥见未来

1. John Ruskin, "Remarks on the Present State of Meteorological Science," in *Transactions of the Meteorological Society,* vol. 1 (London: Smith, Elder, 1839), 56–59.

2. Ibid., 58.

3. Ibid.

4. 关于莫尔斯的早期生活经历以及电报的发明和发展的历史，可参见 Kenneth Silverman, *Lightning Man: The Accursed Life of Samuel F. B. Morse* (New York: Alfred A. Knopf, 2003), 3–4, 8–13, 16–21, 29–32, 40–42, 58–59, 67, 73–74, 79–80, 97–128, 143–44, 147–273; Daniel Walker Howe, *What Hath God Wrought: The Transformation of America, 1815–1848* (New York: Oxford University Press, 2007), 690–94; Tom Standage, *The Victorian*

Internet: The Remarkable Story of the Telegraph and the Nineteenth Century's On-line Pioneers (New York: Walker, 1998), 25–66; and Mark Lloyd, *Prologue to a Farce: Communication and Democracy in America* (Urbana: University of Illinois Press, 2006), 46–49。

5. Steven Lubar, *Inside the Lost Museum: Curating, Past and Present* (Cambridge, MA: Harvard University Press, 2017), 287.

6. Silverman, *Lightning Man*, 238.

7. Andrew Delap, "The Electro-Magnetic Telegraph," in *The People's Journal*, vol. 2, ed. John Saunders (London: People's Journal Office, 1847), 210.

8. Silverman, *Lightning Man*, 240; and William Robertson, *The History of America: Including the United States*, vol. 2 (New York: Blakeman and Mason, 1859), 1127.

9. "Morse's Electro-Magnetic Telegraph," *Pittsfield Sun*, June 6, 1844.

10. Silverman, *Lightning Man*, 244.

11. William C. Redfield, "On Three Several Hurricanes of the American Seas and Their Relations to the Northers, So Called, of the Gulf of Mexico and the Bay of Honduras, with Charts Illustrating the Same," *American Journal of Science and Arts*, November 1846, 344.

12. Joseph Henry, "Explanations and Illustrations of the Plan of the Smithsonian Institution," *American Journal of Science and Arts*, 2nd series, November 1848, 316; and Cleveland Abbe, "Historical Notes on the Systems of Weather Telegraphy, and Especially Their Development in the United States," *American Journal of Science and Arts*, August 1871, 84.

13. Joseph Henry, "Annual Report of the Secretary," in *Fourth Annual*

Report of the Board of Regents of the Smithsonian Institution to the Senate and House of Representatives, 31st Congress, 1st Session (Washington, DC: Printer to the Senate, 1850), 15; and Samuel Pierpont Langley, "The Meteorological Work of the Smithsonian Institution," *American Meteorological Journal*, January 1894, 374–75.

14. James Rodger Fleming, *Meteorology in America, 1800–1870* (Baltimore: Johns Hopkins University Press, 1990), 143–45; and Joseph Henry, "Report of the Secretary for 1858," in *Annual Report of the Board of Regents of the Smithsonian Institution*, 35th Congress, 2d Session, misc. doc. 57 (Washington, DC: James B. Steedman, 1859), 32.

15. "The Weather," *Washington Evening Star*, May 7, 1857.

16. Fleming, *Meteorology in America*, 75–93; and David Laskin, *Braving the Elements: The Stormy History of American Weather* (New York: Anchor, 1997), 141–42.

17. Fleming, *Meteorology in America*, 141–50.

18. Ibid., 150–56; Donald R. Whitnah, *A History of the United States Weather Bureau* (Urbana: University of Illinois Press, 1965), 15–19; Bob Sheets and Jack Williams, *Hurricane Watch: Forecasting the Deadliest Storms on Earth* (New York: Vintage Books, 2001), 44–46; and W. J. Humphreys, *Biographical Memoir of Cleveland Abbe, 1838–1916* (Washington, DC: National Academy of Sciences, 1919), 474–77.

19. Sheets and Williams, *Hurricane Watch*, 45; Laskin, *Braving the Elements*, 142–43; Mark Monmonier, *Air Apparent: How Meteorologists Learned to Map, Predict, and Dramatize the Weather* (Chicago: University of Chicago Press, 1999), 50–52; and Ivan Ray Tannehill, *Hurricanes: Their*

Nature and History (New York: Greenwood Press, 1938), 7–8.

20. Whitnah, *History of the United States Weather Bureau*, 23–29.

21. Jamie L. Pietruska, "US Weather Bureau Chief Willis Moore and the Reimagination of Uncertainty in Long-Range Forecasting," *Environment and History*, February 2011, 82.

22. "U.S. Daily Weather Maps," March 11, 1888—7 A.M., NOAA Central Library, accessed June 2018, https://library.noaa.gov/Collections/Digital-Collections/US-Daily-Weather-Maps.

23. Mary Cable, *The Blizzard of '88* (New York: Atheneum, 1988); and Judd Caplovich, *Blizzard: The Great Storm of 88* (Vernon, CT: Vero, 1987).

24. Isaac Monroe Cline, *Storms, Floods and Sunshine: A Book of Memoirs* (New Orleans: Pelican, 1945), 65–66.

25. Whitnah, *History of the United States Weather Bureau*, 43–58.

26. Sheets and Williams, *Hurricane Watch*, 46–47; Whitnah, *A History of the United States*, 31–32; and Raymond Arsenault, "The Public Storm: Hurricanes and the State in Twentieth-Century America," in *American Public Life and the Historical Imagination*, ed. Wendy Gamber, *Michael Grossberg, and Hendrik Hartog* (Notre Dame, IN: University of Notre Dame Press, 2003), 267.

27. Jack Williams, "When Storms Were a Surprise: A History of Hurricane Warnings," *Washington Post*, August 16, 2013; Tannehill, *Hurricanes*, 112; and Robert C. Sheets, "The National Hurricane Center—Past, Present, and Future," *Weather and Forecasting*, June 1990, 190.

28. 关于比涅斯的个人生平及其对气象学的贡献，可参见 Luis E. Ramos Guadalupe, *Father Benito Viñes: The 19th-Century Life and Contributions of*

a Cuban Hurricane Observer and Scientist, trans. Oswaldo Garcia (Boston: American Meteorological Society, 2014), 1–7, 55–64。

29. Jefferson B. Browne, *Key West: The Old and the New* (St. Augustine, FL: Record Company, 1912), 156.

30. Guadalupe, *Father Benito Viñes*, 6–21.

31. Ralph Abercromby, "On the Relation between Tropical and Extratropical Cyclones," *Proceedings of the Royal Society of London*, November 17, 1887–April 12, 1888, 20; and Marjory Stoneman Douglas, *Hurricane* (New York: Rinehart, 1958), 236.

32. Guadalupe, *Father Benito Viñes*, 71–105; Benito Viñes, *Practical Hints in Regard to West Indian Hurricanes*, trans. George L. Dyer (Washington, DC: Government Printing Office, 1885); and Sheets and Williams, *Hurricane Watch*, 47–51.

33. Sheets and Williams, *Hurricane Watch*, 48.

34. Guadalupe, *Father Benito Viñes*, 126–27.

35. Ibid., 144–47.

36. Cleveland Abbe, ed., *Monthly Weather Review*, vol. 21, no. 8 (August 1893): 205–7.

37. Eric S. Blake, Christopher W. Landsea, and Ethan J. Gibney, "The Deadliest, Costliest, and Most Intense United States Tropical Cyclones from 1851 to 2010 (and Other Frequently Requested Hurricane Facts)," NOAA Technical Memorandum NWS NHC-6, August 2011, 43. See also Abbe, *Monthly Weather Review*, 207.

38. "U.S. Daily Weather Maps," August 23, 1893—Forecast till 8 P.M. Thursday, accessed June 2018.

39. "U.S. Daily Weather Maps," August 23, 1893—8 P.M., accessed June 2018; and Abbe, *Monthly Weather Review*, 205–7.

40. "Swept by Wind and Rain," *NYT*, August 25, 1893.

41. "Storm on Long Island," *NYT*, August 25, 1893; "Great Loss at Coney Island," *NYT*, August 25, 1893; and "Swept by Wind and Rain," *NYT*.

42. "Swept by Wind and Rain," *NYT*.

43. "Storm on Long Island," *NYT*. See also "Many Sailors' Lives Lost," *NYT*, August 25, 1893.

44. "Many Sailors' Lives Lost," *NYT*.

45. 关于豪格岛的历史，以及此次飓风给岛屿带来的破坏，可参见 Alfred H. Bellot, *History of the Rockaways from the Year 1685 to 1917* (Far Rockaway, NY: Bellot's Histories, 1917), 94–95; "Damage on Long Island," *NYT*, August 26, 1893; Norimitsu Onishi, "Queens Spit Tried to Be a Resort but Sank in a Hurricane," *NYT*, March 18, 1997; and "What Really Happened to Hog Island?" *From the Stacks* (blog), New York Historical Society, August 31, 2011, http://blog.nyhistory.org/what-really-happened-to-hog-island。

46. "Damage on Long Island," *NYT*.

47. Onishi, "Queens Spit Tried to Be a Resort."

48. 当年第二场飓风又被称为"海岛飓风"，关于此次飓风的历史，可参见 Joel Chandler Harris, "The Sea Island Hurricanes, the Devastation," *Scribner's Magazine*, February 1894, 229–47; Joel Chandler Harris, "The Sea Island Hurricanes, the Relief," *Scribner's Magazine*, March 1894, 267–84; William Marscher and Fran Marscher, *The Great Sea Island Storm of 1893* (Macon, GA: Mercer University Press, 2004), 1–19; Clara Barton, *A Story of the Red Cross: Glimpses of Field Work* (New York: D. Appleton,

1917), 77–93; Blake et al., "Deadliest, Costliest," 7; Marian Moser Jones, "Race, Class and Gender in Clara Barton's Late Nineteenth-Century Disaster Relief," *Environment and History*, February 2001, 107–31; Tom Rubillo, *Hurricane Destruction in South Carolina* (Charleston, SC: History Press, 2006), 99–103; "Sea Islands Overwhelmed," *NYT*, September 3, 1893; "Gov. Tillman's Anxiety," *NYT*, September 3, 1893; "In a Death-Dealing Wind," *NYT*, August 29, 1893; "Georgia Resort in Ruins," *NYT*, September 5, 1893; and Joey Holleman, "1893 Storm Killed Hundreds in S.C.," *State*, September 14, 1999。

49. "U.S. Daily Weather Maps," August 25, 1893—8 A.M., and August 25, 1893—8 P.M., both accessed June 2018.

50. "U.S. Daily Weather Maps," August 26, 1893—8 P.M., accessed June 2018; Abbe, *Monthly Weather Review*, 207–8; and Sheets and Williams, *Hurricane Watch*, 53.

51. "U.S. Daily Weather Maps," August 27, 1893, 8 A.M., and August 27, 1893, 8 P.M., both accessed June 2018; and "Forecast by the Weather Men," *NYT*, August 30, 1893.

52. Marscher and Marscher, *Great Sea Island Storm of 1893*, 16–18.

53. Rubillo, *Hurricane Destruction*, 99.

54. W. C. Gannett, "The August Storm at the Sea Islands," *Unity*, November 16, 1893, 163.

55. Shepherd W. McKinley, "Phosphate: 1870–1925," South Carolina Encyclopedia, June 20, 2016, http://www.scencyclopedia.org/sce/entries/phosphate.

56. Gannett, "August Storm at the Sea Islands," 163.

57. Jones, "Race, Class and Gender," 119–26.

58. Lucy Larcom, "Clara Barton," in *Our Famous Women: An Authorized Record of the Lives and Deeds of Distinguished American Women of Our Times* (Hartford, CT: A. D. Worthington, 1884), 104.

59. Clara Barton, Diary Entry for Friday, September 29, 1893, in *Clara Barton Papers: Diaries and Journals: 1893, May–1894, May*, Library of Congress, Manuscript/Mixed Material, https://www.loc.gov/item/mss119730041.

60. Barton, *Story of the Red Cross*, 92.

61. Elizabeth Brown Pryor, *Clara Barton: Professional Angel* (Philadelphia: University of Pennsylvania Press, 1987), 279.

62. 关于邓巴·戴维斯的详细经历，可参见 David Stick, *Graveyard of the Atlantic: Shipwrecks of the North Carolina Coast* (Chapel Hill: University of North Carolina Press, 1952), 133–43; and "Dunbar Davis Did His Duty: The Incredible Achievement of One Man in the Historic Hurricane of 1893," *State*, October 14, 1961, 9。

63. Stick, *Graveyard of the Atlantic*, 142.

64. Ibid., 135–36.

65. Mark W. Harrington, ed., *Monthly Weather Review*, vol. 21, no. 9 (September 1893).

66. 关于此次登陆路易斯安那州、密西西比州和亚拉巴马州海岸的飓风的详细历史，可参见 Blake et al., "Deadliest, Costliest," 7, 43; Rose C. Falls, *Cheniere Caminada, or The Wind of Death: The Story of the Storm in Louisiana* (New Orleans: Hopkins Printing, 1893); "Swept by an Ocean Wave," *NYT*, October 5, 1893; E. Charles Plaisance, "Chénière: The Destruction of a Community," *Louisiana History*, Spring 1973, 179–85;

Donald W. Davis, "Cheniere Caminada and the Hurricane of 1893," in *Coastal Zone '93: Proceedings of the Eighth Symposium on Coastal and Ocean Management*, vol. 2, ed. Orville T. Magoon, W. Stanley Wilson, Hugh Converse, and L. Thomas Tobin (New York: American Society of Civil Engineers, 1993), 2256-69; Barbara C. Ewell and Pamela Glenn Menke, "'The Awakening' and the Great October Storm of 1893," *Southern Literary Journal*, Spring 2010, 1-5; Christie Mathern Hall, "Cheniere Caminada's Great October Storm," *Country Roads*, September 27, 2016, https://countryroadsmagazine.com/art-and-culture/history/chenier-caminadas-great-october-storm; and "The Storm of Death," *Colfax Chronicle*, October 7, 1893。

67. "U.S. Daily Weather Maps," September 30, 1893, 8 P.M., accessed September 26, 2018.

68. Falls, *Cheniere Caminada*, 5.

69. Mark W. Harrington, ed., *Monthly Weather Review*, vol. 21, no. 10 (October 1893): 272. See also Sheets and Williams, *Hurricane Watch*, 57.

70. Falls, *Cheniere Caminada*, 8.

71. Ibid., 9.

72. Ibid., 8.

73. Harrington, *Monthly Weather Review*, October 1893, 274-75; Sheets and Williams, *Hurricane Watch*, 57; and Walter J. Fraser, *Hurricanes: Three Centuries of Storms at Sea and Ashore* (Athens: University of Georgia Press, 2006), 184-87.

74. Sheets, "National Hurricane Center," 190, 194; and Edgar B.

Calvert, "The Hurricane Warning Service and Its Reorganization," *MWR*, March 1935, 86.

75. 关于摩尔与威尔逊的交谈经历，可参见 Willis Luther Moore, "I Am Thinking of Hurricanes," *American Mercury*, September 1927, 81–86。

76. Ivan Ray Tannehill, *The Hurricane Hunters* (New York: Dodd, Mead, 1956), 57–58; and Calvert, "Hurricane Warning Service," 86.

※ 第四章　被飓风"抹去"

1. Herbert Molloy Mason Jr., *Death from the Sea: The Galveston Hurricane of 1900* (New York: Dial Press, 1972), 78–79.

2. 关于此次"加尔维斯顿飓风"的历史，可参见 Erik Larson, *Isaac's Storm: A Man, a Time, and the Deadliest Hurricane in History* (New York: Vintage Books, 1999); Mason, *Death from the Sea*; Isaac Monroe Cline, *Storms, Floods and Sunshine: A Book of Memoirs* (New Orleans: Pelican, 1945); Clarence Ousley, *Galveston in Nineteen Hundred* (Atlanta: William C. Chase, 1900); Murat Halstead, *Galveston: The Horrors of a Stricken City* ([Chicago]: American Publishers Association, 1900); John Edward Weems, "The Galveston Storm of 1900," *Southwestern Historical Quarterly*, April 1958, 494–507; Kerry Emanuel, *Divine Wind: The History and Science of Hurricanes* (New York: Oxford University Press, 2005), 83–90; and William H. Thiesen, "Saving Lives during America's Deadliest Disaster," *Naval History*, December 2012, 46–52。

3. Isaac M. Cline, "West India Hurricanes," *Galveston Daily News*, July 16, 1891.

4. 关于克莱因早年的经历，可参见 Larson, *Isaac's Storm*, 28-31, 57-69; and Mason, *Death from the Sea*, 61-63。

5. 关于拉菲特等人的经历，以及加尔维斯顿早期建城的历史，可参见 "Cannibals and Pirates: The First Inhabitants of Galveston," in *Galveston Chronicles: The Queen City of the Gulf*, ed. Donald Willett (Charleston, SC: History Press, 2013), 1-10; Mason, *Death from the Sea*, 22-29, 89; David Roth, *Texas Hurricane History* (Camp Springs, MD: NWS, last updated January 17, 2010), 13-14; and W. T. Block, "Texas Hurricanes of the 19th Century: Killer Storms Devastated Coastline," *Beaumont Enterprise*, February 19, 1978。

6. Mason, *Death from the Sea*, 38-39; and Roth, *Texas Hurricane History*, 15.

7. Mrs. Houstoun, "Texas and the Gulf of Mexico; or, Yachting in the New World," *Smith's Weekly Volume for Town & Country*, February 12, 1845, 127. See also Mason, *Death from the Sea*, 36-38.

8. Edward Coyle Sealy, "Galveston Wharves," Handbook of Texas Online, accessed August 2018, http://www.tshaonline.org/handbook/online/articles/etg01; L. Tuffy Ellis, "The Revolutionizing of the Texas Cotton Trade, 1865-1885," *Southwestern Historical Quarterly*, April 1970, 478; and Mason, *Death from the Sea*, 52-54.

9. Cline, "West India Hurricanes."

10. John D. Cox, *Storm Watchers: The Turbulent History of Weather Prediction from Franklin's Kite to El Nino* (New York: John Wiley, 2002), 118-21.

11. "Western Gulf of Mexico Tropical Cyclones from 1851 to 2014,"

NWS, accessed August 2018, https://www.weather.gov/crp/tropical_cyclone_tracks.

12. Mason, *Death from the Sea*, 27, 38–39, 66–67; Eric S. Blake, Christopher W. Landsea, and Ethan J. Gibney, "The Deadliest, Costliest, and Most Intense United States Tropical Cyclones from 1851 to 2010 (and Other Frequently Requested Hurricane Facts)," NOAA Technical Memorandum NWS NHC-6, August 2011, 42–43; and Roth, *Texas Hurricane History*, 8–9.

13. David Ludlum, *Early American Hurricanes : 1492–1870* (Boston: American Meteorological Society, 1963), 179–82; and Roth, *Texas Hurricane History,* 18–19.

14. Roth, *Texas Hurricane History*, 19.

15. Abby Sallenger, *Island in a Storm: A Rising Sea, a Vanishing Coast, and a Nineteenth-Century Disaster That Warns of a Warmer World* (New York: Public Affairs, 2009).

16. Cline, "West India Hurricanes."

17. 关于这两场飓风的历史，可参见 Larson, *Isaac's Storm,* 81–83; Mason, *Death from the Sea*, 71–72; A. W. Greeley, "Hurricanes on the Coast of Texas," *National Geographic Magazine*, November 1900; and Ivan Ray Tannehill, *Hurricanes: Their Nature and History* (New York: Greenwood Press, 1938), 34–36。

18. "Telegraphic, the Equinoctal Storm," *Dallas Daily Herald*, September 22, 1875; "Texas Coast Disasters," *NYT*, September 22, 1875; "The Texas Cyclone," *NYT*, September 23, 1875; and "Galveston under Water," *NYT*, September 21, 1875.

19. "Texas Coast Disasters," *NYT*.

20. "State News," *Brenham Weekly Banner*, August 26, 1886; "Indianola and Galveston," *Austin Weekly Statesman*, August 26, 1886; "A Gale from the Gulf," *Fort Worth Daily Gazette*, August 21, 1886; "Indianola," *Austin Weekly Statesman*, August 26, 1886; and Joe Holley, "A Texas Ghost Town Yields Hard Hurricane Lessons," *Houston Chronicle*, September 22, 2017.

21. "Indianola and Galveston," *Austin Weekly Statesman*.

22. Mason, *Death from the Sea*, 74.

23. Larson, *Isaac's Storm*, 84.

24. Cline, "West India Hurricanes."

25. Larson, *Isaac's Storm*, 12–13; Mason, *Death from the Sea*, 16–17, 21, 52–58, 81–82; Ousley, *Galveston in Nineteen Hundred*, 63, 151, 158–63; Halstead, *Galveston: The Horrors*, 39–49; and Denise Alexander, *Galveston's Historic Downtown and Strand District* (Charleston, SC: Arcadia, 2010), 123.

26. Larson, *Isaac's Storm*, 13.

27. Paul Burka, "Grande Dame of the Gulf," *Texas Monthly*, December 1983, https://www.texasmonthly.com/articles/grande-dame-of-the-gulf. See also Larson, *Isaac's Storm*, 12.

28. Larson, *Isaac's Storm*, 36, 56, 78, 87–89, 108; "U.S. Daily Weather Maps," September 5, 1900—8 A. M., NOAA Central Library, accessed August 2018, https://library.noaa.gov/Collections/Digital-Collections/US-Daily-Weather-Maps; and Anya Krugovoy Silver, *Hurricanes of the Gulf of Mexico* (Baton Rouge: Louisiana State University, 2010), 4–5.

29. Larson, *Isaac's Storm*, 36.

30. Larson, *Isaac's Storm*, 111–14, 122; and "U.S. Daily Weather Maps," September 6, 1900—8 A. M., accessed August 2018.

31. Larson, *Isaac's Storm*, 9–10, 127, 132–34; "U.S. Daily Weather Maps," September 7, 1900—8 A. M., accessed August 2018; and Silver, *Hurricanes of the Gulf*, 5–6.

32. Willis L. Moore, *Report of the Chief of the Weather Bureau, 1898–99*, vol. 1 (Washington, DC: Government Printing Office, 1900), 8. See also Walter M. Drum, "The Pioneer Forecasters of Hurricanes," *Messenger*, June 1905, 613–14.

33. Larson, *Isaac's Storm*, 102–6; and Stuart B. Schwartz, *Sea of Storms: A History of Hurricanes in the Greater Caribbean from Columbus to Katrina* (Princeton, NJ: Princeton University Press, 2015), 216–17.

34. Larson, *Isaac's Storm*, 102–6; and Cox, *Storm Watchers*, 120.

35. Larson, *Isaac's Storm*, 106.

36. Ibid., 107–8, 111, 133.

37. Marjory Stoneman Douglas, *Hurricane* (New York: Rinehart, 1958), 244, 254.

38. Larson, *Isaac's Storm*, 134.

39. Ibid., 9, 15, 127.

40. Joseph L. Cline, *When the Heavens Frowned* (1946; repr., Gretna, LA: Pelican, 2000), 48.

41. E. B. Garriott, "Forecasts and Warnings," *MWR*, September 1900, 373. See also Larson, *Isaac's Storm*, 5–15.

42. Garriott, "Forecasts and Warnings," 372.

43. Cline, *Storms, Floods and Sunshine*, 93.

44. Ibid., 98.

45. Ibid., 93–94.

46. Larson, *Isaac's Storm*, 167–68.

47. Ibid., 141–42; and Silver, *Hurricanes of the Gulf*, 1, 8.

48. Cline, *Storms, Floods and Sunshine*, 93–94.

49. "Houston, Texas, Sept. 8," *NYT*, September 9, 1900; and Cline, *When the Heavens Frowned*, 50–51.

50. Cline, *Storms, Floods and Sunshine*, 95.

51. Cline, "West India Hurricanes."

52. 关于飓风-海洋动力学的详细理论，可参见 Bob Sheets and Jack Williams, *Hurricane Watch: Forecasting the Deadliest Storms on Earth* (New York: Vintage Books, 2001), 71–77; and Gordon E. Dunn and Banner I. Miller, *Atlantic Hurricanes* (Baton Rouge: Louisiana State University Press, 1964), 206–22。

53. Sheets and Williams, *Hurricane Watch*, 73.

54. Larson, *Isaac's Storm*, 197.

55. Emanuel, *Divine Wind*, 88–89; and Bryan Norcross, personal communication, May 23, 2019.

56. Halstead, *Galveston: The Horrors*, 77–78.

57. 关于下文谈及的艾萨克及其家人的经历，可参见 Cline, *Storms, Floods and Sunshine*, 95–97; Cline, *When the Heavens Frowned*, 52–62; Larson, *Isaac's Storm*, 171–72, 188–92, 204–5, 210, 217–20; and Mason, *Death from the Sea*, 132–34。

58. Blake et al., "Deadliest, Costliest," 13.

59. Garriott, "Forecasts and Warnings," 373.

60. Cline, *When the Heavens Frowned*, 52.

61. "The Galveston Hurricane of 1900," National Ocean Service, accessed August 2018, https://oceanservice.noaa.gov/news/features/sep13/galveston.html; Sheets and Williams, *Hurricane Watch*, 64; and Norcross, personal communication.

62. Cline, *Storms, Floods and Sunshine*, 96.

63. Ibid., 97.

64. Ibid., 98.

65. 关于里特咖啡沙龙的故事，可参见 Mason, *Death from the Sea*, 108-9; Larson, *Isaac's Storm*, 158-59; and Halstead, *Galveston: The Horrors*, 87。

66. Mason, *Death from the Sea*, 108。

67. 关于在圣玛丽孤儿院发生的事情，可参见 Mason, *Death from the Sea*, 148-51; Larson, *Isaac's Storm*, 212-13; and Paul Lester, *The Great Galveston Disaster* (Philadelphia: Globe Bible, 1900), 355-56。

68. Lester, *Great Galveston Disaster*, 355-56.

69. Larson, *Isaac's Storm*, 213.

70. Cline, *Storms, Floods and Sunshine*, 97-98.

71. Garriott, "Forecasts and Warnings," 374.

72. Ousley, *Galveston in Nineteen Hundred*, 17, 32; and Garriott, "Forecasts and Warnings," 371.

73. Larson, *Isaac's Storm*, 264-65; Mason, *Death from the Sea*, 221; Garriott, "Forecasts and Warnings," 374; "Many Towns Wrecked," *NYT*, September 10, 1900; "Number of Dead May Reach 10,000," *NYT*, September 11, 1900; "The Wrecking of Galveston," *NYT*, September 11,

1900; "Houston, Texas, Sept. 11," *NYT*, September 12, 1900; and Ousley, *Galveston in Nineteen Hundred*, 291.

74. "Martial Law in Galveston," *NYT*, September 12, 1900.

75. Halstead, *Galveston: The Horrors*, 142–44.

76. 此类报道可参见 "Ghouls Shot on Sight," *NYT*, September 13, 1900; "Ghoulish," *Lexington Dispatch*, September 19, 1900; "Storm's Victims Number 10,000," *Virginian–Pilot*, September 13, 1900; and Halstead, *Galveston: The Horrors*, 96–99。

77. Ousley, *Galveston in Nineteen Hundred*, 37.

78. Clara Barton, *A Story of the Red Cross: Glimpses of Field Work* (New York: D. Appleton, 1917), 166.

79. "Kaiser Sends Condolences," *NYT*, September 18, 1900.

80. "Galveston Seawall and Grade Raising Project," American Society of Civil Engineers, accessed August 2018, https://www.asce.org/project/galveston-seawall-and-grade-raising-project.

81. "The Tropical Storm of August 10, 1915," *MWR*, August 1915, 405–12; "Galveston's Problem," *NYT*, August 21, 1915; and Henry M. Robert, "A Sea Wall's Efficiency," *NYT*, August 24, 1915.

82. Cline, *Storms, Floods and Sunshine*, 99. See also Larson, *Isaac's Storm*, 267–71.

83. "The Weather and Its Prophets," *Houston Daily Post*, September 14, 1900.

84. Willis L. Moore, "The Late Hurricane," *Houston Post*, September 28, 1900.

85. Garriott, "Forecasts and Warnings," 376.

86. Ibid.

※ 第五章 阳光州的灾难与毁灭

1. Bob Sheets and Jack Williams, *Hurricane Watch: Forecasting the Deadliest Storms on Earth* (New York: Vintage Books, 2001), 74–84; Robert C. Sheets, "The National Hurricane Center—Past, Present, and Future," *Weather and Forecasting*, June 1990, 194–95; Science Advisory Board, *Report of the Science Advisory Board, July 31, 1933 to September 1, 1934* (Washington, DC: Government Printing Office, 1934), 54; Edgar B. Calvert, "The Hurricane Warning Service and Its Reorganization," *MWR*, March 1935, 86; Donald R. Whitnah, *A History of the United States Weather Bureau* (Urbana: University of Illinois Press, 1965), 95, 133–35; Lourdes B. Avilés, *Taken by Storm 1938: A Social and Meteorological History of the Great New England Hurricane* (Boston: American Meteorological Society, 2013), 74; Edward N. Rappaport and Robert H. Simpson, "Impact of Technologies from Two World Wars," in *Hurricanes: Coping with Disaster*, ed. Robert Simpson (Washington, DC: American Geophysical Union, 2003), 39, 41, 45–48; and Raymond Arsenault, "The Public Storm: Hurricanes and the State in Twentieth-Century America," in *American Public Life and the Historical Imagination*, ed. Wendy Gamber, Michael Grossberg, and Hendrik Hartog (Notre Dame, IN: University of Notre Dame Press, 2003), 270.

2. "Wireless Telegraph Message from President to King," *Electrical World and Engineer*, January 24, 1903, 161.

3. E. B. Garriott, "Weather, Forecasts, and Warnings for the Month,"

MWR, August 1909, 539. See also Ivan Ray Tannehill, *Hurricanes: Their Nature and History* (New York: Greenwood Press, 1938), 8–9.

4. Garriott, "Weather, Forecasts, and Warnings," 539.

5. "Radios from Arctic to Help American Business," *BAMS*, June 1922.

6. Ivan Ray Tannehill, *The Hurricane Hunters* (New York: Dodd, Mead, 1956), 59–60, 67–69.

7. Ibid., 69–70.

8. Christopher R. Landsea, "Subject: E23) What Is the Complete List of Continental U.S. Landfalling Hurricanes?" HRD, Frequently Asked Questions, last revised July 31, 2018, https://www.aoml.noaa.gov/hrd/tcfaq/E23.html.

9. 关于亨利·莫里森·弗拉格勒的个人生平及迈阿密早期的历史，可参见 Les Standiford, *Last Train to Paradise: Henry Flagler and the Spectacular Rise and Fall of the Railroad That Crossed an Ocean* (New York: Broadway Paperbacks, 2002), 35–68, 201–2; Ida M. Tarbell, *The History of the Standard Oil Company*, vol. 1 (New York: McClure, Phillips, 1904), 44; Learning Network, "May 15, 1911/Supreme Court Orders Standard Oil to be Broken Up," *NYT*, May 15, 2012, https://learning.blogs.nytimes.com/2012/05/15/may-15-1911-supreme-court-orders-standard-oil-to-be-broken-up; Arva Moore Parks, *Miami: The Magic City* (Miami: Centennial Press, 1991), 60–65, 106–20; and Polly Redford, *Billion-Dollar Sandbar: A Biography of Miami Beach* (New York: E. P. Dutton, 1970), 27–32。

10. Marjory Stoneman Douglas, *The Everglades: River of Grass* (1947; repr., Sarasota, FL: Pineapple Press, 1997), 68.

11. James J. Carney, "Population Growth in Miami and Dade County,

Florida," *Tequesta*, 1946, 54; Redford, *Billion-Dollar Sandbar*, 33–165.

12. Jay Barnes, *Florida's Hurricane History* (Chapel Hill: University of North Carolina Press, 2007), 111; and Frederick Lewis Allen, *Only Yesterday: An Informal History of the Nineteen-Twenties* (New York: Harper & Brothers, 1931), 271.

13. Paul S. George, "Brokers, Binders, and Builders: Greater Miami's Boom of the Mid-1920s," *Florida Historical Quarterly*, July 1986, 27–51.

14. Ted Steinberg, *Acts of God: The Unnatural History of Natural Disaster in America* (New York: Oxford University Press, 2000), 50; Seth Bramson, *Images of America: Miami Beach* (Charleston, SC: Arcadia, 2005), 7–8; Kyle Munzenreider, "100 Years: The Dark and Dirty History of Miami Beach," *Miami New Times*, March 26, 2015; and Allen, *Only Yesterday*, 270–79.

15. Steinberg, *Acts of God*, 50.

16. Allen, *Only Yesterday*, 278.

17. Connie Ogle, "Why Is Miami Called the Magic City? Here's the Real Story," *MH*, December 5, 2017.

18. Ibid., 278; and Eliot Kleinberg, *Black Cloud: The Great Florida Hurricane of 1928* (New York: Carroll & Graf, 2003), 26.

19. John Kenneth Galbraith, *The Great Crash 1929* (1954; repr., Boston: Mariner Books, 2009), 6.

20. Standiford, *Last Train to Paradise*, 120–29.

21. Barnes, *Florida's Hurricane History*, 90–109; and John M. Williams and Iver W. Duedall, *Florida Hurricanes and Tropical Storms, 1871–2001* (Gainesville: University Press of Florida, 2002), 11–14.

22. Williams and Duedall, *Florida Hurricanes*, 14; and Redford, *Billion-Dollar Sandbar*, 166–67.

23. "City Well Protected," *MH*, July 31, 1926.

24. 关于"1926年迈阿密大飓风"的资料，可参见"Great Miami Hurricane of 1926," NWS, accessed August 2018, https://www.weather.gov/mfl/miami_hurricane; Leo Francis Reardon, *The Florida Hurricane & Disaster, 1926* (1926; repr., Miami: Centennial Press, 1992); Barnes, *Florida's Hurricane History*, 111–26; Charles L. Mitchell, "The West Indian Hurricane of September 14–22, 1926," *MWR*, October 1926, 410–12; Robert Mykle, *Killer 'Cane: The Deadly Hurricane of 1928* (New York: Cooper Square Press, 2002), 83–91; Marjory Stoneman Douglas, *Hurricane* (New York: Rinehart, 1958), 258–67; and Williams and Duedall, *Florida Hurricanes*, 16–17。

25. "Hurricane Reported," *MH*, September 17, 1926.

26. "Warnings Sent Late," *MH*, September 28, 1926.

27. Barnes, *Florida's Hurricane History*, 113; and "Storm Path Traced," *MH*, September 21, 1926.

28. C. F. Talman, "Tropical Hurricanes Are a World Scourge," *NYT*, September 23, 1928; and "Survivors Picture Hurricane Horrors," *NYT*, September 22, 1926.

29. "Fury of Hurricane Told by Witnesses," *NYT*, September 21, 1926; and "75 Are Dead in Miami Storm, 60 Lives Are Taken in Hollywood," *MH*, September 20, 1926.

30. "Miami Dead Put at 250," *NYT*, September 22, 1926.

31. "Great Miami Hurricane of 1926," NWS.

32. Douglas, *Hurricane*, 266.

33. 关于利奥·弗朗西斯·里尔登的经历，转引自 Reardon, *Florida Hurricane*, 4–11。

34. Ibid., 71.

35. 关于此次飓风中在奥基乔比湖周边发生的事情，可参见 Reardon, *Florida Hurricane*, 93, 96; Barnes, *Florida's Hurricane History*, 120–21; Mykle, *Killer 'Cane*, 84–91; Douglas, *Everglades*, 9–14, 186, 314–48; and Kleinberg, *Black Cloud*, 5, 15, 29–31。

36. Lawrence E. Will, *Okeechobee Hurricane and the Hoover Dike* (St. Petersburg, FL: Great Outdoors Publishing, 1961), 16.

37. Mykle, *Killer 'Cane*, 85–86; and James D. Snyder, *Black Gold and Silver Sands: A Pictorial History of Agriculture in Palm Beach County* (Palm Beach, FL: Historical Society of Palm Beach, 2004), 80–82.

38. Russell L. Pfost, "Reassessing the Impact of Two Historical Florida Hurricanes," *BAMS*, October 2003, 1367–72. See also Reardon, *Florida Hurricane*, 107; L. L. Tyler, *A Pictorial History of the Florida Hurricane, September 18, 1926* (Miami: Tyler, 1926), 4; "Miami Puts Dead at 325," *NYT*, September 21, 1926; Reese Amis, "Hurricane Rages 9 Hours," *NYT*, September 20, 1926; and "Injured in Florida Estimated at 4,000," *NYT*, September 29, 1926.

39. "Great Miami Hurricane of 1926," NWS. See also Barnes, *Florida's Hurricane History*, 126.

40. Barnes, *Florida's Hurricane History*, 126.

41. "Miami's Unconquerable Soul," *Miami Tribune*, September 19, 1926; and Reardon, *Florida Hurricane*, 14.

42. Kleinberg, *Black Cloud*, 29; and Wikipedia, s.v. "Sebastian the Ibis," accessed August 2018, https://en.wikipedia.org/wiki/Sebastian_the_Ibis.

43. Mykle, *Killer 'Cane*, 113–15.

44. Kleinberg, *Black Cloud*, 35–46; "Homeless Face Famine," *NYT*, September 16, 1928; Charles L. Mitchell, "The West Indian Hurricane of September 10–20, 1928," *MWR*, September 1928, 347–48; and Mykle, *Killer 'Cane*, 113–22.

45. Oliver L. Fassig, "San Felipe—The Hurricane of September 13, 1928, at San Juan, P.R." *MWR*, September 1928, 350–52; Kleinberg, *Black Cloud*, 47–56; Mykle, *Killer 'Cane*, 124–25; "San Juan Area in Ruins," *NYT*, September 15, 1928; "Porto Ricans Are Starving," *NYT*, September 17, 1928; Mitchell, "West Indian Hurricane of 1928," 348; and Barnes, *Florida's Hurricane History*, 128.

46. "West Indies Storm Strikes Porto Rico; Damage Is Reported," *MH*, September 14, 1928; "Latest Storm Warning Interpreted by Gray," *MH*, September 15, 1928; and Kleinberg, *Black Cloud*, 57–71.

47. "Florida Battered by 100-Mile Wind," *NYT*, September 17, 1928; and "Storm Casualties Mount," *MH*, September 17, 1928.

48. Kleinberg, *Black Cloud*, 69–72.

49. Robert Henson, *Weather on the Air: A History of Broadcast Meteorology* (Boston: American Meteorological Society, 2010), 148.

50. "West Indian Hurricane of 1928," 349.

51. Kleinberg, *Black Cloud*, 82; "Storm Casualties Mount," *MH*; and Bryan Norcross, personal communication, May 23, 2019.

52. Mykle, *Killer 'Cane*, 92; John L. Hackney, "Revolutionary Drain Plans Asked at Okeechobee Meet," *Tampa Bay Daily Times*, October 25, 1926; and "Storm Protection Works," *Miami Daily News*, August 20, 1927.

53. Mitchell, "West Indian Hurricane of 1928," 349; HRD, "Continental United States Hurricane Impacts/Landfalls, 1851–2017," accessed May 2018, https://www.aoml.noaa.gov/hrd/hurdat/All_U.S._Hurricanes.html; and Norcross, personal communication.

54. Will, *Okeechobee Hurricane*, 17, 21, 50.

55. "335 Believed to be Dead in Storm Sector," *MH*, September 19, 1928; Kleinberg, *Black Cloud*, 99; and Will, *Okeechobee Hurricane*, 7–67.

56. Zora Neale Hurston, *Their Eyes Were Watching God* (New York: Harper Perennial, 2006), 161–62.

57. 关于下文提到的托里岛居民的经历，转引自 Will, *Okeechobee Hurricane*, 21–24。

58. Eric L. Gross, *Somebody Got Drowned, Lord: Florida and the Great Okeechobee Hurricane Disaster of 1928* (PhD diss., Florida State University, 1995), 463.

59. Kleinberg, *Black Cloud*, 245.

60. Will, *Okeechobee*, 70–71; Mykle, *Killer 'Cane*, 212–13; and Pfost, "Reassessing the Impact," 1369–72.

61. Kleinberg, *Black Cloud*, 141.

62. Mitchell, "West Indian Hurricane of 1928," 349.

63. Kleinberg, *Black Cloud*, 183–90.

64. Ibid., 214–15, 227–30; and Mykle, *Killer 'Cane*, 208–9, 212–13.

65. Vincent Oaksmith, "Proclamation," *Palm Beach Post*, September 30,

1928.

66. Mary McLeod Bethune, "Thousands White and Colored, at Memorial Services for Hurricane Victims in West Palm Beach, Fla.," *New York Age*, October 13, 1928.

67. Kleinberg, *Black Cloud*, 191–204.

68. Katrina Elsken, "Herbert Hoover Dike Protects All of South Florida," *Lake Okeechobee News*, January 28, 2018.

69. National Public Radio, "A Depression-Era Anthem for Our Times," *Weekend Edition Saturday*, November 15, 2008, https://www.npr.org/2008/11/15/96654742/a-depression-era-anthem-for-our-times.

70. National Research Council, *Report of the Science Advisory Board, July 31, 1933 to September 1, 1934* (Washington, DC: Government Printing Office, 1934), 17, 45–57.

71. Whitnah, *History of the United States Weather Bureau*, 135.

72. Ibid., 135; Eric S. Blake, Christopher W. Landsea, and Ethan J. Gibney, "The Deadliest, Costliest, and Most Intense United States Tropical Cyclones from 1851 to 2010 (and Other Frequently Requested Hurricane Facts)," NOAA Technical Memorandum NWS NHC-6, August 2011, 44; and Tannehill, *Hurricane Hunters*, 70–71.

73. Sheets, "National Hurricane Center," 195; and Robert W. Burpee, "Grady Norton: Hurricane Forecaster and Communicator Extraordinaire," *Forecaster Biography*, September 1988, 250.

74. Sheets, "National Hurricane Center," 195.

75. Sheets, "National Hurricane Center," 195–96; Calvert, "Hurricane Warning Service," 86; Whitnah, *History of the United States Weather Bureau*,

135; HRD, "80th Anniversary of the Establishment of the Hurricane Warning Network," March 31, 2015, https://noaahrd.wordpress.com/2015/03/31/80th-anniversary-of-the-establishment-of-the-hurricane-warning-network; and Thomas Neil Knowles, *Category 5: The 1935 Labor Day Hurricane* (Gainesville: University Press of Florida, 2009), 16–17.

76. Willie Drye, "The True Story of the Most Intense Hurricane You've Never Heard Of," *National Geographic*, September 8, 2017; and John L. Frazier, "Storm Warnings: Hurricane Coming," *Index-Journal Magazine*, July 3, 1935.

77. 关于下文中"1935年劳动节飓风"的详情，可参见Knowles, *Category 5*; Phil Scott, *Hemingway's Hurricane: The Great Florida Keys Storm of 1935* (New York: International Marine, 2006); Willie Drye, *Storm of the Century: The Labor Day Hurricane of 1935* (Washington, DC: National Geographic, 2002); and US House of Representatives, *Florida Hurricane Disaster: Hearings before the Committee on World War Veterans' Legislation, House of Representatives, Seventy-Fourth Congress, Second Session, on H. R. 9486, a Bill for the Relief of Widows, Children and Dependent Parents of World War Veterans Who Died as the Result of the Florida Hurricane at Windley Island and Matecumbe Keys, September 2, 1935* (Washington, DC: Government Printing Office, 1936)。

78. Scott, *Hemingway's Hurricane*, 43, 65; W. F. McDonald, "The Hurricane of August 31 to September 6, 1935," *MWR*, September 1935, 269; and Knowles, *Category 5*, 80–81, 87.

79. Mary V. Dearborn, *Ernest Hemingway: A Biography* (New York: Alfred A. Knopf, 2017), 252.

80. Jeffrey Meyers, *Hemingway: A Biography* (New York: Harper & Row, 1985), 206.

81. Ernest Hemingway, "Who Murdered the Vets? A First-Hand Account on the Florida Hurricane," *New Masses*, September 17, 1935, 9.

82. 关于这些退伍军人和"军役补贴军团"的历史，以及罗斯福的退伍军人安置计划，可参见 Paul Dickson and Thomas B. Allen, *The Bonus Army: An American Epic* (New York: Walker, 2004); Phil Scott, *Hemingway's Hurricane*, 12–18, 31–33; John D. Weaver, "Bonus March," *American Heritage* 14, no. 4 (June 1963), https://www.americanheritage.com/content/bonus-march; and Rexford G. Tugwell, "Roosevelt and the Bonus Marchers of 1932," *Political Science Quarterly*, September 1972, 363–76。

83. Michael A. Bellesiles, *A People's History of the U.S. Military: Ordinary Soldiers Reflect on Their Experience of War, from the American Revolution to Afghanistan* (New York: New Press, 2012), 219; and Dickson and Allen, *Bonus Army*, 7, 120–25, 142–45, 159–83.

84. Charles Rappleye, *Herbert Hoover in the White House: The Ordeal of the Presidency* (New York: Simon & Schuster, 2016), 374.

85. Donald J. Lisio, *The President and Protest: Hoover, MacArthur and the Bonus Riot* (New York: Fordham University Press, 1994), 285.

86. James T. Patterson, *America's Struggle against Poverty in the Twentieth Century* (Cambridge, MA: Harvard University Press, 2000), 58.

87. Standiford, *Last Train to Paradise*, 201–6.

88. William Mayo Venable, "Importance of the Railway to Key West," *Engineering Magazine*, October 1908, 51.

89. Frederick A. Talbot, *The Railway Conquest of the World*

(Philadelphia: J. B. Lippincott, 1911), 242.

90. L. E. St. John, "Miami, FL," *Railway Conductor*, April 1912, 274.

91. Scott, *Hemingway's Hurricane*, 30–31.

92. Ibid., 32–33; Knowles, *Category 5*, 32–33; and Jerry Wilkinson, "History of the Overseas Highway," General Keys History, accessed August 2018, http://www.keyshistory.org/osh.html.

93. Fred C. Painton, "Rendezvous with Death," *American Legion Monthly*, November 1935, 28–29; Drye, *Storm of the Century*, 7–9; and US House, *Florida Hurricane Disaster*, 257.

94. Douglas, *Hurricane*, 272.

95. Knowles, *Category 5*, 46.

96. US House, *Florida Hurricane Disaster*, 174.

97. Ibid., 459.

98. Ibid., 303; and Scott, *Hemingway's Hurricane*, 56–70.

99. Scott, *Hemingway's Hurricane*, 72–91; and Knowles, *Category 5*, 89–90, 92, 98, 103.

100. Scott, *Hemingway's Hurricane*, 78.

101. Ibid., 58, 91–95.

102. Drye, *Storm of the Century*, 80.

103. US House, *Florida Hurricane Disaster*, 184.

104. Ibid., 160, 303, 335, 354; Scott, *Hemingway's Hurricane*, 105–6, 110–11; and Knowles, *Category 5*, 121–25.

105. 关于古巴方面的行动以及波维追踪飓风的经历，可参见 Drye, *Storm of the Century*, 129–30; HRD, "80th Anniversary of the Labor Day Hurricane and First Hurricane Reconnaissance," September 2, 2015, https://

noaahrd.wordpress.com/2015/09/02/80th-anniversary-of-the-labor-day-hurricane-and-first-hurricane-reconnaissance; and Paul A. Oelkrug, "Guide to the Leonard J. Povey Papers, 1904–1984," History of Aviation Collection, Special Collections Department, McDermott Library, University of Texas at Dallas, January 2004, 3。

106. "Cubans Plan Aerial Hurricane Patrols," *MH*, September 23, 1935.

107. US House, *Florida Hurricane Disaster*, 160, 303–5, 354, 439; Scott, *Hemingway's Hurricane*, 92; Drye, *Storm of the Century*, 66–67, 106, 120, 122, 131–34, 141–45; and Knowles, *Category 5*, 104, 127–29, 134–35, 140–42.

108. Drye, *Storm of the Century*, 149.

109. Ibid., 149; "Engineer Describes Wreck of Veterans' Relief Train," *Tampa Tribune*, September 6, 1935; Knowles, *Category 5*, 172–74; and US House, *Florida Hurricane Disaster*, 439.

110. Drye, *Storm of the Century*, 150.

111. HRD, "80th Anniversary of the Labor Day Hurricane."

112. 关于杜安日记中的记录，转引自 McDonald, "Hurricane of August 31," 269–70。

113. Drye, *Storm of the Century*, 244.

114. W. F. McDonald, "Lowest Barometer Reading in the Florida Keys Storm of September 2, 1935," *MWR*, October 1935, 295; and Blake et al., "Deadliest, Costliest," 13.

115. McDonald, "Hurricane of August 31," 269; Drye, *Storm of the Century*, 311; Barnes, *Florida's Hurricane History*, 145; Landsea, "Subject: E23) What Is the Complete List"; and Fassig, "San Felipe."

116. "Hurricane of August 31," 270.

117. Associated Press, "Veterans Lead Fatalities," *NYT*, September 5, 1935; Associated Press, "Hurricane's Toll 100," *NYT*, September 4, 1935; and Associated Press, "Veterans' Camp Wrecked by Storm," *NYT*, September 4, 1935.

118. Meyers, *Hemingway*, 288.

119. Hemingway, "Who Murdered the Vets?" 10.

120. Ernest Hemingway to Maxwell Perkins (September 7, 1935), in *Ernest Hemingway: Selected Letters 1917–1961*, ed. Carlos Baker (New York: Scribner Classics, 2003), 421–22.

121. Douglas, *Hurricane*, 277; and Scott, *Hemingway's Hurricane*, 195–96.

122. Barnes, *Florida's Hurricane History*, 152–53.

123. Drye, *Storm of the Century*, 155.

124. Associated Press, "Veterans' Camp Wrecked."

125. Knowles, *Category 5*, 269–70.

126. US House, *Florida Hurricane Disaster*, 332.

127. Knowles, *Category 5*, 291; Scott, *Hemingway's Hurricane*, 203–4; and "Mass Burial of 116 Storm Victims Set," *MH*, September 8, 1928.

128. Knowles, *Category 5*, 303, 311; and US House, *Florida Hurricane Disaster*, 105.

129. Hemingway, "Who Murdered the Vets?" 10.

130. Hemingway to Perkins (September 7, 1935), 421.

131. Knowles, *Category 5*, 291–302; Drye, *Storm of the Century*, 199–257; Scott, *Hemingway's Hurricane*, 206–11, 217–22; "Worley Absolves

Railroad of Delay of Train to Camps," *MH*, September 7, 1928; and "Storm Death Called Unavoidable," *MH*, September 9, 1928.

132. US House, *Florida Hurricane Disaster*, 441.

133. Scott, *Hemingway's Hurricane*, 211–17; and Drye, *Storm of the Century*, 235–57.

134. McDonald, "Hurricane of August 31," 271.

135. Knowles, *Category 5*, 295.

※ 第六章 "1938年大飓风"

1. William Elliott Minsinger, ed., *The 1938 Hurricane: An Historical and Pictorial Summary* (Boston: Blue Hill Observatory, 1988), 9.

2. William Manchester, *The Glory and the Dream: A Narrative of America, 1932–1972*, vol. 1 (Boston: Little, Brown, 1973), 217.

3. David Faber, *Munich, 1938: Appeasement and World War II* (New York: Simon & Schuster, 2008), 7.

4. Minsinger, *1938 Hurricane*, 9–11; and "Storm Moves on Jersey," *NYT*, September 21, 1938.

5. John Kolber, "Big Wind Man," *Life*, October 4, 1948, 111.

6. Robert W. Burpee, "Grady Norton: Hurricane Forecaster and Communicator Extraordinaire," *Forecaster Biography*, September 1988, 247–50.

7. Ivan R. Tannehill, "Hurricane of September 16 to 22, 1938," *MWR*, September 1938, 287.

8. C. C. Clark to Office of the Chief, Weather Bureau (October 3, 1938),

in Lourdes B. Avilés, *Taken by Storm 1938: A Social and Meteorological History of the Great New England Hurricane* (Boston: American Meteorological Society, 2013), 213–24; and Charles H. Pierce, "The Meteorological History of the New England Hurricane of Sept. 21, 1938," *MWR*, August 1939, 237.

9. 关于此次飓风预测中，下文谈到的米切尔与皮尔斯等人的争端，可参见 Avilés, *Taken by Storm 1938*, 83–97, 213–24; Pierce, "Meteorological History," 237–85; R. A. Scotti, *Sudden Sea: The Great Hurricane of 1938* (Boston: Little, Brown, 2003), 71–78; and Ernest S. Clowes, *The Hurricane of 1938 on Eastern Long Island* (Bridgehampton, NY: Hampton Press, 1939), 5–6。

10. "Storm Moves on Jersey," *NYT*.

11. Tannehill, "Hurricane of September 16"; and Scotti, *Sudden Sea*, 54–56.

12. Patricia Kitchen, "80 Years Later, Vivid Memories of Historic Long Island Express Hurricane," *Newsday*, September 21, 2018.

13. Avilés, *Taken by Storm 1938*, 89–96; Scotti, *Sudden Sea*, 71–78; and Cherie Burns, *The Great Hurricane: 1938* (New York: Atlantic Monthly Press, 2005), 52–54. 也可见于电视纪录片 *Violent Earth: New England's Killer Hurricane*, directed by Paul Jacobson and Robert Long (History Channel, 2006)。

14. Avilés, *Taken by Storm*, 95.

15. Tannehill, "Hurricane of September 16," 286.

16. Joe McCarthy, "The '38 Hurricane," *American Heritage*, August 1969, https://www.americanheritage.com/content/%E2%80%9938-hurricane.

17. K. E. Parks and Russell Maloney, "Hurricane, the Talk of the Town," *The New Yorker*, November 12, 1938, 16–17.

18. 关于赫本在此次飓风中的经历，可参见她的自传 Katharine Hepburn, *Me: Stories of My Life* (New York: Alfred A. Knopf, 1991), 211–13。

19. 关于纳帕特里角在飓风中的遭遇以及下文讲述的摩尔一家人的惨剧，可参见 Everett S. Allen, *A Wind to Shake the World: The Story of the 1938 Hurricane* (Boston: Little, Brown, 1976), 158–65 (all of the quotes come from this source); Scotti, *Sudden Sea*, 20–22, 67, 90, 153, 175–79, 191–94, 207–8; and Gregory Pettys, "How Napatree Point Got Its Name," *Westerly Life*, February 9, 2016, https://westerlylife.com/how-napatree-point-got-its-name。

20. 关于此次惨剧，可参见 Allen, *Wind to Shake the World*, 220–24; and Scotti, *Sudden Sea*, 8–16, 173–75, 180–82, 184–87, 218–24, 232–33。

21. Scotti, *Sudden Sea*, 220.

22. Allen, *Wind to Shake the World*, 222.

23. Ibid., 223.

24. Ibid.

25. Scotti, *Sudden Sea*, 233.

26. David Ludlum, *The Country Journal, New England Weather Book* (Boston: Houghton Mifflin, 1976), 42.

27. 关于德容的生平，及其在此次飓风中的经历，可参见 "Coming through the Storm," *Yankee Magazine*, September 1939, 13–15, 28–29。

28. Clowes, *Hurricane of 1938*, 40.

29. Vincent McHugh, "It Huffed and It Puffed," *The New Yorker*, November 5, 1938, 68–69.

30. Avilés, *Taken by Storm*, 125–30; Kerry Emanuel, *Divine Wind: The History and Science of Hurricanes* (New York: Oxford University Press, 2005), 109–10, 159–60; and Ludlum, *Country Journal*, 42.

31. Allen, *Wind to Shake the World*, 349; Avilés, *Taken by Storm*, 16–17, 112–46; Tannehill, "Hurricane of September 16," 286–88; McCarthy, "'38 Hurricane"; Pierce, "Meteorological History," 237; Stephen Long, *Thirty-Eight: The Hurricane That Transformed New England* (New Haven, CT: Yale University Press, 2016), 9–10, 90–111, 133; Clowes, *Hurricane of 1938*, 12–15; John R. Winterich, "Hurricane," *The New Yorker*, December 17, 1938, 42–44; Bruce Fellman, "The Elm City: Then and Now," *Yale Alumni Magazine*, September/October 2006, http://archives.yalealumnimagazine.com/issues/2006_09/elms.html; Minsinger, *1938 Hurricane*, 10–13, 34; and Ludlum, *Country Journal*, 44.

32. Avilés, *Taken by Storm*, 146.

33. McCarthy, "'38 Hurricane."

34. Allen, *Wind to Shake the World*, 351.

35. Ibid., 347–48.

36. Scotti, *Sudden Sea*, 215.

※ 第七章 深入旋涡

1. 关于约瑟夫·B. 达克沃斯的生平与经历，可参见 Ivan Ray Tannehill, *The Hurricane Hunters* (New York: Dodd, Mead, 1956), 91–100; Lew Fincher and Bill Read, "The 1943 'Surprise' Hurricane," NOAA History, accessed September 2018, http://www.history.noaa.gov/stories_tales/

surprise.html; Sheets and Williams, *Hurricane Watch*, 96–100; David Toomey, *Stormchasers: The Hurricane Hunters and Their Fateful Flight into Hurricane Janet* (New York: W. W. Norton, 2002), 149–52; and C. V. Glines, "Duckworth's Legacy," *Air Force Magazine*, May 1990, http://www.airforcemag.com/MagazineArchive/Pages/1990/May%20 1990/0590duckworth.aspx。

2. Fincher and Read, "1943 'Surprise' Hurricane."

3. Bob Sheets and Jack Williams, *Hurricane Watch: Forecasting the Deadliest Storms on Earth* (New York: Vintage Books, 2001), 98.

4. Tannehill, *Hurricane Hunters*, 98.

5. Fincher and Read, "1943 'Surprise' Hurricane."

6. Sheets and Williams, *Hurricane Watch*, 99–100, 105–7; Tannehill, *Hurricane Hunters*, 75–78.

7. Tannehill, *Hurricane Hunters*, 75.

8. 关于1944年飓风的历史以及"飓风猎人"在此次飓风中的飞行经历，可参见 H. C. Summer, "The North Atlantic Hurricane of September 8–16, 1944," *MWR*, September 1944, 187–89; Tannehill, *Hurricane Hunters*, 121–29; and "The Great Atlantic Hurricane of 1944 Shows Forewarned Is Forearmed," New England Historical Society, accessed September 2018, http://www.newenglandhistoricalsociety.com/how-the-1st-storm-chasers-saved-new-england-from-the-1944-great-atlantic-hurricane。

9. "The Great Whirlwind," *Time*, September 25, 1944, 16.

10. Robert A. Dawes Jr., *The Dragon's Breath: Hurricane at Sea* (Annapolis, MD: Naval Institute Press, 1996), 32–33, 101–2.

11. Kerry Emanuel, *Divine Wind: The History and Science of Hurricanes*

(New York: Oxford University Press, 2005), 9–12.

12. 关于"飓风猎人"执行飞行任务的详尽历史，可参见 Sheets and Williams, *Hurricane Watch*, 96–124; Tannehill, *Hurricane Hunters*, 167–223; Emanuel, *Divine Wind*, 193–202; and H. J. "Walt" Walter, *The Wind Chasers: A History of the U.S. Navy's Atlantic Fleet Hurricane Hunters* (Dallas, TX: Taylor, 1992)。

13. Alexandra Potenza, "A Hurricane Hunter Explains What It's Like to Fly through the Eye of the Storm: A Conversation with Ian Sears, a Flight Meteorologist at NOAA," *Verge*, October 17, 2015.

14. Tannehill, *Hurricane Hunters*, 185.

15. Ibid., 135–38.

16. 马斯特斯博士的自述以及此次飞行的背景，可参见 Jeffrey Masters, "Hunting Hugo," Weather Underground, accessed September 2018, https://www.wunderground.com/resources/education/hugo1.asp; and HRD, "25th Anniversary of a 'Hairy Hop' into Hurricane Hugo," September 15, 2014, https://noaahrd.wordpress.com/2014/09/15/25th-anniversary-of-a-hairy-hop-into-hurricane-hugo。

17. Toomey, *Stormchasers*, 259; and Sean Breslin, "60 Years Ago, the Only Hurricane Hunter Plane to Go Down in an Atlantic Basin Storm Crashed in Hurricane Janet," Weather Channel, September 26, 2015, https://weather.com/storms/hurricane/news/hurricane-hunter-plane-crash-janet.

18. 关于气象卫星的发展历程，可参见 NASA Science, "The Television Infrared Observation Satellite Program (TIROS)," accessed September 2018, https://science.nasa.gov/missions/tiros; NWS, "Satellites," accessed September 2018, https://www.weather.gov/about/satellites; NOAA,

"Geostationary Satellites," accessed September 2018, https://sos.noaa.gov/datasets/geostationary-satellites; NOAA, "Polar Orbiting: NOAA-17 Satellite Coverage," accessed September 2018, https://sos.noaa.gov/datasets/polar-orbiting-noaa-17-satellite-coverage; NASA, "GOES Overview and History," accessed September 2018, https://www.nasa.gov/content/goes-ovrerview/index.html; NOAA Satellite Information System, "NOAA's Geostationary and Polar-Orbiting Weather Satellites," accessed September 2018, https://noaasis.noaa.gov/NOAASIS/ml/genlsatl.html; and Gordon E. Dunn and Banner I. Miller, *Atlantic Hurricanes* (Baton Rouge: Louisiana State University Press, 1964), 172–73, 291–94。

19. Daniel J. Boorstin, *The Americans: The Democratic Experience* (New York: Random House, 1973).

20. Paul Dickson, *Sputnik: Shock of the Century* (New York: Walker, 2001), 1–7, 140–41.

21. Robert C. Sheets, "The National Hurricane Center—Past, Present, and Future," *Weather and Forecasting*, June 1990, 201.

22. Sheets and Williams, *Hurricane Watch*, 148–51; Dunn and Miller, *Atlantic Hurricanes*, 182–86; Mark DeMaria, "A History of Hurricane Forecasting for the Atlantic Basin, 1920–1995," in *Historical Essays on Meteorology 1919–1995*, ed. James Rodger Fleming (Boston: American Meteorological Society, 1996), 274, 279.

23. Emanuel, *Divine Wind*, 227.

24. 关于计算机建模和飓风预测的发展历程，可参见 Sheets and Williams, *Hurricane Watch*, 203–10; Emanuel, *Divine Wind*, 14–15, 227–38; NHC, "NHC Track and Intensity Models," accessed September 2018,

https://www.nhc.noaa.gov/modelsummary.shtml; Samantha Durbin, "What Are Weather Models, Exactly, and How Do They Work?" *Washington Post*, May 18, 2018, https://www.washingtonpost.com/news/capital-weather-gang/wp/2018/05/18/what-exactly-are-weather-models-and-how-do-they-work/?utm_term=.481ae8ad5cff; Scott Neuman, "Computers, Pinch of Art Aid Hurricane Forecasters," Special Series: Superstorm Sandy: Before, During, and Beyond, NPR, October 26, 2012, https://www.npr.org/2012/10/26/163725684/computers-pinch-of-art-aid-hurricane-forecasters; Jeff Masters, "Hurricane Forecast Computer Models," *Weather Underground*, accessed September 2018, https://www.wunderground.com/hurricane/models.asp; Sarah N. Collins, Robert S. James, Pallav Ray, Katherine Chen, Angie Lassman, and James Brownlee, "Grids in Numerical Weather and Climate Models," in *Climate Change and Regional/Local Responses*, ed. Pallav Ray and Yuanzhi Zhang (Intech, 2013), https://www.intechopen.com/books/climate-change-and-regional-local-responses/grids-in-numerical-weather-and-climate-models; John D. Cox, *Storm Watchers: The Turbulent History of Weather Prediction from Franklin's Kite to El Nino*, 199; and Edward Norton Lorenz, "A Scientist by Choice," Kyoto Prize Lecture, 1991, http://www.kyotoprize.org/en/laureates/commemorative_lectures, 8–9。

25. NHC, "National Weather Service Director Cautions: Don't Chase Single Model Runs This Hurricane Season," June 15, 2018, https://www.weather.gov/news/181406-director-cautions. See also Edward N. Rappaport, James L. Franklin, Lixion A. Avila, Stephen R. Baig, John L. Beven II, Eric S. Blake, Christopher A. Burr, et al., "Advances and Challenges at the National Hurricane Center," *Weather and Forecasting*, April 2009, 405–6.

26. 关于"不定度圆锥"预测模型,可参见 NHC, "Definition of the NHC Track Forecast Cone," accessed September 2018, https://www.nhc.noaa.gov/aboutcone.shtml; and Marshall Shepherd, "The Hurricane Forecast 'Cone of Uncertainty' May Not Mean What You Think," *Forbes*, April 17, 2017, https://www.forbes.com/sites/marshallshepherd/2017/04/17/the-hurricane-forecast-cone-of-uncertainty-may-not-mean-what-you-think/#593ec33960a0。

27. NHC, "Definition of the NHC Track Forecast Cone."

28. John Cangialosi, "The State of Hurricane Forecasting: A Look at Model and NHC Accuracy," WeatherNation, April 25, 2018, http://www.weathernationtv.com/news/state-hurricane-forecasting-look-model-nhc-accuracy.

29. Richard B. Alley, Kerry A. Emanuel, and Fuqing Zhang, "Advances in Weather Prediction," Science, January 25, 2019, 342. See also Robinson Meyer, "Modern Weather Forecasts Are Stunningly Accurate," *Atlantic*, January 30, 2019, https://www.theatlantic.com/science/archive/2019/01/polar-vortex-weather-forecasting-good-now/581605.

30. 关于洛伦茨的生平,可参见 Lorenz, "Scientist by Choice"; James Gleick, *Chaos: Making a New Science* (New York: Penguin Books, 1987), 11–23; Cox, *Storm Watchers*, 220–25; Peter Dizikes, "When the Butterfly Effect Took Flight," *MIT Technology Review*, February 22, 2011, https://www.technologyreview.com/s/422809/when-the-butterfly-effect-took-flight; Peter Dizikes, "The Meaning of the Butterfly," *Boston Globe*, June 8, 2008, http://archive.boston.com/bostonglobe/ideas/articles/2008/06/08/the_meaning_of_the_butterfly; Jamie L. Vernon, "Understanding the Butterfly

Effect," *American Scientist*, May–June 2017, https://www.americanscientist.org/article/understanding-the-butterfly-effect; and Sam Kean, *Caesar's Last Breath: Decoding the Secrets of the Air around Us* (New York: Little, Brown, 2017), 287–92。

31. "Edward Lorenz, Father of Chaos Theory and Butterfly Effect, Dies at 90," *MIT News*, April 16, 2008, http://news.mit.edu/2008/obit-lorenz-0416.

32. Edward N. Lorenz, "Deterministic Nonperiodic Flow," *Journal of the Atmospheric Sciences*, March 1963, 141.

33. Edward N. Lorenz, *The Essence of Chaos* (Seattle: University of Washington Press, 1995), 8; and Stephen H. Kellert, *In the Wake of Chaos* (Chicago: University of Chicago Press, 1993), 12.

34. Edward N. Lorenz, "Predictability: Does the Flap of a Butterfly's Wings in Brazil Set Off a Tornado in Texas?" (address to the American Association for the Advancement of Science, December 29, 1972).

35. Gleick, *Chaos*, 18.

36. Emanuel, *Divine Wind*, 234.

37. European Centre for Medium-Range Weather Forecasts, "Fact Sheet: Ensemble Weather Forecasting," accessed November 2018, https://www.ecmwf.int/en/about/media-centre/fact-sheet-ensemble-weather-forecasting.

38. Christopher W. Landsea and John P. Cangialosi, "Have We Reached the Limits of Predictability for Tropical Cyclone Forecasting?" *Bureau of the American Meteorological Association*, November 2018, 2242.

39. 关于季节性飓风预报的历史与现状，可参见 Philip J. Klotzbach and William Gray, "Twenty-Five Years of Atlantic Basin Seasonal Hurricane

Forecasts (1984—2008)," *Geophysical Research Letters*, May 2009, L09711; Philip J. Klotzbach, Johnny C. L. Chan, Patrick J. Fitzpatrick, William M. Frank, Christopher W. Landsea, and John L. McBride, "The Science of William M. Gray: His Contributions to the Knowledge of Tropical Meteorology and Tropical Cyclones," *BAMS*, November 2017; and NOAA, "Forecasters Predict a Near- or Above-Normal 2018 Atlantic Hurricane Season," May 24, 2018, https://www.noaa.gov/media-release/forecasters-predict-near-or-above-normal-2018-atlantic-hurricane-season。

40. Seasonal Hurricane Predictions, "Forecasters," accessed November 2018, http://seasonalhurricanepredictions.bsc.es/predictions; and Phil Klotzbach, "In Memory of Dr. William (Bill) Gray," accessed November 2018, https://tropical.colostate.edu/personnel.

41. Klotzbach and Gray, "Twenty-Five Years of Atlantic Basin."

42. Peter Moore, *Weather Experiment: The Pioneers Who Sought to See the Future* (New York: Farrar, Straus and Giroux, 2015), 136—39.

43. 关于"卷云计划"的详情，可参见 Barrington S. Havens, *History of Project Cirrus*, Report no. RL-756 (Schenectady, NY: General Electric Research Laboratory, July 1952); Vincent J. Schaefer, "The Early History of Weather Modification," *BAMS*, April 4, 1968, 337—42; HRD, "70th Anniversary of the First Hurricane Seeding Experiment," October 12, 2017, https://noaahrd.wordpress.com/2017/10/12/70th-anniversary-of-the-first-hurricane-seeding-experiment; Sheet and Williams, *Hurricane Watch*, 159—61; "Project Cirrus," *BAMS*, October 1950, 286—87; and Kean, *Caesar's Last Breath*, 270—80。

44. "Science: Yankee Meddling?" *Time*, November 10, 1947, 87; and

Sheets and Williams, *Hurricane Watch*, 161。

45. HRD, "70th Anniversary."

46. 关于"风暴之怒计划"的详情，可参见 H. E. Willoughby, D. P. Jorgensen, R. A. Black, and S. L. Rosenthal, "Project Stormfury: A Scientific Chronicle, 1962–1983," *BAMS*, May 1985; Sheets and Williams, *Hurricane Watch*, 166–77; and James Rodger Fleming, *Fixing the Sky: The Checkered History of Weather and Climate Control* (New York: Columbia University Press, 2012), 177–79。

47. Kean, *Caesar's Last Breath*, 280.

48. Willoughby et al., "Project Stormfury," 513.

49. Kean, *Caesar's Last Breath*, 284.

50. Sheets and Williams, *Hurricane Watch*, 157–59; Charlie Jane Anders, "Why Can't We Stop a Hurricane Before It Hits Us?" *Popular Science*, November 8, 2012, https://www.popsci.com/science/article/2012-11/why-can%E2%80%99t-we-stop-hurricane-it-hits-us; Mark Strauss, "Nuking Hurricanes: The Surprising History of a Really Bad Idea," *National Geographic*, November 30, 2016, https://news.nationalgeographic.com/2016/11/hurricanes-weather-history-nuclear-weapons/#close; and *How to Stop a Hurricane* (video documentary), directed by Robin Benger (Cogent/Benger, 2007), http://cogentbenger.com/documentaries/how-to-stop-a-hurricane.

51. Sheets and Williams, *Hurricane Watch*, 158.

52. Chris Landsea, "Subject: C5c) Why Don't We Try to Destroy Tropical Cyclones by Nuking Them?" HRD, Frequently Asked Questions, accessed November 2018, http://www.aoml.noaa.gov/hrd/tcfaq/C5c.html.

据多名消息人士透露，美国时任总统唐纳德·J. 特朗普曾建议国家安全官员研究向飓风投掷核弹的可行性，以防止飓风袭击美国，尽管特朗普后来否认这一说法，并将该报道称为"假新闻"。详情可参见 Jonathan Swan and Margaret Talev, "Scoop: Trump Suggested Nuking Hurricanes to Stop Them from Hitting U.S.," Axios, August 25, 2019, https://www.axios.com/trump-nuclear-bombs-hurricanes-97231f38-2394-4120-a3fa-8c9cf0e3f51c.html?utm_source=twitter&utm_medium=social&utm_campaign=organic。

53. Bryan Norcross, *Hurricane Almanac: The Essential Guide to Storms Past, Present, and Future* (New York: St. Martin's Griffin, 2007), 139; and Tannehill, *Hurricane Hunters*, 245.

54. Elizabeth Skilton, *Camille Was No Lady but Katrina Was a Bitch: Gender, Hurricanes & Popular Culture* (PhD diss., Tulane University, October 11, 2013), 79–84; Tannehill, *Hurricane Hunters*, 246–48; and Peter T. White, "Why Gales Are Gals," *NYT*, September 26, 1954.

55. 关于克莱门特·林德利·拉格的经历，可参见 Peter Adamson, "Clement Lindley Wragge and the Naming of Weather Disturbances," *Weather*, September 2003, 359–63; and Paul D. Wilson, "Wragge, Clement Lindley (1852–1922)," in *Australian Dictionary of Biography*, vol. 12 (1990), http://adb.anu.edu.au/biography/wragge-clement-lindley-9193/text16237。

56. Wilson, "Wragge."

57. Ibid., 359–61.

58. George R. Stewart, *Storm* (New York: Random House, 1941).

59. Skilton, *Camille Was No Lady*, 73–74.

60. Stewart, *Storm*, 6, 12.

61. Ibid., 18.

62. Ibid., 234.

63. Skilton, *Camille Was No Lady*, 78–79.

64. Stewart, *Storm*, ix.

65. "She Blows," *Raleigh News & Observer*, August 16, 1955. See also "Weather Bureau Doubts Hurricanes Are Girls," *NYT*, October 21, 1954.

66. Alvin Shuster, "Storms over the Weather Bureau," *NYT*, September 19, 1954.

67. Howard Cohen, Margaria Fichtner, and Elinor Brecher, "Civic Activist, Feminist, Trailblazer Roxcy Bolton Dies at 90," *MH*, May 17, 2017. See also Sam Roberts, "Roxcy Bolton, Feminist Crusader for Equality, Including in Naming Hurricanes, Dies at 90," *NYT*, May 21, 2017.

68. Betty Friedan, *Life So Far* (New York: Simon & Schuster, 2000), 185.

69. Skilton, *Camille Was No Lady*, 146–50, 226; Meyer Berger, "Eccentric Edna Grazed the City with a Wet, but Vicious, Left Jab," *NYT*, September 12, 1954; and "The Weather: Vicious Lady," *Time*, September 5, 1949.

70. Skilton, *Camille Was No Lady*, 175–76, 184.

71. Ibid., 185–86.

72. United Press International, "Weather Men Insist Storms are Feminine," *NYT*, April 23, 1972.

73. Roberts, "Roxcy Bolton."

74. Skilton, *Camille Was No Lady*, 211–20; and "Hurricane Names," *BAMS*, June 1979, 695.

75. NHC, "Tropical Cyclone Names," accessed December 2018, https://

www.nhc.noaa.gov/aboutnames.shtml; and NHC, "Tropical Cyclone Naming History and Retired Names," accessed November 2018, https://www.nhc.noaa.gov/aboutnames_history.shtml.

76. Skilton, *Camille Was No Lady*, 215–20; World Meteorological Association, "Tropical Cyclone Naming," accessed November 2018, https://public.wmo.int/en/About-us/FAQs/faqs-tropical-cyclones/tropical-cyclone-naming; and Richard D. Lyons, "Another Sexist Bastion Falls: Hurricanes Renamed," *NYT*, May 13, 1978.

77. Jonah Engel Bromwich, "Harvey and Irma, Married 75 Years, Marvel at the Storms Bearing Their Names," *NYT*, September 8, 2017; and Mary Bowerman, "Washington Couple Harvey and Irma Amazed by Hurricanes Bearing Their Names," *USA Today*, September 8, 2017.

78. NHC, "Tropical Cyclone Naming History."

79. 关于赫伯特·S. 萨菲尔和飓风分级量表的背景，可参见 NHC, "Saffir-Simpson Hurricane Wind Scale," accessed September 2018, https://www.nhc.noaa.gov/aboutsshws.php; Debi Iacovelli, "The Saffir/Simpson Hurricane Scale: An Interview with Dr. Robert Simpson," *Mariner's Weather Log*, April 1999; Robert H. Simpson (with Neal M. Dorst), *Hurricane Pioneer: Memoirs of Bob Simpson* (Boston: American Meteorological Society, 2015), 114; and Ann Carter, "Q & A with Herbert Saffir," *Sun-Sentinel*, June 24, 2001。

80. 关于辛普森的早年生活，可参见 Simpson, *Hurricane Pioneer*, 1–9。

81. Ibid., 8–9.

82. Emily Langer, "Robert Simpson, Co-creator of 1-to-5 Hurricane Model, Dies at 102," *Washington Post*, December 20, 2014.

83. 关于此次追踪飓风"埃德娜"的飞行任务的始末,可参见 HRD, "60th Anniversary of Hurricane Edna," September 10, 2014, https://noaahrd.wordpress.com/2014/09/10/60th-anniversary-of-hurricane-edna; "Edward R. Murrow—The Best of See It Now 7—Eye of a Hurricane," YouTube, June 18, 2017, https://www.youtube.com/watch?v=1c12MrQ2Y48 (all of the quotes come from a transcription of this episode); and William Malkin and George C. Holzworth, "Hurricane Edna, 1954," *MWR*, September 1954, 267–79。

84. 关于飓风"卡拉",以及丹·拉瑟通过电视节目报道飓风进展的详情,可参见 Dan Rather (with Mickey Herskowitz), *The Camera Never Blinks: Adventures of a TV Journalist* (New York: William Morrow, 1977), 44–57 (all of the quotes come from a transcription of this episode); Dan Rather, *Rather Outspoken: My Life in the News* (New York: Grand Central, 2012), 87–88; NWS, "Hurricane Carla—50th Anniversary," accessed October 2018, https://www.weather.gov/crp/hurricanecarla; Mediabistro, "Dan Rather: My First Big Break," YouTube, February 23, 2012, https://www.youtube.com/watch?v=vmJnbeRr0vc; and Millicent Huff and H. Bailey Carroll, "Hurricane Carla at Galveston, 1961," *Southwestern Historical Quarterly*, January 1962, 293–94。

85. David Laskin, *Braving the Elements: The Stormy History of American Weather* (New York: Anchor, 1997), 183–84; and Robert Henson, *Weather on the Air: A History of Broadcast Meteorology* (Boston: American Meteorological Society, 2010), 153–57.

86. Ed Dwyer, "America's Weather Obsession," *Saturday Evening Post*, April 18, 2014, https://www.saturdayeveningpost.com/2014/04/americas-weather-obsession.

87. Weather Channel, "Jim Cantore's Top Three Hurricanes," YouTube, August 6, 2013, https://www.youtube.com/watch?v=h0mLHLc1reM.

88. Dwyer, "America's Weather Obsession."

89. Nicholas Bogel-Burroughs and Patricia Mazzei, "For Forecasters, Hurricane Dorian Has Already Been a Handful," *NYT*, August 31, 2019.

90. Nancy Dahlberg, "When the Next Hurricane Strikes, Much More Technology Will Be on Our Side," *Government Technology*, August 22, 2017, https://www.govtech.com/em/disaster/When-the-Next-Hurricane-Strikes-Much-More-Technology-Will-be-on-Our-Side.html.

91. E. B. White, "The Eye of Edna," in *Essays of E. B. White* (New York: Harper & Row, 1977), 25–27.

※ 第八章 现代飓风"灾难集"

1. 关于飓风"卡罗尔"的详情，可参见 Walter R. Davis, "Hurricanes of 1954," *MWR*, December 1954, 370–73; NHC, "Hurricanes in History," accessed November 2018, https://www.nhc.noaa.gov/outreach/history/#carol; Charles Grutzner, "Storm Lashes City—New England Hit, Old North Church Spire Falls," *NYT*, September 1, 1954; "Carol and Her Sisters," *NYT*, September 2, 1954; "The Terrible Twins," *NYT*, September 12, 1954; and "By Those Who Were There, What It's Like to Be in the Middle of a Hurricane," *Life*, September 13, 1954, 35–40。

2. Alvin Shuster, "Storms over the Weather Bureau," *NYT*, September 19, 1954.

3. 关于飓风"埃德娜"的详情，可参见 Davis, "Hurricanes of 1954";

NHC, "Hurricanes in History"; Grutzner, "Storm Lashes City"; "Carol and Her Sisters," *NYT*; "Terrible Twins," *NYT*; and Shuster, "Storms over the Weather Bureau"。

4. Davis, "Hurricanes of 1954," 370.

5. "The Hurricane Challenge," *NYT*, August 19, 1955; and "Hurricane Warnings," *NYT*, September 9, 1954.

6. "2 Hurricanes in 11 Days Held 'Just Coincidence,'" *NYT*, September 12, 1954.

7. 关于飓风"黑兹尔"的详情，可参见 NWS, "Hurricane Hazel, October 15, 1954," accessed November 2018, https://www.weather.gov/mhx/Oct151954EventReview; Davis, "Hurricanes of 1954"; Jay Barnes, *North Carolina's Hurricane History* (Chapel Hill: University of North Carolina Press, 2013), 17, 78–107; and NHC, "Hurricanes in History"。

8. Robert W. Burpee, "Grady Norton: Hurricane Forecaster and Communicator Extraordinaire," *Forecaster Biography*, September 1988, 253.

9. 关于下文中罗伯特·H.辛普森的经历，可参见 Sheets and Williams, *Hurricane Watch*, 134–36。

10. Gordon E. Dunn, Walter R. Davis, and Paul L. Moore, "Hurricanes of 1955," *MWR*, December 1955, 315–26; HRD, "60th Anniversary of Hurricanes Connie and Diane and NHRP Funding Authorization," August 17, 2015, https://noaahrd.wordpress.com/2015/08/17/60th-anniversary-of-hurricanes-connie-and-diane-and-nhrp-funding-authorization; and NHC, "Hurricanes in History."

11. Sheets and Williams, *Hurricane Watch*, 135–36; Durst, "National Hurricane Research Project," 1568; and Simpson, *Hurricane Pioneer*, 81.

12. HRD, "60th Anniversary of Hurricanes Connie and Diane"; and NHC, "Hurricanes in History."

13. Dunn et al., "Hurricanes of 1955."

14. H. E. Willoughby, D. P. Jorgensen, R. A. Black, and S. L. Rosenthal, "Project Stormfury: A Scientific Chronicle, 1962–1983," *BAMS*, May 1985, 505.

15. Neal M. Dorst, "The National Hurricane Research Project: 50 Years of Research, Rough Rides, and Name Changes," *BAMS*, October 2007, 1568–73.

16. NHC, "Tropical Cyclone Naming History and Retired Names," accessed November 2018, https://www.nhc.noaa.gov/aboutnames_history.shtml.

17. 关于飓风"卡米尔"的历史及其影响，可参见 Stefan Bechtel, *Roar of the Heavens* (New York: Citadel Press, 2006), 7–116; US Department of Commerce, "Hurricane Camille: A Report to the Administrator," September 1969; Ernest Zebrowski and Judith A. Howard, *Category 5: The Story of Camille, Lessons Unlearned from America's Most Violent Hurricane* (Ann Arbor: University of Michigan Press, 2005), 2–158; Sheets and Williams, *Hurricane Watch*, 150–56; Philip D. Hearn, *Hurricane Camille: Monster Storm of the Gulf Coast* (Jackson: University of Mississippi Press, 2004), 1–135; NWS, "Hurricane Camille—August 17, 1969," accessed December 2018, https://www.weather.gov/mob/camille; R. H. Simpson, Arnold L. Sugg, and Staff, "The Atlantic Hurricane Season of 1969," *MWR*, April 1970, 297–301; "Hurricane Camille," *Weatherwise*, July/August 1999, 28–31; and Roger A. Pielke Jr., Chantal Simonpietri, and Jennifer Oxelson, *Thirty Years*

after Hurricane Camille: Lessons Learned, Lessons Lost, Hurricane Camille Project Report, July 12, 1999, https://sciencepolicy.colorado.edu/about_us/meet_us/roger_pielke/camille/report.html#pielkes。

18. Bechtel, *Roar of the Heavens*, 39.

19. Hearn, *Hurricane Camille*, 26–27; and "20 Out of 23 Revelers Died," *Delta Democrat-Times*, August 20, 1969.

20. Bechtel, *Roar of the Heavens*, 70–72, 88–90, 99–100.

21. Zebrowski and Howard, *Category 5*, 115–16, 123–27, 130.

22. Ibid., 6–7.

23. Douglas Brinkley, *Cronkite* (New York: Harper Collins, 2012), 52, 479.

24. Zebrowski and Howard, *Category 5*, 4.

25. Ibid., 6–8, 238–39; Bechtel, *Roar of the Heavens*, 262–63, 266–68; Dan Ellis, "Hurricane Party," accessed December 2018, http://camille.passchristian.net/hurricane_party.htm; Philip D. Carter, "Writing It All Down at Pass Christian," *Delta Democrat-Times*, August 21, 1969; Ken Kaye, "Experts: Mythical Camille Hurricane Party Never Happened," *Sun-Sentinel*, March 12, 2015; John Pope, "That Infamous Hurricane Camille Party on Aug. 17, 1969? It Never Happened," *Times-Picayune*, August 17, 2014; Hearn, *Hurricane Camille*, 173–74; Ron Harrist, "Memories of Camille Still Haunt Gulf Coast," *Washington Post*, August 17, 1989; and "Veteran of Betsy Avoided Tragic 'Hurricane Party'," *Times-Picayune*, August 23, 1969.

26. Roy Reed, "Hurricanes: The Grim Lessons of Camille," *NYT*, August 24, 1969.

27. 关于保罗·威廉姆斯一家人的经历，可参见 Bechtel, *Roar of the Heavens*, 80–84, 100–102; and "Giving Thanks, Even Though," *St. Petersburg Times*, August 25, 1969。

28. Hearn, *Hurricane Camille*, 173.

29. Zebrowski and Howard, *Category 5*, 150; "1969: Hurricane Camille Was a Category 5 Killer Storm," *Times-Picayune*, December 13, 2011; and Associated Press, "Storm Toll 170; A Luxury Project Yields 23 Bodies," *NYT*, August 20, 1969.

30. Simpson et al., "Atlantic Hurricane Season of 1969," 300.

31. US Department of Commerce, "Hurricane Camille," 3; US Army Engineer District, Mobile, "Hurricane Camille: 14–22 August 1969," May 1970, 3; and Clarence Doucet, "Storm Devastates Coast," *Times-Picayune*, August 19, 1969.

32. US Department of Commerce, "Hurricane Camille," 64; and Roy Reed, "Two Oil Slicks from After Hurricane," *NYT*, August 22, 1969.

33. Hearn, *Hurricane Camille*, 148.

34. "Hurricane Expert Calls Storm Biggest in U.S.," *NYT*, August 22, 1969.

35. NOAA, National Centers for Environmental Information (NCEI), "Costliest U.S. Tropical Cyclones," October 8, 2019, https://www.ncdc.noaa.gov/billions/dcmi.pdf.

36. 关于飓风"卡米尔"给弗吉尼亚州纳尔逊县带来的影响，可参见 Bechtel, *Roar of the Heavens*, 119–254; Zebrowski and Howard, *Category 5*, 9–11, 159–236; Encyclopedia Virginia, s.v. "Hurricane Camille (August 1969)," by Lisa Romano, last modified September 9, 2010, http://www.

EncyclopediaVirginia.org/Hurricane_Camille_August_1969; Simpson et al., "Atlantic Hurricane Season of 1969," 299–300; Robert M. Smith, "Virginia Town Washed Out," *NYT*, August 23, 1969; and Paige Shoaf Simpson and Jerry H. Simpson Jr., *Torn Land* (Lynchburg, VA: J. P. Bell, 1970)。

37. Simpson and Simpson, *Torn Land*, 2.

38. 关于雷恩斯一家的遭遇, 可参见 Bechtel, *Roar of the Heavens*, 119–25, 133–34, 151–56, 163–66, 184–86, 195, 207–9, 213–17, 241–42, 270–71; Zebrowski and Howard, *Category 5,* 10–11, 162–64, 186–87, 201–2; and Simpson and Simpson, *Torn Land*, 155–56。

39. Bechtel, *Roar of the Heavens*, 155. See also Zebrowski and Howard, *Category 5*, 163.

40. Emily Brown, "Nelson County Remembers Camille's Impact on Davis Creek," *Roanoke Times*, August 20, 2016, https://www.roanoke.com/news/virginia/nelson-county-remembers-camille-s-impact-on-davis-creek/article_3beee9f8-023c-5942-baaf-d4a403456eb5.html.

41. Zebrowski and Howard, *Category 5*, 226; Encyclopedia Virginia, "Hurricane Camille"; Simpson et al., "Atlantic Season of 1969," 299–300; and Simpson and Simpson, *Torn Land*, 32.

42. Zebrowski and Howard, *Category 5*, 174–75; Bechtel, *Roar of the Heavens*, 5, 161; Encyclopedia Virginia, "Hurricane Camille"; and Simpson et al., "Atlantic Hurricane Season of 1969," 299–300.

43. Bryan Norcross, *My Hurricane Andrew Story* (self-pub., 2017), iii–iv.

44. 关于飓风"安德鲁"的详情, 可参见 NOAA, *Hurricane Andrew: South Florida and Louisiana, August 23–26, 1992* (Silver Spring, MD: US

Department of Commerce, 1993); Norcross, *My Hurricane Andrew Story* ; Rick Gore, "Andrew Aftermath," *National Geographic*, April 1993, 2–37; Sheets and Williams, *Hurricane Watch*, 222–64; Howard Kleinberg, *The Florida Hurricane & Disaster 1992* (Miami: Centennial Press, 1992); HRD, "25th Anniversary of Hurricane Andrew Striking South Florida," August 23, 2017, https://noaahrd.wordpress.com/2017/08/23/25th-anniversary-of-hurricane-andrew; and NOAA, "Hurricane Andrew: What It Was Like to Work in a Category 5 Storm," August 24, 2017, https://www.noaa.gov/stories/hurricane-andrew-what-it-was-like-to-work-in-category-5-storm。

45. John M. Williams and Iver W. Duedall, *Florida Hurricanes and Tropical Storms, 1871–2001* (Gainesville: University Press of Florida, 2002), 30–31; and Arnold L. Sugg, "The Hurricane Season of 1965," *MWR*, March 1966, 185–87.

46. "Miami-Dade County Facts—2009: A Compendium of Selected Statistics," Miami-Dade County Department of Planning and Zoning, April 2009, 5.

47. NOAA, *Hurricane Andrew: South Florida and Louisiana*, 29.

48. Martin Merzer, Ronnie Green, and Manny Garcia, "The Realization Hits Home: This One Really Could Be It," *MH*, August 23, 1992.

49. Dave Barry, "Hurricane Andrew May Be History, but Watch Out for Those Baboons!" *Baltimore Sun*, September 2, 1992.

50. Merzer et al., "Realization Hits Home."

51. Norcross, *My Hurricane Andrew Story*, 34.

52. David Hancock and Anthony Faiola, "Bigger, Stronger, Closer," *MH*, August 23, 1992.

53. NOAA, *Hurricane Andrew: South Florida and Louisiana*, 29.

54. Sheets and Williams, *Hurricane Watch*, 237.

55. Christopher W. Landsea, James L. Franklin, Colin J. McAdie, John L. Beven II, James M. Gross, Brian R. Jarvinen, Richard J. Pasch, Edward N. Rappaport, Jason P. Dunnon, and Peter P. Dodge, "A Reanalysis of Hurricane Andrew's Intensity," *BAMS*, November 2004, 1708.

56. Norcross, *My Hurricane Andrew Story*, 88.

57. Ibid., 77.

58. Ibid., 73.

59. Ibid., 71.

60. NOAA, *Hurricane Andrew: South Florida and Louisiana*, xv, 8, D-1, D-3; Sheets and Williams, *Hurricane Watch*, 256-59. 关于飓风造成的直接死亡与间接死亡的划分，可参见 Edward N. Rappaport and B. Wayne Blanchard, "Fatalities in the United States Indirectly Associated with Atlantic Tropical Cyclones," *BAMS*, July 2016, 1139-48。

61. "After Homes Are Ruined, Hopes Are Dashed," *NYT*, August 28, 1992.

62. NOAA, *Hurricane Andrew: South Florida and Louisiana*, xv, 10; Gore, "Andrew Aftermath," 2-37, 264; and Jay Barnes, *Florida's Hurricane History* (Chapel Hill: University of North Carolina Press, 2007), 264.

63. Gore, "Andrew Aftermath," 33.

64. Donna Gehrke, "Zoo, 'Unbelievable' Devastation," *MH*, August 26, 1992.

65. Ibid.; and Dan Fesperman, "In Andrew's Wake, a New Wild Kingdom Monkeys, Cougars Still Running Loose Weeks after Storm," *Baltimore Sun*,

September 20, 1992; and Associated Press, "Hurricane Lets Loose Dozens of Research Monkeys on Streets with AM-Hurricane Aftermath," AP News, August 26, 1992.

66. Abby Goodnough, "Forget the Gators: Exotic Pets Run Wild in Florida," *NYT*, February 29, 2004.

67. M. Mayfield, Lixion Avila, and Edward N. Rappaport, "Atlantic Hurricane Season of 1992," *MWR*, March 1994, 517–38.

68. NOAA, *Hurricane Andrew: South Florida and Louisiana*, xv, B-1; and NOAA, NCEI, "Costliest U.S. Tropical Cyclones."

69. Norcross, *My Hurricane Andrew Story*, 116–17.

70. Hal Boedeker, "The Man Who Talked South Florida Through," *MH*, August 25, 1992.

71. Hal Boedeker, "Channel 4, Norcross Excel," *MH*, August 25, 1992.

72. Norcross, *My Hurricane Andrew Story*, 179.

73. Kleinberg, *Florida Hurricane*, 72.

74. John Dorschner, "The Hurricane That Changed Everything," in *Hurricane Andrew: The Big One* (Miami: Miami Herald Publishing, 1992), 18. See also Kleinberg, *Florida Hurricane*, 14.

75. "Hurricane That Changed Everything," 15. See also Lisa Getter and Grace Lim, "Looters Add Insult to Andrew's Injury," *MH*, August 26, 1992.

76. FEMA, "Florida Hurricane Andrew (DR-955)," accessed November 2019, https://www.fema.gov/disaster/955.

77. Douglas Brinkley, *The Great Deluge: Hurricane Katrina, New Orleans, and the Mississippi Gulf Coast* (New York: William Morrow, 2006), 247; Reuters, "After the Storm; House Report Cites Appointees

as Part of Relief Problems," *NYT*, September 2, 1992; and Kevin Drum, "Like Father, Like Son?" *Washington Monthly*, August 31, 2005, https://washingtonmonthly.com/2005/08/31/like-father-like-son.

78. Michael Wines, "Congress Votes Sharp Increase in Storm Relief," *NYT*, September 29, 1989.

79. Dorschner, "Hurricane That Changed Everything," 16.

80. Kleinberg, *Florida Hurricane*, 40. See also Ronnie Greene, "Bottlenecks Thwart Aid Efforts," *MH*, August 29, 1992.

81. David Lyons and Martin Merzer, "Answering an Urgent Cry: Soldiers Shocked by Panorama of Ruin," *MH*, August 29, 1992; and Larry Rother, "Troops Arrive with Food for Florida's Storm Victims," *NYT*, August 29, 1992.

82. Robert Pear, "Breakdown Seen in U.S. Storm Aid," *NYT*, August 29, 1992; and Kartik Krishnaiyer, "Part IV: Bush, Chiles, FEMA and the Botched Response," *Florida Squeeze*, August 11, 2017, https://thefloridasqueeze.com/hurricane-andrew-25-years-later/part-iv-bush-chiles-fema-and-the-botched-response.

83. Pear, "Breakdown Seen."

84. Adam Howard, "How Hurricanes Have Disrupted and Defined Past Elections," NBC News, October 6, 2016, https://www.nbcnews.com/storyline/hurricane-matthew/how-hurricanes-have-disrupted-defined-past-elections-n660796.

85. Ivor van Heerden and Mike Bryan, *The Storm: What Went Wrong and Why during Hurricane Katrina—The Inside Story from One Louisiana Scientist* (New York: Viking, 2006), 138.

86. Kleinberg, *Florida Hurricane*, 86.

87. Meredith McGraw, "A Look Back at How Hurricanes Affect Presidential Elections," October 7, 2016, ABC News, https://abcnews.go.com/Politics/back-hurricanes-affect-presidential-elections/story?id=42643749; Howard, "How Hurricanes Have Disrupted"; Ed O'Keefe, "One Bush Gets Praise for His Handling of Hurricanes—including Katrina," *Washington Post*, August 25, 2015; and van Heerden and Bryan, *Storm*, 138.

88. "We Shall Overcome," *MH*, August 26, 1992.

89. 关于飓风"伊尼基"与《侏罗纪公园》电影拍摄的故事,可参见 Jurassic Time Official Channel, "Iniki Jurassic," YouTube, July 25, 2014, https://www.youtube.com/watch?v=DP_drlbBpRM; and Susan Essoyan and Jim Newton, "Hurricane Damage in Hawaii Expected to Top $1 Billion," *Los Angeles Times*, September 13, 1992。

90. 关于飓风"伊尼基"的详情,可参见 *Hurricane Iniki, September 6–13, 1992*, Natural Disaster Survey Report (Silver Spring, MD: US Department of Commerce, NOAA, NWS, 1993); Makena Coffman and Ilan Noy, "A Hurricane Hits Hawaii: A Tale of Vulnerability to Natural Disasters," *CESifo Forum*, February 2010, 67–72; HRD, "25th Anniversary of Hurricane Iniki," September 20, 2017, https://noaahrd.wordpress.com/2017/09/20/25th-anniversary-of-hurricane-iniki; Central Pacific Hurricane Center, "The 1992 Central Pacific Tropical Cyclone Season," accessed December 2018, https://www.prh.noaa.gov/cphc/summaries/1992.php#Iniki; Honolulu Advertiser, *Hurricane Iniki* (Honolulu: Mutual Publishing, 1992), compilation of coverage from the newspaper; and

"Hurricane Iniki: Quick Facts about Hawaii's Most Powerful Storm," Hawaii News Now, September 7, 2017 (updated August 15, [2019]), http://www.hawaiinewsnow.com/story/36315106/hurricane-iniki-quick-facts-about-hawaiis-most-powerful-storm。

91. Al Kamen, "Hawaii Hurricane Devastates Kauai," *Washington Post*, September 13, 1992.

92. Jason Daley, "Why Hawaiian Hurricanes Are So Rare," Smithsonian.com, August 23, 2018, https://www.smithsonianmag.com/smart-news/why-are-hawaiian-hurricanes-so-rare-180970116; Jonathan Belles, "Hawaii Hurricanes: How Unusual Are They?" Weather Channel, August 21, 2018, https://weather.com/storms/hurricane/news/2018-08-03-hawaii-hurricane-tropical-typical-track-history; Rafi Letzter, "Hawaii Faces Huge Hurricane: Why That's So Rare," Live Science, August 22, 2018, https://www.livescience.com/63402-hurricane-lane-hawaii-rare.html; and Mary Beth Griggs, "Hurricanes like Lane Rarely Hit Hawaii. Here's Why," *Popular Science*, August 22, 2018.

93. Jim Borg, "The Power behind Hurricane Iniki," *Honolulu Advertiser*, September 12, 1992.

94. Walter Wright, "Get Ready for Iniki," *Honolulu Advertiser*, September 11, 1992.

95. Jurassic Time Official Channel, "Iniki Jurassic."

96. "Iniki's Madness," *Honolulu Advertiser*, September 12, 1992.

97. David Waite and Jan TenBruggencate, "Kauai Mayor: Hurricane Left 'Total Destruction,' " *Star Bulletin & Advertiser*, September 13, 1992.

98. Central Pacific Hurricane Center, "1992 Central Pacific Tropical

Cyclone Season"; NOAA, NCEI, "Costliest U.S. Tropical Cyclones"; James Dooley, "Oahu Storm Damage Confined," *Honolulu Advertiser*, September 13, 1992; and L. A. Hendrickson, R. L. Vogt, D. Goebert, and E. Pon, "Morbidity on Kauai before and after Hurricane Iniki," *Preventive Medicine*, September–October, 1997.

99. Coffman and Noy, "Hurricane Hits Hawaii," 69, 71; and Jan TenBruggencate, "Kauai's Unemployment at 25% in Iniki's Wake," *Honolulu Advertiser*, October 6, 1992.

100. Anthony Sommer, "Iniki: A Decade after the Disaster," *Star Bulletin*, September 8, 2002.

101. 关于飓风"卡特里娜"的详情，可参见 Richard D. Knabb, Jamie R. Rhome, and Daniel P. Brown, "Hurricane Katrina, 23–30 August 2005," Tropical Cyclone Report, NHC, December 20, 2005（之后于 2006 年和 2011 年更新）; Brinkley, *Great Deluge*; Time Magazine, *Hurricane Katrina: The Storm That Changed America* (New York: Time Books, 2005); Robert Ricks Jr., "In the Shoes of Katrina's Forecasters," *Weatherwise*, July/August 2007, 36–41; Eric S. Blake, Christopher W. Landsea, and Ethan J. Gibney, "The Deadliest, Costliest, and Most Intense United States Tropical Cyclones from 1851 to 2010 (and Other Frequently Requested Hurricane Facts)," NOAA Technical Memorandum NWS NHC-6, August 2011, 5, 7; NOAA, NCEI, "Costliest U.S. Tropical Cyclones"; and American Society of Civil Engineers, *The New Orleans Hurricane Protection System: What Went Wrong and Why* (Reston, VA: ASCE, 2007)。

102. Knabb et al., "Hurricane Katrina," 11; Carl Bialik, "We Still Don't Know How Many People Died Because of Katrina," FiveThirtyEight, August 26, 2015, https://fivethirtyeight.com/features/we-still-dont-know-how-many-

people-died-because-of-katrina; and Rappaport and Blanchard, "Fatalities in the United States," 1142.

103. CNN, "Hurricane Katrina Statistics Fast Facts," August 30, 2018, https://www.cnn.com/2013/08/23/us/hurricane-katrina-statistics-fast-facts/index.html; Ken Kaye, "Hurricane Katrina Hit South Florida 10 Years Ago Today," *Sun Sentinel*, August 25, 2015, https://www.sun-sentinel.com/news/weather/sfl-blog-208-katrina-anniversary-20150814-story.html.

104. Mike Scott, "Remembering Hurricane Betsy, a New Orleans Nightmare," NOLA .com, May 31, 2017, https://www.nola.com/300/2017/05/hurricane_betsy_new_orleans_05312017.html; David Remnick, "Under Water," *The New Yorker*, September 12, 2005; and Richard Campanella, "How Humans Sank New Orleans," *Atlantic*, February 6, 2018, https://www.theatlantic.com/technology/archive/2018/02/how-humans-sank-new-orleans/552323.

105. J. Tibbetts, "Louisiana's Wetlands: A Lesson in Nature Appreciation," *Environmental Health Perspectives*, January 2006, A40–43; and Brinkley, *Great Deluge*, 13.

106. Brinkley, *Great Deluge*, 14–15.

107. John McQuaid and Mark Schleifstein, "The Big One," *Times-Picayune*, June 24, 2002.

108. John McQuaid and Mark Schleifstein, "Washing Away: Worst-Case Scenarios if a Hurricane Hits Louisiana (2002)," NOLA.com, https://www.nola.com/environment/page/washing_away_2002.html.

109. John McQuaid, " 'Hurricane Pam' Exercise Offered Glimpse of Katrina Misery," NOLA.com, September 9, 2005, https://www.nola.com/

environment/page/washing_away_2002.html (the quoted phrase "HazMat gumbo" comes from this source); *A Failure of Initiative,* Final Report of the Select Bipartisan Committee to Investigate the Preparation for and Response to Hurricane Katrina, US House of Representatives (Washington, DC: Government Printing Office, 2006), 81; Brinkley, *Great Deluge,* 18–19; and FEMA, "Hurricane Pam Exercise Concludes," July 23, 2004, https://www.fema.gov/news-release/2004/07/23/hurricane-pam-exercise-concludes.

110. Mark Schleifstein, "Hurricane Center Director Warns New Orleans: This Is Really Scary," *Times-Picayune,* August 27, 2005.

111. "FEMA Chief Taken Off Hurricane Relief Efforts," Fox News, September 9, 2005.

112. John C. Whitehead, "One Million Dollars per Mile? The Opportunity Costs of Hurricane Evacuation," *Ocean & Coastal Management* 46, nos. 11–12 (2003): 1069–83.

113. NHC, "Hurricane Katrina," Special Advisory no. 22, August 28, 2005, https://www.nhc.noaa.gov/archive/2005/pub/al122005.public.022.shtml?.

114. Brinkley, *Great Deluge,* 87.

115. Ibid., 133.

116. Haley Barbour and Jere Nash, *Katrina Left a Trail: America's Great Storm* (Jackson: University Press of Mississippi, 2015), 28–29.

117. Brian Williams, "Brian Williams: We Were Witnesses," NBC News, August 28, 2006, http://www.nbcnews.com/id/14518359/ns/nbc_nightly_news_with_brian_williams-after_katrina/t/brian-williams-we-were-witnesses/#.XIesQ1NJEkg; and Brian Montopoli, "A Matter of Time," CBS

News, September 12, 2005, https://www.cbsnews.com/news/a-matter-of-time.

118. Jeremy Manier and Michael Hawthorne, "Path Puts Off City's Day of Reckoning," *Chicago Tribune*, August 30, 2005.

119. Dan Baum, "Deluged," *The New Yorker*, January 9, 2006; and Brinkley, *Great Deluge*, 48–54, 199–208, 511–13, 599–600.

120. Brinkley, *Great Deluge*, 239.

121. Ibid., 631; Bradford H. Gray and Kathy Hebert, *After Katrina: Hospitals in Hurricane Katrina, Challenges Facing Custodial Institutions in a Disaster* (Washington, DC: Urban Institute, 2006); and Denise Danna and Sandra E. Cordray, *Nursing in the Storm: Voices from Hurricane Katrina* (New York: Springer, 2010).

122. Sheri Fink, *Five Days at Memorial* (New York: Crown, 2013).

123. Brinkley, *Great Deluge*, 372–81, 423, 447, 614–15; and "How Citizens Turned into Saviors after Katrina Struck," CBS News, August 29, 2015, https://www.cbsnews.com/news/remembering-the-cajun-navy-10-years-after-hurricane-katrina.

124. Elizabeth Kolbert, "The Control of Nature: Under Water," *The New Yorker*, April 1, 2019, 34.

125. Monica Palaseanu-Lovejoy, "How Hurricanes Shape Wetlands in Southern Louisiana," Smithsonian Ocean, November 2013, https://ocean.si.edu/ecosystems/coasts-shallow-water/how-hurricanes-shape-wetlands-southern-louisiana.

126. Brinkley, *Great Deluge*, 7–9, 12, 194–97, 279–80; G. L. Sills, N. D. Vroman, R. E. Wahl, and N. T. Schwantz, "Overview of New Orleans Levee Failures: Lessons Learned and Their Impact on National Levee Design and

Assessment," *Journal of Geotechnical and Geoenvironmental Engineering*, May 2008, 556–65; and American Society of Civil Engineers, *New Orleans Hurricane Protection System*.

127. Susan B. Glasser and Michael Grunwald, "The Steady Buildup to a City's Chaos," *Washington Post*, September 11, 2005 (the quoted phrase "ghost train" comes from this source). See also Brinkley, *Great Deluge*, 19–20, 90–92, 250.

128. *Anderson Cooper 360 Degrees*, January 20, 2006, transcript, CNN.com, http://transcripts.cnn.com/TRANSCRIPTS/0601/20/acd.01.html.

129. "Bush: 'Brownie, You're Doing a Heck of a Job,' " video, CNN Politics, accessed December 2018, https://www.cnn.com/videos/politics/2017/10/26/george-w-bush-hurricane-katrina-fema-michael-brown.cnn/video/playlists/president-george-w-bush; and Scott Shane, Eric Lipton, and Christopher Drew, "After Failures, Government Officials Play Blame Game," *NYT*, September 5, 2005.

130. Brinkley, *Great Deluge*, 549.

131. Leslie Wayne and Glen Justice, "FEMA Director under Clinton Profits from Experience," *NYT*, October 10, 2005.

132. Brinkley, *Great Deluge*, 245–50; Jon Elliston, "FEMA: Confederacy of Dunces," *Nation*, September 8, 2005; Alan C. Miller and Carla Rivera, "A True Master of Disaster," *Los Angeles Times*, April 8, 1994; Frontline, "A Short History of FEMA," PBS, November 22, 2005, https://www.pbs.org/wgbh/pages/frontline/storm/etc/femahist.html; Ken Silverstein, "FEMA Steeped in Politics," *Seattle Times*, September 9, 2005; Daren Fonda and Rita Healy, "How Reliable Is Brown's Resume?" *Time*, September 8,

2005; Peter G. Gosselin and Alan C. Miller, "Why FEMA Was Missing in Action," *Los Angeles Times*, September 5, 2005; and Seth Borenstein and Matt Stearns, "FEMA Leader's Background Was in Law, Horses," *Seattle Times*, September 4, 2005.

133. Brinkley, *Great Deluge*, 162–63, 208–9, 268–69, 278, 290–91, 334–36, 356, 396, 410–12, 509, 535–36, 563, 580–83, 610–11; Time Magazine, *Hurricane Katrina*, 92–93; Glasser and Grunwald, "Steady Buildup to a City's Chaos"; and Eric Lipton, "Republicans' Report on Katrina Assails Administration Response," *NYT*, February 13, 2006; "Actually It Was FEMA's Job," editorial, *NYT*, October 2, 2005.

134. Brinkley, *Great Deluge*, 452.

135. "Open Letter to President George W. Bush," *Times-Picayune*, September 4, 2005.

136. Romain Huret, "Explaining the Unexplainable: Hurricane Katrina, FEMA, and the Bush Administration," in *Hurricane Katrina in Transatlantic Perspective*, ed. Romain Huret and Randy J. Sparks (Baton Rouge: Louisiana State University Press, 2014), 47.

137. CNN, "FEMA Director Brown Resigns," September 12, 2005, http://www.cnn.com/2005/POLITICS/09/12/brown.resigns.

138. CNN, "Bush: 'I Take Responsibility' for Federal Failures after Katrina," September 13, 2005, http://www.cnn.com/2005/POLITICS/09/13/katrina.washington/index.html.

139. Kenneth T. Walsh, "The Undoing of George W. Bush," *U.S. News & World Report*, August 28, 2015, https://www.usnews.com/news/the-report/articles/2015/08/28/hurricane-katrina-was-the-beginning-of-the-end-for-

george-w-bush. See also Richard T. Sylves, "President Bush and Hurricane Katrina: A Presidential Leadership Study," *Annals of the American Academy of Political and Social Science*, March 2006, 26–56.

140. Howard, "How Hurricanes Have Disrupted."

141. Michael Eric Dyson, *Come Hell or High Water: Hurricane Katrina and the Color of Disaster* (New York: Basic Books, 2006), 17.

142. Ibid., 24.

143. Rebecca Nelson, "Will President Obama Reverse Course on Race and Katrina?" *Atlantic*, August 27, 2015, https://www.theatlantic.com/politics/archive/2015/08/will-president-obama-reverse-course-on-race-and-katrina/451284. See also Brinkley, *Great Deluge*, 618.

144. Scott Neuman, "Obama: Katrina a 'Man-Made' Disaster Caused by Government Failure," *The Two-Way* (blog), NPR, August 27, 2015, https://www.npr.org/sections/thetwo-way/2015/08/27/435258344/obama-katrina-a-man-made-disaster-caused-by-government-failure.

145. CNN, "Hurricane Katrina Statistics Fast Facts"; Jeremy Hobson, "How New Orleans Reduced Its Homeless Population by 90 Percent," WBUR, February 19, 2019, https://www.wbur.org/hereandnow/2019/02/19/new-orleans-reducing-homeless-hurricane-katrina; Allison Plyer, "Facts for Features: Katrina Impact," Data Center, August 26, 2016, https://www.datacenterresearch.org/data-resources/katrina/facts-for-impact; Campbell Robertson and Richard Faussett, "10 Years after Katrina," *NYT*, August 26, 2015; and Michael L. Dolfman, Solidelle Fortier Wasser, and Bruce Bergman, "The Effects of Hurricane Katrina on the New Orleans Economy," *Monthly Labor Review*, June 2007, 3–18.

146. John Schwartz and Mark Schleifstein, "Fortified but Still in Peril, New Orleans Braces for Its Future," *NYT*, February 24, 2018; Mark Schleifstein, "With New Massive Pumps Online, New Orleans Levee System Faces 2018 Hurricane Season," NOLA.com, *Times-Picayune*, May 27, 2018, https://expo.nola.com/erry-2018/05/df6c9a722a7295/new_orleans_area_levees_under.html; "New Orleans Area Levee System 'High Risk,' and 'Minimally Acceptable,' Corps Says," *Times-Picayune*, May 22, 2018; "Our Levees and Pumps Aren't Enough to Keep New Orleans Dry," *Times-Picayune*, May 27, 2018; and Andy Horowitz, "When the Levees Break Again," *NYT*, May 31, 2019.

147. US Army Corps of Engineers, "Notice of Intent to Prepare a Draft Environmental Impact Statement for the Lake Pontchartrain and Vicinity General Re-evaluation Report, Louisiana," *Federal Register*, April 2, 2019, 12598–99; and Thomas Frank, "After a $14-Billion Upgrade, New Orleans' Levees Are Sinking," *Scientific American* (reprinted from *E&E News*, April 11, 2019), https://www.scientificamerican.com/article/after-a-14-billion-upgrade-new-orleans-levees-are-sinking/?redirect=1.

148. US Army Corps of Engineers, "Notice of Intent to Prepare a Draft," 12598.

149. Adam Sobel, *Storm Surge: Hurricane Sandy, Our Changing Climate, and Extreme Weather of the Past and Future* (New York: HarperWave, 2014), xv, 25–70; Kathryn Miles, *Superstorm: Nine Days inside Hurricane Sandy* (New York: Dutton, 2014), 9–11; Eric S. Blake, Todd B. Kimberlain, Robert J. Berg, John P. Cangialosi, and John L. Beven II, "Hurricane Sandy, 22–29 October 2012," Tropical Cyclone Report AL182012, NHC, February 12,

2013; and Nick Wiltgen, "Superstorm Sandy: Triumph of the Forecasting Models," Weather Channel, October 30, 2013, https://weather.com/storms/hurricane/news/sandy-triumph-of-the-models-20121102#/1.

150. Tom Karmel, "New Jersey Hurricane Hunting: A Brief Recap of a Small State's Big Hurricane History," Rutgers NJ Weather Network, August 21, 2014, https://www.njweather.org/content/new-jersey-hurricane-hunting-brief-recap-small-state%E2%80%99s-big-hurricane-history; and Miles, *Superstorm*, 11.

151. Sobel, *Storm Surge*, 70.

152. Richard Knox, "Before Sandy Hit U.S., Storm Was a Killer in Haiti," NPR, October 31, 2012, https://www.npr.org/sections/health-shots/2012/10/31/164045691/before-sandy-hit-u-s-storm-was-a-killer-in-haiti; Blake et al., "Hurricane Sandy," 1–5, 120; and Karl Tate, "Timeline of Hurricane Sandy's Week of Destruction (Infographic)," Live Science, November 1, 2012, https://www.livescience.com/24473-timeline-of-hurricane-sandy-s-week-of-destruction-infographic.html.

153. John Schwartz, "Early Worries That Hurricane Sandy Could Be a 'Perfect Storm,'" *NYT*, October 25, 2012.

154. Andy Newman, "Cloudy with a Chance of Hybrid Vortices," *NYT*, October 25, 2012; and Jason Hanna and Mariano Castillo, "How Sandy Was Dubbed 'Frankenstorm,'" *This Just In* (blog), CNN, October 26, 2012, http://news.blogs.cnn.com/2012/10/26/how-sandy-was-dubbed-frankenstorm.

155. Doyle Rice, "What's in a Name? Frankenstorm vs. Sandy," *USA Today*, October 26, 2012.

156. Sobel, *Storm Surge*, 55–74; Miles, *Superstorm*, 151–52; Newman,

"Cloudy with a Chance"; Jennifer Preston, "Tracking Hurricane Sandy up the East Coast," *NYT*, October 25, 2012; and Adam Taylor, "Frankenstorm: The Mother of All Snowicanes Is Barreling toward New York City," *Business Insider*, October 25, 2012.

157. Mark Memmott, "Halloween Horror: Hurricane Sandy Could Be 'Billion-Dollar Storm,'" *The Two-Way* (blog), NPR, October 25, 2012, https://www.npr.org/sections/thetwo-way/2012/10/25/163607781/halloween-horror-hurricane-sandy-could-be-billion-dollar-storm.

158. Gregory A. Freeman, *The Gathering Wind: Hurricane Sandy, the Sailing Ship Bounty, and a Courageous Rescue at Sea* (New York: New American Library, 2013), 15–31, 47–73; Miles, *Superstorm*, 12–20, 85–91, 171–74, 182–84; and National Transportation Safety Board, *Marine Accident Brief: Sinking of Tall Ship Bounty* (Washington, DC: NTSB, March 2014), 1–5 (the quoted phrase "chased hurricanes" comes from this source).

159. Sobel, *Storm Surge*, 73, 95–101, 111–14, 127–28; and Blake et al., "Hurricane Sandy," 6.

160. Sobel, *Storm Surge*, 99.

161. "Governor Cuomo Declares State of Emergency in New York in Preparation for Potential Impact of Hurricane Sandy," New York State, October 26, 2012, https://www.governor.ny.gov/news/governor-cuomo-declares-state-emergency-new-york-preparation-potential-impact-hurricane-sandy.

162. "New Jersey Governor on Hurricane Sandy," Times Video, October 27, 2012, https://www.nytimes.com/video/multimedia/100000001870409/gov-chris-christie-on-hurricane-sandy.html.

163. Miles, *Superstorm*, 244.

164. Sobel, *Storm Surge*, 124; and Eric Holthaus and Jason Samenow, "Department of Homeland Security May Review Superstorm Sandy Warnings," *Washington Post*, November 28, 2012.

165. Sam Dolnick, "Recovery Is Slower in New York Suburbs," *NYT*, August 28, 2011; and Sobel, *Storm Surge*, 122–23.

166. Ben Yakas, "Bloomberg Orders Mandatory Evacuation of All NYers in Zone A," Gothamist, October 28, 2012, http://gothamist.com/2012/10/28/watch_live_now_bloomberg_updates_ci_1.php; Miles, *Superstorm*, 275–76; and James Baron, "Sharp Warnings as Hurricane Churns In," *NYT*, October 28, 2012.

167. Ted Mann, "New York City Subways to Shut Down as Sandy Nears," *Wall Street Journal*, October 28, 2012.

168. Baron, "Sharp Warnings"; CNN, "Hurricane Sandy Fast Facts," October 29, 2018, https://www.cnn.com/2013/07/13/world/americas/hurricane-sandy-fast-facts/index.html; and Michael J. De La Merced, "Bracing for Storm, U.S. Stock Markets to Close," *NYT*, October 28, 2012.

169. 关于"邦蒂号"的沉没与搜救工作始末，可参见 National Transportation Safety Board, *Marine Accident Brief*; US Coast Guard, "Investigation into the Circumstances Surrounding the Sinking of the Tall Ship Bounty," MISLE Activity no. 4474566, May 2, 2014; Freeman, *Gathering Wind*, 92–226; Miles, *Superstorm*, 291–306, 310–14; Kathryn Miles, "Sunk: The Incredible Truth about a Ship That Never Should Have Sailed," *Outside*, February 11, 2013, https://www.outsideonline.com/1913636/sunk-incredible-truth-about-ship-never-should-have-sailed;

and Thom Patterson, "Family of Killed Bounty Deckhand Sues Shipowners," CNN, May 12, 2013, https://www.cnn.com/2013/05/10/us/bounty-shipwreck-lawsuit/index.html。

170. Freeman, *Gathering Wind*, 93.

171. Ibid., 136.

172. National Transportation Safety Board, *Marine Accident Brief*, 15.

173. Cara Buckley, "Panicked Evacuations Mix with Nonchalance in Hurricane Sandy's Path," *NYT*, October 28, 2012.

174. NHC, "Hurricane Sandy," Advisory no. 26, October 28, 2012, https://www.nhc.noaa.gov/archive/2012/al18/al182012.public.026.shtml?.

175. Sobel, *Storm Surge*, 141.

176. Marc Santora, "Crane Is Dangling off Luxury High-Rise," *NYT*, October 29, 2012.

177. Matt Chaban, "Hurricane Sandy Shuts Down Transportation, Nearly Every Bridge, Tunnel and Major Roadway Closed," *New York Daily News*, October 29, 2012.

178. Sarah Maslin, "A Road Disappears, and a Body Is Discovered," *NYT*, October 29, 2012.

179. Miles, *Superstorm*, 321; and Tim Sharp, "Superstorm Sandy: Facts about the Frankenstorm," Live Science, November 27, 2012, https://www.livescience.com/24380-hurricane-sandy-status-data.html.

180. Blake et al., "Hurricane Sandy," 4, 6.

181. Joseph Stromberg, "Hurricane Sandy Generated Seismic Shaking as Far Away as Seattle," Smithsonian.com, April 18, 2013, https://www.smithsonianmag.com/science-nature/hurricane-sandy-generated-seismic-

shaking-as-far-away-as-seattle-25993081.

182. "Hurricane Sandy Smashes Ocean Wave Records," Live Science, November 14, 2012, https://www.livescience.com/24790-hurricane-sandy-wave-record.html.

183. Sobel, *Storm Surge*, 150.

184. Sharp, "Superstorm Sandy."

185. Matt Flegenheimer, "Flooded Tunnels May Keep City's Subway Network Closed for Several Days," *NYT*, October 30, 2012.

186. Peter Kenyon, "Superstorm Devastates New York Region," *TunnelTalk*, October 2012, https://www.tunneltalk.com/New-York-Nov12-Hurricane-Sandy-inundates-subway-and-traffic-tunnels.php.

187. Dave Carpenter, Jeff Donn, and Jonathan Fahey, "ConEd Prepared for Big Storm, Got an Even Bigger One," NBC News, October 30, 2012, https://www.nbcnewyork.com/news/local/ConEd-Outages-Blackout-Flood-Equipment-Manhattan-NYC-Sandy-Storm-Surge-176525591.html; Sobel, *Storm Surge*, 148–49; and Scott DiSavino and David Sheppard, "ConEd Cuts Power to Part of Lower Manhattan due to Sandy," Reuters, October 29, 2012, https://www.reuters.com/article/us-storm-sandy-conedison/coned-cuts-power-to-part-of-lower-manhattan-due-to-sandy-idUSBRE89S1CP20121030.

188. Sam Dolnick and Corey Kilgannon, "Wind-Driven Flames Reduce Scores of Homes to Embers in Queens Enclave," *NYT*, October 30, 2012; and "Cause of Breezy Point Fire during Sandy Determined," NBC News 4, December 24, 2012, https://www.nbcnewyork.com/news/local/Cause-Breezy-Point-Queens-Rockaway-Fires-During-Sandy-Determined-184715051.html.

189. Kirk Semple, "With No Choice, Taking Leap from Roof to Floating

Roof," *NYT*, October 30, 2012.

190. Jorge Rivas, "Staten Island Residents Refused to Help Black Mom as Sandy Swept Sons Away," *ColorLines*, November 2, 2012, https://www.colorlines.com/articles/staten-island-residents-refused-help-black-mom-sandy-swept-sons-away; Doug Auer, "Flood of Tears: Bodies of SI Boys Found after Being Swept Away by Sandy," *New York Post*, November 2, 2012; Stephen Maguire, "New Yorkers Shut Mother Out as Her Sons Drowned," *Irish Examiner*, November 6, 2012, https://www.irishexaminer.com/ireland/new-yorkers-shut-mother-out-as-her-sons-drowned-213076.html; Mathew Katz, Nicholas Rizzi, Tom Liddy, and Murray Weiss, "Mom Whose Kids Were Swept Away by Sandy Confronted Neighbor the Next Day," DNAinfo, November 5, 2012, https://www.dnainfo.com/new-york/20121105/arrochar/mom-whose-kids-were-swept-away-by-sandy-confronted-neighbor-next-day; and CNN, "Young Brothers, 'Denied Refuge,' Swept to Death by Sandy," November 4, 2012.

191. N. R. Kleinfield and Michael Powell, "In Storm Deaths, Mystery, Fate and Bad Timing," *NYT*, October 30, 2012.

192. Ibid.

193. Justin Louis, "A Sandy Survivor Leaves Behind a Heartbreaking Goodbye Note at the Jersey Shore" (interview of Mike Iann on 92.7 WOBM), November 1, 2012, https://wobm.com/an-amazing-story-of-survival-from-toms-river-audio; Rob Spahr, "Man Swept Away during Hurricane Sandy Writes 'Goodbye' Letter, and Lives to Tell about It," NJ.com, November 8, 2012, https://www.nj.com/monmouth/2012/11/man_swept_away_during_hurricane_sandy_writes_goodbye_note_and_lives_to_tell_about_it.html;

and Sarah Medina, "The Most Incredible Hurricane Sandy Survival Story," HuffPost, December 6, 2012, https://www.huffpost.com/entry/a-hurricane-sandy-victim-_n_2066776.

194. Louis, "Sandy Survivor Leaves Behind."

195. Blake et al., "Hurricane Sandy," 4, 14.

196. Douglas Main, "Frankenstorm! Forecaster's Frightful Name for Sandy Sticks," NBC News, October 26, 2012, http://www.nbcnews.com/id/49573698/ns/technology_and_science-science/t/frankenstorm-forecasters-frightful-name-sandy-sticks/#.XJuB8kRJEkg.

197. Sharon Otterman, "Above 40th Street, the Powerless Go to Recharge," *NYT*, November 1, 2012; and Alex Koppelman, "After Sandy, a Dark Downtown," *The New Yorker*, October 30, 2012.

198. Eric Savitz, "NYSE Confirms U.S. Markets to Close Again on Tuesday," *Forbes*, October 29, 2012; and Michael J. De La Merced, "Storm Forces Markets to Remain Closed," *NYT*, October 29, 2012.

199. Garth Johnson, "Hurricane Sandy Closes NYC Schools for 5 Days, Most Since 'Asbestos Week' of 1993," Gothamist, October 31, 2012, http://gothamist.com/2012/10/31/public_school_closings_a_brief_hist.php.

200. Alex Koppelman, "The Marathon Is Cancelled—Finally," *The New Yorker*, November 2, 2012.

201. Liz Robbins, "A Closed Central Park Leaves Dogs at a Loss," *NYT*, October 30, 2012.

202. Bora Zivkovic, "Did NYC Rats Survive Hurricane Sandy?" *A Blog around the Clock*, Scientific American, October 31, 2012, https://blogs.scientificamerican.com/a-blog-around-the-clock/did-nyc-rats-survive-

注 释 471

hurricane-sandy; and Bruce Upbin, "No Rat Exodus Reported from NYC Tunnels. Millions of Them Likely Drowned," *Forbes*, October 31, 2012, https://www.forbes.com/sites/bruceupbin/2012/10/31/no-rat-exodus-reported-from-nyc-tunnels-they-probably-all-drowned/#2d95e0b46bfb.

203. Dan Amira, "The Ratpocalypse Has Been Canceled," *New York*, October 31, 2012, http://nymag.com/intelligencer/2012/10/subway-rats-sandy-hurricane-disease.html.

204. Blake et al., "Hurricane Sandy," 14–15, 120; and NOAA, NCEI, "Costliest U.S. Tropical Cyclones."

205. Associated Press, "Restoring Power to Hurricane Sandy Victims Takes Days to Weeks; 'It's Hard, Grueling Work,' " PennLive, January 5, 2019, https://www.pennlive.com/midstate/2012/11/restoring_power_to_hurricane_s.html.

206. Sarah Kaufman, Carson Qing, Nolan Levenson, and Melinda Hanson, *Transportation during and after Hurricane Sandy* (New York: Rudin Center for Transportation, New York University, 2012), 8–16; Alex Davies, "One Year Later: Here's How New York City's Subways Have Improved since Hurricane Sandy," *Business Insider*, October 29, 2013; and Vincent Barone, "Superstorm Sandy NYC: MTA Continues to Rebuild Four Years Later," amNewYork, October 27, 2016,https://www.amny.com/transit/superstorm-sandy-nyc-mta-continues-to-rebuild-four-years-later-1.12516779.

207. NOAA, "Extremely Active 2017 Atlantic Hurricane Season Finally Ends," November 30, 2017, http://www.noaa.gov/media-release/extremely-active-2017-atlantic-hurricane-season-finally-ends.

208. Brian McNoldy, Phil Klotzbach, and Jason Samenow, "The Atlantic

Hurricane Season from Hell Is Finally Over," *Washington Post*, November 30, 2017.

209. NWS, "NOAA 2017 Atlantic Hurricane Season Outlook," May 25, 2017, https://www.cpc.ncep.noaa.gov/products/outlooks/hurricane2017/May/hurricane.shtml.

210. Blake et al., "Deadliest, Costliest," 15; and Christopher W. Landsea, "Subject: E19) How Many Direct Hits by Hurricanes of Various Categories Have Affected Each State?" HRD, Frequently Asked Questions, last revised August 1, 2018, https://www.aoml.noaa.gov/hrd/tcfaq/E19.html.

211. Christopher W. Landsea, "Subject: E23) What Is the Complete List of Continental U.S. Landfalling Hurricanes?" HRD, Frequently Asked Questions, last revised July 31, 2018, https://www.aoml.noaa.gov/hrd/tcfaq/E23.html; Tom McKay, "Hurricane Nate Sets Record for Most Consecutive Atlantic Hurricanes since At Least 1893," Gizmodo, October 8, 2017, https://gizmodo.com/hurricane-nate-sets-record-for-most-consecutive-atlanti-1819264248; Chris Dolce, "Three Category 4 Hurricanes Have Made a U.S. Landfall in 2017," Weather Channel, September 20, 2017, https://weather.com/storms/hurricane/news/hurricane-maria-irma-harvey-three-united-states-category-4-landfalls; and Chris Dolce, "Hurricanes Irma and Harvey Mark the First Time Two Atlantic Category 4 U.S. Landfalls Have Occurred in the Same Year," Weather Channel, September 10, 2017, https://weather.com/storms/hurricane/news/hurricane-irma-harvey-landfall-category-4-united-states-history.

212. NOAA, NCEI, "Costliest U.S. Tropical Cyclones"; NOAA, National Centers for Environmental Information (NCEI), "Hurricanes and

Tropical Storms—Annual 2017," accessed December 2018, https://www.ncdc.noaa.gov/sotc/tropical-cyclones/201713.

213. Brian McNoldy and Angela Fritz, "National Hurricane Center Issued Its Best Forecasts on Record This Year," *Washington Post*, November 14, 2017; and Dennis Feltgen (Communications & Public Affairs Officer, NHC), personal communication, May 15, 2019.

214. McNoldy et al., "Atlantic Hurricane Season from Hell."

215. 关于飓风"哈维"的历史，可参见 Eric S. Blake and David Zelinsky, "Hurricane Harvey, 17 August–1 September 2017," Tropical Cyclone Report AL092017, NHC, May 9, 2018; and NWS, "Major Hurricane Harvey—August 25–29, 2017," accessed December 2018, https://www.weather.gov/crp/hurricane_harvey。

216. NWS, "Major Hurricane Harvey"; Blake and Zelinsky, "Hurricane Harvey," 6.

217. Angela Fritz and Jason Samenow, "Harvey Unloaded 33 Trillion Gallons of Water in the U.S.," *Washington Post*, September 2, 2017.

218. Alexis C. Madrigal, "The Houston Flooding Pushed the Earth's Crust Down 2 Centimeters," *Atlantic*, September 5, 2017, https://www.theatlantic.com/technology/archive/2017/09/hurricane-harvey-deformed-the-earths-crust-around-houston/538866.

219. 关于飓风"厄玛"的历史，可参见 John P. Cangialosi, Andrew S. Latto, and Robbie Berg, "Hurricane Irma, 30 August–12 September 2017," Tropical Cyclone Report AL112017, NHC, June 30, 2018; and Amy O'Connor, "Florida's Hurricane Irma Recovery: The Cost, the Challenges, the Lessons," *Insurance Journal*, November 30, 2017, https://www.

insurancejournal.com/news/southeast/2017/11/30/472582.htm。

220. "American Living on St. John: 'We're Totally Devastated' after Irma," CBS News, September, 13, 2017, https://www.cbsnews.com/news/hurricane-irma-damage-st-john-us-virgin-islands.

221. NWS, "Hurricane Irma 2017," accessed December 2018, https://www.weather.gov/tae/Irma2017.

222. Ralph Ellis, Joe Sterling, and Dakin Andone, "Florida Gov. Rick Scott Tells Residents: 'You Need to Go Right Now,' " CNN, September 9, 2017, https://www.cnn.com/2017/09/08/us/hurricane-irma-evacuation-florida/index.html; and Greg Allen, "Lessons from Hurricane Irma: When to Evacuate and When to Shelter in Place," *Morning Edition*, NPR, June 1, 2018, https://www.npr.org/2018/06/01/615293318/lessons-from-hurricane-irma-when-to-evacuate-and-when-to-shelter-in-place.

223. Brian K. Sullivan, "Powerful Hurricane Irma, on Path to Slam Caribbean Then Florida, Could Surpass Katrina," *Insurance Journal*, September 5, 2017, https://www.insurancejournal.com/news/southeast/2017/09/05/463398.htm.

224. 关于飓风"玛丽亚"的历史，可参见 Richard J. Pasch, Andrew B. Penny, and Robbie Berg, "Hurricane Maria, 16–30 September 2017," Tropical Cyclone Report AL152017, NHC, April 10, 2018; FEMA, "2017 Hurricane Season: FEMA After-Action Report," July 12, 2018。

225. David Keellings and José J.Hernández Ayala, "Extreme Rainfall Associated with Hurricane Maria over Puerto Rico and Its Connections to Climate Variability and Change," *Geophysical Research Letters*, March 12, 2019, 2964.

226. "Hurricane Maria Updates: In Puerto Rico, the Storm 'Destroyed

Us,'" *NYT*, September 21, 2017

227. *Ascertainment of the Estimated Excess Mortality from Hurricane Maria in Puerto Rico*, Project Report (Washington, DC: Milken Institute School of Public Health, George Washington University, 2018); Amy B. Wang, "Sorry, Mr. President: The Hurricane Maria Death Toll in Puerto Rico Didn't Grow by 'Magic,'" *Washington Post*, September 15, 2018; and Sheri Fink, "Nearly a Year after Hurricane Maria, Puerto Rico Revises Death Toll to 2,975," *NYT*, August 28, 2018.

228. Nishant Kishore, Domingo Marqués, Ayesha Mahmud, Mathew V. Kiang, Irmary Rodriguez, Arlan Fuller, Peggy Ebner, et al., "Mortality in Puerto Rico after Hurricane Maria," *New England Journal of Medicine*, July 12, 2018, 162–70, https://www.nejm.org/doi/full/10.1056/NEJMsa1803972.

229. Frances Robles, Kenan Davis, Sheri Fink, and Sarah Almukhtar, "Official Toll in Puerto Rico: 64. Actual Deaths May Be 1,052," *NYT*, December 9, 2017. See also Glenn Kessler, "President Trump's Four-Pinocchio Complaint about the Maria Death Toll Figures," *Washington Post*, September 13, 2018.

230. Kessler, "President Trump's Four-Pinocchio Complaint"; and Danica Coto, "Puerto Rico Agency Sues Government to Obtain Death Data," Associated Press, June 1, 2018, https://apnews.com/7d19e956de344d7188c79b455c0315f6.

231. Amy Sherman, "Fact-Checking the Death Toll Estimates from Hurricane Maria in Puerto Rico," PolitiFact, June 5, 2018, https://www.politifact.com/truth-o-meter/article/2018/jun/05/fact-checking-death-toll-estimates-hurricane-maria; John Morales, "Why Hurricane Maria's Death Toll Is Misunderstood and Incomparable to Other Disasters," *Washington

Post, August 29, 2018; Eugene Kiely, Robert Farley, Lori Robertson, and D'Angelo Gore, "Trump's False Tweets on Hurricane Maria's Death Toll," FactCheck.org, September 13, 2018, https://www.factcheck.org/2018/09/trumps-false-tweets-on-hurricane-marias-death-toll.

232. Kessler, "President Trump's Four-Pinocchio Complaint."

233. Mark Landler, "Trump Rates His Hurricane Relief: 'Great.' 'Amazing.' 'Tremendous,' " *NYT*, September 26, 2017; Frances Robles, Lizette Alvarez, and Nicholas Fandos, "In Battered Puerto Rico, Governor Warns of a Humanitarian Crisis," *NYT*, September 25, 2017; Chantal Da Silva, "Trump Condemned over 'Blatantly False' Claim Hurricane Maria Response Was 'Incredible Success' ," *Time*, September 12, 2018; and David A. Graham, "Trump's Dubious Revisionist History of Hurricane Maria," *Atlantic*, September 12, 2018.

234. Tim Elfrink, "Trump Hits Out at 'Crazed and Incompetent' Puerto Rican Leaders after Disaster Bill Fails," *Washington Post*, April 2, 2019; David Jackson, " 'Unhinged' : President Trump and San Juan Mayor Carmen Yulin Cruz Trade Insults over Puerto Rico Relief," *USA Today*, April 2, 2019; Erica Werner and Jeff Stein, "Massive Disaster Relief Bill Stalls in Senate over Puerto Rico Dispute," *Washington Post*, April 1, 2019; and Caitlyn Oprysko, "Trump Accuses 'Grossly Incompetent' Puerto Rican Politicians of Misusing Federal Hurricane Aid," *Politico*, April 2, 2019, https://www.politico.com/story/2019/04/02/trump-puerto-rico-hurricane-aid-1247759.

235. Anni Karni and Patricia Mazzei, "Trump Lashes Out Again at Puerto Rico, Bewildering the Island," *NYT*, April 2, 2019.

236. Elfrink, "Trump Hits Out."

237. Aaron Rupar, "Trump's Latest Outburst against Puerto Rico, Explained," Vox, April 2, 2019, https://www.vox.com/2019/4/2/18291975/trump-puerto-rico-disaster-relief-funding-bill-explained.

238. Elfrink, "Trump Hits Out."

239. Ibid.

240. Charley E. Willison, Phillip M. Singer, Melissa S. Creary, and Scott L. Greer, "Quantifying Inequities in US Federal Response to Hurricane Disaster in Texas and Florida Compared with Puerto Rico," *BMJ Global Health*, April 2019; Ron Nixon and Matt Stevens, "Harvey, Irma, Maria: Trump Administration's Response Compared," *NYT*, September 27, 2017; Danny Vinik, "How Trump Favored Texas over Puerto Rico," *Politico*, March 27, 2018; Landler, "Trump Rates His Hurricane Relief" ; Nicole Einbinder, "How the Response to Hurricane Maria Compared to Harvey and Irma," *Frontline*, PBS, May 1, 2018, https://www.pbs.org/wgbh/frontline/article/how-the-response-to-hurricane-maria-compared-to-harvey-and-irma; Patricia Mazzei, "Hunger and an 'Abandoned' Hospital: Puerto Rico Waits as Washington Bickers," *NYT*, April 7, 2019; and Errin Haines Whack, "Hurricane Maria a Reminder of 'Second-Class' Status for Some," Associated Press, September 30, 2017, https://www.apnews.com/e651f0c7072646698126dcfdffeebd80.

241. Eliza Relman, "Trump on Puerto Rican Crisis: 'This Is an Island Surrounded by Water, Big Water, Ocean Water,' " *Business Insider*, September 29, 2017.

242. Government Accountability Office, *2017 Hurricanes and Wildfires:*

Initial Observations on the Federal Response and Key Recovery Challenges, Report to Congressional Addressees, GAO-18-472 (Washington, DC: GAO, 2018), ii.

※ 后记：风雨飘摇的未来

1. Intergovernmental Panel on Climate Change (IPCC), *Climate Change 2014: Synthesis Report. Contribution of Working Groups I, II and III to the Fifth Assessment Report of the Intergovernmental Panel on Climate Change* (Geneva: IPCC, 2015), 2; NASA, "Scientific Consensus: Earth's Climate Is Warming," Global Climate Change: Vital Signs of the Planet, accessed March 2019, https://climate.nasa.gov/scientific-consensus; John Cook, Naomi Oreskes, Peter T. Doran, William R. L. Anderegg, Bart Verheggen, Ed W. Maibach, J. Stuart Carlton, et al., "Consensus on Consensus: A Synthesis of Consensus Estimates on Human-Caused Global Warming," *Environmental Research Letters*, April 13, 2016, https://iopscience.iop.org/article/10.1088/1748-9326/11/4/048002; Intergovernmental Panel on Climate Change (IPCC), "Summary for Policymakers," in *Global Warming of 1.5°C*, IPCC Special Report (Geneva: IPCC, 2018), 4; NASA, "2018 Fourth Warmest Year in Continued Warming Trend, According to NASA, NOAA," Global Climate Change: Vital Signs of the Planet, February 6, 2019, https://climate.nasa.gov/news/2841/2018-fourth-warmest-year-in-continued-warming-trend-according-to-nasa-noaa; and IPCC, "Framing and Context," in *Global Warming of 1.5°C*, 51.

2. IPCC, *Climate Change 2014*, 2.

3. IPCC, "Summary for Policymakers." See also Jeff Tollefson, "Limiting Warming to 1.5° Celsius Will Require Drastic Action, IPCC Says," *Nature*, October 8, 2018.

4. Kerry Emanuel, "Climate Change and Hurricane Katrina: What Have We Learned?" The Conversation, August 24, 2015, https://theconversation.com/climate-change-and-hurricane-katrina-what-have-we-learned-46297. See also Jonathan D. Woodruff, Jennifer L. Irish, and Suzana J. Camargo, "Coastal Flooding by Tropical Cyclones and Sea-Level Rise," *Nature*, December 5, 2013, 44–52; and Michael E. Mann, "What We Know about the Climate Change–Hurricane Connection," *Observations* (blog), Scientific American, September 8, 2017, https://blogs.scientificamerican.com/observations/what-we-know-about-the-climate-change-hurricane-connection.

5. Geophysical Fluid Dynamics Laboratory, "Global Warming and Hurricanes: An Overview of Current Research Results," last revised August 15, 2019, https://www.gfdl.noaa.gov/global-warming-and-hurricanes; US Global Change Research Program, "Our Changing Climate," in *Impacts, Risks, and Adaptation in the United States: Fourth National Climate Assessment* (2018), vol. 2, chap. 2, https://nca2018.globalchange.gov/chapter/2; Stefan Rahmstorf, Kerry Emanuel, Mike Mann, and Jim Kossin, "Does Global Warming Make Tropical Cyclones Stronger?" *RealClimate*, May 30, 2018, http://www.realclimate.org/index.php/archives/2018/05/does-global-warming-make-tropical-cyclones-stronger; and M. Liu, G. A. Vecchi, J. A. Smith, and Thomas R. Knutson, "Causes of Large Projected Increases in Hurricane Precipitation Rates with Global Warming," *npj Climate and Atmospheric Science* 2, art. 38 (2019), https://www.nature.com/articles/

s41612-019-0095-3.

6. David Keellings and José J. Hernándex Ayala, "Extreme Rainfall Associated with Hurricane Maria over Puerto Rico and Its Connections to Climate Variability and Change," *Geophysical Research Letters*, March 12, 2019, 2964–73. See also Guiling Wang, Dagang Wang, Kevin E. Trenberth, Amir Erfanian, Miao Yu, Michael G. Bosilovich, and Dana T. Parr, "The Peak Structure and Future Changes of the Relationships between Extreme Precipitation and Temperature," *Nature Climate Change* 7 (2017): 268–74. See also Christina M. Patricola and Michael F. Wehner, "Anthropogenic Influences on Major Tropical Cyclone Events," *Nature*, 2018, https://www.nature.com/articles/s41586-018-0673-2.

7. Geert Jan van Oldenborgh, Karen van der Wiel, Antonia Sebastian, Roop Singh, Julie Arrighi, Frederike Otto, Karsten Haustein, Sihan Li, Gabriel Vecchi, and Heidi Cullen, "Attribution of Extreme Rainfall from Hurricane Harvey, August 2017," *Environmental Research Letters*, December 13, 2017, 12409; Mark D. Risser and Michael F. Wehner, "Attributable Human-Induced Changes in the Likelihood and Magnitude of the Observed Extreme Precipitation during Hurricane Harvey," *Geophysical Research Letters*, December 23, 2017, 12457–64; and Simon Wang, Lin Zhao, Jin-Ho Yoon, Phil Klotzback, and Robert R. Gillies, "Quantitative Attribution of Climate Effects on Hurricane Harvey's Extreme Rainfall in Texas," *Environmental Research Letters*, April 30, 2018, 1–10. See also Kerry Emanuel, "Assessing the Present and Future Probability of Hurricane Harvey's Rainfall," *Proceedings of the National Academy of Sciences*, November 13, 2017, https://www.pnas.org/content/114/48/12681; and Henry

Fountain, "Scientists Link Hurricane Harvey's Record Rainfall to Climate Change," *NYT*, December 13, 2017.

8. Rahmstorf et al., "Does Global Warming Make"; Kerry Emanuel, "Increasing Destructiveness of Tropical Cyclones over the Past 30 Years," *Nature*, July 31, 2005, 686–88; Emanuel, "Climate Change and Hurricane Katrina"; James B. Elsner, James P. Kossin, and Thomas H. Jagger, "The Increasing Intensity of the Strongest Tropical Cyclones," *Nature*, September 2008, 92–95; Kerry Emanuel, *What We Know about Climate Change* (Cambridge, MA: MIT Press, 2018), 38–40; Geophysical Fluid Dynamics Laboratory, "Global Warming and Hurricanes"; and US Global Change Research Program, "Our Changing Climate."

9. US Global Change Research Program, "Our Changing Climate"; Kieran T. Bhatia, Gabriel A. Vecchi, Thomas R. Knutson, Hiroyuki Murakami, James Kossin, Keith W. Dixon, and Carolyn E. Whitlock, "Recent Increases in Tropical Cyclone Intensification Rates," *Nature Communications*, February 7, 2019, https://www.nature.com/articles/s41467-019-08471-z; US Global Change Research Program, "Extreme Weather," accessed March 2019, https://nca2014.globalchange.gov/highlights/report-findings/extreme-weather; Annie Sneed, "Was the Extreme 2017 Hurricane Season Driven by Climate Change?" *Scientific American*, October 26, 2017, https://www.scientificamerican.com/article/was-the-extreme-2017-hurricane-season-driven-by-climate-change; David Leonhardt, "Hurricanes Are Getting Worse," *NYT*, September 3, 2019; and Mann, "What We Know." 就在本书几近完成之时，另一项最新研究得出了以下结论："我们发现飓风确实变得越来越具有破坏性。破坏性强的飓风出现的频率以

每个世纪 330% 的速度增加。" Aslak Grinsted, Peter Ditlevsen, and Jess Hesselbjerg Christensen, "Normalized US Hurricane Damage Estimates Using Area of Total Destruction, 1900–2018," *Proceedings of the National Academy of Sciences*, November 11, 2019, https://www.pnas.org/content/early/2019/11/05/1912277116. 然而，其他一些气候科学家对这一结论表示怀疑，如 Associated Press, "Hurricanes That Cause Major Destruction Are Becoming More Frequent, Study Says," *Los Angeles Times*, November 11, 2019; and Geophysical Fluid Dynamics Laboratory, "Global Warming and Hurricanes"。

10. James P. Kossin, "A Global Slowdown of Tropical-Cyclone Translation Speed," *Nature*, 2018, 104–7; Timothy M. Hall and James P. Kossin, "Hurricane Stalling along the North American Coast and Implications for Rainfall," *npj Climate and Atmospheric Science*, June 3, 2019, https://www.nature.com/articles/s41612-019-0074-8; Craig Welch, "Hurricanes Are Moving Slower—And That's a Huge Problem," *National Geographic*, June 6, 2018, https://news.nationalgeographic.com/2018/06/hurricanes-cyclones-move-slower-drop-more-rain-climate-change-science; and Giorgia Guglielmi, "Hurricanes Slow Their Roll around the World," *Nature*, June 6, 2018, https://www.nature.com/articles/d41586-018-05324-5#ref-CR4.

11. Ethan D. Guttman, Roy M. Rasmussen, Chaghai Liu, and Kyoko Ikeda, "Changes in Hurricanes from a 13-Yr Convection-Permitting Pseudo–Global Warming Simulation," *Journal of Climate*, May 1, 2008, 3643–57; National Science Foundation, "Hurricanes: Stronger, Slower, Wetter in the Future?" News Release 18-034, May 21, 2018, https://www.nsf.gov/news/news_summ.jsp?cntn_id=245396.

12. Nam-Young Kang and James B. Elsner, "Trade-off between Intensity and Frequency of Global Tropical Cyclones," *Nature Climate Change*, 2015, 661–64; and Angela Fritz, "Global Warming Fueling Fewer but Stronger Hurricanes, Study Says," *Washington Post*, May 18, 2015, https://www.washingtonpost.com/news/capital-weather-gang/wp/2015/05/18/global-warming-fueling-fewer-but-stronger-hurricanes-study-says/?utm_term=.455734ed41fb.

13. Mingfan Ting, James P. Kossin, Suzana J. Camargo, and Cuichua Li, "Past and Future Hurricane Intensity Change along the U.S. East Coast," *Scientific Reports* 9, art. 7795 (2019): 4; and Rebecca Lindsey, "Warming May Increase Risk of Rapidly Intensifying Hurricanes along U.S. East Coast," Climate.gov, May 24, 2019, https://www.climate.gov/news-features/featured-images/warming-may-increase-risk-rapidly-intensifying-hurricanes-along-us.

14. Fountain, "Scientists Link Hurricane Harvey's Record Rainfall." See also Kimberly Miller, "What Does Climate Science Tell Us about Monster Storms like Hurricane Michael?" Phys.org, October 10, 2019, https://phys.org/news/2019-10-climate-science-monster-storms-hurricane.html; and Geophysical Fluid Dynamics Laboratory, "Global Warming and Hurricanes." 后者还声明：“在大西洋，现在下结论说人类活动——尤其是导致全球变暖的温室气体排放——已经对飓风活动产生了可察觉的影响还为时过早。”

15. Darryl T. Cohen, "60 Million People Live in the Path of Hurricanes," US Census Bureau, August 6, 2018, https://www.census.gov/library/stories/2018/08/coastal-county-population-rises.html.

16. 关于飓风"多里安"的行踪及其演进，可参见 Matthew Cappucci,

"Dorian's Horrific Eyewall Slammed Grand Bahama Island for 40 Hours Straight," *Washington Post*, September 3, 2019; Fernando Alfonso III, Mike Hayes, Braden Goyette, and Meg Wagner, "Hurricane Dorian's Path and Destruction," CNN, September 8, 2019, https://www.cnn.com/us/live-news/hurricane-dorian-bahamas-aftermath/h_7c8eec3e294355d16965d0e2b55359a0; Bay Area News Group, "Map: Hurricane Dorian Mandatory Evacuations in Florida, Georgia, South Carolina," *Mercury News*, September 3, 2019; NWS, "Hurricane Dorian, September 6, 2019," accessed October 2019, https://www.weather.gov/mhx/Dorian2019; Phil Helsel, Saphora Smith, and Minyvonne Burke, "As Hurricane Dorian Begins Lashing Florida, Southeast Braces for Disaster," NBC News, September 3, 2019; Associated Press, "Dorian Strikes Canada After Leaving at Least 43 Dead in Bahamas and Wreaking Havoc in North Carolina," *Los Angeles Times*, September 7, 2019, https://www.latimes.com/world-nation/story/2019-09-07/hurricane-dorian-north-carolina-damage-bahamas-death-toll; Sloane Heffernan, "Dorian Claims Third Life in NC; Weather Service Confirms Hurricane-Spawned Tornado Hit Emerald Isle," WRAL.com, September 9, 2019, https://www.wral.com/dorian-claims-third-life-in-nc-weather-service-confirms-hurricane-spawned-tornado-hit-emerald-isle/18622549; Ian Austen, "While No Longer a Hurricane, Dorian Still Inflicts Damage on Canada," *NYT*, September 7, 2019; Campbell Robertson, Richard Fausset, and Nicholas Bogel-Burroughs, "'I'll Just Have to Restart Everything': Ocracoke Island Is Hit Hard by Dorian," *NYT*, September 6, 2019; Richard Fausset and Nicholas Bogel-Burroughs, "Hurricane Dorian Becomes a Carolina Problem with a Fierce Lashing of the Coast," *NYT*, September 5, 2019; and Reuters, "Four

Deaths—Hurricane Dorian Floods Island as It Swipes North Carolina Then Heads North," *NYT*, September 7, 2019。

17. Kirk Semple, "On Dorian-Battered Island, What's Left? Virtually Nothing," *NYT*, September 6, 2019.

18. Helena de Moura, "Bahamas Death Toll Is Likely to Soar, Health Minister Warns," CNN, September 5, 2019, https://www.cnn.com/us/live-news/hurricane-dorian-bahamas-aftermath/h_7c8eec3e294355d16965d0e2b55359a0.

19. Riel Major, "Dorian Death Toll Rises to 67 as Two More Bodies Found," *Tribune*, October 28, 2019.

参考书目选编

参考书目选编只包含了本书所引用资料的一小部分。它的目的是为想更多了解北美飓风历史的普通读者提供参考。有关正文所涉及的特定主题和特定飓风的其他信息，请参阅尾注。

Allen, Everett S. *A Wind to Shake the World: The Story of the 1938 Hurricane.* Boston: Little, Brown, 1976.
Avilés, Lourdes B. *Taken by Storm 1938: A Social and Meteorological History of the Great New England Hurricane.* Boston: American Meteorological Society, 2013.
Barnes, Jay. *Florida's Hurricane History.* Chapel Hill: University of North Carolina Press, 2007.
Bechtel, Stefan. *Roar of the Heavens.* New York: Citadel Press, 2006.
Brinkley, Douglas. *The Great Deluge: Hurricane Katrina, New Orleans, and the Mississippi Gulf Coast.* New York: William Morrow, 2006.
Burns, Cherie. *The Great Hurricane: 1938.* New York: Atlantic Monthly Press, 2005.
Cox, John D. *Storm Watchers: The Turbulent History of Weather Prediction from Franklin's Kite to El Niño.* New York: John Wiley, 2002.
Douglas, Marjory Stoneman. *Hurricane.* New York: Rinehart, 1958.
Drye, Willie. *Storm of the Century: The Labor Day Hurricane of 1935.* Washington, DC: National Geographic, 2002.
Emanuel, Kerry. *Divine Wind: The History and Science of Hurricanes.* New York: Oxford University Press, 2005.
Falls, Rose C. *Cheniere Caminada, or The Wind of Death: The Story of the Storm in Louisiana.* New Orleans: Hopkins Printing, 1893.
Fleming, James Rodger. *Fixing the Sky: The Checkered History of Weather and Climate Control.* New York: Columbia University Press, 2012.
———. *Meteorology in America, 1800–1870.* Baltimore: Johns Hopkins University Press, 1990.
Freeman, Gregory A. *The Gathering Wind: Hurricane Sandy, the Sailing Ship Bounty, and a Courageous Rescue at Sea.* New York: New American Library, 2013.
Guadalupe, Luis E. Ramos. *Father Benito Viñes: The 19th-Century Life and Contributions of a Cuban Hurricane Observer and Scientist.* Translated by Oswaldo Garcia. Boston: American Meteorological Society, 2014.
Hearn, Philip D. *Hurricane Camille: Monster Storm of the Gulf Coast.* Jackson: University of Mississippi Press, 2004.

Henson, Robert. *Weather on the Air: A History of Broadcast Meteorology*. Boston: American Meteorological Society, 2010.
Kean, Sam. *Caesar's Last Breath: Decoding the Secrets of the Air around Us*. New York: Little, Brown, 2017.
Kleinberg, Eliot. *Black Cloud: The Great Florida Hurricane of 1928*. New York: Carroll & Graf, 2003.
Knowles, Thomas Neil. *Category 5: The 1935 Labor Day Hurricane*. Gainesville: University Press of Florida, 2009.
Larson, Erik. *Isaac's Storm: A Man, a Time, and the Deadliest Hurricane in History*. New York: Vintage Books, 1999.
Long, Stephen. *Thirty-Eight: The Hurricane That Transformed New England*. New Haven, CT: Yale University Press, 2016.
Ludlum, David. *Early American Hurricanes: 1492–1870*. Boston: American Meteorological Society, 1963.
Mason, Herbert Molloy Jr. *Death from the Sea: The Galveston Hurricane of 1900*. New York: Dial Press, 1972.
Miles, Kathryn. *Superstorm: Nine Days inside Hurricane Sandy*. New York: Dutton, 2014.
Moore, Peter. *Weather Experiment: The Pioneers Who Sought to See the Future*. New York: Farrar, Straus and Giroux, 2015.
Mykle, Robert. *Killer 'Cane: The Deadly Hurricane of 1928*. New York: Cooper Square Press, 2002.
Norcross, Bryan. *My Hurricane Andrew Story*. Self-published, 2017.
Rubillo, Tom. *Hurricane Destruction in South Carolina*. Charleston, SC: History Press, 2006.
Sallenger, Abby. *Island in a Storm: A Rising Sea, a Vanishing Coast, and a Nineteenth-Century Disaster That Warns of a Warmer World*. New York: Public Affairs, 2009.
Scott, Phil. *Hemingway's Hurricane: The Great Florida Keys Storm of 1935*. New York: International Marine, 2006.
Scotti, R. A. *Sudden Sea: The Great Hurricane of 1938*. Boston: Little, Brown, 2003.
Sheets, Bob, and Jack Williams. *Hurricane Watch: Forecasting the Deadliest Storms on Earth*. New York: Vintage Books, 2001.
Simpson, Robert H. (with Neal M. Dorst). *Hurricane Pioneer: Memoirs of Bob Simpson*. Boston: American Meteorological Society, 2015.
Sobel, Adam. *Storm Surge: Hurricane Sandy, Our Changing Climate, and Extreme Weather of the Past and Future*. New York: Harper Wave, 2014.
Standiford, Les. *Last Train to Paradise: Henry Flagler and the Spectacular Rise and Fall of the Railroad That Crossed an Ocean*. New York: Broadway Paperbacks, 2002.
Steinberg, Ted. *Acts of God: The Unnatural History of Natural Disaster in America*. New York: Oxford University Press, 2000.
Tannehill, Ivan Ray. *The Hurricane Hunters*. New York: Dodd, Mead, 1956.
———. *Hurricanes: Their Nature and History*. New York: Greenwood Press, 1938.
Time Magazine. *Hurricane Katrina: The Storm That Changed America*. New York: Time Books, 2005.
Toomey, David. *Stormchasers: The Hurricane Hunters and Their Fateful Flight into Hurricane Janet*. New York: W. W. Norton, 2002.
Walter, H. J. "Walt." *The Wind Chasers: A History of the U.S. Navy's Atlantic Fleet Hurricane Hunters*. Dallas, TX: Taylor, 1992.

Will, Lawrence E. *Okeechobee Hurricane and the Hoover Dike*. St. Petersburg, FL: Great Outdoors Publishing, 1961.

Woodward, Hobson. *A Brave Vessel: The True Tale of the Castaways Who Rescued Jamestown and Inspired Shakespeare's* The Tempest. New York: Viking, 2009.

Zebrowski, Ernest, and Judith A. Howard. *Category 5: The Story of Camille, Lessons Unlearned from America's Most Violent Hurricane*. Ann Arbor: University of Michigan Press, 2005.

图片来源

(以下页码为原书页码,即本书页边码。)

page xv: Courtesy Library of Congress
page 1: Courtesy John Carter Brown Library at Brown University
page 3: Courtesy John Carter Brown Library at Brown University
page 5: Courtesy Metropolitan Museum of Art
page 8: Courtesy Library of Congress
page 9: Courtesy John Carter Brown Library at Brown University
page 10: Courtesy Library of Congress
page 13: Courtesy John Carter Brown Library at Brown University
page 16: Courtesy Library of Congress
page 18: *The Works of Mr. William Shakespear; in Six Volumes*, ed. Nicholas Rowe (London: Jacob Tonson, 1709)
page 21: Courtesy Houghton Library, Harvard University
page 25: Courtesy Library of Congress
page 26: Courtesy Library of Congress
page 31: Archibald Duncan, *The Mariner's Chronicle: Being a Collection of the Most Interesting Narratives of Shipwrecks, Fires, Famines*, etc. vol. II (London: James Cundee, 1804)
page 33: Courtesy Library of Congress
page 35: Courtesy Library of Congress
page 40: Courtesy Library of Congress
page 48: Courtesy Library of Congress
page 54: Courtesy Library of Congress
page 56: Courtesy Library of Congress
page 57: Courtesy NOAA
page 59: Courtesy NOAA
page 68: Courtesy Library of Congress
page 77: Courtesy Sherry Hightower, Pixabay
page 79: Courtesy National Archives, Washington, DC
page 84: Courtesy Library of Congress
page 96: Courtesy Library of Congress
page 99: Courtesy Library of Congress
page 100: Courtesy Library of Congress
page 101: Courtesy Library of Congress
page 104: Courtesy Library of Congress
page 107: Courtesy Florida Memory, State Library & Archives of Florida
page 111: Courtesy Florida Memory, State Library & Archives of Florida
page 115: Courtesy Florida Memory, State Library & Archives of Florida
page 117: Courtesy Florida Memory, State Library & Archives of Florida
page 120: Courtesy Library of Congress
page 129: Courtesy Florida Memory, State Library & Archives of Florida

page 131: Courtesy Florida Memory, State Library & Archives of Florida
page 133: Courtesy Library of Congress
page 136: Courtesy Library of Congress
page 138: Courtesy Library of Congress
page 146: Courtesy Florida Memory, State Library & Archives of Florida
page 148: Courtesy NOAA
page 151: Courtesy Library of Congress
page 155: Courtesy NOAA
page 158: Courtesy NOAA
page 167: Courtesy National Archives, Waltham, MA
page 167: Courtesy National Archives, Waltham, MA
page 172: Courtesy Rhode Island School of Design
page 174: Courtesy NOAA
page 176: Wikimedia Commons
page 179: Courtesy NOAA
page 181: Courtesy US Air Force
page 184: Courtesy US Navy
page 186: Courtesy US Air Force
page 191: Courtesy NASA
page 195: Courtesy NOAA
page 202: Courtesy NOAA
page 209: Courtesy Florida Memory, State Library & Archives of Florida
page 212: Courtesy Neal M. Dorst
page 216: Courtesy NOAA
page 218: Courtesy NOAA
page 223: Courtesy NOAA
page 224: Courtesy US Air Force
page 226: Wikimedia Commons
page 228: Courtesy NOAA
page 230: Courtesy National Archives, Waltham, MA
page 232: Courtesy NOAA
page 237: Wikimedia Commons
page 237: Wikimedia Commons
page 249: Courtesy NOAA
page 250: Courtesy NOAA
page 260: Courtesy NOAA
page 263: Courtesy NOAA, Lieutenant Commander Mark Moran, NOAA Corps
page 264: Courtesy Petty Officer 2nd Class Kyle Niemi, US Coast Guard
page 265: Courtesy Petty Officer 2nd Class, Jennifer Johnson, US Coast Guard
page 266: Courtesy Carol M. Highsmith's America, Library of Congress
page 267: Courtesy Specialist Brendan Mackie, US Coast Guard
page 279: Courtesy Shutterstock.com; photograph by James Steidl
page 286: Courtesy Patrick Cashin, New York Metropolitan Transportation Authority
page 289: Courtesy Master Sergent Mark C. Olsen, US Air Force
page 293: Courtesy Lieutenant Zachary West, US Department of Defense
page 294: Courtesy Paul Brennan, Pixabay
page 299: Courtesy NOAA

彩插

1. Courtesy Nilfanion
3. Wikimedia Commons
4. Courtesy Michelle Maria, Pixabay
6. Courtesy NOAA
7. Courtesy NASA
8. Courtesy Petty Officer 2nd Class Tim

Kuklewski, US Coast Guard
9. Wikimedia Commons
10. Courtesy NOAA
11. Courtesy NOAA
12. Courtesy NASA
13. Courtesy Jennifer Dolin
14. Courtesy Lily Dolin

索 引

（以下页码为原书页码，即本书页边码。）

Note: Page numbers in *italics* refer to illustrations.

Abraham, Lauren, 288
Adams, John Quincy, 45
Africa, Great Hurricane of 1938 born in, 156
African easterly waves, xxiii–xxiv, 192
Age of Enlightenment, 27, 28, 29
Age of Reason, 27
Agriculture Department, US, Weather Bureau in, 58, 75, 183*n*
Aguja (Needle), 3, 5–6
Alexander VI, Pope, 7
Allbaugh, Joe, 271
American Airlines, 269
American Communist Party, 152
American Journal of Science and Arts, 38, 41, 53
American Red Cross, 67–69, 103, 129, 149, 238
American Revolution, 12, 32–33, *226*
  Surrender of Cornwallis, 33
  Treaty of Paris (1783), 33
"American Storm Controversy," 41
Andrea Gail (fishing boat), 277
Arago, François, 44
Archer, Benjamin, 30–31, *31*
Aristotle, *Meteorologica,* 28
Atlantic Current, 93*n*
atmospheric temperature, 301
Attempt to Develop the Law of Storms by Means of Facts (Reid), 42
Audubon, John James, xi–xii
Avery, Joseph, 19–20
aviation:
  contact flying, 180

flying into a hurricane, 180–90, 192
"hairy hops" in, 188
Hurricane Hunter flights, *179*, 184–90, 192, 203, 228, 245
instrument flight, 180
and jet stream, 187–88
and weather forecasting, *179*, 180–90, *181*
Avilés, Lourdes B., 160
Aztecs, Spanish treatment of, 7

Bache, Alexander Dallas, 45
Bahamas, and Hurricane Dorian, 304, 305
Bahamonde, Marty, 268
Barbados:
  hurricane (1831), 41, 42
  observation station in, 76
Barry, Dave, 244
Barton, Clara, 67–69, *68*, 103
Batista y Zaldívar, Fulgencio, 144
Beaufort scale, xxvi
Belén, Cuba, Jesuit College observatory, 60
Bennett, Walter James, 153–54
Bermuda:
  "Devil's Islands" of, 15
  English castaways on, 15–16, 17
  hurricane off coast (1852), *xv*
  map (1692–94), *16*
Bermuda High, 158–59, 161
Bethune, Mary McLeod, 130–31
Bigelow, F. H., xii
birds, in hurricane's eye, *176*
Biscayne Bay National Park, 250
Black Tuesday (1929), 132

索　引

Blagden, John D., 89, 91
Blanco, Kathleen Babineaux, 261–62, 270, 271
Bligh, Capt. William, 278
Bloomberg, Michael, 280–81, 284
Blue Hills Observatory, Massachusetts, 160n
Bobadilla, Francisco de, 5
Bolton, Roxcy, 208–10, 209, 211
Boston, forecasting center in, 134n
Boston Evening Transcript, 177
Box, William, 15
Bradford, William, 19
Brady, Mathew B., photograph by, 48
Brewster, Edward, 17
Brinkley, Douglas, The Great Deluge, 258, 270–71
British Association for the Advancement of Science, 44
Brooklin, Maine, Hurricane Edna in, 221–22
"Brother, Can You Spare a Dime?" (song), 132
Brown, Michael, 262, 270–72, 273
Bruff, Joseph Goldsborough, map by, 120
Bry, Theodor de, engravings by, 1, 3, 9
Bush, George H. W., 252–54, 271
Bush, George W., and Hurricane Katrina, 261, 262, 270, 271, 272, 273, 280
butterfly effect, 197, 197

Calhoun, Robert, 128
Cameron Parish, Louisiana, and Hurricane Audrey, xvi
Canadian weather forecast model, 275, 276
Cangialosi, John P., 198
Cantore, Jim, 220
Cape Fear, North Carolina, 69–71
    Hurricane Diane (1955), 229
Cape Hatteras:
    Category 2 hurricane (1857), 56
    and hurricane warnings, 134, 157, 178
Cape Verde hurricanes, xxiv, 156, 158, 161
Carey, Nellie, 101
Caribbean:
    forecasting center for, 134
    Great Hurricane of 1780, 32, 42
    hurricanes named in, 204
    Solano's Hurricane (October 1780), 32n

Cartago (steamship), 109
Carter, Jimmy, 209, 252
Caswell, Norman, 168–69
Cat's Cradle (Vonnegut), 200n
Central America ("Ship of Gold"), wreck of, 56
Chamberlain, Neville, 156
chaos theory, 197
Chappe, Claude, 50n
Charleston, South Carolina, hurricane (1893), 74
Chellis, Clayton, 169
Chénière Caminada, Louisiana, 71–74, 73
Cherry, Ralph, 128
Chertoff, Michael, 270
Chicago fire (1871), 123
Chiles, Lawton, 254
China Sea, typhoons (1697), 38
Christian, Claudene, 282, 283
Christie, Chris, 280, 284
Civilian Conservation Corps, 139, 151
Civil War, US:
    Barton's work in, 67
    firing on Fort Sumter, 55
    surrender at Appomattox, 56
    telegraph lines cut in, 55
    telegraph system in, 53
Clapper, James, 38
Clark, Cecil, xvi–xix
Clark, Charles, 177
Clark, Sybil, xvi–xix
Clifford, Jack, 150
climate change:
    and global warming, 299–302
    use of term, 300n, 302n
Cline, Isaac Monroe, 78–79, 79
    after the storm, 104–5
    and Galveston Hurricane (1891), 81–83, 85, 89–97, 105
    Storms, Floods and Sunshine, 105, 108
Cline, Joseph, 89, 91, 94–96, 104
Clinton, Bill, 254, 271
clouds:
    classification of, 29
    seeding, 200–203
    as sign of hurricane's approach, 61
coastal populations, increases in, 302
Coch, Nicholas K., 65
"cockeyed Bobs" (Australian hurricanes), xxv

Coligny, Gaspard de, 8, 9
Columbus, Christopher, 1-6, *3*, *5*, 61
Comet (clipper ship), *xv*
Commerce Department, US, Weather Bureau moved to, 183*n*
computer modeling, 192-95, 228
condensation, latent heat of, xxiii
cone of uncertainty, 194-95, *195*
Connecticut:
   Great Hurricane of 1938, 162-64, 166-68, *166*, *174*
   Hurricane Diane, 229, *230*
Cook, Davey, 257-58
Coolidge, Calvin, 108
Cooper, Anderson, 270
Coral Gables:
   and Great Miami Hurricane (1926), 117-19
   and Hurricane Andrew (1992), 246
Coriolis, Gustave-Gaspard, 45
Coriolis effect, 45, 46
Cornwallis, Lord Charles, 33
Coronelli, Vincenzo, map by, *16*
Corpus Christi, Texas, hurricane (1919), 212-13
Correa, Pedro, 286-87
Costa Rica, and Hurricane Nate, 291*n*
Craig, Kelly, *247*
Craig, Patrick, 64
Crichton, Michael, *Jurassic Park*, 255
Cronkite, Walter, 234
Cruz, Carmen Yulín, 296-97
Cuba:
   expertise ignored by US forecasters, 76, 87, 88, 108
   and Florida Keys, 135
   and Galveston Hurricane (1900), 76, 87, 88-89
   hurricane (1875), 61
   hurricane (1888), 62
   hurricane forecasting in, 60-63, 75-76, 87-89
   and Hurricane Sandy (2012), 276
   independence of, 75*n*, 108
   and Labor Day Hurricane (1935), 144
   and Savanna-la-Mar Hurricane, 29-30, *30*
   and Spanish-American War, 74, 75-76
   under Spanish rule, 12
   as US protectorate, 75-76
Cuomo, Andrew M., 280, 281, 284

Currier, Nathaniel, lithograph by, *xv*
cyclones, xxiv, 256
   coining of the word, 43
   speed of travel, 301

Dalling, John, 29
Dampier, William, 38
Davis, Dunbar, 69-70
De Jong, David Cornel, 170-72
De La Warr, Thomas West, Lord, 17
Deliverance (English ship), 16-17
Derouen, James, xvii
disease, spread of, xxvi-xxvii, 67, 124, 266-67
Dominica, observation station in, 75-76
Dos Passos, John, xii, 136
Douglas, Marjory Stoneman, xii, 117, 121, 141
Dove, Heinrich, 38
dropsonde, weather sensors of, 188
dry ice, seeding clouds with, 200-201
Duane, J. E., 147
Dubois, Zulmae, xvi-xix
Duckworth, Ben, 233-34, *236*
Duckworth, Joseph B., 180-83
Duncan, Archibald, *Mariner's Chronicle*, 31
Duplessis, Joseph-Siffred, lithograph by, *26*
Dyson, Alvin, xix
Dyson, Michael Eric, 273

Earth, rotation of, 46
Ebbert, Terry, 272
Eclipse Hurricane (1743), 26, 27, 29
Edward VII, king of England, 109
Eisenhower, Dwight D., 229
El Niño, 256
El Niño-Southern Oscillation, 199
Emanuel, Kerry, 192, 198, 300
England, New World claims of, 13-17
Espy, James P., 39-41, *40*, 44-45, 46, 60, 200
   The Philosophy of Storms, 44
European Centre for Medium-Range Weather Forecasts model, 193, 198, 275, 276
Everglades, 121
eye, of hurricane, xxii, xxiii, 42, 46, *176*, 189, 215-16

Facebook, information and misinformation on, 221
Farrell, Colin, 273
FEMA (Federal Emergency Management Agency):
  and Hurricane Andrew, 252–54
  and Hurricane Katrina, 260, 261, 262, 268, 269, 270, 271–74
  and Hurricane Sandy, 280
  improvement of, 303
  workforce deployments of unqualified staff (2017), 297
FERA (Federal Emergency Relief Administration), 139, 140, 152–53
Ferdinand, king of Spain, 2–3, 5–6
Ferrel, William, 45–46, 80
Fink, Sheri, *Five Days at Memorial*, 268
Flagler, Henry Morrison, 110–12, *111*, 140
Flanders, Fred A., 122
Florida:
  artificial reefs of, 251
  European claims to, 6–7
  Florida East Coast Railway, 111–12, 113, 140, 143, 144–46, *146*, 152
  French claims to, 8–12
  hurricane (1559), 7, 12–13, 17
  hurricane (1565), 12–13, 17
  Hurricane Andrew (1992), 125n, 242–55, 292
  Hurricane Irma (2017), 293–94, *294*
  Hurricane Michael (2018), 125n, 299
  invasive species in, 250
  Labor Day Hurricane (1935), 135–54, *148*
  Lake Okeechobee Hurricane (1928), 124–31
  map of (1564), *8*
  Miami, *see* Great Miami Hurricane (1926)
  and recovery, 255
  Spanish claims to, 6, 9–13
  traded to Great Britain (1763), 12
  Treasure Fleet Hurricane (1715), 19, 22–23
  vulnerability of, 255
Florida Keys:
  Conchs (locals), 141–42, 150, 152
  hurricane (1906), 113

Labor Day Hurricane (1935), 125n, 135–37, 139–54
  railroad extended to, 113, 140
  veteran work camps in, 137–39, 140–41, 143, 145, 147, 149–53
Florida National Guard, 253
forecasting, *see* weather forecasts
forest fires, for rainmaking, 200
Fort Bragg, North Carolina, troops in, 254
Fort Caroline, Florida, 9–12, *9*
Fort Lauderdale, and Great Miami Hurricane (1926), 119–20
fossil fuels, burning of, 300
Foster, John, *The Life and Death of That Reverend Man of God, Mr. Richard Mather*, 21
France:
  Academy of Science in, 44
  New World claims of, 8–12, 33
  religious persecution in, 9
Frankfurter, Felix, 139
Franklin, Benjamin, 24, 25–27, *26*, 35, 38, 53
  Poor Richard's Almanack, 25
Franklin, G. C., 149–50
Franklin, John, 26
Friedan, Betty, 208

Galbraith, John Kenneth, 113
Galveston, Texas, 79–80
  as barrier island, 79, *80*
  city elevation raised, 103, 104
  Cotton Exchange in, 86
  dredging project in, 86
  economic recovery of, 103, 123–24
  growth of, 81, 86
  hurricane (1818), 80, 83
  hurricane (1842), 81, 83
  hurricane (1900), *see* Galveston Hurricane (1900)
  hurricane (1915), 104
  hurricane (1934), 133–34
  hurricane (1943), 180
  Hurricane Carla (1961), 217–19, *218*
  and hurricane of 1867, 83
  and hurricane of 1886, 84
  personal wealth in, 84
  pirate kingdom (Campeche) on, 80–81
  Ritter's Café and Saloon in, 97

St. Mary's Orphanage in, 97–98
seawall built in, 85, 103–4, *104*
shallow waters surrounding, 92, 93
tourism in, 86
Galveston Daily News, 78, 79, 81
Galveston Hurricane (1900), 77–78, 89–97
  aftermath of, 98–104, 107, 129
  the brunt of the storm, 91–97, *96*
  Cline's predictions for, 81–83, 85, 89–90, 92–93
  colorful sky as prelude to, 78
  costs of, 99, 102
  and Cuban forecasts, 76, 87, 88–89
  as deadliest natural disaster, 106
  deaths in, 93–94, 96–99, *99*, 100–102, *100*, 103
  early warnings of, 84–85, 87–89, 105
  first notice of, 87
  Larson's book about, 85, 90
  and looters, 99–100, 102–3
  memorial to, 77
  public onlookers, 90–91
  as tropical storm, 78
  wreckage of, 98–102, *99*, *100*, *101*
Galveston Tribune, 103
Gangoite, Father Lorenzo, 89
Gates, Sir Thomas, 14, 17
Gavars, Robert, 286–87
gender equality:
  naming hurricanes for women and men, 210–11
  steps toward, 210
General Electric Research Laboratory, 200
Gentry, Cecil, *212*
Geography Made Easy (Morse), 49
Geostationary Operational Environmental Satellite (GOES) system, 191–92, 219
Gerlach, Mary Ann and Frederick (Fritz), 233–34, *236*
Ghent, Fred, 142, 143, 144–45, 152, 153
Gilbeaux, Andre, 71–74
Gilded Age, 112
glaciers, melting of, 300
Gleick, James, 198
Global Forecast System Model, 193, 275, 276
global warming, 299–302
  definition, 300

GOES satellites, 191–92, 219
Golden Age of Piracy, 23
Gorney, Jay, 132
government, distrust of, 221
Grant, Ulysses S., 56
Gray, Richard W., 114, 116
Gray, William M., 199
Great Atlantic Hurricane of 1944, 185, 225, 227
Great Blizzard of 1888, 290
Great Colonial Hurricane of 1635, 19–22, 204
Great Deluge, The (Brinkley), 258, 270–71
Great Depression, 132–33, 137, 140–41
Greater Antilles, 4
Great Gale, Boston (1804), *226*
Great Hurricane of 1780, 32, 42
Great Hurricane of 1938, 155–78, *155*, 185, 204
  aftermath of, 176–78
  costs of, 174–75
  deaths in, 174–75
  ending in Canada, 173
  formation in Africa of, 156
  landfall on Long Island, 161–62, 174
  looters, 171
  in New England, 162–75, *165*, *166*, *167*, *172*, *174*, 225
  storm surge, 161
  warnings, 160–61, 177–78, 225
Great Louisiana Hurricane (1812), 34
Great Miami Hurricane (1926), 114–24, *117*, 127, 178, 204
  and Coral Gables, 117–19
  death toll, 123
  formation and development of, 114
  and Fort Lauderdale, 119–20
  in Miami and Miami Beach, *107*, 114–19, *115*, 123
  and Moore Haven/Lake Okeechobee, 120–22, 123, 126
  Reardon's book on, 117, 248
  and recovery, 123–24
  warnings, 114–15, 116
Great September Gale (1815), 34–35, 170, *172*, 204
Greek and Roman gods, naming hurricanes for, 205
Greely, Adolphus, 62

索 引

Green, Theodore F., 227, 229
greenhouse gases, buildup of, 300
Gregg, Willis R., 133
Grimeau, Ferdinand, 72–73
Guam, as US territory, 75*n*
Gulf of Mexico, 122
"Gullahs," 66–67
Gumby (immersion) suits, 283

Haiti:
    earthquake (2010), 276
    Hurricane Sandy (2012), 276
Hale, Kate, 253–54
Halsey, Adm. William F. "Bull," *184*
"Halsey's Typhoons," 184
Hamilton, Alexander, xi
Hammond, Jack, 162
Hankin, Charlie, cartoon by, *197*
Harburg, E. Y. "Yip," 132
Harry's Hurricane (1949), 205
Havana, Cuba, under Spanish rule, 12
Hawaii:
    Hurricane Iniki (1992), xx*n*, 255–58, 292
    trade winds of, 256
    wind shear in, 256
Haycraft, J. J., 145
hazardous waste ("HazMat gumbo"), xxvi–xxvii, 260, 266–67, 268
Hemingway, Ernest, xii, 136–37, *136*, 149, 152
Henry, Joseph, 41, 46, 53–56, *54*
Henson, Robert, 213
Hepburn, Katharine, 162–64, *163*
Herbert Hoover Dike, 132
Hispaniola, hurricane (1594), *1*, 2–6
Hitler, Adolf, 156, 215
HMS *Bounty,* 277–78, *278*
HMS *Bounty II,* 277–79, *279*, 281–83
HMS Bounty Organization, 283
HMS *Bristol,* 30
HMS *Hector,* 30
Hode, Estella, *186*
Hog Island, New York, 64–65
Hollings, Ernest F., 253
Holmes, Oliver Wendell, Sr., 34–35
    "The September Gale," 35
Holtz, Helmuth, lithograph by, *84*
Homeland Security, US Department of, 271

Homestead, Florida, 249
Honolulu Advertiser, 256
Hoover, Herbert, 137–39
Hopkins, Harry, 139
Houston, Texas, 103
    evacuees from Hurricane Katrina to, 268
    Hurricane Harvey (2017), *224*, 292–93, *293*
Houston Daily Post, 105
Houstoun, Mrs., 81, 83, 84
Howard, Luke, 28–29
Howgate, Henry W., 58
Huffman family, 241
Huguenot refugees, 9
hunraken (Mayan god of storms), xxv
hurakan, Quiche and Arawak gods of storms), xxv
"hurricane amnesia," xxi
Hurricane Andrew (1992), 125*n*, 242–55, 292
    deaths from, 248, 251
    destruction from, 248–52, *249*, *250*, 253
    eyewall of, 243, 245
    and FEMA, 252–54
    and Florida, 242–52
    looting in, 252
    and Norcross, 242–48, *247*, 251
    origins and development of, 242–43
    storm surge in, 248, 249
    tornadoes spawned by, 248
    and wind, 246, 248–49
Hurricane Audrey (1957), xv–xx
Hurricane Bess (1949), 205
Hurricane Betsy (1965), 232, 259
Hurricane Camille (1969), 125*n*, 231–42, 259
    deaths from, 238
    destruction from, *232*, *235*, *237*, 238–39, 242
    eyewall of, 231
    formation and development of, 231
    intensity of, 231
    in Nelson County, Virginia, 239–42
    in Pass Christian, Mississippi, 232–39, *235*, *237*
    rainfall in, 242
    stalled in place, 239
    storm surge of, 231
Hurricane Carla (1961), 216–19, *218*

Hurricane Carol (1954), 225, 226, 227, 230
Hurricane Connie (1955), 229–30
Hurricane Diane (1955), 229, *230*
Hurricane Dorian (2019), 304–5
Hurricane Edna (1954), 215–16, 221–22, 225, 227, 230
Hurricane Florence (2018), cone of uncertainty for, *195*
Hurricane Gloria (1985), 281
Hurricane Harvey (2017), 210–11, *224*, 291–93, *292*, 297, 301
Hurricane Hazel (1954), 225, 227, 229, 230
Hurricane Hugo (1989), 253
  Hurricane Hunter flight into, 188–89
Hurricane Hunter flights, *179*, 184–90, 192, 203, 228, 245
Hurricane Iniki (1992), xx*n*, 255–58, 292
Hurricane Irene (2011), 280–81, 284, 285
Hurricane Irma (1989), 210–11
Hurricane Irma (2017), 291–92, 293–94, *294*, 297
Hurricane Isabel (2003), 220
Hurricane Janet (1955), 189
Hurricane Katrina (2005), 258–75
  advance warnings of, 259–62
  African American views of, 273–74
  aftermath of, 269–70, 272–75
  congressional hearing on, 272–73
  deaths from, 258, 266–67
  destruction from, 258, 265, *265*, *266*, 268, 274
  evacuations in, 261–63, 270
  and FEMA, 260, 261, 262, 268, 269, 270, 271–74
  flooding from, *263*, *264*, 265–67, 275
  formation of, 258
  government response to, 270–74
  landfall, 263–64
  and looters, 267, *267*
  recovery from, 269–70, 274–75
  rescue efforts in, 268–69
  and shelters, 262, 268
  state of emergency in, 261
  storm surge of, 265
Hurricane King (1947), 200, 201–2
Hurricane Maria (2017), 291–92, 294–97
Hurricane Michael (2018), 125*n*, *299*
Hurricane Nate (2017), 291*n*

Hurricane Pam (hypothetical test), 260
hurricane project logo, *212*
hurricanes:
  advance warnings of, 215–16, 218, 219, 221–22, 228–29, 231, 245, 251
  and airplanes, *179*, 180–90, *181*
  beauty of images, 219
  and birds, *176*
  Categories 1 through 5, 213, *214*
  causes of, xxii, 192
  characteristics of, xxiv, 192
  and clouds, 29, 61, 202
  cone of uncertainty in, 194–95, *195*
  control or elimination of, 60, 199–204
  and Coriolis effect, 45, 46
  costs of, xxi, 123*n*, 307–10
  damages "normalized," 123*n*
  deaths from, xxi, xxvi, 295–96
  defined, xxii
  direction of revolution of, 38–39, 40–41
  dynamics of, 92–93, 229
  early track (1848) of, *59*
  encountering land, 174, 185
  energy discharged by, xxii–xxiii, 39, 46, 174
  evacuation planning for, 262, 302–3
  excess mortality in, 295
  eye of, xxii, xxiii, 42, 46, *176*, 189, 215–16
  eyewall replacement of, 245
  flying into, 180–90, 192
  forecasting, 53–76; *see also* weather forecasts
  forward motion of, 26, 39, 108, 301
  future potential of, 299
  and global warming, 299–302
  gradations (scales) of, xxv–xxvi
  "HazMat gumbo" in flooding from, xxvi–xxvii, 260, 266–67, 268
  heat released by, 39–40, 46
  human arrogance vs., 106
  hypothetical test of, 260
  intensification of, 301
  and looters, 99–100, 102–3, 171, 252
  low barometric pressure in, 40, 92, 94, 124, 276
  major (defined), xx, xxiv
  mariners' understanding of, 42, 43, 44, 47, 62
  media reports of, 215–19

hurricanes (*continued*)
  names for, xxv, 204–11, *211*
  names retired, 230
  and offshore topography, 93
  omens of, 4, 6, 61, 62
  optimistic perspective of, 18
  origin of the word, xxv
  origins of storms, xxiii
  and party time, 234
  power of prayer in forestalling, 60
  prediction models for, 192–95, 198, 228, 275, 276
  preparation for and/or protection from, 60, 248, 274–75, 302–3
  rains as vital force in, xxvi, 301
  right side of eye as strongest force, 46, 93, 119, 122, 218
  rotation of, xxii, 40–41, 42
  at sea, 109, 135, 178
  and sea-level pressures, 199
  seeding clouds for control of, 200–203
  and Spanish-American War, 75
  state of emergency declared, 252–54
  storm surges of, xxvii, 92–93, 105, 108, 259
  uniqueness of each, 297
  unpredictability of, xxiv, 198
  variables involved in, 199
  water as force in, xxvi, 92
  and water temperatures, 192, 195
  Weather Channel reporting, 220
  what they are, xxii–xxiv
  as whirlwinds, 26–27, 37, 38, 40–41, 42, 45, 46
  wind direction vs. hurricane movement, 26–27
  wind speeds of, xxv–xxvi, 39, 46, 93, 187–88, 195
  and yellow journalism, 102–3
  see also specific storms
Hurricanes (University of Miami football team), 124
Hurricane Sandy (2012), 275–91
  advance preparations for, 277, 280
  and *Bounty* replica, 277–79, *279*, 281–83
  computer models of, 275, 276
  deaths from, 290
  destruction from, 289–91, *289*, 300–301
  evacuations ordered, 280, 281, 284, 286
  as extratropical cyclone, 284
  forecasts for, 279–81
  formation of, 275
  as "Frankenstorm," 276–77, 285
  landfall of, 285, 289
  and snow in mountain areas, 284, 289
  state of emergency declared, 281
  storm surge of, 280, 281, 284, 285
  as "Superstorm Sandy," 284–85
  surviving victims of, 291
  viewed from space, 280
  wide area of, 280
hurricane season, xx
hurricane warnings:
  from National Weather Service, 187
  from ships at sea, 109
  from Weather Bureau, 134, 185, 228
Hurricane Weather Research and Forecasting Model, 193
Hurston, Zora Neale, *Their Eyes Were Watching God*, 127
Hutton, James, 28

Iann, Mike, 288–89
IBM, Weather Company, 199
Incas, Spanish treatment of, 7
Indianola, Texas, *84*
  hurricanes (1875; 1886), 83–85, 218
Intergovernmental Panel on Climate Change (IPCC), 300
International Air Transport Association, 205
International Arabian Horse Association, 271
International Women's Year (1975), 210
internet, information and misinformation on, 221
Iraq, US war in, 273
Isaac's Storm (Larson), 85, 90
Isabella, queen of Spain, 2–3, 5–6
Islamorada, Florida, veteran work camps in, 137–39
Isle Dernière hurricane (1856), 83
Isle of Shoals, 21–22

Jackson, Andrew, 80
Jackson, Charles, 50
Jacksonville, forecasting center at, 142, 153, 157, 183
Jamaica:
  Hurricane Sandy (2012), 276

Savanna-la-Mar Hurricane (1780), 29–31, *30*, *31*
James (English ship), 21–22
Jamestown, Virginia:
　English settlement in, 13–14
　hurricane (1609), 13–17
　"starving time" in, 16–17
Jefferson, Thomas, 25, 28–29
jet stream, 187–88, 276
Johnstown Flood (1889), 68
Joint Chiefs of Staff, 183
Jones, Cal, 216–17
Jones, Marian Moser, 67
Jones, Merwin, 232–33
Junger, Sebastian, 277
juracán (Taíno god of storms), xxv
Jurassic Park (movie), 255–57

Kate E. Gifford (schooner), 70
Kauai, Hawaii, 255-57
Kean, Sam, 202
Kennedy, Kathleen, 257
Kermit (NOAA plane), 188–89
Key West, Florida, 135–36
　highway to, 139, 140, 152
　and railway, 111, 113, 140, 152
　see also Florida Keys
Kreps, Juanita, 209–10
Kressberg, Elmer, 149–50

Labor Day Hurricane (1935), 125*n*, 135–54, *148*, 178
　deaths in, 150–51, 157
　development of, 135
　low-pressure record, 147
　memorial to, *151*
　rapid intensification of, 153
　reconnaissance flight, 183
　recriminations, 152–54
　relief train, 142, 143, 144–46, *146*, 152, 153, 154
　warnings issued, 142, 143, 153–54
　World War I veteran camps, 140–41, 143, 145, 147, 149–53
Lafitte, Jean, 80
Lafitte, Pierre, 80
Lake Borgne, Louisiana, 259
Lake Iliamna, Alaska, 121
Lake Michigan, 120
Lake Okeechobee:
　"black muck" of, 121
　dike of, 121–22, 127, 131–32
　and Great Miami Hurricane (1926), 120, 122, 127
　Lake Okeechobee Hurricane (1928), 124–32, *129*, 157, 178
　on maps (1564), *8*; (1846), *120*
　size of, 121
Lake Pontchartrain, Louisiana, 259, 265, 266, 269
landfall, defined, xvii*n*
Landsea, Christopher W., 198
Langmuir, Irving, 200, 201–2
Larson, Erik, *Isaac's Storm*, 85, 90
latent heat of condensation, xxiii
Laudonnière, René Goulaine de, 9, 11
La Voz de Cuba ("The Voice of Cuba"), 61
Law of Storms, 42, 43
Lee, Robert E., 55–56
Le Grifon (French ship), 23
le Moyne de Morgues, Jacques, map by, *8*
Lhota, Joseph J., 285
Life and Death of That Reverend Man of God, Mr. Richard Mather (Foster), 21
limit of predictability, 198
Lincoln, Benjamin, *33*
Linnaeus, Carolus, 28
Loop Current, 93*n*
Lorenz, Edward N., 195–98, *196*
Louisiana:
　Cajun Navy (private boat owners) in, 269
　Chénière Caminada hurricane (1893), 71–74, *73*
　"contra-flow" evacuation plan for, 261, 270
　Great Louisiana Hurricane (1812), 34
　Hurricane Betsy (1965), 259
　Hurricane Camille (1969), 125*n*, 231, 238, 259
　Hurricane Katrina (2005), 258–75
　wetlands destruction in, 259, 269
Louisiana National Guard, 269
lugger, defined, 73*n*
Luna y Arellano, Don Tristán de, 7, 13

MacArthur, Douglas, 138–39
Magill, Ron, 250
Maine, and Hurricane Edna (1954), 225
Marconi, Guglielmo, 108–9
Mariner's Chronicle (Duncan), 31

索 引

Massachusetts:
  Eclipse Hurricane (1743), 26, 27, 29
  Great Colonial Hurricane (1635), 19–22
  Great Hurricane of 1944, 185
  Hurricane Carol (1954), 225, *226*
  Hurricane of 1821, 36
Masters, Jeff, 188
mathematical models, 195–96
Mather, Cotton, 22
Mather, Increase, 22
Mather, Richard, 21–22, *21*
Matoes, Joseph, Sr., 168–69
Mayfield, Max, xxi, 260–62, *260*, 270
May River, Florida, 9, *9*
McHugh, Vincent, 173
McKinley, William, 74–75, 103
media:
  advance warnings via, 219, 222
  distrust of, 221
  hurricane reporting in, 215–19, 223
  repetitive and alarmist reports via, 222
  sensationalism in, 102–3, 221–22
Menéndez de Avilés, Pedro, 10–12, *10*, *13*
Meteorologica (Aristotle), 28
Meteorological Society of London, 48
meteorology:
  early government activities in, 58–59
  as inexact science, 135, 154, 178, 192, 197, 198, 199
  regional centers for, 134
  science of, 48–49, 108
  synoptic weather maps, 57
  telegraph as aid to, 53, 54–55, 108–9
  and twentieth-century technology, 178, 187, 190–95, 217–18, *218*, 228
  and weather balloons, 179–80, 192
  and World War II, 180
Miami:
  and Flagler, 110–12
  forecasting center in, 134*n*, 183, 186
  Great Miami Hurricane (1926), *107*, 114–19, *115*, 123
  growth and development of, 111–12, 116, 117
  Hurricane Andrew, 242–52
  real-estate bubble in, 113, 114, 123
  recovery of, 123–24
  University of Miami, 124

Miami Beach:
  Great Miami Hurricane (1926), *107*, 114–19, *115*, 123
  incorporation of, 112–13
  as "real estate theme park," 113
Miami Daily News, 113
Miami Herald, 114, 244, 245, 251, 255
Miami MetroZoo (now Zoo Miami), 250
"Midnight Storm, The" (1893), 63–65
Miss Hurricane Hunter, *186*
Mississippi:
  Hurricane Camille, 232–39, *235*, *237*
  Hurricane Katrina (2005), 262, 264, *266*
Mississippi River, 259
Miss Piggy (NOAA Hurricane Hunter), 189
Mitchell, Charles, 157–61
moisture, high concentrations of, 301
mold spores, xxvii
Moore, David W., sculpture by, 77
Moore, Geoffrey (Jeff) and Catherine, 164–68
Moore, Glenda, 287
Moore, Willis Luther, 75, 87–88, 91, 104, 105–6
Moore Haven, Florida, and Great Miami Hurricane (1926), 120–22, 123, 126
Moran, Charles, 128
Morse, Jedediah, *Geography Made Easy,* 49
Morse, Samuel F. B., *48*, 49–53
  electric telegraph invented by, 50–53, 108
  paintings by, 49–50, *51*
Morse code, 51, 108
Mount Washington, New Hampshire, 175
Murrow, Edward R., 215–16, 225
Mutiny on the Bounty (film), 277
Myers, Mike, 282

Nagin, Ray C., 261–62, 270, 271
National Academy of Design, New York, 50
National Aeronautics and Space Administration (NASA), 190, 191
National Hurricane Center, Miami, Florida, 186–87, 191, 204, 212, *223*
  computer models used by, 193–95, *195*
  and Hurricane Andrew, 242, 246, 249, *250*

and Hurricane Katrina, 260–62, *260*
and Hurricane Sandy, 279–80, 281, 284
and hurricanes of 2017, 292
and Saffir-Simpson scale, 213, *214*
website, 220–21
National Hurricane Research Project, 202, 229–30
National Oceanic and Atmospheric Administration (NOAA):
  Climate Prediction Center, 199
  Hurricane Hunter planes, *179*, 186, 188–89, 203
  Hurricane Research Division of, xxvi*n*, 94, 202, 230
  and satellites, 191
National Organization for Women (NOW), 208
National Public Radio, 277
National Research Council, 132
National Weather Bureau, *see* Weather Bureau
National Weather Service:
  and Hurricane Hunter flights, 187–88
  hurricane warnings issued by, 187
  naming hurricanes, 208–10
  and NOAA, 186
  and satellites, 190–92
  websites, 220–21
Native Americans, 3
nature, attempts to manipulate, 204
Neill, Sam, 256
Nelson County, Virginia, Hurricane Camille (1969), 239–42
Nemeth, Bud, 252
Nestor, Jim, 164
New England:
  early hurricanes (1635 to 1903), 161, 178
  Great Atlantic Hurricane (1944), 185, 225, 227
  Great Hurricane of 1938, 155–78, *165*, *166*, *167*, *172*, *174*, 185, 225
  Great September Gale (1815), 34, 161
  hurricane (1821), 36–37
  hurricane (1903), 159, 161
  Hurricane Carol (1954), 225, *226*, 227
  Hurricane Edna (1954), 216, 221–22, 225, 227
  Hurricane Hazel (1954), 225, 227

New France, 8
New Jersey:
  Hurricane Sandy (2012), 275–85, 288–91, *289*
  Vagabond Hurricane (1903), 276
New Masses, 152
New Orleans:
  evacuation plan for, 270
  floodwalls in, 259*n*
  forecasting center in, 134
  Hurricane Katrina (2005), 258–75, *263*, *264*
  improvements in hurricane protection in, 274–75
  land below sea level, 259, 275
  levee system, 259–60, *263*, 266, 269–70, 274, 275
  Memorial Medical Center in, 268
  Morial Convention Center in, 268, 272
  Superdome, 262, 268, 272
  vulnerability of, 269
  and War of 1812, 80
New Orleans *Times-Picayune,* 259, 261, 272
newspapers, yellow journalism of, 102–3
Newton, Isaac, 28
  Principia, 46
New World:
  piracy in, 22, 23, 80–81
  tobacco cultivated in, 14
New York City:
  bridges and tunnels closed, 284
  electrical grid in, 285–86, 291
  Great Blizzard (1888), 290
  Hurricane Irene, 280–81, 284, 285
  Hurricane Sandy, 280–81, 285–91
  infrastructure of, 291
  Metropolitan Transportation Authority, 285
  "The Midnight Storm" (1893), 63–65
  rat population of, 290
  tunnels inundated, 285, *286*, 290, 291
New York City Marathon, 290
New Yorker, The, 173, 221–22
New York State, and Hurricane Sandy, 280, 281, 290–91
New York Stock Exchange, 290
New York Times, 63, 64, 159
Norcross, Bryan, 221, 242–48, *247*, 251
North, Lord, 33

索引 503

North Carolina:
　cost of mandatory evacuations in, 262
　Hurricane Dorian (2019), 305
　Hurricane Florence (2018), *195*
　Hurricane Isabel (2003), 220
　Oak Island Lighthouse, 69–70
　twin hurricanes (1795), 34
Norton, Grady, 156–57, 159, 184–85, 227, *228*

Oak Island Lighthouse, North Carolina, 69–70
Oaksmith, Vincent, 130
Obama, Barack, 273–74, 280, 281
Ocean, Atmosphere, and Life, The (Reclus), 59
oceanic buoys, 192
oceans, thermal expansion of, 300
ocean temperatures, 301
O'Hair, Ralph, 181–82
O'Hara, Charles, *33*
Oldenborgh, Geert Jan van, 302
Old North Church, Boston, *226*
Olmsted, Denison, 37–38
Olsen, Ivar, 147
Orleans Levee Board, 270
Ousley, Clarence, 103
Ovando, Nicolás de, 2–6

Paint Your Wagon (musical), 208
Palm Beach, Florida, hurricane (1926), 114
Panama, observation station in, 76
Parker, Edney, 150
Parks, Arva Moore, 123
Pass Christian, Mississippi, Hurricane Camille (1969), 232–39, *235*, *237*
Patience (English ship), 16–17
Pensacola, Florida, and Great Miami Hurricane (1926), 122–23
perfection, as unreachable goal, 198
Perfect Storm (1991), 277
Perfect Storm (film), 277
Perkins, Maxwell, 149, 152
Perry, Matthew C., 43–44
Pfeiffer, Pauline, 136
Philbrick, Nathaniel, 32
Philip II, king of Spain, 10
Philosophy of Storms, The (Espy), 44
Phoenix (English ship), 30–31, *31*

Piddington, Henry, 42–43, 47, 60
　The Sailor's HornBook for the Law of Storms, 43
Pierce, Charles H., 158–61, 177, 178
Pilar (Hemingway's boat), 149
pinnace, defined, 11*n*
Piombo (Luciani), Sebastiano del, painting by, *5*
pirates, 22, 23, 80–81
Pocahontas, 14
Polar-orbiting Operational Environmental Satellite (POES), 191
politicians, naming hurricanes for, 206–7, 209
Polk, James K., 52, 53
Ponce de Leon Hotel, Saint Augustine, Florida, 110
pony express, outdated by telegraph, 53
Poor Richard's Almanack (Franklin), 25
Portugal:
　New World claims of, 7
　treaty with Spain, 6
Povey, Leonard James, 144, 183
Practical Hints in Regard to West Indian Hurricanes (Viñes), 62
Principia (Newton), 46
probabilities, 199
Prohibition, 113
Project Cirrus, 200–201, 202, 203
Project Stormfury, 202–3, *202*, 204
Providence, Rhode Island:
　Great September Gale of 1815, 34, *172*
　Hurricane Carol (1954), 225
Puerto Rico:
　and Hurricane Maria, 294–95, 296–97
　observation station in, 75–76, 108
　San Felipe Segundo Hurricane (1928), 125
　as US territory, 75*n*, 76, 295
　vulnerability of, 295
Puritan settlers, 21

racism:
　in burial of the dead, 130–31, *131*
　in newspaper stories, 102–3
　in rescue efforts, 129–30
radar, 187, 217–18, *218*, 228, 246
radio:
　hurricane news via, 215, 247
　ship-to-shore, 109–10
　wireless telegraphy as, 109

Raines family, 240–41
rainmaking dances, 199–200
Rather, Dan, 216–19
Raynor, Matt, 64
Reardon, Leo Francis, 117–19, 248
reclamation, use of term, 121
Reclus, Élisée, *The Ocean, Atmosphere, and Life,* 59
Redfield, John, 37
Redfield, William C., 35–39, *35,* 46, 47, 60
  and "American Storm Controversy," 41, 43
  death of, 45
  and Espy, 40–41, 44–45
  on hurricane as "great whirlwind," 37, 38, 40, 42, 45
  on hurricane's forward movement, 39
  and Olmsted, 37–38
  and Perry, 43–44
  and Piddington, 42, 43
  and Reid, 41–42, 43
  and telegraph, 43–44, 53
  trees studied by, 36–37
  on wind direction, 38–39, 40
Reichelderfer, Francis W., 183, 228–29
Reid, William, 41–42, 43–44, 45, 47, 60
  An Attempt to Develop the Law of Storms by Means of Facts, 42
Revere, Paul, 90, *226*
Rhode Island:
  Great Hurricane of 1938, 164–67, *165, 167,* 168–73, *172,* 174
  Great September Gale (1815), 34, *172*
  Hurricane Carol (1954), 225
Ribaut, Jean, 8–13
Richelieu Manor Apartments, Pass Christian, Mississippi, 232–34, *235*
RMS *Carinthia,* 159–60, 177
Roaring Twenties, 113
Rockaway Point Volunteer Fire Department, 286
Rockefeller, John D., Sr., 110
Rodney, Lord George Brydges. 32
Rolfe, John, 14
Roosevelt, Franklin Delano, 132, *133,* 134, 139, 151
Roosevelt, Theodore, 109
Rossello, Ricardo, 297
Rowe, Nicholas, 18
Royal-McBee LGP-30 computer, 195

Ruskin, John, 48–49, 53
Russell, Clifton and John, 150

sacrifices to the gods, 199–200
Saffir, Herbert S., 211–13
Saffir-Simpson Hurricane Wind Scale, xxv–xxvi, 211–13, *214,* 228
Sailor's HornBook for the Law of Storms, The (Piddington), 43
St. Augustine, Florida, 11, 12, 110–11
St. Kitts, observation station in, 76
salvagers, 56
San Diego, hurricane (1858), xx*n*
Sands, Duane, 304
San Felipe Segundo Hurricane (1928), 125
San Francisco earthquake (1906), 123
San Juan, forecasting center in, 134
San Narciso Hurricane (1867), 204
satellite loops, 219
satellites, 190–92, *191,* 219–23
Savannah:
  hurricane (1893), 65–66, 69–70
  Hurricane King (1947), 201–2
Savanna-la-Mar Hurricane (1780), 29–31, *30, 31*
Schaefer, Vincent J., 200
Schluter, Harvey and Irma, 210–11
Science, 194–95
Science Advisory Board, 132, 134
Sea Islands Hurricane (1893), 65–69, 73–74
sea levels, rising, 300
seasonal hurricane forecasting, 199
Sea Venture (English ship), 14, 15–16
See It Now (TV), 215
Segreto, Tony, *247*
September 11 (2001) terrorist attacks, 271
Seven Years' War, 12
Shakespeare, William, *The Tempest,* 17, *18*
Sheeran, Ed, 142
Sheets, Bob, 62, 191, 246
Sheldon, Ray, 141, 142, 143, 144–45, 152, 153
shell shock (post-traumatic stress disorder), 140–41
Sherman Antitrust Act, 110
silver iodide, seeding clouds with, 200, 202
Simpson, Coot, 129–30

Simpson, Robert Homer, 211-13, *212*, 228-29, 238
Smithsonian Institution, 53-56
Sobel, Adam, 276
social media, information and misinformation on, 221
"social mediarologists," 221
Solano's Hurricane (October 1780), 32*n*
Solano y Bote Carrasco y Díaz, Don José, 32*n*
Somers, Sir George, 14, 15-16
South Carolina, Hurricane Hugo (1989), 188-89, 253
Soviet Union, Sputnik I launched by (1957), 190
Spain:
　New World claims of, 6-13, 22-23
　ruthless treatment of natives, 7
Spanish-American War (1898), 74-76, 295
Spielberg, Steven, 255, 257
SS *Alegrete,* 157
SS *Commack,* 124
Standard Oil, 110
Steinberg, Ted, 113
Stepped-Frequency Microwave Radiometer (SFMR), 187
Stewart, George Rippey, *Storm,* 207-8
Stewart, John Q., 177
Stillwagon, Stephen, 64
Stockman, William B., 75, 88
stock market crash (1929), 132
Storm (Stewart), 207-8
Storms, Floods and Sunshine (Cline), 105, 108
storm surge, defined, xvii*n*
storm warnings, 57
Strachey, William, 14, 15, 17
Streich-Kest, Jessie, 287-88

tai fung (typhoon), xxv
Taíno Indians, xxv, 4, 61
Tannehill, Ivan Ray, 109-10
Teal 57 (NOAA Hurricane Hunter), 189
telegraph:
　in forecasting weather, 53-76, 108-9
　invention of, 50-53
　and US Civil War, 53, 55
　wireless telegraphy, 108-9
television:
　hurricane reporting on, 215-19

　network and cable news, 220
　radio link with, 247
　satellite imagery shown on, 219-23
　Weather Channel, 220
Tesla, Nikola, 108
Texas:
　Corpus Christi hurricane (1919), 212-13
　Galveston Hurricane (1900), 77-78, 89-97, 107
　hurricane (1943), 183
　Hurricane Carla (1961), 216-19, *218*
　hurricane warnings to, 109, 218
　independence from Mexico (1836), 81
　many hurricanes in, 82-83
　oil industry in, 183
　statehood of (1845), 81
Thacher, Anthony, 19-20, 21
Thacher Island, Massachusetts, 20
Their Eyes Were Watching God (Hurston), 127
"They Call the Wind Maria" (song), 208
Thompson, Patricia, 272-73
Three Sisters (schooner), 69-70
Tillman, Ben, 67
Time magazine, 185
TIROS-1 (Television Infrared Observation Satellite), 190, *191*
Towne, Laura, 66-67
Tracy, Sister M. Camillus, 97-98
Treasure Fleet Hurricane of 1715, 19, 22-23
Treaty of Tordesillas (1494), 6-7, 8
Trinity Episcopal Church, Pass Christian, Mississippi, 236-38, *237*
tropical depressions, xxiv
Tropical Meteorology Project, 199
Tropical Storm Risk, University College London, 199
tropical storms, xxiv
Truman, Harry S., 204
Trump, Donald J., 296-97
Turks and Caicos islands, 135
Tuttle, Julia, 111-12
Twitter, information and misinformation on, 221
typhoons, xxiv-xxv, 184, 189, 207

Ubilla, Don Juan Esteban de, 23
United Nations, International Women's Year (1975), 210

US Air Force Reserve Command, 186
US Army Corps of Engineers, 259, 269, 270, 275
US Army 82nd Airborne Division, 269
US Army Signal Corps, 56–58
    Cline's work at, 79
    controversies in, 58
    embarrassing forecasts by, 58
    first hurricane forecast (1873) by, 59–60
    forecasting transferred to Weather Bureau (1891), 58
    seeding clouds with dry ice, 200–201
USA Today, 62
US Coast Guard, 269, 282–83
US Constitution, 34
US Hydrographic Office, 62
US Naval Research Laboratory, 200
USS *Maine*, 74
USS *Warrington*, 185
US Virgin Islands:
    and Hurricane Harvey, 293
    and Hurricane Maria, 294

Vagabond Hurricane (1903), 276
Vail, Alfred, 52
Veterans Administration, 153
Vikings, 2
Viñes, Father Benito, 60–63, 76, 89
    Practical Hints in Regard to West Indian Hurricanes, 62
Virginia Company, 17
Vogelman, Jacob, 287–88
Vonnegut, Bernard, 200
Vonnegut, Kurt, *Cat's Cradle*, 200n

Walbridge, Robin, 277, 278–79, 281–83
Walmart, aid in Hurricane Katrina from, 269, 272
War of 1812, 80
War of the Spanish Succession (1702–13), 22
Washington, George, 33
Washington Evening Star, 55
Washington Post, 291
Watch and Wait (pinnace), 19–20
water:
    hurricane force of, xxvi, 92
    life-nurturing power of, 200
    rainmaking dances, 199–200
    shallow, 93

standing, xxvii
in storm surge, xviin, 92–93
temperatures of, 93, 192, 195
toxins in, xxvi–xxvii, 260, 266–67
weight of, xxvi
Watts, J. L., 69–71
weather apps, 221
weather balloons, 179–80, 192
Weather Bureau:
    absorbed into NOAA (1970), 186; *see also* National Weather Service
    and aviation, 183–86
    and Charleston hurricane (1893), 74
    and Chénière Caminada hurricane (1893), 71–74, 73
    in Commerce Department, 183n
    early meteorological activities in, 58–59
    and Galveston Hurricane (1900), 87, 105–6, 107
    and Great Hurricane of 1938, 157–61, 177–78
    and Great Miami Hurricane (1926), 114–19
    human arrogance in, 106, 108, 134–35
    hurricane warnings from, 134, 185, 228
    improvements in (1930s), 132–35
    insufficient resources of, 74, 75, 132, 153
    and Labor Day hurricane (1935), 141, 142–43, 144, 145, 147, *148*, 152, 153
    lowest barometer reading by, 94
    mistaken forecasts by, 63, 78, 132–33, 153
    naming hurricanes, 208–10
    and paucity of real-time data, 178
    and Project Stormfury, 202–3, *202*
    and Sea Islands Hurricane (1893), 65–69
    time limitations of, 108
    Washington headquarters of, 87, 89, 90, 91, 108, 134, 157, *158*
Weather Channel, 220
weather forecasts:
    and aviation, *179*, 180–90, *181*
    computer modeling, 192–95, 198, 228, 275, 276
    cone of uncertainty in, 194–95, *195*
    data collection to provide warning, 192
    first, 6n, 55
    government centers for, 134

索 引 507

weather forecasts (continued)
　improvements in (1930s), 132-35;
　　(1955), 229-30
　initial conditions, 193
　limit of predictability in, 198
　need for government assistance in, 56
　network of volunteer observers, 55
　prediction models, 198
　in real time, 199, 221
　satellites, 190-92, 191, 219-23
　as science and art, 194, 195
　seasonal hurricane forecasting, 199
　technology in support of, 187, 189,
　　190-92, 217-18, 218, 219-23, 228
　telegraph as aid in, 54-55, 56, 57, 108
　on television, 216-19
　and theory of storms, 55
　and underwater cable, 108
　unreal optimism of 1950s and 1960s
　　in, 198
　by US Army Signal Corps, 56-58,
　　59-60
　Weather Channel, 220
　and wireless telegraphy, 108-9
　see also meteorology
weather maps, 54-55
　synoptic, 57
　US Army Signal Corps (1872), 57
Weather Reconnaissance Squadron, 186,
　215
Webster, Noah, 34
Wells, H. G., 200n
West Coast, hurricanes absent from, xxn
West Indian hurricanes, 82, 83
West Virginia, snow in mountains of, 284,
　289
wetlands, destruction of, 259, 269, 303
Wexler, Harry, 229
White, E. B., 221-22

Whiteman, Judi, 252
white-tailed tropicbird, 176
Wilhelm II, Kaiser, 103
Williams, Jack, 62
Williams, Paul, Sr., 236-38
"willy-willys" (australian hurricanes), xxv
Wilson, James, 75
winds, sustained (defined), xxn
wind shear, vertical, xxiin, 192, 256, 301
wind speed, measurement of, xxv, xxvi, 39,
　46, 187-88, 195
Winthrop, John, 27
Witt, James Lee, 271
women, naming hurricanes for, 205,
　207-10
Wood, Page, 240-41
Woodstock music festival (1969), 230-31
World Meteorological Organization, 210
World War I:
　and Bonus Army, 137-39, 138
　Red Cross ambulance drivers in, 149
　Treaty of Saint-Germain, 156
　veterans working in Florida, 137-39,
　　140-41, 143, 145, 147, 149-53
World War II:
　Blitz in, 215
　innovations spurred by, 180
　and Munich Agreement, 156
　preliminaries to, 156
　radar developed in, 187
Wragge, Clement, 205-7, 206
WSR-57 radar, 217, 218
WTVJ Miami, 242, 246-47, 247, 251

Yucatán Channel, hurricane (1909), 109
Yukimara, JoAnn, 256, 257
Yulín Cruz, Carmen, 296-97

zoning laws, 302

图书在版编目(CIP)数据

狂怒的天空：北美五百年飓风史 /（美）埃里克·杰·多林（Eric Jay Dolin）著；赵航译. --北京：社会科学文献出版社，2025.6. -- ISBN 978-7-5228-4932-4

Ⅰ.P425.6-097.1

中国国家版本馆CIP数据核字第20259N74F0号

狂怒的天空：北美五百年飓风史

著　者／〔美〕埃里克·杰·多林（Eric Jay Dolin）
译　者／赵　航

出 版 人／冀祥德
组稿编辑／董风云
责任编辑／王　敬　沈　艺
责任印制／岳　阳

出　　版／社会科学文献出版社·甲骨文工作室（分社）（010）59366527
　　　　　地址：北京市北三环中路甲29号院华龙大厦　邮编：100029
　　　　　网址：www.ssap.com.cn
发　　行／社会科学文献出版社（010）59367028
印　　装／三河市东方印刷有限公司
规　　格／开　本：889mm×1194mm　1/32
　　　　　印　张：16.875　插　页：0.25　字　数：373千字
版　　次／2025年6月第1版　2025年6月第1次印刷
书　　号／ISBN 978-7-5228-4932-4
著作权合同
登 记 号／图字01-2020-7172号
定　　价／109.00元

读者服务电话：4008918866

版权所有 翻印必究